"十四五"时期
国家重点出版物出版专项规划项目

航天先进技术研究与应用/
电子与信息工程系列

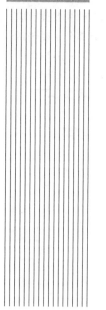

U0222652

电路与电子学

Circuits and Electronics

主　编　杜　海　井　岩　徐　慧

副主编　菅维乐　胡　屏　宋　佳

主　审　刘功亮

哈尔滨工业大学出版社
HARBIN INSTITUTE OF TECHNOLOGY PRESS

内 容 简 介

本书主要包括电路理论基础和电子技术基础两部分。电路理论基础部分以元件和电路模型为研究对象,详细介绍了电路的基本概念、定律、定理和基本分析方法等。电子技术基础部分遵循"先器件后应用"的原则,整合了模拟电子电路与数字逻辑电路的部分基础内容。其中,模拟电子电路部分主要包括集成运算放大器、二极管、晶体管及相关的基本应用电路,是电路理论在电子电路中的具体应用,也是后续数字逻辑电路内容的技术基础,起到承上启下的关联作用。数字逻辑电路部分包括逻辑代数基础、门电路、触发器、常用的中规模组合逻辑电路与时序逻辑电路,以及模/数转换电路和数/模转换电路等内容。

本书内容简明,可作为高等工科学校计算机类专业本科生教材,还可作为人工智能、智能车辆工程、智能材料与结构、海洋信息工程等新工科专业电类基础课程的基础教材。

图书在版编目(CIP)数据

电路与电子学/杜海,井岩,徐慧主编.—哈尔滨:
哈尔滨工业大学出版社,2024.8.—(航天先进技术研究
与应用/电子与信息工程系列).—ISBN 978-7-5767-
1560-6

Ⅰ.TM13;TN01

中国国家版本馆 CIP 数据核字第 2024BC2639 号

策划编辑	许雅莹	
责任编辑	王会丽	
封面设计	刘长友	
出版发行	哈尔滨工业大学出版社	
社　　址	哈尔滨市南岗区复华四道街 10 号　邮编 150006	
传　　真	0451-86414749	
网　　址	http://hitpress.hit.edu.cn	
印　　刷	哈尔滨市颉升高印刷有限公司	
开　　本	787 mm×1 092 mm　1/16　印张 25　字数 574 千字	
版　　次	2024 年 8 月第 1 版　2024 年 8 月第 1 次印刷	
书　　号	ISBN 978-7-5767-1560-6	
定　　价	58.00 元	

前　言

本书主要面向计算机科学与技术专业，以及人工智能、网络信息安全、智能材料与结构、智能车辆工程等非电类新工科专业，旨在为新兴产业与新经济下的非电工程师及工程管理者构建从电路模型、电子元器件到数字系统较为完整的电类基础知识体系框架，以便非电类工程师能够就自己的专业需求问题与电类工程师进行沟通，高质量地协同乃至创新性地解决复杂工程问题。传统的电类基础课程过于强调课程本体，其主导思想是以扎实、完备的电路理论为基础，通过逐层累加知识点的方式，建立电子元器件和基本功能电路的知识框架。为了适应新兴产业和新经济的未来需求，培养具备工程实践能力强、创新能力强、国际竞争力强的高素质复合型"新工科"人才，传统的单一知识树状结构应该转变为矩阵式知识体系，采用动态流程或方法论的思路深入组织教学内容，为学生建立系统的观点和思维模式，为解决复杂工程问题构建基础的工程哲学思想体系。

此外，近年来国内多所"双一流"高校面向国家重大战略需求，动态调整学科专业，推动实施本科"大类人才培养"模式。这种培养模式要求一个大类内的各专业必须统一相关基础课程。然而，在各专业原有的培养方案中，相关基础课程在教学内容、教学时数，甚至组织模式上都存在较大差异。面对新的人才培养模式，相关课程改革不应只简单的对比各专业原有课程，仅在"最小公倍数"与"最大公约数"之间做适当内容取舍。只有重新优化整合知识体系，才能为"大类人才培养"模式下各专业的后续课程打下坚实的基础，同时满足相关各专业的新培养方案对总学时与总学分的上限要求。

本书针对现有电类基础课程数量较多，总学时过大，相关课程间存在信息阻滞、内容重叠和内容空隙等问题，在重塑电类基础课程体系和组织模式的改革中进行了初步尝试。为了在有限的教学时间内保证高效教学，突出基础知识和重点、要点，降低理论分析和计算难度，提高教材的实用性和针对性，本书将电路理论基础和电子技术基础两部分相互衔接、贯通的初级内容整合为一个完整的知识体系。例如，对基本放大电路采用简化的分析方法，避免使用晶体管微变等效电路模型，在教学过程中，可将"受控源元件"作为选学内容。这样既降低了电路理论模型的分析难度，又保证了教学效果。另外，通过集成运放将电路理论与电子技术前后衔接，按照电路理论中的"元件模型→特性方程→电路分析→电路应用"的思路，介绍集成运放及其基本应用电路，使读者更容易理解放大电路的概念与其性能指标，以及负反馈的概念、分类及应用等基础内容。此外，考虑到在放大电路的设计中要尽可能减小信号源内阻和负载对放大电路动态性能的影响，本书所讨论的各种放大电路都只分析了信号源内阻为零且输出空载的情况。在流水线型 A/D 转换器和集成

AD9225 的讨论中,将模/数转换、数/模转换、运算放大器、差分放大、电容和滤波电路等内容有机地串联起来,使读者能够全面掌握相关知识点。

由于教学时间有限,本书没有涵盖复频域分析方法、非线性电阻电路、均匀传输线、波形发生与转换、直流电源电路、功能放大器、半导体存储器和可编程逻辑器件、硬件描述语言 Verilog HDL 等内容。这些内容可以规划为电类基础相关的高级课程,或者与后续相关专业课程进行整合,以满足大类集群中不同专业的需求。

本书的参考教学时数为 64 学时,主要包括电路理论基础与电子技术基础两部分内容。

电路理论基础部分包括第 1 章电路的基本元件与基本定律,第 2 章电路的基本分析方法,第 3 章一阶动态电路的时域分析,第 4 章交流电路分析。电路理论基础部分最为系统化,也是贯穿全书的基础,同时也是电气、控制、电子和信息工程领域的基础语言。本部分以元件和电路模型为分析对象,突出了后续电子技术所需的基础内容,包括电路的基本概念、定律、定理和基本分析方法等。此外,还对三相电路、电能、安全用电、检测和信号处理等领域有初步的认知,并建立了电类领域知识体系的基本框架。

电子技术基础部分整合了模拟电子电路和数字逻辑电路的部分基础内容。其中,模拟电子电路部分包括第 5 章集成运算放大器及其基本应用电路,第 6 章二极管及其基本应用电路,第 7 章晶体管及其基本应用电路。这部分内容起到了承上启下的关联作用,它是电路理论在电子电路中的具体应用,也是后续数字逻辑电路内容的技术基础。本部分内容遵循"先器件后应用"的规律,旨在对信号处理及运算等基本电路的构成原理和技术性能指标有一定了解。数字逻辑电路部分包括第 8 章逻辑代数基础,第 9 章门电路与组合逻辑电路,第 10 章触发器与时序逻辑电路,第 11 章模/数转换和数/模转换。这部分内容以逻辑代数为数学基础,以数字集成电路为分析对象,忽略集成电路内部结构与工作原理的相关性分析,着重于数字集成电路的数字逻辑功能与应用,培养较复杂数字系统的分析与设计能力,为计算机组成原理、单片机原理及应用技术等后续课程提供必要的基础知识。

本书由哈尔滨工业大学(威海)刘功亮教授担任总体规划和主审,并由杜海负责全书主要内容的编写、修改和统稿。各章节的编写分工如下:胡屏编写第 1、2 章,营维乐编写第 3 章,杜海编写第 4、5、6、7 章及第 11.2.4~11.2.6 节,徐慧编写第 8 章,井岩编写第 9、10 章及第 11.1 节和第 11.2.1~11.2.3 节,宋佳编写仿真实践部分。在此感谢哈尔滨工业大学(威海)张鹏教授、戴伏生教授,以及中国电子科技集团公司第十八研究所高级工程师吴静等同仁给予的指导和支持。在本书初稿作为课程讲义的教学过程中,哈尔滨工业大学(威海)2022 级智能车辆工程专业的同学们积极参与订正,对此表示感谢。

由于编者的能力和视野有限,书中难免存在疏漏和不足,恳请同行及使用者提出批评和指正,以便在再版时进行改进和完善。

编　者

2024 年 5 月

目　　录

绪　论

电作为一种优越的能量形式和信息载体,由于具有易于传输、控制、处理和转换的特点,因此在人类生活和生产中的各个领域都有广泛的应用。为了实现电信号或电能的特定应用,将电气设备或电子器件按照一定方式连接形成的电流通路称为电路。

从广义上讲,电路也称为系统或网络,可以分为通信系统、计算机系统、控制系统、电力系统及信号处理系统。具体的电路形式是多样且复杂的,从规模巨大的电力网络到汽车、家用电器、计算机、手机等使用的电路,甚至几平方毫米的集成电路。为了研究电路的普遍规律,工程师需要将实际电路的本质特征抽象出来并忽略次要因素,形成理想化的电路模型。电路模型近似反映了实际电路的本质特征,忽略的次要因素越少则越接近实际电路的特征,但同时模型也会越复杂。对于同一实际电路而言,综合考虑电路的本质特征和模型的复杂性等因素,在条件和精度要求不同时,电路模型也不尽相同。以图 1 所示的手电筒电路为例,该电路由灯泡、电池、导线和开关组成。其中,电池作为电源提供电能,灯泡作为负载消耗电能,导线与开关起到传输控制作用。实际电路理想化的过程就是把每一个电气设备或电子器件的本质特征用一个或若干个理想化的"电路元件"来表征,其中每一种电路元件只表示一种特定的电磁特性。如:灯泡中的灯丝具有消耗电能的电磁特性,且忽略其微小的电感效应,可将其抽象为电阻元件 R_L;电池提供电能和稳定的电压,且考虑到其内部的功率损耗,可将其抽象为直流电压源 U_S 与电阻 R_S 串联的组合模型。同时,忽略实际电路中导线的微小电阻及开关的延迟和抖动等。最终,可将手电筒电路抽象为图 2 所示的电路模型。

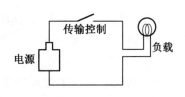

图 1　手电筒电路

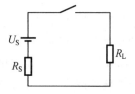

图 2　手电筒电路模型

电路模型的基本组成单元称为电路元件。需要指出的是,虽然实际电路元器件①种类繁多,数不胜数,但理想化电路元件的种类却屈指可数。每种电路元件具有特定的电磁特性,可以用参数、特性方程或特性曲线来表示。参数用来表示元件电磁特性的某种量值,如电阻元件的电阻值。电阻元件两端的电压与流过的电流呈代数关系,表示该代数关系的方程即为电阻元件的特性方程,该方程还可以表示为特性曲线。

根据元件的电磁特性是否为线性,可将元件分为线性元件和非线性元件。线性元件

---

①　电路模型中称为元件,实际电路中称为元器件。

的电磁特性不随电磁量的改变而改变。同样以电阻为例，若电阻的阻值不随电压或电流的改变而改变，则为线性电阻，否则为非线性电阻。本书在电路理论部分的研究对象以电路模型为主，简称电路。

电子电路就是基于电子学的理论基础，将电子元器件按一定方式连接起来，为电荷流通提供路径的总体，可实现电信号的传递、处理或计算。电子电路可分为模拟电路和数字电路两大类。模拟电路主要处理连续信号，如声音、图像等，关注信号的幅度、频率、相位等连续变化特性。模拟电路的设计目标是实现对连续信号的有效处理和传输，如放大、滤波、调制等，在设计时需考虑失真、噪声、带宽等因素，以确保信号的质量和稳定性。数字电路主要处理由 0 和 1 组成的二进制码，关注信号编码方式及输入输出逻辑关系。数字电路的设计目标是实现数字信号精确的逻辑处理和存储能力，如计数器、寄存器、算术逻辑部件（ALU）等，设计时需考虑延迟、功耗、可靠性等因素，以确保逻辑关系的准确性和电路的稳定性。尽管模拟电路与数字电路在处理信号的方式、设计目标和应用领域等方面存在明显差异，但两者之间也存在密切的联系和交叉点。图 3 所示为一个典型的现代电子系统结构。该系统既包括模拟电路，如信号获取、信号放大、功率放大、执行单元和直流电源，也包括数字电路，如数字电子处理系统（CPU、FPGA）。这两种电路需要使用模/数转换器（ADC）或数/模转换器（DAC）来实现连接。工程师应根据需求选择合适的电子元器件和连接方式，并进行合理设计和优化。

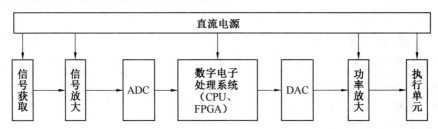

图 3　典型的现代电子系统结构

电子电路的发展历程可以追溯到 20 世纪初期，当时人们开始探索利用电子元器件进行信息处理的可能性。1904 年，英国电机工程师、物理学家约翰·安布罗斯·弗莱明（John Ambrose Fleming）利用热电子效应制成了电子二极管。早期的电子二极管就是在抽成真空的玻璃管内塞入两个电极，阴极（cathode）是装有螺线形灯丝的金属管，阳极（anode）是一根细长的铜条，也称为真空二极管。阴极灯丝通过电流加热后就会产生活跃的电子云，若阳极接电源正极，就可以接收阴极发射的电子，形成正向电流，此时电子二极管正向导通；若阳极接电源负极，则阴极产生的电子被排斥，电流不能导通。这证明了电子二极管的"单向导电性"，并首先将其用于无线电检波。

1906 年，美国的李·德福雷斯特（Lee De Forest）在电子二极管内加入一个线圈作为栅极（grid），发明了电子三极管，简称为电子管（图 4）。电子管通过栅极很小的电流来控制阳极较大的电流变化，且阳极电流与栅极电流的变化波形完全一致，从而实现了电信号的放大作用。电子管的发明，可以说是早期电子工业领域的里程碑事件。在 20 世纪中期以前，包括收音机、电话、留声机等，基本所有的电子设备都使用电子管。1946 年，宾夕法尼亚大学研制出了真正意义上的第一台通用型电子计算机 —— 埃尼阿克（ENIAC）

（图5）。这台计算机使用了18 000多只电子管，重130多吨，占地面积170多平方米，每秒可做5 000多次加法运算。

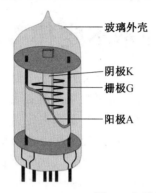

玻璃外壳

阴极K
栅极G
阳极A

图4　电子管　　　　　　　　　图5　世界上第一台通用型电子计算机（埃尼阿克）

　　1947年12月，美国贝尔实验室的威廉·肖克利（William Shockley）、约翰·巴丁（John Bardeen）和沃尔特·布拉顿（Walter Brattain）组成的研究小组，将两个距离很近的金属触点固定到一小块高纯度半导体锗材料上，他们用一个金属触点的电压控制了流经另一个金属触点的电流，实现了电信号的放大，世界上第一个半导体晶体管（transistor）由此诞生。电子管因成本高、不耐用、体积大、效能低等因素，很快被晶体管所取代。硅材料由于具有更好的耐高温和抗辐射性能，制造的半导体器件的稳定性与可靠性也得到了大幅提高，因此成为应用最多的一种半导体材料。

　　1958年9月，德州仪器公司的实验室实现了将4个晶体管集成在一块半导体材料上的构想。到如今，单片半导体芯片上已经能够集成上百亿个晶体管。集成电路的出现标志着电子技术进入了一个新的阶段，在电子学理论的基础上，实现了材料、元件和电路之间的统一，开创了一个全新的信息时代。

　　随着电子技术的不断进步，电子电路已经广泛应用于人类生活和生产的各个领域。它成了现代社会实现自动化、信息化和数字化的硬件载体，也是实现物联网、智能制造、人工智能等前沿技术的关键基础。

第1章 电路的基本元件与基本定律

电路分析的主要目的在于揭示电路行为的特征,而这一过程始于定义并描述电路行为的物理量,即电路变量。电路变量之间存在元件约束关系和结构约束关系。前者表明元件在电路中的具体作用,与电路结构无关;后者由基尔霍夫定律给出,基尔霍夫定律是电路理论的基本定律。本章主要介绍三部分内容:首先介绍常用的电路变量即电流与电压的定义,以及电功率的计算,重点讨论电路分析中参考方向的概念和作用;其次介绍在直流电路中常用的电阻元件和电源元件,重点是元件的特性方程;最后介绍基尔霍夫电流定律与基尔霍夫电压定律。

1.1 电流、电压与电功率

在电路分析中,主要的物理量包括电流、电压、电荷和磁链。然而,由于电荷和磁链难以直接测量,因此在实际应用中较少使用。相比之下,电流和电压则是电路分析中最基本、最常用的变量。

1.1.1 电流

带电粒子的有序运动形成电流。电流的大小定义为单位时间内通过导体横截面的电荷量,即

$$i = \frac{\mathrm{d}q}{\mathrm{d}t} \tag{1.1}$$

其中,电荷 q 的 SI(国际单位制)单位为库仑(C),时间 t 的 SI 单位为秒(s),电流 i 的 SI 单位为安培(A)。由式(1.1)可得 1 A = 1 C/s。此外,还有毫安(mA)和微安(μA)等常用的分数单位。

电流的方向规定为正电荷运动的方向。在分析复杂的电路时,有时很难确定电流的实际方向。如在图 1.1 所示的电路中,只有在已知电阻阻值的情况下,才能分析并判断出与 a、b 两点直接相连的电阻的电流方向。此外,如果某个电流的大小或方向随时间不断变化,在分析电路时需要一种简单、准确的方法来表示该电流变量,这是建立电路变量约束方程的前提。

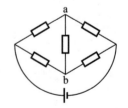

图 1.1 复杂直流电路

为了方便分析和计算,可以人为假定任意一个方向作为电流的正方向,称为电流的参考方向。同时,规定当参考方向与实际方向相同时,电流取正值;相反则取负值。电流的参考方向一般可以用两种方式来表示:箭头表示法如图 1.2(a) 所示,双下标表示法如图 1.2(b) 所示。

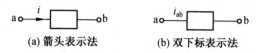

(a) 箭头表示法 (b) 双下标表示法

图 1.2 电流的参考方向

在选定参考方向之后,电流就变成了带有正负号的代数值。电流的代数值结合其参考方向就可以简单、准确地表示一个实际电流。例如,设图 1.3(a) 所示正弦电流 $i = I_m \sin \omega t$,电流参考方向是由 a 指向 b,即假定从 a 到 b 是电流的正方向。图 1.3(b) 所示为该电流 i 随时间变化一个周期的正弦波形。当 $0 < t < T/2$ 时,正弦电流 $i > 0$,表示电流实际方向与参考方向相同,此时电流的实际方向是由 a 指向 b;当 $T/2 < t < T$ 时,正弦电流 $i < 0$,表示电流实际方向与参考方向相反,此时电流实际方向是由 b 指向 a。无论是解析式或方程中的电流,还是图解表示的电流,只有确定其参考方向后才有实际意义。

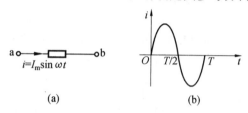

(a) (b)

图 1.3 正弦电流的参考方向

电流的实际方向是客观存在的,它不因参考方向选择的不同而改变,如果对同一个电流取不同的参考方向,则有

$$i_{ab} = -i_{ba}$$

上式表明,对同一个电流取不同的参考方向时,其绝对值相等而符号相反。

当电流的大小和方向不随时间变化时,称为直流(direct current,DC)或恒定电流,通常用大写字母 I 表示;大小和方向随时间周期性变化且平均值为零的电流称为交流(alternating current,AC)或交变电流,通常用小写字母 i 表示。在电路分析中,工程师需要遵守一种工程规范,即准确标识并区分不同类型的电路变量。

1.1.2 电压、电位与电动势

在电路中,点 a 与点 b 之间的电压 u_{ab} 定义为 dW_{ab} 与 dq 的比值,即

$$u_{ab} = \frac{dW_{ab}}{dq} \tag{1.2}$$

式中 dW_{ab}——库伦电场力将正电荷 dq 从 a 移动到 b(或将负电荷 dq 从 b 移动到 a)所做的功。

W_{ab} 的 SI 单位为焦耳(J),u_{ab} 的 SI 单位为伏特(V),且 1 V = 1 J/C。

电压又称为电位差,电位是与电压相关的另一个重要的物理量,一般用 φ 表示。分析电位时,首先要在系统中任选一点为参考点,并规定参考点的电位为零,则电路中某点与参考点之间的电压称为该点的电位。例如,假设在电路中选 c 点为参考点,即 $\varphi_c = 0$,则系统中 a 点电位为 $\varphi_a = u_{ac}$,b 点电位为 $\varphi_b = u_{bc}$。有了电位的概念,两点之间的电压就等于这两点的电位差。

电压的方向规定为从高电位指向低电位的方向,故有时将电压称为电位降。为了在电路中表示电压的方向,必须人为假定一个方向作为电压的正方向,即参考方向。同时规定,当实际方向与参考方向一致时,电压取正值;相反则取负值。规定了参考方向之后,电压便是带有正负号的代数值。电压的参考方向可用"+""−"极性符号表示,也可用双下标法表示,还可以用箭头表示。例如,在图1.4中,电压的参考方向是从 a 指向 b,即假定从 a 到 b 是电位降低的方向,则电压记为

$$u_{ab} = \varphi_a - \varphi_b$$

若从 a 到 b 实际电位是降低的,则上式中 $\varphi_a > \varphi_b$, $u_{ab} > 0$,即电压的真实方向与参考方向相同;反之,若从 a 到 b 实际电位是升高的,则上式中 $\varphi_a < \varphi_b$, $u_{ab} < 0$,即表示电压真实方向与参考方向相反。

若对同一个电压取不同的参考方向,则有

$$u_{ab} = \varphi_a - \varphi_b = -(\varphi_b - \varphi_a) = -u_{ba}$$

上式表明,对某一个电压取不同的参考方向,其绝对值相等而符号相反。

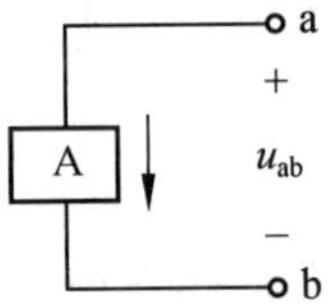

图 1.4　电压的参考方向

当电压的大小和方向不随时间变化时,称为直流电压,通常用大写字母 U 表示;当电压的大小和方向随时间周期性变化且平均值为零时,称为交变电压,通常用小写字母 u 表示。

参考方向是电路分析的一个重要概念。无论是电流还是电压,如果不确定参考方向,就难以做解析表达,也无法列写电路方程。在电路分析过程中,必须要明确定义所用电路变量的参考方向,且在分析过程中不宜随意更改,要始终保持一致,否则易导致求解混乱。

在分析电路时,通常将元件上的电压和电流取相同的参考方向,称为关联参考方向,若元件上电压与电流的参考方向相反,则称为非关联参考方向,如图1.5所示。同样,如果电路端口上的电压与电流的参考方向相同,则称为关联参考方向,否则称为非关联参考方向,如图1.6所示。这里,端口定义为与外部电路相连接的且流入流出电流相等的一对端子。

(a) 关联参考方向　　　　　　　(b) 非关联参考方向

图 1.5　元件上的参考方向

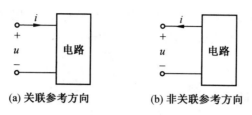

(a) 关联参考方向　　　　(b) 非关联参考方向

图 1.6　端口上的参考方向

电源在电路中起到提供电能的作用,其内部的电场力①具有将正电荷从低电位处转移至高电位处(或者将负电荷从高电位处转移至低电位处)的能力。电源端口的电位差就是电源内部电场力对电荷做功的结果,该电位差可以表示为电动势 e。电动势 e 的大小定义为

$$e = \frac{\mathrm{d}W}{\mathrm{d}q} \tag{1.3}$$

即电源电动势的大小等于电源内部的电场力将单位正电荷从负极经电源内部转移到正极所做的功。电动势的方向定义为电位升高的方向,其参考方向通常用双下标或箭头表示。如图 1.7 所示,该电源端口的电动势 e_{ba} 记为

$$e_{ba} = \varphi_a - \varphi_b = u_{ab}$$

上式表明,电源端口的电位差既可以表示为电动势 e_{ba},也可以表示为电压 u_{ab}。虽然两者方向相反,但它们的代数值相等。其中,电动势 e_{ba} 表示电位从 b 至 a 升高的量值,而电压 u_{ab} 表示电位从 a 至 b 降低的量值。

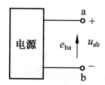

图 1.7　电源电动势及其参考方向

1.1.3　电功率

在电路分析中,电功率和能量的计算也是非常重要的。因为,尽管在基于系统的电量分析和设计中,电压和电流是有用的电路变量,但是系统有效的输出经常是非电气的,这种输出用电功率和能量来表示比较合适。另外,实际的电气设备、元器件本身除了有额定电压、额定电流的限制,还有功率的限制,即额定功率(rated power)。额定功率是指实际的电气设备、元器件长期安全使用所允许的最大功率。如果实际功率超过额定值,电气设备或元器件就可能加速损耗甚至毁坏。

---

① 　电源内部电场力可分为感应电场力与局外电场力,如当发电机作为电源时,由电磁感应形成的感应电场力使得电源内部的电荷做定向运动;而当电池作为电源时,由化学作用形成的局外电场力使得电源内部的电荷做定向运动。

电功率是描述电能转换或传输速率的物理量,简称功率,用 p(交流)或 P(直流)表示。若在 dt 时间内,消耗或吸收的能量为 dW,则电功率定义为

$$p = \frac{dW}{dt} \qquad (1.4)$$

由式(1.1)、式(1.2)可得

$$dW = u\,dq = ui\,dt$$

代入式(1.4),得

$$p = \frac{dW}{dt} = ui \qquad (1.5)$$

式(1.5)说明,电功率在量值上等于电压与电流的乘积,是一种复合电路变量,其 SI 单位为瓦特(W),且 $1\text{ W} = 1\text{ V} \times 1\text{ A}$。

在计算某个元件或端口的功率时,必须指明该元件或端口是吸收还是发出功率,这样才能得出具有实际意义的功率计算结果。如果已知某元件或端口的电流与电压的实际方向,则可以直接判定其是吸收还是发出功率。当某元件或端口上的电流和电压实际方向一致时,该元件或端口在吸收功率,说明正电荷沿着电压(降)方向运动,且正电荷的电势能逐渐减小。根据能量守恒原理,这部分减小的能量被元件吸收并转换为其他形式的能量。反之,当电压和电流的实际方向相反时,该元件或端口在发出功率。例如,电阻器在工作过程中,其电压和电流的实际方向一致,因此电阻器总是吸收功率的;而电源在对外提供电能时,其电压和电流的实际方向总是相反的。

根据以上分析,可以推广到直接利用所选电压与电流的参考方向和计算结果的符号来判定功率。

如果某元件或端口的电流与电压为关联参考方向,则根据功率计算公式有

$$p = ui$$

结果表明,该元件或端口在"吸收"功率。然而 u 与 i 都是代数值,实际是否在吸收功率则要结合计算结果的正负才能判定:如果计算结果为正值,则该元件或端口实际上是在吸收功率;若结果为负值,则实际上是在发出功率。

如果元件或端口的电流与电压为非关联参考方向,则表示该元件或端口在"发出"功率,而实际是否在发出功率,也要根据计算结果的正负才能判定。

根据功率与能量的物理关系,由式(1.4)可得,在 $t_0 \sim t$ 时间内,电路吸收(电压与电流为关联参考方向)或发出(电流与电压为非关联参考方向)的能量为

$$W(t) = \int_{t_0}^{t} p(\xi)\,d\xi = \int_{t_0}^{t} u(\xi)i(\xi)\,d\xi \qquad (1.6)$$

电能的 SI 单位是焦耳(J),且 $1\text{ J} = 1\text{ W} \cdot \text{s}$。电能吸收或者发出的情况与判定功率的吸收和发出一致,要同时根据式(1.6)的计算结果,以及电流与电压的参考方向来判断元件或端口实际上是吸收电能还是发出电能。

【例 1.1】 求图 1.8 所示电路中各元件的发出或吸收功率。

解 图 1.8(a)所示元件上的电流与电压为关联参考方向,因此该元件的吸收功率为

$$P = (-2\text{A}) \times 10\text{ V} = -20\text{ W}$$

故该元件吸收了 -20 W 的功率,即实际发出 20 W 的功率。

图 1.8　例 1.1 电路

图 1.8(b) 所示元件上的电流与电压为非关联参考方向,因此该元件的发出功率为

$$P = 3 \text{ A} \times 5 \text{ V} = 15 \text{ W}$$

故该元件实际发出 15 W 的功率。

【例 1.2】　图 1.9 所示电路中,$U_1 = 2$ V,$I_1 = -5$ A,$U_2 = -3$ V,$I_2 = 6$ A,求二端口电路 N 的吸收功率。

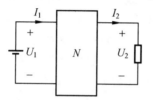

图 1.9　例 1.2 电路

解　二端口电路 N 的吸收功率等于左右两个端口吸收功率之和。

左侧端口 U_1 与 I_1 是关联参考方向,因此该端口的吸收功率为

$$P_1 = U_1 I_1 = 2 \text{ V} \times (-5) \text{A} = -10 \text{ W}$$

右侧端口 U_2 与 I_2 是非关联参考方向,因此该端口的发出功率为

$$P_2 = U_2 I_2 = (-3) \text{V} \times 6 \text{ A} = -18 \text{ W}$$

右侧端口实际吸收功率为 18 W,因此二端口电路 N 的吸收功率为

$$P = -10 \text{ W} + 18 \text{ W} = 8 \text{ W}$$

1.2　电阻元件

　　电阻元件是电路模型中最常见的电路元件之一,是电阻器、电炉、电熨斗、白炽灯等实际电子元器件的理想化模型,这些电子元器件主要的、共同的特征是将电能转换为热能。电阻元件就是用来表示电路中消耗电能这一物理现象的理想元件。电路中的任何元器件都具有一定的电阻,甚至用于连接元器件的导线也不例外。通常情况下导线电阻与电路其他元器件的电阻相比非常小,为了简化电路分析可以忽略导线电阻。但在特定条件下这样的处理方式是错误的,如上千千米长的传输电缆,或者高频电子电路中使用的微米级导线或通道①。

　　为了适应工程需要和特定的电路结构,电子电路中的电阻器被制造成不同的尺寸和

---

　　①　本书在电路理论部分只涉及集中参数元件,即元件各向尺寸远小于电磁量工作频率下电磁波的波长,而无须考虑电磁量的空间分布。远距离输电网络及高频电子电路属于分布参数电路,需要考虑电磁量的空间分布性,需要应用分布参数电路的理论进行分析。

形状,集成电路中的电阻器可通过扩散工艺制造。图 1.10 给出了一些分立式电阻器示例。电阻元件符号如图 1.11 所示,其中,图 1.11(a) 表示固定电阻,图 1.11(b) 表示可调电阻。

图 1.10　分立式电阻器示例

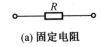

(a) 固定电阻

(b) 可调电阻

图 1.11　电阻元件符号

在电路模型中,每种元件都具有独特的电磁特性,这些特性可以用元件上特定电磁量之间的代数关系来描述。因此,可以通过这些代数关系来区分和定义不同的元件。从广义上来讲,元件上的电压与电流是代数关系,可以用 $u \sim i$ 关系曲线来表示,这种元件就称为电阻元件,简称电阻。线性二端电阻端口的电压与电流遵循欧姆定律(Ohm's law),即 u 与 i 是成正比的代数关系。图 1.12(a) 所示线性二端电阻的 u、i 参考方向相同,欧姆定律表达式为

$$u = Ri \tag{1.7}$$

或

$$i = Gu \tag{1.8}$$

式中　R——电阻(resistance),其 SI 单位为欧姆(Ω),简称欧,$1\ \Omega = 1\ \text{V}/1\ \text{A}$,用以衡量阻碍电流的能力;

G——电导(conductance),其 SI 单位为西门子(S),$1\ \text{S} = 1\ \text{A}/1\ \text{V}$,用以衡量导通电流的能力。

电阻与电导是反映同一电阻元件性能而互为倒数的两个参数,即

$$R = \frac{1}{G}$$

若电阻端口的 u、i 参考方向相反,则式(1.7)与式(1.8)中应添入负号。若线性二端电阻端口的 u 与 i 取关联参考方向且 R 或 G 都是正值,则 $u \sim i$ 关系用图像表示时,是一条通过 $u \sim i$ 坐标原点的直线,且位于第 Ⅰ、第 Ⅲ 象限,如图 1.12(b) 所示。

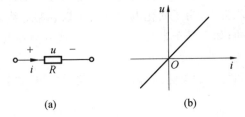

(a)　　　　　　　　(b)

图 1.12　线性二端电阻及其特性曲线

如果电阻 $R = 0$,则当通过任意有限电流时其电压恒为零,故相当于短路。短路可视为一端口电路的一种特殊工作状态,端口特性方程可表示为

$$u = 0$$

设一端口电路 N 内部短路,此时端口特性曲线与 i 轴重合,如图 1.13(a) 所示。

如果电导 $G = 0$,则当两端施加任意有限电压时其电流恒为零,故相当于开路。开路也可视为一端口电路的一种特殊工作状态,其端口特性方程为

$$i = 0$$

设一端口电路 N 内部开路,此时端口特性曲线与 u 轴重合,如图 1.13(b) 所示。

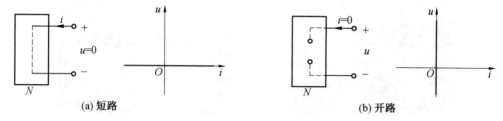

(a) 短路　　　　　　　　　　　　　　　(b) 开路

图 1.13　短路与开路

必须强调的是,只有线性电阻才遵循欧姆定律。如果电阻端口的电压、电流关系不是通过 $u \sim i$ 坐标原点的直线,就称为非线性电阻。实际电阻器的 $u \sim i$ 关系都是近似线性的,其电阻值只是在一定的电流、电压或电功率范围内保持为常数,并且还可能取决于温度和其他环境因素。非线性电阻并不是不需要的元器件,尽管非线性电阻的存在使得分析变得较为复杂,但有些元器件的性能正是依赖其非线性或因非线性的存在而使其性能得到改进的。如保险丝和稳压二极管都是非线性程度很大的元器件,在电路设计中正是利用了它们的非线性特性。本书在电路理论基础部分主要讨论线性电阻,没有特别说明的电阻都是指线性电阻。

若 R 与 G 都是正值,且 u、i 取关联参考方向,则该电阻的吸收功率为

$$p = ui = i^2 R = u^2 G \tag{1.9}$$

式(1.9)表明,正电阻吸收的功率是非负值,故电阻元件属于耗能元件。从能量的观点看,电阻在区间 $(-\infty, t)$ 消耗的电能为

$$W(t) = \int_{-\infty}^{t} p(\xi) \mathrm{d}\xi = R \int_{-\infty}^{t} i^2(\xi) \mathrm{d}\xi = G \int_{-\infty}^{t} u^2(\xi) \mathrm{d}\xi \tag{1.10}$$

对于非负电阻,在任一时刻,式(1.10)的结果为非负值。这表明,从全过程看,正电阻只能吸收电能而不能产生电能,具有这种性质的元件称为无源元件。在电路模型中,可以用一些特殊电路模拟负电阻,负电阻将输出功率,对外提供电能,是一种有源元件。

1.3　电源元件

电源是提供电能或电信号的设备。电源元件是实际电源的理想化模型,它忽略了内部功率损耗等次要因素,突出了其本质特征。根据对外特性的不同,理想电源元件可以分为理想电压源和理想电流源,本书分别简称为电压源和电流源。

1.3.1　电压源

图 1.14 所示为实际电压源(电池和稳压电源)示例。在电路模型中,用电压源来近似

表示电池或稳压电源的电磁特性。电压源是能够提供确定端口电压 u_S 的电路元件,且 u_S 与流过本元件的电流无关。常用的电压源符号如图 1.15 所示。其中,图 1.15(a) 表示直流电压;图 1.15(b) 表示交流电压;图 1.15(c) 既可以表示直流电压源也可以表示交流电压源。图 1.15(b) 与图 1.15(c) 的符号必须要用"+""一"号表示电压源的参考方向。本书一般采用图 1.15(c) 所示的通用电压源符号。

(a) 电池

(b) 稳压电源

图 1.14　实际电压源示例

(a) 直流电压源　(b) 交流电压源　(c) 通用电压源

图 1.15　常用的电压源符号

电压源的端口 $u \sim i$ 关系可以用特性方程表示

$$u = u_S \tag{1.11}$$

式(1.11)中不包含端口电流 i,说明 i 不受本元件约束,而是由与其相连的电路来确定。u_S 称为源电压,可以是常量(如直流电压源),记作 $u_S = U_S$;也可以随时间按确定规律变化(如正弦交流电压源),记作 $u_S = u_S(t)$。

图 1.16 所示为电压源(u_S)及其端口($u \sim i$)特性曲线。其中,图 1.16(b) 所示端口特性曲线与 i 轴平行,位于第 Ⅰ、第 Ⅱ 象限,说明 $u_S = U_S > 0$。由于图 1.16(a) 所示端口的 u 与 i 取非关联参考方向,因此电压源 u_S 的发出功率为

$$p = u_S i$$

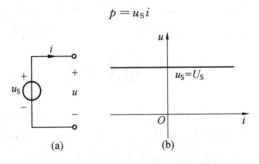

图 1.16　电压源及其端口特性曲线

当 $i > 0$ 时,则发出功率 $p > 0$,表示电压源 u_S 在输出功率,处于供电状态($u \sim i$ 关系位于第 Ⅰ 象限);当 $i < 0$ 时,则发出功率 $p < 0$,表示电压源 u_S 在吸收功率,处于用电状态

（$u \sim i$ 关系位于第 Ⅱ 象限），此时电压源已成为负载而消耗电能，如锂电池在充电时的状态。

在电路模型中，若电压源 $u_S = 0$，则电压源的两端没有电位差或电压存在，说明此时电压源没有为电路提供能量或信号，在电路中不起作用，相当于短路状态。

1.3.2　电流源

在测量及控制技术中，稳流电源是一种常用的设备，用于提供稳定的电流输出。如果其输出电流不随时间变化，则称为恒流源。图 1.17 所示为实际电流源示例。其中，图 1.17(a) 所示光电池在一定条件下具有恒流源的特性。图 1.17(b) 所示实验室使用的稳流电源通常使用电子元件来实现，并需要交流电源供电。

在电路模型中，用电流源近似表示稳流电源的电磁特性。电流源是指能够输出确定的端口电流 i_S，且 i_S 与端口电压无关的元件。常用的电流源符号如图 1.18 所示，符号中必须要标明输出电流的参考方向。

电流源的端口 $u \sim i$ 关系可以用特性方程表示

$$i = i_S \tag{1.12}$$

式(1.12)中不包含端口电压 u，说明 u 不受本元件约束，而是由与其相连的电路来确定。i_S 称为源电流，可以是常量（即恒流源），记作 $i_S = I_S$；也可以是确定的时间函数，记作 $i_S = i_S(t)$。

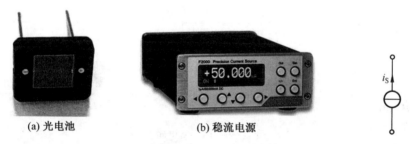

(a) 光电池　　　　　　　　(b) 稳流电源

图 1.17　实际电流源示例　　　　　　　　　图 1.18　常用的电流源符号

图 1.19 所示为电流源(i_S)及其端口($u \sim i$)特性曲线。图 1.19(b) 所示端口特性曲线与 u 轴平行，且位于第 Ⅰ、第 Ⅳ 象限，说明 $i_S = I_S > 0$。由于图 1.19(a) 所示端口的 u、i 取非关联参考方向，故电流源 i_S 的发出功率为

$$p = u i_S$$

当 $u > 0$ 时，则发出功率 $p > 0$，表示电流源 i_S 在输出功率，处于供电状态（$u \sim i$ 关系位于第 Ⅰ 象限）；当 $u < 0$ 时，则发出功率 $p < 0$，表示电流源 i_S 在吸收功率，处于用电状态（$u \sim i$ 关系位于第 Ⅳ 象限）。

在电路模型中，若电流源 $i_S = 0$，则表明电流源没有输出电流，说明此时电流源在电路中不起作用，相当于开路状态。

电压源与电流源能无限地对外提供电能，属于有源元件。电压源的端口电压和电流源的端口电流是独立存在、不受控制的，与电路中其他电压、电流无关，故又称为独立电源（简称独立源）。从电路中各电压、电流的因果关系来看，独立源是维持各电压、电流存在

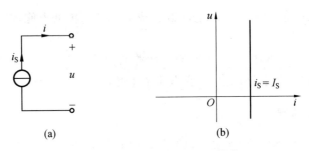

图 1.19 电流源及其端口特性曲线

的原因,因此也称为激励(excitation)。在激励的作用下,电路中产生的电压或电流,称为响应(response)。

【例 1.3】 利用理想电压源与理想电流源的定义,说明图 1.20 中哪些电路连接是允许的,哪些违反了约束。

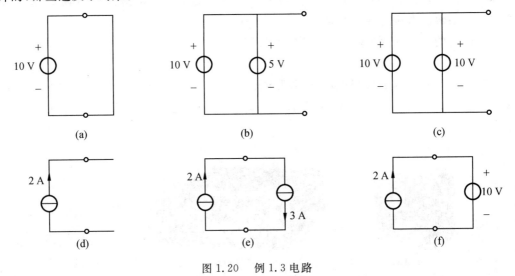

图 1.20 例 1.3 电路

解 图 1.20(a) 所示连接是错误的,电压源被短路,使其端口电压为 0 V,与该电压源能够提供确定的 10 V 电压相矛盾。因此,电压源不允许短路。

图 1.20(b) 所示连接是错误的,10 V 电压源与 5 V 电压源各自提供确定的电压,不能接在同一个端口。

图 1.20(c) 所示连接是正确的,两个电压源提供相同的电压,接在同一个端口,只要每个电压源提供的电压大小与极性相同,连接就是正确的。

图 1.20(d) 所示连接是错误的,电流源被开路,端口电流为 0 A,与该元件能够提供确定的 2 A 电流相矛盾。因此,电流源不允许开路。

图 1.20(e) 所示连接是错误的,两个电流源提供不同的电流,不可串接在一起。

图 1.20(f) 所示连接是正确的,电流源的端口电压是由电压源确定的,电压源流过的电流是由电流源确定的。

1.3.3　受控电源

除了独立源以外,电路模型中还有一种常用电源,其提供的电压或电流并非独立存在,而受电路中另一处的电压或电流控制,称为受控电源,简称受控源。由于控制量可以是电压或电流,被控制的输出量也可以是电压或电流,因此共有四种受控源:电压控制电压源(VCVS),电流控制电压源(CCVS),电压控制电流源(VCCS),电流控制电流源(CCCS)。为了与独立源加以区分,以菱形符号表示受控源,其名称及符号如图 1.21 所示。

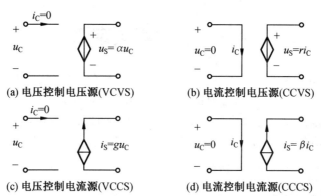

图 1.21　受控源的名称及符号

受控源的端口方程如下。

电压控制电压源(VCVS):

$$\begin{cases} u_S = \alpha u_C \\ i_C = 0 \end{cases} \tag{1.13}$$

电流控制电压源(CCVS):

$$\begin{cases} u_S = r i_C \\ u_C = 0 \end{cases} \tag{1.14}$$

电压控制电流源(VCCS):

$$\begin{cases} i_S = g u_C \\ i_C = 0 \end{cases} \tag{1.15}$$

电流控制电流源(CCCS):

$$\begin{cases} i_S = \beta i_C \\ u_C = 0 \end{cases} \tag{1.16}$$

式(1.13) ~ (1.16) 中,带下标 S 的变量表示输出源电压或输出源电流;带下标 C 的变量表示控制电压或控制电流;参量 α、r、g 也称为控制系数,它们均为常数且具有不同的量纲。由于控制量与被控输出量之间存在线性关系,因此以上四种受控源也称为线性受控源。

受控源与独立源的本质区别在于,独立源提供的电压或电流是独立存在的,在电路中产生输出或者响应,起激励的作用。而受控源单独存在时并无输出,在电路中没有激励的作用,仅反映电压或电流的控制或耦合(两个模块之间的关联程度)关系。

受控源是一种二端口元件,包括控制端口和输出端口。由于其控制量可以是开路电压或短路电流,因此控制端口的功率为零。在实际电路中,通常不需要专门画出受控源的控制端口,只需在菱形符号旁注明控制关系,并在电路中标注控制量即可。

受控源在建立复杂系统的模型时非常有用,可以简化系统分析。例如,晶体管、集成运算放大器等电子器件的电路模型中经常使用受控源。含有受控源的电路分析较为复杂。本书在后续内容介绍晶体管和集成运算放大器时,并没有利用受控源建立相关模型,而是采用了更为简化的处理方法。因此,本书较少讨论含有受控源电路的分析和计算。

1.4　基尔霍夫定律

通常来说,电路分析就是要确定电路中所有的电压与电流,这些电压与电流应受到电路结构和元件的约束。1845 年,德国物理学家基尔霍夫(1824—1887 年)建立了电路结构对电压、电流的约束关系,用数学形式表述了结构约束的两个定律,分别称为基尔霍夫电流定律(Kirchhoff's current law,KCL)和基尔霍夫电压定律(Kirchhoff's voltage law,KVL)。

1.4.1　电路结构

为了便于叙述与应用基尔霍夫定律,首先以图 1.22 所示电路结构为例,介绍描述电路结构的相关术语。

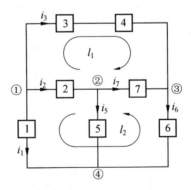

图 1.22　电路结构示例

电路模型是由电路元件连接组成的。每一个二端元件可以构成一条支路(branch)。为了方便分析,可以把若干串接在一起且流过相同电流的元件视为一条支路。图 1.22 所示电路中共有 7 个元件,其中元件 3、元件 4 可当成一条支路,故图中共标出 6 条支路电流。支路与支路的连接点称为节点(node),如图 1.22 中的节点集合{①,②,③,④}。

由支路连接而成的一条通路称为路径(path)。闭合的路径称为回路(loop),且要求该闭合路径中每条支路只经过一次。例如,图 1.22 所示的回路 l_1 与 l_2,回路有顺时针和逆时针两个方向。

如果电路中除节点外,各支路都不相交,则这种电路称为平面电路,否则称为非平面电路。在平面电路中,不与其他支路相交的回路称为网孔(mesh),它是最简的回路。例如,图 1.22 所示电路中的回路 l_1 是网孔,回路 l_2 则不是网孔。

1.4.2　基尔霍夫电流定律

基尔霍夫电流定律(KCL)表述为:在任一时刻,流出任一节点的各支路电流代数和等于零。用公式表示为

$$\sum i_k = 0 \tag{1.17}$$

式中　i_k——与该节点相连接的第 k 条支路电流。

应用式(1.17)时通常规定,当电流参考方向流出节点时,电流 i_k 的前面取"+"号;当电流参考方向流入节点时,电流 i_k 的前面取"—"号。式(1.17)称为节点的 KCL 方程,它是电荷守恒定律及电流连续性在任一节点处的具体反映。下面以图 1.23 所示电路为例,分别列写各节点的 KCL 方程:

$$\text{节点 ①：}\quad i_1 + i_2 + i_3 = 0$$
$$\text{节点 ②：}\quad -i_2 + i_5 + i_7 = 0$$
$$\text{节点 ③：}\quad -i_3 + i_6 - i_7 = 0$$
$$\text{节点 ④：}\quad -i_1 - i_5 - i_6 = 0$$

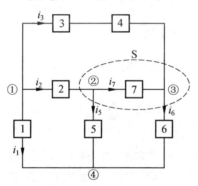

图 1.23　基尔霍夫电流定律示例

以上 4 个节点的 KCL 方程并不是独立的,但是只要去掉其中一个节点的 KCL 方程,剩下 3 个节点的 KCL 方程便是一组独立方程。推广到一般情况就是,如果电路中有 n 个节点,可任意选择 $n-1$ 个节点列写独立的 KCL 方程。

KCL 还可以推广运用到流出闭合边界的支路电流,表述为:任一时刻,流出任一闭合边界的支路电流代数和等于零。对图 1.23 所示电路中的闭合边界 S 列写 KCL 方程,可得

$$\text{闭合边界 S：}\quad -i_2 - i_3 + i_5 + i_6 = 0$$

KCL 的推广形式很容易加以验证,只要将闭合边界内各节点的 KCL 方程相加即可。如这里将节点 ② 与节点 ③ 的 KCL 方程相加即可得到闭合边界 S 的 KCL 方程。

若将流出节点的电流保持在等号一侧,流入节点的电流移至等号另一侧,则闭合边界 S 的 KCL 方程可以写成

$$\text{闭合边界 S：}\quad i_5 + i_6 = i_2 + i_3$$

这表明,任一时刻,流出任一节点(或闭合边界)的电流代数和等于流入电流的代数和,即

$$\sum i_{流出} = \sum i_{流入} \tag{1.18}$$

【例1.4】　已知图1.24所示部分电路中,$I_1 = 1$ A,$I_2 = -2$ A,$I_3 = 3$ A,求电流 I_6。

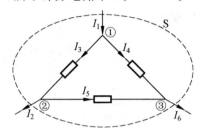

图1.24　例1.4电路

解　根据式(1.18)对节点①、节点②列写 KCL 方程,可得

节点①：　$I_4 = I_1 - I_3 = 1$ A $- 3$ A $= -2$ A

节点②：　$I_5 = -I_2 + I_3 = -(-2\ \text{A}) + 3$ A $= 5$ A

再对节点③列写 KCL 方程可得

节点③：　$I_6 = I_4 + I_5 = -2$ A $+ 5$ A $= 3$ A

本题也可以直接对闭合边界 S 列写 KCL 方程,即

闭合边界 S：　$I_6 = I_1 - I_2 = 1$ A $- (-2\ \text{A}) = 3$ A

1.4.3　基尔霍夫电压定律

基尔霍夫电压定律(KVL)表述为:在任一时刻,沿任一回路各支路电压的代数和等于零,即

$$\sum u_k = 0 \tag{1.19}$$

式中　u_k——该回路的第 k 个支路电压。

通常规定,当支路电压 u_k 参考方向与回路方向相同时,u_k 的前面取"+"号;否则取"—"号。式(1.19)称为回路的 KVL 方程,它反映了电路中电场力对电荷做功与路径无关的物理本质。下面以图1.25所示电路为例,首先列写回路 l_1、l_2 及 l_3 的 KVL 方程：

回路 l_1：　$-u_1 + u_2 + u_5 = 0$

回路 l_2：　$-u_5 + u_6 + u_7 = 0$

回路 l_3：　$-u_1 + u_3 + u_4 + u_5 - u_7 = 0$

可以看出,以上3个 KVL 方程彼此独立,如果再取其他回路列 KVL 方程,则这些方程不再独立。如在图1.25中取回路 l_4(虚线所示回路),列写 KVL 方程,可得

回路 l_4：　$-u_1 + u_2 + u_6 + u_7 = 0$

该方程可由回路 l_1 与 l_2 的 KVL 方程相加得到。可以验证:任一回路的 KVL 方程均是组成该回路的各个网孔上 KVL 方程的代数和。但是每个网孔的 KVL 方程却不能表示成其余网孔 KVL 方程的代数和或其他线性组合。由此可见,平面电路网孔上的 KVL 方程是一组独立方程。设电路有 b 条支路,n 个节点,可以证明:平面电路的网孔数即独立 KVL 方程的数目等于 $b - (n-1)$。当然取网孔列方程只是获得独立 KVL 方程的充分条

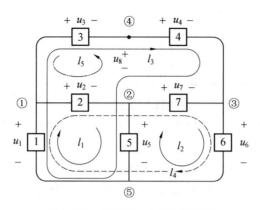

图 1.25　基尔霍夫电压定律示例

件,而不是必要条件。例如,上述回路 l_1、l_2 及 l_3 的 KVL 方程是一组独立方程,其中包含了两个网孔和一个非网孔的回路。但是无论如何选择回路,独立 KVL 方程的数目是一样的。

KVL 方程还有另一种表述形式:沿任一回路,各支路电压降的代数和等于电压升的代数和,即

$$\sum u_{电压降} = \sum u_{电压升} \tag{1.20}$$

由于电路中任意两点之间的电压具有确定值,因此 KVL 还可以推广到广义回路(跨越空间的假想回路)所包含的支路电压。例如,图 1.25 所示电路中,节点 ② 和节点 ④ 之间不存在直接相连接的支路,但仍可以对假想回路 l_5(点划线所示回路)列写 KVL 方程,可得

$$回路 l_5: \quad u_2 - u_3 - u_8 = 0$$

KVL 的推广形式很容易加以验证,只要将跨越空间的支路看成无穷大的电阻支路即可。

【例 1.5】　求图 1.26 所示电路中的电流 I、电压 U_2,以及节点 ① 的电位 φ_1。

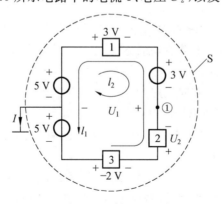

图 1.26　例 1.5 电路

解　首先在电路中取闭合边界 S,只有接地端电流 I 流出闭合边界,根据 KCL 可得

$$闭合边界 S: \quad I = 0 \text{ A}$$

在电路中取回路 l_1,列写 KVL 方程,可得

回路 l_1： $U_2 = 3\,\text{V} + 3\,\text{V} - 5\,\text{V} - 5\,\text{V} - (-2\,\text{V}) = -2\,\text{V}$

根据电位的定义，$\varphi_1 = U_1$，取假想回路 l_2，列写 KVL 方程，可得

回路 l_2： $\varphi_1 = U_1 = 5\,\text{V} - 3\,\text{V} - 3\,\text{V} = -1\,\text{V}$

Multisim[①] 仿真实践：基尔霍夫定律的验证

基尔霍夫电流定律验证电路如图 1.27 所示，在电路中，每条支路串联的电流表用于测量其电流值 $I_1 \sim I_6$。

分别以 a、b、c、d 四个节点为对象，根据测量的电流值数据进行分析和计算，可得流入该节点的电流数值总和与流出该节点的电流数值总和相等，从而验证基尔霍夫定律。

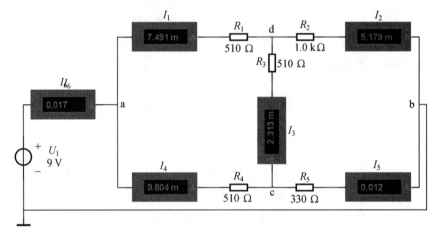

图 1.27　基尔霍夫电流定律验证电路

1.5　本章小结

（1）电流、电压是两个常用的电路变量。电流的大小等于单位时间内通过某截面的电荷量，电流的方向规定为正电荷运动的方向；电压的大小等于电场力将正电荷 dq 从 a 移动到 b（或将负电荷 dq 从 b 移动到 a）所做的功，电压的方向规定为电位降低的方向。电动势表示电源端口的电位差，其方向规定为电位升高的方向。

（2）在分析电路时，通常难以确定电流、电压的真实方向。因此要约定电流、电压的参考方向。依参考方向列写电路方程。确定参考方向后，电流、电压都是代数值，其正负号表明真实方向与参考方向的关系。

（3）功率表示电能的转换或传输速率，其大小等于电压与电流的乘积。当计算元件或电路某端口的功率时，先要判断所用电压、电流的参考方向，当元件或端口的电压、电流为关联参考方向时，则吸收功率 $p = ui$；当元件或端口的电压、电流为非关联参考方向时，

---

① 　Multisim 仿真软件的使用可以参考本书的附录一。

则发出功率 $p=ui$。而实际是吸收功率还是发出功率,还要结合计算结果的正负号才能判定。

　　(4)线性二端电阻两端的电压、电流遵循欧姆定律,电压、电流关系曲线是一条通过原点的直线。由于正电阻消耗功率非负,因此是耗能的无源元件。

　　(5)独立电源包括电压源与电流源。电压源的端口特性是由电压确定的,与其流过的电流无关;电流源的端口特性则是由电流确定的,与其端口的电压无关。它们都是有源元件。源电压为零时,电压源相当于短路;源电流为零时,电流源相当于开路。受控电源是二端口有源元件,其输出电压或输出电流受另一电压或电流控制,因此这种电源是非独立电源。独立源与非独立源都是有源元件。

　　(6)基尔霍夫电流定律是对与节点相连接的各支路电流的约束,基尔霍夫电压定律是对回路所包含的各支路电压的约束。因此,基尔霍夫定律也称为电路的结构约束,它们是建立方程的重要依据。

习　题

　　1.1　图 P1.1 所示元件电压 $u=10\cos\omega t$(V)。分别求出 $\omega t=\pi/3$ 和 $\omega t=2\pi/3$ 时电压的代数值及真实方向。

　　1.2　图 P1.2 所示元件电流 $i=1-3e^{-t}$(A)。分别求出 $t=0$ 和 $t\rightarrow\infty$ 时电流 i 的代数值及真实方向。

图 P1.1　　　　　　　　　　　　图 P1.2

　　1.3　求图 P1.3 所示各元件的发出功率或吸收功率 P_A、P_B 和 P_C。

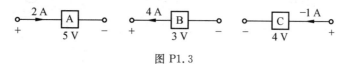

图 P1.3

　　1.4　求图 P1.4 所示电路中的电压 U。

　　1.5　求图 P1.5 所示电路中的电流 I。

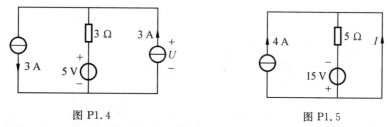

图 P1.4　　　　　　　　　　　図 P1.5

　　1.6　求图 P1.6 所示电路中的电压 U。

　　1.7　如图 P1.7 所示电路,若电流 $I=0$ A,求电阻 R。

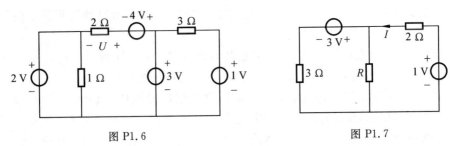

图 P1.6 　　　　　　　　　　　　图 P1.7

1.8　求图 P1.8 所示电路中的 U_1、U_2、U_3 和 I_4、I_5、I_6。

1.9　求图 P1.9 所示电路中各电压源吸收或发出的功率。

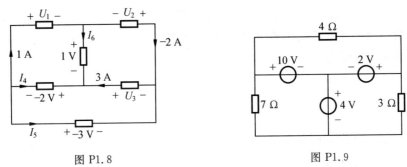

图 P1.8 　　　　　　　　　　　　图 P1.9

1.10　求图 P1.10 所示电路中各电流源的端电压及吸收功率或发出功率。

1.11　求图 P1.11 所示电路中电流 I_1、I_2 及 A 点和 B 点的电位 φ_A、φ_B。

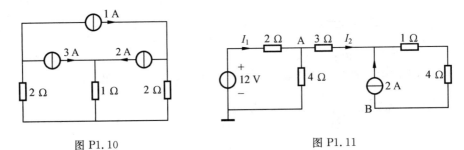

图 P1.10 　　　　　　　　　　　　图 P1.11

1.12　如图 P1.12 所示电路,求电压 U_{ab}。

1.13　求图 P1.13 所示电路中的 a 点电位。

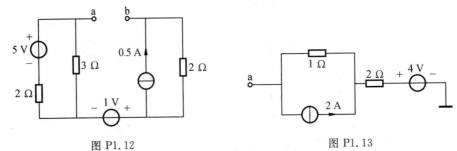

图 P1.12 　　　　　　　　　　　　图 P1.13

1.14　图 P1.14 所示电路中 $R_1 = 2\ \text{k}\Omega$,$R_2 = 3\ \text{k}\Omega$,试求 U_2、U_4,并讨论 R_1 的量值对 U_2、U_4 有无影响;R_2 的量值对 I_1、I_3 有无影响。

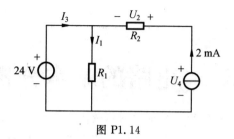

图 P1.14

第2章 电路的基本分析方法

通常电路分析是基于元件约束关系和结构约束关系的,是根据电路中已知的电压和电流来求解未知的电压和电流。本章主要以直流电路为分析对象,讨论电路分析的基本方法,包括等效变换分析法、列方程法及电路定理分析法三类。这些基本方法可以推广到交流电路、动态电路等其他类型的电路分析中。

2.1 等效变换分析法

2.1.1 等效的定义

等效是电路中的重要基础概念,也是化简和求解电路的常用方法。两个电路等效是指它们的端口外特性相同,即端口上的 $u \sim i$ 关系(VCR)相同。如图 2.1 所示,若图 2.1(a) 中的二端电阻网络 N_1 与图 2.1(b) 的电阻 R_{eq} 等效,则网络 N_1 与电阻 R_{eq} 具有相同的 VCR 方程或 VCR 曲线(图 2.1(c))。用电阻 R_{eq} 代替网络 N_1 之后,不会改变外电路(即图 2.1 中的网络 N_2)中任一处的电压和电流。因此,等效是指对外电路而言,它们的作用是相同的。故利用等效变换可以化简复杂电路,从而简化求解过程。

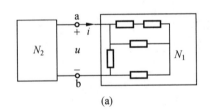 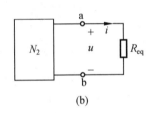 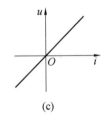

图 2.1 等效示例

以下内容先介绍电阻的串、并联等效变换,再讨论含源电路的等效变换。

2.1.2 电阻网络的等效

1. 电阻的串联

各元件首尾依次串接在一起而流过同一电流,这种结构称为串联。图 2.2(a) 所示为电阻 R_1 与 R_2 串联的结构,若求其等效电阻 R_{eq},则可由 KVL 及欧姆定律分别列出图 2.2(a) 与图 2.2(b) 的端口特性方程:

$$U = U_1 + U_2 = R_1 I + R_2 I = (R_1 + R_2) I \tag{2.1}$$

$$U = R_{eq} I \tag{2.2}$$

令式(2.1) 和式(2.2) 相等,即可得到等效条件:

$$R_{eq} = R_1 + R_2 \tag{2.3}$$

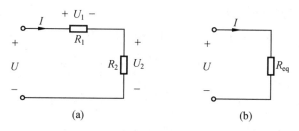

图 2.2　电阻的串联等效

即等效电阻等于两个串联电阻之和。

电阻串联常用于分压,其中每个串联电阻只承受总电压的一部分。电阻 R_1 与 R_2 的电压分别为

$$\begin{cases} U_1 = R_1 I = \dfrac{R_1}{R_1 + R_2} U \\ U_2 = R_2 I = \dfrac{R_2}{R_1 + R_2} U \end{cases} \tag{2.4}$$

电阻串联时流过相同的电流,因此电阻 R_1 与 R_2 吸收的功率为

$$\begin{cases} P_1 = R_1 I^2 \\ P_2 = R_2 I^2 \end{cases} \tag{2.5}$$

由式(2.4)、式(2.5)可得

$$\frac{U_1}{U_2} = \frac{P_1}{P_2} = \frac{R_1}{R_2} \tag{2.6}$$

同理,当 N 个电阻串联时,其等效电阻等于 N 个电阻之和,即

$$R_{eq} = \sum_{k=1}^{N} R_k \tag{2.7}$$

且各串联电阻上的电压与吸收的功率均与它们的电阻值成正比。

2. 电导的并联

各元件都接在同一对节点之间而承受相同的电压,这种结构称为并联。图 2.3 所示为电导 G_1 与 G_2 并联的结构,若求其等效电导 G_{eq},则可由 KCL 及欧姆定律分别列出图 2.3(a) 与图 2.3(b) 的端口特性方程:

$$I = I_1 + I_2 = (G_1 + G_2)U \tag{2.8}$$

$$I = G_{eq}U \tag{2.9}$$

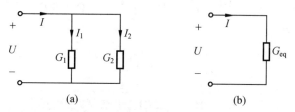

图 2.3　电导的并联等效

令式(2.8)和式(2.9)相等,即可得到等效条件:

$$G_{eq} = G_1 + G_2 \tag{2.10}$$

即等效电导等于两并联电导之和。

电导并联常用于分流,电导 G_1 与 G_2 的电流分别为

$$\begin{cases} I_1 = G_1 U = \dfrac{G_1}{G_1 + G_2} I = \dfrac{R_2}{R_1 + R_2} I \\ I_2 = G_2 U = \dfrac{G_2}{G_1 + G_2} I = \dfrac{R_1}{R_1 + R_2} I \end{cases} \tag{2.11}$$

由于电导并联时承受相同的电压,因此电导 G_1 与 G_2 吸收的功率为

$$\begin{cases} P_1 = G_1 U^2 \\ P_2 = G_2 U^2 \end{cases} \tag{2.12}$$

由式(2.11)、式(2.12)可得

$$\frac{I_1}{I_2} = \frac{P_1}{P_2} = \frac{G_1}{G_2} \tag{2.13}$$

同理,当 N 个电导并联时,其等效电导等于 N 个电导之和,即

$$G_{eq} = \sum_{k=1}^{N} G_k \tag{2.14}$$

且各并联电导上的电流与吸收的功率均与它们的电导值成正比。

串联和并联是电路结构中最基本的连接方式。除了串联和并联之外,还有其他一些电路结构形式,如星形联结和三角形联结。在三相电路中,通常采用星形联结或三角形联结来连接三个交流电源或负载。本书将在第4.7节中介绍相关内容。

【例2.1】 电路如图2.4所示,已知 $U_s = 12$ V,$R_1 = 2$ Ω,$R_2 = 3$ Ω,$R_3 = 6$ Ω,求各电阻中的电流。

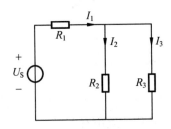

图 2.4   例 2.1 电路

解   根据电阻的串联、并联等效变换公式,可求等效总电阻为(符号 ∥ 表示并联)

$$R_{eq} = R_1 + R_2 \mathbin{/\mkern-5mu/} R_3 = R_1 + \frac{R_2 R_3}{R_2 + R_3} = 2\ \Omega + \frac{3\ \Omega \times 6\ \Omega}{3\ \Omega + 6\ \Omega} = 2\ \Omega + 2\ \Omega = 4\ \Omega$$

则各电阻中的电流为

$$I_1 = \frac{U_s}{R_{eq}} = \frac{12\ \text{V}}{4\ \Omega} = 3\ \text{A}$$

$$I_2 = \frac{R_3}{R_2 + R_3} I_1 = \frac{6\ \Omega}{3\ \Omega + 6\ \Omega} \times 3\ \text{A} = 2\ \text{A}$$

$$I_3 = I_1 - I_2 = 3\ \text{A} - 2\ \text{A} = 1\ \text{A}$$

【例2.2】 电路如图2.5所示,求端口 ab 的等效电阻 R_{eq}。

解   由图2.5可得

$$R_{eq} = R_5 + R_3 \,/\!/\, R_4 + (R_1 \,/\!/\, R_2)$$

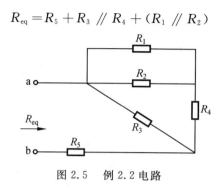

图 2.5　例 2.2 电路

2.1.3　含源支路的等效

1. 两种实际电源模型的等效变换

实际稳压电源在工作时,如果其内部损耗不能忽略,则可以抽象为理想电压源与电阻串联的电路模型,如图 2.6(a) 所示。在端口电压、电流取非关联参考方向的条件下,端口 $U \sim I$ 关系可表示为

$$U = U_s - R_i I \tag{2.15}$$

由式(2.15)可知,当端口电流 I 等于零时,端口电压 U 等于 U_s,故 U_s 表示实际稳压电源空载(输出电流 I 为零即开路)时的输出电压。在稳压电源工作过程中,随着输出电流 I 的增大,串联电阻上的分压 $R_i I$ 也相应增大(R_i 为稳压电源的等效内阻),从而使得输出电压 U 下降。因此,稳压电源端口 $U \sim I$ 关系可表示为 $U-I$ 平面上的一条直线,如图 2.6(b) 所示。这条直线与 I 轴的交点表明,如果将稳压电源端口短路(端口电压 U 为零),则输出短路电流大小为 U_s/R_i。然而实际稳压电源通常有额定输出电流的限制,在实际工作中不允许将电压源短路。

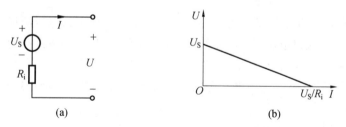

图 2.6　实际稳压电源模型及其外特性曲线

实际稳流电源工作时,如果也要考虑其内部损耗,则可以抽象为理想电流源与电导并联的电路模型,如图 2.7(a) 所示。在端口电压、电流取非关联参考方向的条件下,端口 $U \sim I$ 关系可表示为

$$I = I_s - G_i U \quad 或 \quad U = \frac{1}{G_i} I_s - \frac{1}{G_i} I \tag{2.16}$$

由式(2.16)可知,当端口电压 U 等于零时,端口电流 I 等于 I_s,故 I_s 表示实际稳流电源空载(输出电压为零即短路)时的输出电流。在稳流电源工作过程中,随着输出电压 U 的增大,并联电导的分流 $G_i U$ 也相应增大(G_i 为稳流电源的等效内导),从而使得输出电流

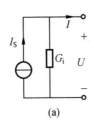 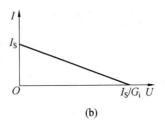

(a)　　　　　　　　　　　　　(b)

图 2.7　实际稳流电源模型及其外特性曲线

I 下降。因此,稳流电源端口 $U \sim I$ 关系可表示为 $I-U$ 平面上的一条直线,如图 2.7(b)所示。这条直线与 U 轴的交点表明,如果将稳流电源端口开路(端口电流 I 为零),则输出开路电压大小为 I_s/G_i。然而实际稳流电源通常有额定输出电压的限制,因此在实际工作中不允许将电流源开路。

当电路参数满足一定条件时,两种实际电源模型可以相互等效,即两个电路具有相同的端口 $U \sim I$ 关系。比较式(2.15)与式(2.16)可得到两个电路模型的等效变换条件,即

$$\begin{cases} U_s = I_s/G_i \\ R_i = 1/G_i \end{cases} \tag{2.17}$$

除了式(2.17)所示的数值关系外,还要注意独立源参考方向的对应关系。由于两种电源模型可以相互等效,因此实际电源都有这两种等效的电路模型。

如果忽略实际电源的内部损耗,即稳压电源内阻 $R_i = 0$,稳流电源内导 $G_i = 0$(相当于并联的内阻无穷大),则两种电源模型就成为理想电压源与理想电流源。此时无法满足等效条件 $R_i = 1/G_i$,因此理想电压源与理想电流源不能相互等效,是两个独立的电路元件。

2. 其他含源支路的等效变换

含源支路还包括电压源与其他元件并联,电流源与其他元件串联等结构。

(1)电压源与其他元件并联。

图 2.8(a)所示为电压源 U_s 与电阻 R 并联,图 2.8(b)所示为电压源 U_s 与电流源 I_s 并联,这两个一端口的端口电压 $U = U_s$,而端口电流 I 不确定,由外电路决定,这正是电压源元件的端口外特性,故这两个一端口的对外作用都可用电压源 U_s 等效代替,如图 2.8(c)所示。此时,图 2.8(a) ~ (c)中电压源输出的电流和功率均有不同,这也说明"等效"只是对外部电路而言。

(2)电流源与其他元件串联。

图 2.9(a)所示为电流源 I_s 与电阻 R 串联,图 2.9(b)所示为电流源 I_s 与电压源 U_s 串联,这两个一端口的端口电流 $I = I_s$,而端口电压 U 不确定,由外电路决定。这正是电流源元件的端口外特性,故这两个一端口的对外作用都可用电流源 I_s 等效代替,如图 2.9(c)所示。

此外,含源支路还有其他多种形式,如两个电压源串联、两个电流源并联、两个相同的电压源并联、两个相同的电流源串联等。根据电压源与电流源的端口特性,不难确定上述电源连接关系的等效电路,此处不再赘述。

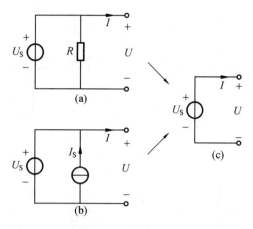

图 2.8　电压源与其他元件并联的等效变换

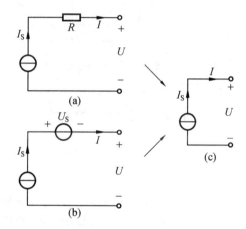

图 2.9　电流源与其他元件串联的等效变换

【**例 2.3**】　求图 2.10 所示电路中的电压 U。

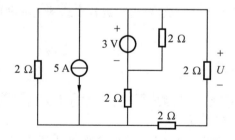

图 2.10　例 2.3 电路

解　等效变换过程如图 2.11 所示。
由图 2.11(e) 可得

$$U = -\frac{3.5\ \text{V}}{3\ \Omega + 2\ \Omega} \times 2\ \Omega = -1.4\ \text{V}$$

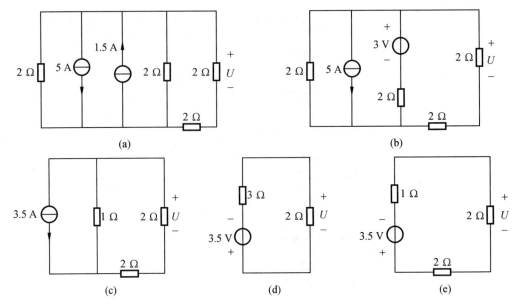

图 2.11　例 2.3 电路等效变换过程

2.2　列方程法

　　等效变换方法在电路分析中具有局限性,仅适用于特定可化简的电路结构及个别待求量的电路。若电路结构复杂或待求量众多,则等效变换法将不再适用。因此,有必要建立普遍且系统化的分析方法,适用于结构和参数已知的任意电路,并具有规律性的计算步骤,甚至可使用计算机辅助求解。本节介绍的列方程法,即根据电路变量的元件约束关系与结构约束关系,通过列写方程组的方式进行求解。

　　常用的列方程法有支路电流法、节点电压法及回路电流法。设待分析的电路具有 b 条支路、n 个节点,并已知各元件参数,要求确定各支路的电流和电压,这是电路分析的典型问题。

2.2.1　支路电流法

　　支路电流法是以 b 条支路电流为待求量,对 $n-1$ 个节点列出独立的KCL方程,对 $b-(n-1)$ 个独立回路列出 KVL 方程。

　　支路电流法是电路分析的基本方法,其他分析方法都建立在此基础上。正确列出 b 个支路电流方程的关键在于这些方程彼此独立。$n-1$ 个节点的KCL方程是一组独立的方程,而要列写出独立的 KVL 方程,则需要选取 $b-(n-1)$ 个独立回路。可以采用两种方法:一是每选取一个回路时至少要包括一条新的支路,这样该回路的 KVL 方程中就包含一个新的待求量,使得该方程独立于已列方程;二是对全部网孔列出 KVL 方程,这也是一组独立的方程。这两种方法都是充分而非必要的方法。下面通过例题讨论如何灵活掌握列写支路电流方程的方法及有关细节问题。

【例 2.4】　电路如图 2.12 所示,假设图中所有元件参数已知,试列写支路电流方程,以求解各支路电流。

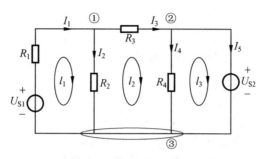

图 2.12　例 2.4 电路

解　电路结构如图 2.12 所示,节点数目 $n=3$,支路数目 $b=5$。以 5 个支路电流为待求量,需要列写 5 个方程,包括 2 个 KCL 方程和 3 个 KVL 方程。

取节点 ③ 为参考点,按照公式 $\sum i_{流出} = \sum i_{流入}$,对节点 ① 与节点 ② 分别列 KCL 方程,可得

$$节点 ①: \quad -I_1 + I_2 + I_3 = 0$$
$$节点 ②: \quad -I_3 + I_4 + I_5 = 0$$

取网孔为回路,按照公式 $\sum u_{电压降} = \sum u_{电压升}$,对回路 l_1、l_2、l_3 分别列 KVL 方程,可得

$$回路 l_1: \quad R_1 I_1 + R_2 I_2 = U_{S1}$$
$$回路 l_2: \quad -R_2 I_2 + R_3 I_3 + R_4 I_4 = 0$$
$$回路 l_3: \quad -R_4 I_4 = -U_{S2}$$

在列写方程时,通常将含有待求量(支路电流)的乘积项放在等号左侧,而将已知量放在等号右侧。这样可以将方程整理为支路电流方程的矩阵形式,并借助计算机辅助求解。如果电路中存在受控源,可以先将其视为独立源列入方程中,再将其控制量用支路电流表示,最后联立求解方程。

【例 2.5】　电路如图 2.13 所示,将例 2.4 中的电压源 U_{S2} 换成已知的电流源 I_S,再列写支路电流方程。

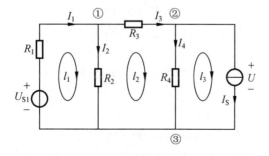

图 2.13　例 2.5 电路

解

方法一：

对节点 ① 与节点 ② 列 KCL 方程，可得

$$节点 ①： \quad -I_1 + I_2 + I_3 = 0$$

$$节点 ②： \quad -I_3 + I_4 = -I_S$$

对回路 l_1、l_2、l_3 分别列 KVL 方程，可得

$$回路 l_1： \quad R_1 I_1 + R_2 I_2 = U_{S1}$$

$$回路 l_2： \quad -R_2 I_2 + R_3 I_3 + R_4 I_4 = 0$$

$$回路 l_3： \quad -R_4 I_4 + U = 0$$

总之，虽然电流源 I_S 所在支路的电流已知，但端电压 U 未知，因此电路中缺少了一个支路电流变量，但增加了一个电压变量。待求量的数量仍然是 5 个（I_1、I_2、I_3、I_4 及电流源的端电压 U），与方程数量保持一致，可以通过联立这 5 个支路电流方程来求解。

方法二： 本题的待求量只有支路电流 I_1、I_2、I_3、I_4，不需要求解电流源的端电压 U。因此，实际只需列出 4 个独立的支路电流方程就可联立求解。如果不增设新的待求量（电流源的端电压 U），就不需要列写电流源所在回路的 KVL 方程。

因此，对节点 ①、② 列写 KCL 方程，并对回路 l_1、l_2 列写 KVL 方程，可得

$$节点 ①： \quad -I_1 + I_2 + I_3 = 0$$

$$节点 ②： \quad -I_3 + I_4 = -I_S$$

$$回路 l_1： \quad R_1 I_1 + R_2 I_2 = U_{S1}$$

$$回路 l_2： \quad -R_2 I_2 + R_3 I_3 + R_4 I_4 = 0$$

综上，由于以上方程的数量与支路电流变量的数量一致，因此不需要列写包含电流源的回路的 KVL 方程。

2.2.2　节点电压法

支路电流法以支路电流为待求量，方程数目与待求量数目相同。如果电路的支路数目较多，则方程数目也较多，求解过程较为烦琐。本节将介绍节点电压法，该方法可以减少待求量的数目，是对支路电流法的补充和改进。

1. 节点电压的概念

在电路中选定了参考点（使其电位为零），其他节点指向参考点之间的电压，称为该节点的节点电压，或节点电位。如图 2.14 所示的部分电路，以节点 ③ 为参考点，则节点 ① 与节点 ② 的节点电压可分别表示为 U_{n1} 与 U_{n2}。有了节点电压，任意两个节点之间的电压便可表示为这两个节点之间的电位差。图 2.14 中 $U_1 = U_{n1} - 0 = U_{n1}$，$U_2 = U_{n2} - 0 = U_{n2}$，$U_3 = U_{n1} - U_{n2}$。当用节点电压表示支路电压时，相当于等价地列写了 KVL 方程。图 2.14 中回路 l 的 KVL 方程为

$$回路 l： \quad -U_1 + U_2 + U_3 = 0$$

用节点电位差表示上式中的各电压可得

$$-U_{n1} + U_{n2} + (U_{n1} - U_{n2}) = 0$$

上式恒等于零，即 KVL 方程自动成立。因此，如果以电路中的节点电压为待求量，则无须再列 KVL 方程。与支路电流法相比，节点电压法可以减少 $l = b - (n-1)$ 个方程。

2. 节点电压方程的标准形式与列写规则

节点电压方程就是以 $n-1$ 个独立的节点电压为待求量列写 KCL 方程。这种分析方法称为节点电压法，或节点电位法。下面以图 2.15 所示电路为例，讨论节点电压方程的标准形式和列写规则。

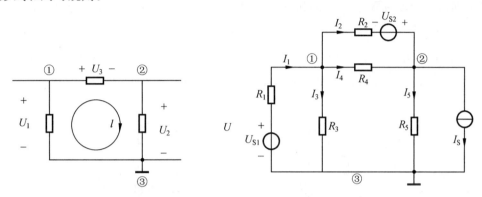

图 2.14   节点电压示例   图 2.15   节点电压法示例

在图 2.15 中，令 $U_{n3}=0$，则节点 ① 与节点 ② 的 KCL 方程为

$$\begin{cases} -I_1 + I_2 + I_3 + I_4 = 0 \\ -I_2 - I_4 + I_5 = -I_S \end{cases} \tag{2.18}$$

根据欧姆定律，用节点电压来表示各支路电流 $I_1 \sim I_5$，并代入式(2.18) 可得

$$\begin{cases} -\dfrac{U_{S1}-U_{n1}}{R_1} + \dfrac{U_{n1}-U_{n2}+U_{S2}}{R_2} + \dfrac{U_{n1}}{R_3} + \dfrac{U_{n1}-U_{n2}}{R_4} = 0 \\ -\dfrac{U_{n1}-U_{n2}+U_{S2}}{R_2} - \dfrac{U_{n1}-U_{n2}}{R_4} + \dfrac{U_{n2}}{R_5} = -I_S \end{cases} \tag{2.19}$$

进一步整理可得

$$\begin{cases} \left(\dfrac{1}{R_1}+\dfrac{1}{R_2}+\dfrac{1}{R_3}+\dfrac{1}{R_4}\right)U_{n1} - \left(\dfrac{1}{R_2}+\dfrac{1}{R_4}\right)U_{n2} = \dfrac{U_{S1}}{R_1} - \dfrac{U_{S2}}{R_2} \\ -\left(\dfrac{1}{R_2}+\dfrac{1}{R_4}\right)U_{n1} + \left(\dfrac{1}{R_2}+\dfrac{1}{R_4}+\dfrac{1}{R_5}\right)U_{n2} = -I_S + \dfrac{U_{S2}}{R_2} \end{cases} \tag{2.20}$$

式(2.20) 即为标准的节点电压方程。对于有 2 个独立节点的电路，节点电压方程的标准形式可归纳为

$$\begin{cases} G_{11}U_{n1} + G_{12}U_{n2} = \sum_1 I_{Sk} + \sum_1 G_k U_{Sk} \\ G_{21}U_{n1} + G_{22}U_{n2} = \sum_2 I_{Sk} + \sum_2 G_k U_{Sk} \end{cases} \tag{2.21}$$

比较式(2.20) 与式(2.21)，并结合图 2.15 所示电路，可以总结出列写节点电压方程的一般规则。

(1)$G_{11} = \dfrac{1}{R_1}+\dfrac{1}{R_2}+\dfrac{1}{R_3}+\dfrac{1}{R_4}$ 和 $G_{22} = \dfrac{1}{R_2}+\dfrac{1}{R_4}+\dfrac{1}{R_5}$ 分别是和节点 ① 与节点 ② 直接相连的各支路电导之和，称为节点 ① 与节点 ② 的自导。自导恒为正值。

(2)$G_{12} = -\left(\dfrac{1}{R_2}+\dfrac{1}{R_4}\right)$ 和 $G_{21} = -\left(\dfrac{1}{R_2}+\dfrac{1}{R_4}\right)$ 是节点 ① 与节点 ② 之间直接相连的各

支路电导之和,称为节点①与节点②间的互导。互导恒为负,且$G_{12}=G_{21}$,式(2.21)所示方程系数具有对称性。

(3) $\sum_1 I_{Sk}$、$\sum_2 I_{Sk}$ 分别表示流入节点 ① 与节点 ② 的电流源电流代数和,当电流源参考方向流入节点时取"+"号;否则取"−"号。

(4) $\sum_1 G_k U_{Sk}$、$\sum_2 G_k U_{Sk}$ 分别表示流入节点①、②的与电压源支路等效的电流源电流代数和,电压源正极端指向节点时,取"+"号;否则取"−"号。以电压源 U_{S1} 所在支路为例,流入节点 ① 与该支路等效的电流源电流为 U_{S1}/R_1,等效示例如图 2.16 所示。

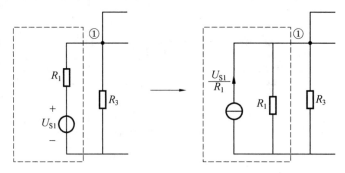

图 2.16　与电压源 U_{S1} 所在支路等效的电流源电流示例

以上列写规则可以推广到一般情况,对于具有 n 个节点的电路,可以总结出节点电压方程的普遍形式(标准形式),此处不再赘述。

【例 2.6】　电路如图 2.17 所示,列写节点电压方程求电流 I。

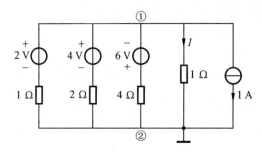

图 2.17　例 2.6 电路

解　取节点 ② 为参考点,对节点 ① 列写节点电压方程,可得

$$节点①：\left(\frac{1}{1\ \Omega}+\frac{1}{2\ \Omega}+\frac{1}{4\ \Omega}+\frac{1}{1\ \Omega}\right)U_{n1}=\frac{2\ \mathrm{V}}{1\ \Omega}+\frac{4\ \mathrm{V}}{2\ \Omega}-\frac{6\ \mathrm{V}}{4\ \Omega}-1\ \mathrm{A}$$

由此可得

$$U_{n1}=\frac{6}{11}\ \mathrm{V}$$

因此

$$I=\frac{U_{n1}}{1\ \Omega}=\frac{6}{11}\ \mathrm{A}=0.545\ \mathrm{A}$$

可见,对于只含有两个节点的电路来说,用节点电压法只需要列写一个方程即可

求解。

【例 2.7】　电路如图 2.18 所示,假设图中所有元件参数已知,试列写节点电压方程,以求得电路中各节点电压。

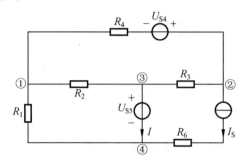

图 2.18　例 2.7 电路

解　取节点 ④ 为参考节点,设节点电压变量为 U_{n1}、U_{n2}、U_{n3}。

对节点 ① 列方程,有

$$\text{节点 ①：}\quad \left(\frac{1}{R_1}+\frac{1}{R_2}+\frac{1}{R_4}\right)U_{n1}-\frac{1}{R_4}U_{n2}-\frac{1}{R_2}U_{n3}=-\frac{U_{S4}}{R_4} \tag{2.22}$$

对节点 ② 列方程,有

$$\text{节点 ②：}\quad -\frac{1}{R_4}U_{n1}+\left(\frac{1}{R_3}+\frac{1}{R_4}\right)U_{n2}-\frac{1}{R_3}U_{n3}=\frac{U_{S4}}{R_4}-I_S \tag{2.23}$$

注意:对于电流源 I_S 与电阻 R_6 串联的支路,由于电阻 R_6 不影响所在支路电流的大小,因此该方程中节点电压变量 U_{n2} 的系数中没有 $1/R_6$。从等效的观点看,电流源串联其他元件就等效为该电流源。

由图 2.18 可知,节点 ③ 的节点电压为已知,即

$$U_{n3}=U_{S5}$$

因此,将 $U_{n3}=U_{S5}$ 代入式(2.22)、式(2.23) 即可联立求解得出 U_{n1}、U_{n2},而不必再对节点 ③ 列方程。注意:电压源 U_{S5} 与节点 ③ 相连接,称为无伴电压源,即理想电压源支路没有与之串联的电阻。此时,电压源 U_{S5} 所在支路的电流 I 是未知变量。如果需要求解支路电流 I,则应对节点 ③ 列方程,有

$$\text{节点 ③：}\quad -\frac{1}{R_2}U_{n1}-\frac{1}{R_3}U_{n2}+\left(\frac{1}{R_2}+\frac{1}{R_3}\right)U_{n3}=-I \tag{2.24}$$

节点电压方程的实质是 KCL 方程,每个节点的方程要包括所有流入流出本节点的电流。若某些支路电流不能以自导或互导乘节点电压的形式表示,则应直接列写在方程中。如式(2.24) 所示的方程可称为改进的节点电压方程。此外,若电路中存在受控源,则在列写方程时可以将其视为独立源处理,再将其控制量用节点电压变量表示,即消去其控制量,最后联立方程求解。

2.2.3　回路电流法

如前所述,支路电流法虽然原理简单,但是变量和方程数目比较多,解方程计算量也偏大。本节将介绍回路电流法,相比较支路电流法也可以减少待求量的数目。

1. 回路电流的概念

因为电流具有连续性，因而可以假设在每个独立回路中分别存在一个闭合流动的电流，称为回路电流。下面以图 2.19 所示电路为例说明回路电流与支路电流的关系。

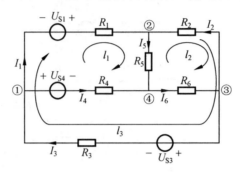

图 2.19　回路电流示例

图 2.19 所示电路的节点数目为 $n=4$，支路数目为 $b=6$，因而独立回路数量为 $l=3$ 个。取图中所示的 3 个独立回路分别记为 l_1、l_2、l_3，并标注了回路方向。假设 3 个独立回路中分别存在回路电流 I_{l1}、I_{l2}、I_{l3}，则各支路电流可表示为

$$\begin{cases} I_1 = I_{l1} + I_{l3} \\ I_2 = -I_{l2} - I_{l3} \\ I_3 = I_{l3} \\ I_4 = -I_{l1} \\ I_5 = I_{l1} - I_{l2} \\ I_6 = -I_{l2} \end{cases} \tag{2.25}$$

式(2.25)中将支路电流用回路电流的代数和来表示，若回路电流与支路电流方向相同，则回路电流取正号；否则取负号。由于回路电流本身是连续性的，KCL 方程也表示电路中的电流连续性，因此若以回路电流为待求量，便等价于列写了 KCL 方程，或者说 KCL 方程自动成立。例如，图 2.19 所示电路中与节点 ① 相关的支路电流应满足

$$I_1 - I_3 + I_4 = 0$$

若用回路电流表示上式中的各支路电流，即由式(2.25)可得

$$I_{l1} + I_{l3} - I_{l3} + -I_{l1} = 0$$

上式为等于零的恒等式，即 KCL 方程自动成立。说明若以回路电流为待求量，则无须再列写 KCL 方程。因此，与支路电流法相比，回路电流法可以减少 $n-1$ 个方程。

2. 回路电流方程的标准形式与列写规则

回路电流方程就是以 $l=b-(n-1)$ 个独立的回路电流为待求量列写 KVL 方程。这种分析方法称为回路电流法。下面结合图 2.19 所示电路，讨论回路电流法的标准形式与列写规则。

首先，依次对图 2.19 所示电路中的独立回路 l_1、l_2、l_3 列写 KVL 方程，可得

$$\begin{cases} R_1 I_1 - R_4 I_4 + R_5 I_5 = U_{S1} + U_{S4} \\ -R_2 I_2 - R_5 I_5 - R_6 I_6 = 0 \\ R_1 I_1 - R_2 I_2 + R_3 I_3 = U_{S1} - U_{S3} \end{cases} \tag{2.26}$$

将式(2.25)代入式(2.26),即用回路电流表示支路电流,有

$$\begin{cases} R_1(I_{l1}+I_{l3})-R_4(-I_{l1})+R_5(I_{l1}-I_{l2})=U_{S1}+U_{S4} \\ -R_2(-I_{l2}-I_{l3})-R_5(I_{l1}-I_{l2})-R_6(-I_{l2})=0 \\ R_1(I_{l1}+I_{l3})-R_2(-I_{l2}-I_{l3})+R_3I_{l3}=U_{S1}-U_{S3} \end{cases}$$

经整理得到

$$\begin{cases} (R_1+R_4+R_5)I_{l1}-R_5I_{l2}+R_1I_{l3}=U_{S1}+U_{S4} \\ -R_5I_{l1}+(R_2+R_5+R_6)I_{l2}+R_2I_{l3}=0 \\ R_1I_{l1}+R_2I_{l2}+(R_1+R_2+R_3)I_{l3}=U_{S1}-U_{S3} \end{cases} \tag{2.27}$$

式(2.27)即为标准的回路电流方程。对于具有 3 个独立回路的电路,回路电流方程的标准形式可归纳为

$$\begin{cases} R_{11}I_{l1}+R_{12}I_{l2}+R_{13}I_{l3}=\sum_1 U_{Sk} \\ R_{21}I_{l1}+R_{22}I_{l2}+R_{23}I_{l3}=\sum_2 U_{Sk} \\ R_{31}I_{l1}+R_{32}I_{l2}+R_{33}I_{l3}=\sum_3 U_{Sk} \end{cases} \tag{2.28}$$

比较式(2.27)与式(2.28),结合图 2.19 所示电路,可总结出列写回路电流方程的一般规则。

(1)$R_{11}=R_1+R_4+R_5$、$R_{22}=R_2+R_5+R_6$ 和 $R_{33}=R_1+R_2+R_3$ 分别是回路 l_1、l_2、l_3 上各支路的电阻之和,称为该回路的自阻。自阻恒为正。

(2)$R_{12}=R_{21}=-R_5$、$R_{13}=R_{31}=R_1$ 和 $R_{23}=R_{32}=R_2$ 分别是相关两个回路的公共支路上的电阻之和,称为两回路之间的互阻。如果两个回路在公共支路上的方向相同,则互阻为正(如 R_{13}、R_{23});否则为负(如 R_{12})。式(2.28)所示方程系数具有对称性。

(3)$\sum_1 U_{Sk}=U_{S1}+U_{S4}$、$\sum_2 U_{Sk}=0$ 和 $\sum_3 U_{Sk}=U_{S1}-U_{S3}$ 分别是沿回路 l_1、l_2、l_3 的电压源电压升代数和。如果电压源沿回路方向为电压升,则取正号;否则取负号。

以上列写规则可推广到一般情况,对于具有 l 个回路的电路,可以总结出回路电流方程的普遍形式(标准形式),此处不再赘述。

【例 2.8】　假设图 2.19 所示电路以全部网孔为回路,且回路方向相同(图 2.20),此时回路电流又称为网孔电流,列写该电路的网孔电流方程。

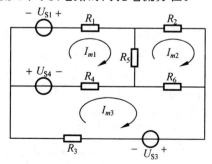

图 2.20　例 2.8 电路

解 图 2.20 中网孔电流分别记为 I_{m1}、I_{m2}、I_{m3}。根据回路电流方程的列写规则,有

$$\begin{cases} (R_1 + R_4 + R_5)I_{l1} - R_5 I_{l2} - R_4 I_{l3} = U_{S1} + U_{S4} \\ -R_5 I_{l1} + (R_2 + R_5 + R_6)I_{l2} - R_6 I_{l3} = 0 \\ -R_4 I_{l1} - R_6 I_{l2} + (R_3 + R_4 + R_6)I_{l3} = -U_{S3} - U_{S4} \end{cases} \quad (2.29)$$

由于网孔方向相同,因此相邻两个网孔在公共支路上的方向相反,所以方程中的互阻都为负。

【例 2.9】 电路如图 2.21 所示,用回路电流法求电流 I。

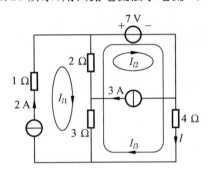

图 2.21 例 2.9 电路

解 该电路含有电流源支路,可适当选取回路 l_1、l_2、l_3,如图 2.21 所示。由此可得

$$I_{l1} = 2 \text{ A}$$
$$I_{l2} = 3 \text{ A}$$

电路中只有 I_{l3} 一个未知变量,因此对回路 l_3 列写回路电流方程,可得

回路 l_3： $-(2+3)I_{l1} + 2I_{l2} + (2+3+4)I_{l3} = -7 \text{ V}$

求解得

$$I = I_{l3} = -\frac{1}{3} \text{ A} = -0.333 \text{ A}$$

独立回路的选取可以有多种方式,对于含有电流源 I_S 的电路,若适当选取一组独立回路,使电流源只包含在一个回路 l_k 中,则 $I_{lk} = I_S$,从而减少了一个回路电流待求量,这时不必对回路 l_k 列方程。当需要求电流源的端电压时,再列此回路的电流方程。

2.3 电路定理分析法

在电路分析中,列方程法需要构建完整的描述电路结构约束和元件约束的方程组。应用电路定理可以将电路的特定部分分离出来进行简化分析,从而对于某些特定电路具有列方程法不具备的优势。本节将介绍在电路分析中常用的置换定理、叠加定理、齐性定理、戴维南定理、诺顿定理,以及最大功率传输定理。

2.3.1 置换定理

置换定理:若已知某一端口 N(或支路 k)的电压为 U 或电流为 I,则可用 $U_S = U$ 或 $I_S = I$ 的独立源来置换一端口 N(支路 k),置换后剩余电路的电压电流保持不变。图 2.22

所示为置换定理示例。

若已知图 2.22(a) 中一端口电路 N 的端口电压 U，则可以用 $U_s = U$ 的电压源置换电路 N，如图 2.22(b) 所示，置换后 I_1、I_2 的值不变。这是因为求解图 2.22(a) 及图 2.22(b) 所示电路，能够列写出相同的回路电流方程，即

$$\begin{cases} (R + R_1)I_1 + RI_2 = U \\ RI_1 + (R + R_2)I_2 = U - U_s \end{cases}$$

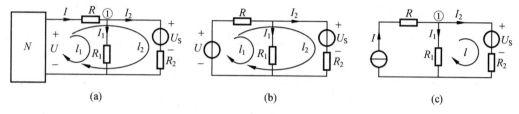

图 2.22　置换定理示例

若已知图 2.22(a) 中一端口电路 N 的端口电流 I，则可以用 $I_s = I$ 的电流源置换电路 N，如图 2.22(c) 所示，置换后 I_1、I_2 的值也不变。这是因为求解图 2.22(a) 与图 2.22(c) 所示电路，能够列写出相同的支路电流方程，即

$$\begin{cases} I_1 + I_2 = I \\ -R_1 I_1 + R_2 I_2 = -U_s \end{cases}$$

综上，当一端口电路 N（或支路 k）被电压源或电流源置换后，剩余电路的元件约束关系与结构约束关系都未改变，因此各电压、电流也不会改变。

置换定理也称为替代定理，应用该定理时还需注意以下 3 点：

(1) 置换定理既可应用于线性电路，也可应用于非线性电路；

(2) 置换后的电路应有唯一解；

(3) 被置换的部分与其他电路部分应无耦合关系。

根据置换定理可以得到一个常用推论：若电路中某两点间电压为零，则可将该两点短路（用 $U_s = 0$ 的电压源置换）；若某支路电流等于零，则可将此支路开路（用 $I_s = 0$ 的电流源置换）。

【例 2.10】　求图 2.23(a) 所示电路的等效电阻 R_i。

解　图 2.23(a) 所示电路沿虚线 AA' 左右两边对称，因此节点 ① 与节点 ② 电位相同，3 Ω 电阻的电压和电流均为零。根据置换定理的推论，可用量值为零的电压源（即短路线）置换该电阻，如图 2.23(b) 所示；也可以用量值为零的电流源（即开路）置换该电阻，如图 2.23(c) 所示。

根据图 2.23(b) 可得

$$R_i = 1\ \Omega\ /\!/\ 1\ \Omega + 2\ \Omega\ /\!/\ 2\ \Omega = 1.5\ \Omega$$

根据图 2.23(c) 可得

$$R_i = (1\ \Omega + 2\ \Omega)\ /\!/\ (1\ \Omega + 2\ \Omega) = 1.5\ \Omega$$

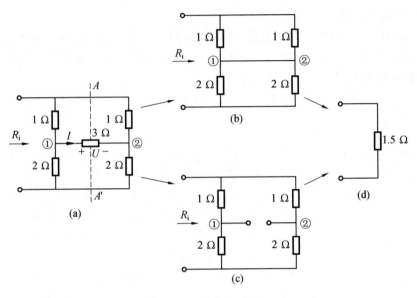

图 2.23　例 2.10 电路

2.3.2　叠加定理与齐性定理

由独立源和线性元件组成的电路称为线性电路。叠加定理与齐性定理都是体现线性电路特性的重要定理。

叠加定理：在线性电路中，由几个独立电源共同作用产生的响应等于各独立源单独作用时产生响应的代数和。图 2.24 所示为叠加定理示例。其中，图 2.24(a) 所示是由电压源 U_S 和电流源 I_S 共同作用的电路，以电阻 R_2 流过的电流 I 为响应；图 2.24(b) 所示是仅由电压源 U_S 作用的电路，此时响应记为 I'；图 2.24(c) 所示是仅由电流源 I_S 作用的电路，此时响应记为 I''。下面分析响应 I 与 I'、I'' 的关系。

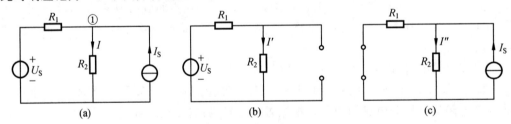

图 2.24　叠加定理示例

由图 2.24(a) 所示电路，对节点 ① 列写节点电压方程，可得

$$\left(\frac{1}{R_1}+\frac{1}{R_2}\right)U_{n1}=\frac{U_S}{R_1}+I_S$$

则

$$U_{n1}=\frac{R_2 U_S}{R_1+R_2}+\frac{R_1 R_2}{R_1+R_2}I_S$$

响应为

$$I = \frac{U_{n1}}{R_2}$$

则图 2.24(a) 所示电路的响应 I 为

$$I = \frac{1}{R_1 + R_2} U_S + \frac{R_1}{R_1 + R_2} I_S \tag{2.30}$$

由图 2.24(b) 所示电路可知, 响应 I' 为

$$I' = \frac{1}{R_1 + R_2} U_S \tag{2.31}$$

由图 2.24(c) 所示电路可知, 响应 I'' 为

$$I'' = \frac{R_1}{R_1 + R_2} I_S \tag{2.32}$$

比较式 (2.30) 与式 (2.31)、式 (2.32) 可得

$$I = I' + I'' \tag{2.33}$$

式 (2.33) 表明, 电压源 U_S 和电流源 I_S 共同作用产生的响应 I 是二者分别单独作用时产生的响应 I' 与 I'' 的代数和。

应用叠加定理时要注意以下几点。

(1) 当电流源 I_S 不作用时, 相当于所在支路开路 ($I_S = 0$); 当电压源 U_S 不作用时, 相当于所在支路短路 ($U_S = 0$)。

(2) 应用叠加定理时电路结构、元件参数必须前后一致。

(3) 应用叠加定理时要在同一参考方向下求各响应的代数和。

(4) 叠加定理只适用于线性电路求电压和电流, 而不能用来计算功率, 因为功率与各独立源之间不是线性关系。

齐性定理: 线性直流电路的响应是各独立源的一次齐性函数; 若只有一个独立源, 则响应与激励成正比。在线性电路中, 响应 (设 U 或 I) 与各独立源 (设 U_{Sk} 和 I_{Sk}) 的关系可表述为

$$\begin{cases} U = \sum \alpha_k U_{Sk} + \sum r_k I_{Sk} \\ I = \sum g_k U_{Sk} + \sum \beta_k I_{Sk} \end{cases} \tag{2.34}$$

式 (2.34) 中, 各独立源的系数 α_k、β_k、r_k、g_k 与电路的结构和参数有关, 而与独立源本身无关。等号右侧的每个乘积项都可以看作是每个独立源单独作用时产生的响应, 因此, 式 (2.34) 也可以视为叠加定理的一般形式。例如, 式 (2.30) 可表述为响应 I 与独立源 U_S、I_S 构成一次齐性函数关系, 该式等号右侧的两个乘积项也分别是电压源 U_S 和电流源 I_S 单独作用时产生的响应。

从数学上看, 叠加定理与齐性定理的本质是线性方程的可加性与齐次性。线性电路各种方程都是线性方程组, 其解都具有可加性 (叠加定理) 和齐次性 (齐性定理)。

【例 2.11】　电路如图 2.25 所示, 已知 $U_S = 10$ V 时, $I = 6$ A; $U_S = 15$ V 时, $I = 7$ A。试求 $U_S = 20$ V 时, I 为多少?

解　由叠加定理或齐性定理可知, 响应 I 是由独立源 U_S 和线性含源二端口 N 内部的所有独立源 (设 U_{Sk} 和 I_{Sk}) 共同作用产生的响应的代数和, 即

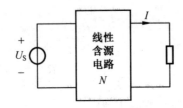

图 2.25 例 2.11 电路

$$I = gU_S + \left(\sum_N g_k U_{Sk} + \sum_N \beta_k I_{Sk} \right)$$

令

$$I' = \sum_N g_k U_{Sk} + \sum_N \beta_k I_{Sk}$$

则响应为

$$I = gU_S + I'$$

代入两组已知条件

$$\begin{cases} 6 \text{ A} = g \times 10 \text{ V} + I' \\ 7 \text{ A} = g \times 15 \text{ V} + I' \end{cases}$$

并解得

$$\begin{cases} g = 0.2 \text{ S} \\ I' = 4 \text{ A} \end{cases}$$

因此，$I = 0.2U_S + 4$ A，且当 $U_S = 20$ V 时，有

$$I = 0.2 \text{ S} \times 20 \text{ V} + 4 \text{ A} = 8 \text{ A}$$

齐性定理的推论：线性无独立源一端口（简称线性无源一端口）可等效为电阻 R_i 或电导 G_i。以下基于齐性定理证明该结论。图 2.26(a) 所示的线性无源一端口，如果能够等效为电阻 R_i 或电导 G_i，则其端口电压 U 与电流 I 应该成正比。为此，在端口外施加一个电流源激励，其量值为 I，如图 2.26(b) 所示，以端口电压 U 为响应（也可以在端口施加一个量值为 U 的电压源激励，以端口电流 I 为响应）。根据齐性定理可得，响应 U 与激励 I 成正比，即

$$U = R_i I$$

由此得证。在后面的电路分析中，会经常应用这一结论。

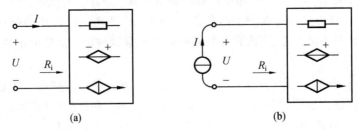

(a)   (b)

图 2.26 线性无源一端口的等效

2.3.3　戴维南定理与诺顿定理

戴维南定理与诺顿定理是化简线性含源一端口网络的重要方法。戴维南定理(又译为戴维宁定理)是法国工程师戴维南(1857—1926 年)于 1883 年提出的电路定理。诺顿定理是戴维南定理的一个延伸,于 1926 年由西门子公司研究员梅耶尔(1895—1980 年)及贝尔实验室工程师诺顿(1898—1983 年)分别提出。戴维南定理与诺顿定理在电路分析中占有极其重要的地位,二者的本质概念相同,仅表现形式不同。

戴维南定理:线性含源一端口网络的对外作用可以用一个电压源串联电阻的电路来等效代替。其中电压源的源电压等于此一端口网络的开路电压 U_{OC},电阻等于此一端口网络内部各独立源置零后所得线性无源一端口网络的等效电阻 R_i。所得等效电路称为戴维南等效电路,如图 2.27(b) 所示。

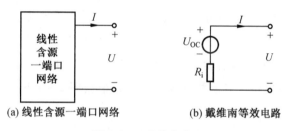

(a) 线性含源一端口网络　　　　　　(b) 戴维南等效电路

图 2.27　戴维南定理

戴维南定理的证明可以通过图 2.28 来说明。图 2.28(a) 所示线性含源一端口网络,其内部包括电阻、受控源及独立源等元件,为了便于表示出端口的 $U \sim I$ 关系,在端口外施加一个电流源激励,量值为 I,且以端口电压 U 为响应。根据叠加定理,响应 U 是各独立源单独作用产生的响应的代数和。这里将所有独立源分成两组,第一组独立源包括含源一端口网络内的所有独立源,其共同作用产生的响应为 U',如图 2.28(b) 所示;第二组独立源只包括端口外的电流源,其单独作用产生的响应为 U'',如图 2.28(c) 所示。

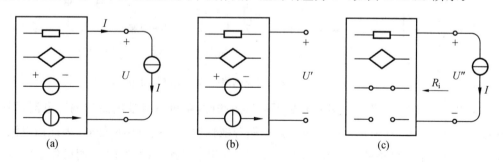

(a)　　　　　　　　　(b)　　　　　　　　　(c)

图 2.28　戴维南定理的证明

图 2.28(b) 中,响应 U' 就是该线性含源一端口网络的开路电压 U_{OC},即

$$U' = U_{OC} \tag{2.35}$$

图 2.28(c) 中,线性含源一端口网络内的独立源都不作用(电压源所在支路短路,电

流源所在支路开路),根据齐性定理的推论,该无源一端口网络可等效为电阻 R_i。在等效电阻 R_i 上,由欧姆定律可得

$$U'' = -R_i I \qquad (2.36)$$

根据叠加定理,有

$$U = U' + U''$$

代入式(2.35)、式(2.36)可得

$$U = U_{oc} - R_i I \qquad (2.37)$$

可见,式(2.37)即为线性含源一端口网络的端口特性方程,该方程与图2.27(b)所示电压源串联电阻电路的端口特性方程一致,故二者为等效电路。

诺顿定理:线性含源一端口网络可以用一个电流源并联电导的电路等效代替。其中电流源的源电流等于该一端口网络的短路电流 I_{sc},等效电导等于该一端口网络内各独立源置零后所得线性无源一端口网络的等效电导 G_i。该等效电路称为诺顿等效电路。

诺顿定理可以在戴维南定理结论的基础上,应用含源支路的等效变换法证明。图2.29 说明了图2.29(a)所示线性含源一端口网络、图2.29(b)所示戴维南等效电路及图2.29(c)所示诺顿等效电路三者的相互等效关系。根据图2.29(b)与图2.29(c)所示电路的等效变换关系可得

$$I_{sc} = \frac{U_{oc}}{R_i} \qquad (2.38a)$$

$$G_i = \frac{1}{R_i} \qquad (2.38b)$$

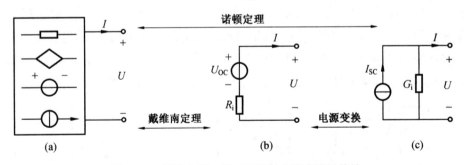

图2.29 线性含源一端口网络与含源支路的等效

式(2.38a)中的电流 I_{sc} 实际上是当端口短路时,戴维南等效电路的端口电流,即短路电流,如图2.30(b)所示。由于戴维南电路与线性含源一端口网络等效,因此该电流也是线性含源一端口网络的短路电流,如图2.30(a)所示。而式(2.38b)说明戴维南等效电路中的 R_i 和诺顿等效电路中的 G_i 是同一等效电阻元件。

戴维南定理与诺顿定理统称为等效电源定理,常常用于化简一个线性含源一端口网络。一般情况下,一个线性含源一端口网络的戴维南等效电路和诺顿等效电路同时存在,但个别情况除外,如等效电阻为零时只有戴维南等效电路,并成为电压源,等效电导为零

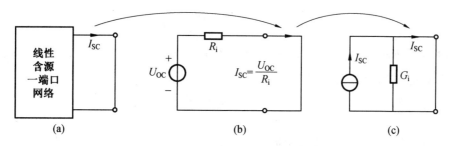

图 2.30   诺顿等效电路源电流的计算

时只有诺顿等效电路,并成为电流源。

【例 2.12】   图 2.31(a) 所示电路的线性含源一端口网络(虚线框内部分电路)接有一可调负载 R_L,问负载 R_L 为多大时可以获得最大功率。

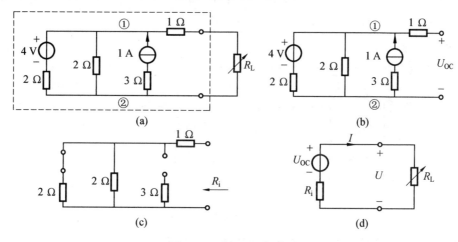

图 2.31   例 2.12 电路

解   为简化计算,根据等效电源定理可先将线性含源一端口网络化简为戴维南等效电路(也可以化简为诺顿电路)。

图 2.31(b) 所示为线性含源一端口网络的开路状态,其开路电压 U_{OC} 即为戴维南等效电路中的电压源大小。对节点 ① 列节点电压方程可得

$$\left(\frac{1}{2\ \Omega}+\frac{1}{2\ \Omega}\right)U_{n1}=\frac{4\ \text{V}}{2\ \Omega}+1\ \text{A},\quad U_{n1}=3\ \text{V}$$

由图 2.31(b) 可得

$$U_{OC}=U_{n1}=3\ \text{V}$$

图 2.31(c) 所示为线性含源一端口网络内的独立源不作用时所得的线性无源一端口网络,其等效电阻为

$$R_i=1\ \Omega+2\ \Omega\ /\!/\ 2\ \Omega=2\ \Omega$$

也可以通过计算线性含源一端口网络的短路电流 I_{SC},根据式(2.38a)求得等效电阻。

由图 2.31(d) 可知,可调负载 R_L 吸收的功率为

$$P = I^2 R_L = \left(\frac{U_{OC}}{R_i + R_L}\right)^2 R_L$$

由上式可推导 P 对 R_L 的极值条件,为此令 P 对 R_L 的导数等于零,可得 $R_L = R_i = 2\ \Omega$ 时,负载 R_L 能够获得最大功率 P_{max},且

$$P_{max} = \frac{U_{OC}^2}{4 R_i} = \frac{(3\ \text{V})^2}{4 \times 2\ \Omega} = 1.125\ \text{W}$$

本题的结论可以推广到实际电源为负载供电的一般情况,即负载从给定电源获得最大功率的条件是负载电阻与电源内阻相等,这一结论被称为最大功率传输定理。当负载电阻等于电源内阻时,负载吸收的功率与电源内阻消耗的功率相等,因此负载满足最大功率匹配时,电路的传输效率只有 50%。在测量、电子信息工程中,通常应用该定理使负载从微弱电信号中获得最大功率;而在电力系统中,需要尽可能提高输电效率,使负载更充分利用电能,因此不适用最大功率传输定理。

【例 2.13】   电路如图 2.32(a)所示,当 $R = 10\ \Omega$ 时,电流 I 为 2 A;当 $R = 20\ \Omega$ 时,电流 I 为 1.5 A。求当 $R = 30\ \Omega$ 时,电流 I 为多少。

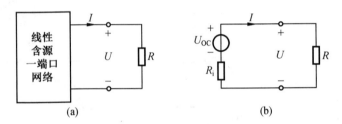

图 2.32   例 2.13 电路

解   将线性含源一端口网络等效为戴维南电路,如图 2.32(b)所示。

当 $R = 10\ \Omega$ 时

$$I = \frac{U_{OC}}{R_i + 10\ \Omega} = 2\ \text{A}$$

当 $R = 20\ \Omega$ 时

$$I = \frac{U_{OC}}{R_i + 20\ \Omega} = 1.5\ \text{A}$$

联立求解上述两式可得

$$U_{OC} = 60\ \text{V}, R_i = 20\ \Omega$$

因此,当 $R = 30\ \Omega$ 时

$$I = \frac{U_{OC}}{R_i + R} = \frac{60\ \text{V}}{20\ \Omega + 30\ \Omega} = 1.2\ \text{A}$$

Multisim 仿真实践：叠加定理的验证

叠加定理验证电路如图 2.33 所示。电路中有 2 个直流稳压电源供电，分别为 9 V 和 6 V，每条支路串联电流表用于测量其电流值 $I_1 \sim I_5$。电路中设置了 2 个单刀双掷开关进行切换，当 U_1 单独作用时，S_1 接 9 V 电源而 S_2 将支路短路；当 U_2 单独作用时，S_2 接 6 V 电源而 S_1 将支路短路；当两个电源共同作用时，S_1 接 9 V 电源且 S_2 接 6 V 电源。分别测量以上 3 种情况下各支路电流数值。通过分析计算可以得到，2 个电源共同作用所产生的各支路电流，是各个独立电源分别单独作用时产生的各支路电流的代数叠加，从而验证叠加定理。

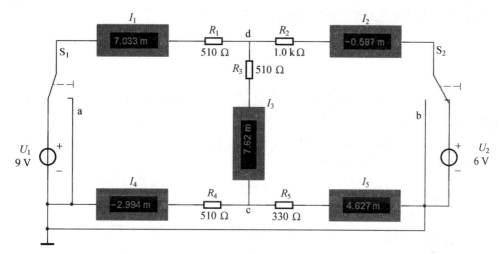

图 2.33　叠加定理验证电路

2.4　本章小结

（1）电阻串联时的等效电阻等于各串联电阻之和，电阻串联连接常用于分压；电阻并联时的等效电导等于各并联电导之和，电阻并联连接常用于分流。

（2）实际电源有两种等效模型，分别为电压源与电阻串联电路和电流源与电阻并联电路，二者相互等效。

（3）支路电流法是以全部 b 条支路的支路电流为待求量，对 $n-1$ 个节点列 KCL 方程、对 $b-(n-1)$ 个独立回路列 KVL 方程。

（4）节点电压法是以 $n-1$ 个节点电压为待求量，按自导、互导、节点源电流等规则列写 $n-1$ 个节点的 KCL 方程。

（5）回路电流法是以 $b-(n-1)$ 个独立的回路电流为待求量，按自阻、互阻、回路源电压等规则列写各独立回路的 KVL 方程。

（6）置换定理：若已知某一端口 N（或支路 k）的电压为 U 或电流为 I，则可用 $U_S = U$ 或 $I_S = I$ 的独立源来置换一端口 N（支路 k），置换后剩余电路的电压电流保持不变。

（7）叠加定理：在线性电路中，由几个独立电源共同作用产生的响应等于各独立源单独作用时产生响应的代数和。

（8）齐性定理：线性直流电路的响应是各独立源的一次齐性函数；若只有一个独立源，则响应与激励成正比。

（9）戴维南定理：线性含源一端口网络的对外作用可以用一个电压源串联电阻的电路来等效代替。其中电压源的源电压等于此一端口网络的开路电压 U_{oc}，电阻等于此一端口网络内部各独立源置零后所得线性无源一端口网络的等效电阻 R_i。

（10）诺顿定理：线性含源一端口网络可以用一个电流源并联电导的电路等效代替。其中电流源的源电流等于该一端口网络的短路电流 I_{sc}，等效电导等于该一端口网络内各独立源置零后所得线性无源一端口网络的等效电导 G_i。

习　题

2.1　设图 P2.1 所示电阻分压器输入电压 $U_i = 24$ V，试求当开关 S 分别位于 A 点和 B 点时的输出电压 U_o。

2.2　求图 P2.2 所示电路的电压 U_1 和电流 I_2。

2.3　求图 P2.3 所示电路的电流 I。

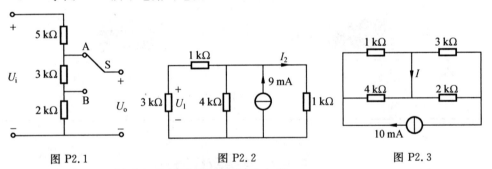

图 P2.1　　　　　　　图 P2.2　　　　　　　图 P2.3

2.4　求图 P2.4 所示电路的最简单的等效电路。

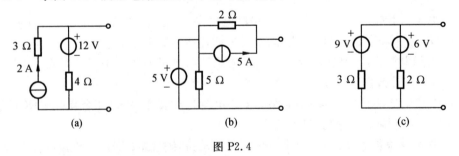

(a)　　　　　　　(b)　　　　　　　(c)

图 P2.4

2.5　电路如图 P2.5 所示，列支路电流方程，求各支路电流。比较图 P2.5(a) 与图 P2.5(b) 的方程，说明对于含电流源的电路如何列支路电流方程。

2.6　列写图 P2.5 所示电路的回路电流方程，求各支路电流。说明对于含电流源的电路如何列回路电流方程。

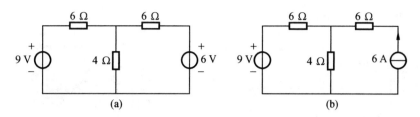

图 P2.5

2.7　列写图 P2.7 所示电路的支路电流方程。

2.8　列写图 P2.7 所示电路的回路电流方程。

2.9　列写图 P2.9 所示电路的回路(网孔)电流方程,指出所列方程的系数行列式的特点,并求回路电流 I_1、I_2 和 I_3。

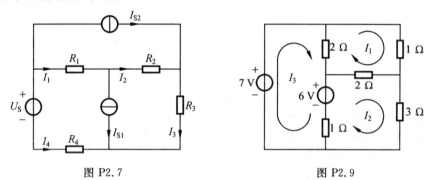

图 P2.7　　　　　　　　　图 P2.9

2.10　列写图 P2.10 所示电路的节点电压方程,求各支路电流。

2.11　用节点电压法求图 P2.11 所示电路中电流源的功率。

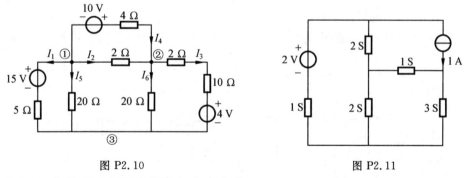

图 P2.10　　　　　　　　　图 P2.11

2.12　求图 P2.12 所示电路中 A 点电位。

2.13　设图 P2.13 所示电路中各电阻均为 $1\,\Omega$,求输入电阻 R_i。提示:找出等电位的节点或电流等于零的支路。

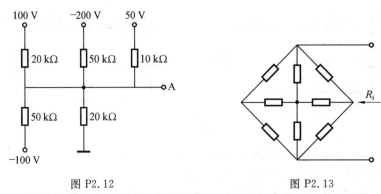

图 P2.12　　　　　　　　　　　　图 P2.13

2.14　对图 P2.14 所示电路进行的两次实验,测得:(1)当 $U_s=40$ V 单独作用时,电流表读数为 4 A;(2)当 $I_s=4$ A 单独作用时,电流表读数为 1 A。求 $U_s=20$ V 与 $I_s=6$ A 同时作用时电流表的读数。

2.15　求图 P2.15 所示二端电路的戴维南等效电路。并比较求等效电路内阻 R_i 的方法。

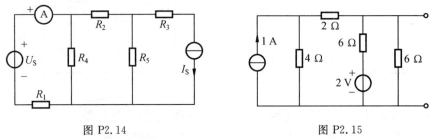

图 P2.14　　　　　　　　　　　　图 P2.15

2.16　图 P2.16 所示二端电路 N 为线性电路。当 $I_s=0$ 时,$U=-2$ V;当 $I_s=2$ A 时,$U=0$。试求 N 的等效电路。

2.17　已知图 P2.17 所示电路中开关 S 断开时电流 $I=1$ A。试求开关 S 接通后的电流 I。

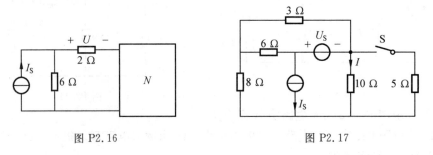

图 P2.16　　　　　　　　　　　　图 P2.17

第3章 一阶动态电路的时域分析

在电路理论中,对动态电路的暂态过程进行分析具有重要意义。常用的分析方法包括时域分析法和复频域分析法。本章主要讨论线性一阶动态电路在暂态过程的时域分析法。首先介绍电容元件和电感元件这两个动态元件,然后探讨动态电路的暂态过程,包括稳态、暂态、换路等概念,以便初步理解时域分析法的基本思路。然后阐述一阶 RC 电路与一阶 RL 电路的零输入响应和零状态响应。最后讨论一阶动态电路暂态响应的一般形式。

3.1 动态元件

动态元件是指元件的端口电压与端口电流的关系不能用简单的代数方程来描述,而要用微分或积分关系来表征其在电路中的作用。下面介绍两种常用的动态元件 —— 电容元件与电感元件。

3.1.1 电容元件

当两个平行金属板被不导电的电介质分隔开来时,就会形成一个电容器。因为介质是绝缘的,所以在外部电源的作用下,这两个极板能够聚集等量的异性电荷,如图 3.1 所示。电荷的积累过程也就是电场的形成过程,因此电容器是一种能够存储电荷和电场能量的器件。为了满足各种电气或电子系统的应用需求,根据组成结构、介质材料、制造工艺及使用功能等因素设计出了许多不同种类的电容器,如图 3.2 所示。

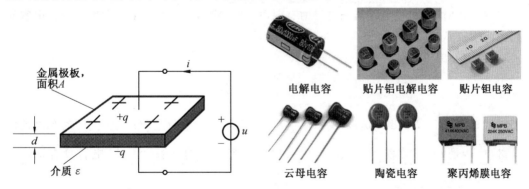

图 3.1 电容器工作原理 　　　　图 3.2 电容器的种类

电容元件(capacitor)就是实际电容器的理想化模型,其符号如图 3.3 所示,其中图 3.3(a)表示固定电容,图 3.3(b)表示可变电容。在电路模型中,元件的电气特性可表述为相关电磁量之间的代数关系。电容能够存储电荷与电场能的电磁特性,可以表示为电荷 q 与电压 u 之间的代数关系。当电容器填充线性介质(即介电常数与电场强度无关,如空气、橡皮、瓷、胶木和云母等）时，其储存的电荷 q 与极板间电压 u 成正比，这种电容称为线性电容。设电荷 q 与电压 u 取关联参考方向，如图 3.4(a) 所示，则线性电容的 $q \sim u$ 关系（库伏关系）可表示为

$$q = Cu \tag{3.1}$$

式中　　C——电容量（capacitance），其 SI 单位为法拉（F），简称法，1 F = 1 C/1 V。

　　实际应用时，通常使用电容的分数单位毫法（mF）、微法（μF）及皮法（pF）。线性电容的 $q \sim u$ 关系用图像表示时，是一条位于第 Ⅰ、第 Ⅲ 象限且经过原点的直线，如图 3.4(b) 所示。本书主要讨论线性电容，没有特别说明的电容都是指线性电容。

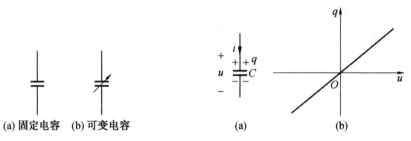

(a) 固定电容　(b) 可变电容

图 3.3　电容元件的符号　　　　图 3.4　线性电容的特性

　　在电路分析中，更关注电容元件上电压与电流的关系。设电流 i 的参考方向是从正极板流入，从负极板流出[1]，如图 3.4(a) 所示，则电流大小等于极板电荷的变化率，即

$$i = \frac{\mathrm{d}q}{\mathrm{d}t} \tag{3.2}$$

将式(3.1)代入式(3.2)可得

$$i = C \frac{\mathrm{d}u}{\mathrm{d}t} \tag{3.3}$$

　　式(3.3)即为电容的 $u \sim i$ 关系，说明电容的端口电流与端口电压的时间变化率成正比。当端口上施加直流电压时，端口电流为零，电容元件等效为开路。式(3.3)还表明，如果在任何时刻，通过电容器的电流为有限值，则电容两端电压不允许发生跃变。电容端口电压不能跃变是分析动态电路的一个重要基础概念。

　　将式(3.3)等号两端取积分，可得

$$u(t) = \frac{1}{C} \int_{-\infty}^{t} i(\xi) \mathrm{d}\xi \tag{3.4}$$

　　式 3.4 中 $\int_{-\infty}^{t} i(\xi)\mathrm{d}\xi = q(t)$，说明任意 t 时刻电容上的电荷量 $q(t)$ 取决于 t 时刻之前的全部电流，是 t 时刻之前所有充电电流或放电电流积累的结果。因此，电容具有记忆性

---

　　[1]　若考察电容内部的情况，电荷是无法穿过绝缘介质的，流入正极板的电流表示正电荷聚集在正极板上，这显然不符合基尔霍夫电流定律。麦克斯韦（1831—1879 年）发展了一套统一的电磁理论来解释这个矛盾，他假设当两极板之间的电场或电压随时间变化时会在绝缘介质内产生"位移电流"，该位移电流与极板外的传导电流相等。在电路理论分析中，电容元件是不可再分的基本单元，基尔霍夫电流定律表述的是传导电流之间的约束关系，因此在电容元件两端，流入和流出的电流大小相等。

质,属于记忆元件(memory element)。

式(3.3)与式(3.4)即为电容的端口特性方程,两式中 u、i 应为关联参考方向;否则要在式中添一负号。如前所述,电阻元件的 $u \sim i$ 关系是代数关系。而电容的 $u \sim i$ 关系是动态相关的微分或积分关系,故电容属于动态元件(dynamic element)。

式(3.4)积分下限取 $-\infty$,表示在 $t = -\infty$ 时电容上没有电荷,在工程分析中没有实用意义。如果所讨论的问题是从某一起始时刻 t_0 之后的情况,可由式(3.4)得到 t_0 之后电压与电流的关系:

$$u(t) = \frac{1}{C}\int_{-\infty}^{t} i(\xi)\,\mathrm{d}\xi = \frac{1}{C}\int_{-\infty}^{t_0} i(\xi)\,\mathrm{d}\xi + \frac{1}{C}\int_{t_0}^{t} i(\xi)\,\mathrm{d}\xi = u(t_0) + \frac{1}{C}\int_{t_0}^{t} i(\xi)\,\mathrm{d}\xi \quad (3.5)$$

式中　$u(t_0)$——t_0 时刻电容的初始电压,$u(t_0) = \dfrac{1}{C}\displaystyle\int_{-\infty}^{t_0} i(\xi)\,\mathrm{d}\xi$。

当电压与电流取关联参考方向时,电容的功率可表示为

$$p = ui = Cu\frac{\mathrm{d}u}{\mathrm{d}t} = \frac{\mathrm{d}}{\mathrm{d}t}\left(\frac{1}{2}Cu^2\right) \quad (3.6)$$

根据能量与功率的关系,由式(3.6)可得电容存储的电场能量为

$$W_e = \frac{1}{2}Cu^2 = \frac{q^2}{2C} \quad (3.7)$$

式(3.7)表明,电容在任意时刻存储的能量只取决于该时刻的电压 u 或电荷 q。由于 C 大于零,因此送入电容器的能量不可能为负值,因此电容是无源元件。当电容电压绝对值增加时,说明电容在积累电荷(充电),从电路中吸收能量存储在电场中;当其电压绝对值减小时,说明电容在释放电荷(放电),将存储的电场能量释放给电路,所以电容元件是一个储能元件。

【例 3.1】　电压 $u(t)$ 波形如图 3.5(a)所示,加到一个 $0.6\ \mu\mathrm{F}$ 的电容两端,设电容上 $u(t)$、$i(t)$ 取关联参考方向,求:(1)电容电流 $i(t)$ 随时间变化的波形;(2)电容吸收功率 $p(t)$ 随时间变化的波形;(3)电容存储能量 $W(t)$ 随时间变化的波形。

　　解　(1)根据已知电压波形,列出 $u(t)$ 的解析表达式:

$$u(t) = \begin{cases} 0 & (t < 0) \\ 5t\ \mathrm{V} & (0 \leqslant t < 2\ \mathrm{s}) \\ 10\ \mathrm{V} & (2\ \mathrm{s} \leqslant t < 4\ \mathrm{s}) \\ (-5t + 30)\mathrm{V} & (4\ \mathrm{s} \leqslant t < 5\ \mathrm{s}) \\ 5\ \mathrm{V} & (t \geqslant 5\ \mathrm{s}) \end{cases}$$

应用式(3.3)可得

$$i(t) = C\frac{\mathrm{d}u}{\mathrm{d}t} = \begin{cases} 0 & (t < 0) \\ 3\ \mu\mathrm{A} & (0 \leqslant t < 2\ \mathrm{s}) \\ 0 & (2\ \mathrm{s} \leqslant t < 4\ \mathrm{s}) \\ -3\ \mu\mathrm{A} & (4\ \mathrm{s} \leqslant t < 5\ \mathrm{s}) \\ 0 & (t \geqslant 5\ \mathrm{s}) \end{cases}$$

电流 $i(t)$ 的波形如图 3.5(b)所示。

　　(2)电容吸收功率为

$$p = ui$$

可得功率波形如图 3.5(c) 所示。

（3）应用式（3.7）或通过对 $p(t)$ 积分可得电容存储能量如图 3.5(d) 所示。

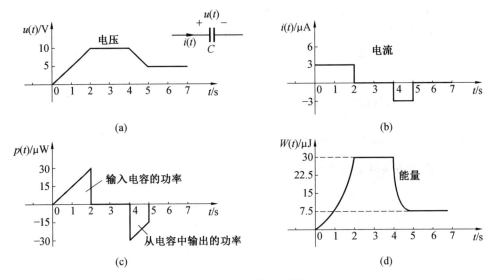

图 3.5   例 3.1 图

3.1.2   电感元件

电感线圈（coil）被广泛应用于电机、继电器、变压器、电力系统及通信系统中，几种实际的电感线圈如图 3.6 所示。实际的电感线圈形状各异，但其共同特性是线圈中通过电流，在其周围激发磁场。以常见的螺线管线圈为例，当通以电流 i 时，每匝线圈都形成与电流 i 相交链的磁通 Φ，两者的方向遵循右手螺旋定则，如图 3.7 所示。线圈匝数 N 与穿过该线圈各匝的平均磁通 Φ 的乘积，称为该线圈的磁链（magnetic leakage）ψ，其 SI 单位为韦［伯］（Wb）。

图 3.6   几种实际的电感线圈

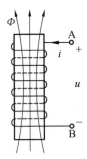

图 3.7   电感线圈原理示意图

电感元件（inductor）是一种理想化的模型，用于表示实际电感线圈，但忽略其电阻。电感能够产生磁场的电磁特性可以表示为磁链 ψ 与电流 i 的代数关系。如果线圈的芯体材料为线性介质（即磁导率与磁感应强度无关，近似等于真空磁导率 μ_0 的介质），则磁链与电流成正比，称为线性电感；否则称为非线性电感。线性电感的符号如图 3.8 所示，其中图 3.8(a) 表示固定电感,图 3.8(b) 表示可调电感。空心电感器就是典型的线性电感,主要应用于高频电路中,如无线广播、手机、电视及其他类似的发射器和接收器电路中。铁心电感器(芯体为铁磁材料,磁导率远大于真空磁导率)在尺寸上比空心电感器有优势,但铁磁材料有磁滞效应,导致磁链与电流为非线性关系。本书不讨论磁滞效应,不涉及非线性电感的分析,如无特别说明的电感都是指线性电感。

设电感的磁链与电流的参考方向符合右手螺旋法则,则二者之间的关系为

$$\psi = Li \tag{3.8}$$

式中　　L——电感量(inductance),其 SI 单位为亨[利](H),1 H = 1 Wb/1 A。

实际应用时,通常使用电感的分数单位毫亨(mH)、微亨(μH)。

线性电感的 $\psi \sim i$ 关系用图像表示时,是一条位于第 Ⅰ、第 Ⅲ 象限且经过原点的直线,如图 3.9 所示。

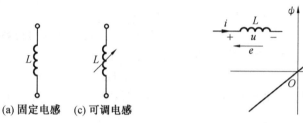

| (a) 固定电感 | (c) 可调电感 |

图 3.8　线性电感的符号　　　　图 3.9　线性电感的特性

图 3.9 中电感两端的电压 u、电流 i 取关联参考方向,且设电流 i 与磁链 ψ 的参考方向符合右手定则。根据法拉第定律,如果电感中的磁链 ψ 随时间变化,它将在电感两端产生感应电动势 e。由楞次定则可得

$$e = \frac{d\psi}{dt} \tag{3.9}$$

由于电压 u 与电动势 e 参考方向相反,因此

$$u = e = \frac{d\psi}{dt} \tag{3.10}$$

将式(3.8)代入式(3.10)可得

$$u = L \frac{di}{dt} \tag{3.11}$$

式(3.11)说明,电感的端口电压与端口电流的时间变化率成正比,当电感流过直流电流时,端口电压为零,即线圈等效为理想短路导线。式(3.11)还表明,流过电感的电流不允许发生跃变,否则电感端口的电压将为无穷大。电感电流不能跃变是一个重要的基础概念,在分析动态电路时具有重要意义。这个约束的含义是,当连接到电感的电流被开关断开时,电流还会通过开关触点的空气继续流通很短的时间,以火花或电弧的形式表现出来。

如果用电流 i 表示电压 u,可复制先前对电容的讨论过程,对于电感有

$$i(t) = \frac{1}{L} \int_{-\infty}^{t} u(\xi) d\xi = i(t_0) + \frac{1}{L} \int_{t_0}^{t} u(\xi) d\xi \tag{3.12}$$

式中　　$i(t_0)$——电感的初始电流(initial current)。

式(3.12)表明,任意 t 时刻电感的电流取决于 t 时刻之前的全部电压,因此电感也属于记忆元件。

式(3.11)与式(3.12)即为电感元件的端口特性方程,两式中 u、i 应为关联参考方向;否则要在式中添一负号。电感的 $u \sim i$ 关系也是动态相关的微分或积分关系,故电感也属于动态元件。

当电压与电流取关联参考方向时,电感吸收的功率可表示为

$$p = ui = Li\frac{\mathrm{d}i}{\mathrm{d}t} = \frac{\mathrm{d}}{\mathrm{d}t}\left(\frac{1}{2}Li^2\right) \tag{3.13}$$

根据能量与功率的关系,由式(3.13)可得电感存储的磁场能量为

$$W_m = \frac{1}{2}Li^2 = \frac{\psi^2}{2L} \tag{3.14}$$

式(3.14)表明,电感在任意时刻存储的能量只取决于该时刻的电流 i 或磁链 ψ。由于 L 大于零,因此电感存储的能量不可能为负值,所以电感也是无源元件。当电感电流绝对值增加时,说明电感在从电路中吸收能量存储在磁场中;当其电流绝对值减小时,说明电感将存储的磁场能量释放给电路,所以电感元件也是一个储能元件。

【例 3.2】 电路如图 3.10 所示,$R = 5\ \Omega$,$L = 0.2\ \mathrm{H}$,电流源的波形如图 3.11(a)所示。要求:(1)绘出 u_R 与 u_L 的波形;(2)当 $t = 2.5\ \mathrm{s}$ 时,求各元件的功率;(3)当 $t = 2.5\ \mathrm{s}$ 时,求电感的储能。

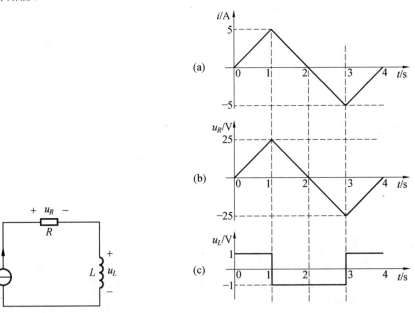

图 3.10 例 3.2 电路

图 3.11 例 3.2 波形

解 (1)由已知电流波形,写出其解析表达式:

$$i(t) = \begin{cases} (5t)\,\mathrm{A} & (0 \leqslant t < 1\ \mathrm{s}) \\ (-5t + 10)\,\mathrm{A} & (1\ \mathrm{s} \leqslant t < 3\ \mathrm{s}) \\ (5t - 20)\,\mathrm{A} & (3\ \mathrm{s} \leqslant t \leqslant 4\ \mathrm{s}) \end{cases}$$

则

$$u_R(t) = Ri(t) = \begin{cases} (25t)\,\text{V} & (0 \leqslant t < 1\ \text{s}) \\ (-25t + 50)\,\text{V} & (1\ \text{s} \leqslant t < 3\ \text{s}) \\ (25t - 100)\,\text{V} & (3\ \text{s} \leqslant t \leqslant 4\ \text{s}) \end{cases}$$

$$u_L(t) = L\frac{\mathrm{d}i}{\mathrm{d}t} = \begin{cases} 1\ \text{V} & (0 \leqslant t < 1\ \text{s}) \\ -1\ \text{V} & (1\ \text{s} \leqslant t < 3\ \text{s}) \\ 1\ \text{V} & (3\ \text{s} \leqslant t \leqslant 4\ \text{s}) \end{cases}$$

u_R 与 u_L 的波形分别如图 3.11(b)(c) 所示。

(2) 当 $t = 2.5$ s 时,有

$$i = -5t + 10\big|_{t=2.5\,\text{s}} = -2.5\ \text{A}$$

则 R 的吸收功率为

$$p_R = i^2R = (-2.5\ \text{A})^2 \times 5\ \Omega = 31.25\ \text{W}$$

由 $u_L = -1$ V 可得,L 的吸收功率为

$$p_L = u_Li = (-1\ \text{V}) \times (-2.5\ \text{A}) = 2.5\ \text{W}$$

电流源的发出功率为

$$p = p_R + p_L = 31.25\ \text{W} + 2.5\ \text{W} = 33.75\ \text{W}$$

(3) 当 $t = 2.5$ s 时,电感的储能为

$$W_L = \frac{1}{2}Li^2 = \frac{1}{2} \times 0.2\ \text{H} \times (-2.5\ \text{A})^2 = 0.625\ \text{J}$$

3.2　动态电路的暂态过程与电路变量初始值

3.2.1　动态电路的暂态过程

电容元件与电感元件的电压与电流关系是动态相关的微分或积分关系,所以这两种元件称为动态元件。含有动态元件的电路称为动态电路(dynamic circuits);只含有电阻和电源的电路称为电阻电路(resistive circuits)。前面所分析的电路大都是直流电阻电路,而且电压、电流都是常量,这种电路也称为直流稳态电路。所谓稳态(steady state),是指电路中的电压、电流都保持常量(直流稳态)或者周期量(交流稳态)。如果电路中的电压、电流既不是常量也不是周期量,则称为暂态(transient state)。暂态与稳态是两个相对的概念。

实际电路在工作时,如果遇到开关的接通或断开、电源输出变化、元件参数变动、干扰,甚至系统短路或断路等情况,都会引起电路中电压、电流的变化。这些引起电路变量变化的情况统称为换路(switching)。在电路模型中,可以利用开关的动作来表述实际电路在工作时的各种换路情况。

动态电路发生换路动作后,会引起动态元件储能的变化。在实际电路中,电容和电感存储的能量不可能瞬间跃变(否则功率为无穷大),需要经历一段过渡过程,这个过渡过程就是电路的暂态过程。例如,图 3.12(a) 所示的动态电路,存在一个换路动作(以开关符号及旁注文字表示在 $t = 0$ 时刻开关接通)。在开关闭合之前,电路处于稳态,电容 C 相当

于开路，$u_C = U_S$；在开关闭合以后，电路接入电阻 R_2，假设在某个 t_1 时刻以后，电路为稳态。此时电容仍相当于开路，电容电压 u_C 就是电阻 R_2 上的分压，即 $u_C - R_2 U_S/(R_1 + R_2)$。由于电容 C 的储能不能跃变，因此换路之后，u_C 的量值不能从 U_S 直接跃变到 $R_2 U_S/(R_1 + R_2)$，必然要按某种规律经过一个暂态过程的变化，才能达到新的稳态，如图 3.12(b) 所示。如果要确定这个暂态过程中 u_C 随时间 t 的变化规律，则要根据元件约束关系和结构约束关系，对 $t > 0$ 之后的电路列方程求解。图 3.12(c) 所示为 $t > 0$ 的电路状态，由支路电流法可得

$$\text{节点 ①:}\quad -i_1 + i_2 + C\frac{\mathrm{d}u_C}{\mathrm{d}t} = 0 \tag{3.15}$$

$$\text{回路 } l_1:\quad R_1 i_1 + u_C = U_S \tag{3.16}$$

$$\text{回路 } l_2:\quad R_2 i_2 - u_C = 0 \tag{3.17}$$

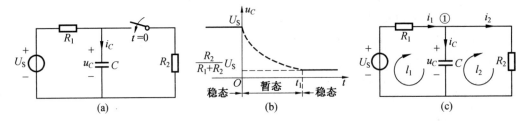

图 3.12　动态电路的换路与暂态过程

由式(3.16)、式(3.17)分别可得 $i_1 = (U_S - u_C)/R_1$、$i_2 = u_C/R_2$，代入式(3.15)，整理可得

$$C\frac{\mathrm{d}u_C}{\mathrm{d}t} + \left(\frac{1}{R_1} + \frac{1}{R_2}\right) u_C = \frac{U_S}{R_1} \tag{3.18}$$

式(3.18)是以时间 t 为主变量的常系数线性微分方程，待求量 u_C 是随时间 t 变化的函数(式中省略了函数标注的自变量 t)。式(3.18)表明，描述线性动态电路暂态过程的不是代数方程，而是微分方程。若要求解该微分方程，还需给定待求量 u_C 的初始值。若电路在 $t = 0$ 时刻发生换路，用 $t = 0_-$ 和 $t = 0_+$ 分别表示换路前和换路后瞬间，则可用 $u_C(0_+)$ 表示电容电压的初始值。根据上述条件可知

$$u_C(0_+) = U_S \tag{3.19}$$

综上所述，在动态电路发生换路动作后，由于 L、C 的储能($W_L = Li_L^2/2$、$W_C = Cu_C^2/2$)不能跃变，因此 i_L、u_C 是连续的，故动态电路从一个稳态达到新的稳态需要经历一个暂态过程。分析动态电路暂态过程的方法是，以时间 t 为主变量列写电路的微分方程并确定初始条件，通过求解微分方程获得电压、电流的时间函数。这种分析方法属于时域分析法。

若电路只含有一个独立的动态元件，则可用一阶常微分方程来描述该电路的暂态过程，这种电路称为一阶动态电路(first-order dynamic circuit)，包括一阶 RC 电路和一阶 RL 电路。本章内容主要分析一阶动态电路在暂态过程中电压、电流的变化规律。尽管它是非常基础的电路形式，但具有重要的实用价值。这种形式的电路常见于电子放大器、自动控制系统、运算放大器、通信设备和许多电气工程应用中。

3.2.2　电路变量的初始值

本章使用微分方程来描述动态电路的暂态过程,为了得到微分方程的定解,需要提供初始条件。如果设电路在 $t=0$ 时刻换路,$t=0_-$ 表示换路前瞬间,$u(0_-)$、$i(0_-)$、$q(0_-)$、$\psi(0_-)$ 称为电路变量的原始值(original value);$t=0_+$ 表示换路后瞬间,$u(0_+)$、$i(0_+)$、$q(0_+)$、$\psi(0_+)$ 称为电路变量的初始值(initial value),也就是为得到微分方程的定解所需要的初始条件。本节讨论如何确定电路变量的初始值。

1. $u_C(0_+)$ 与 $i_L(0_+)$ 的确定

电容与电感的储能分别为

$$W_C=\frac{1}{2}Cu_C{}^2$$

$$W_L=\frac{1}{2}Li_L{}^2$$

电路换路将引起电容和电感吸收或释放能量,相应地,吸收或释放的功率为

$$p_C=\frac{\mathrm{d}W_C}{\mathrm{d}t}$$

$$p_L=\frac{\mathrm{d}W_L}{\mathrm{d}t}$$

在实际电路中,p_C 与 p_L 总是有界的,故储能 W_C 与 W_L,以及相关的 u_C 与 i_L 都是连续变化的,因此可得

$$\begin{cases} u_C(0_+)=u_C(0_-) \\ i_L(0_+)=i_L(0_-) \end{cases} \tag{3.20}$$

式(3.20)表明,若换路瞬间电容与电感吸收或释放的功率有界,则 u_C 与 i_L 不能跃变,这一结论被称为换路定律。因此,如果要确定 $u_C(0_+)$ 与 $i_L(0_+)$,则首先要在换路动作发生之前的电路中求得 $u_C(0_-)$ 与 $i_L(0_-)$。而除了 u_C 与 i_L 以外的电压、电流均与元件储能无关,在换路瞬间都有可能发生跃变。

2. 其他 $u(0_+)$ 与 $i(0_+)$ 的确定

当确定了 $u_C(0_+)$ 与 $i_L(0_+)$ 之后,在 $t=0_+$ 瞬间,电容元件就可以用量值为 $u_C(0_+)$ 的电压源来置换,电感元件可以用量值为 $i_L(0_+)$ 的电流源来置换,电路中只剩下电阻元件与电源元件,相当于求解电阻电路,因而可以用分析直流电路的各种方法求解 $t=0_+$ 时刻的电路。

【例3.3】　电路如图3.13(a)所示,当 $t<0$ 时,电路处于稳态;当 $t=0$ 时,开关断开。求初始值 $i_L(0_+)$、$u_L(0_+)$。

解　在开关断开之前,电路为直流稳态,电感相当于短路,如图3.13(b)所示,可得

$$i_L(0_-)=2\text{ A}$$

由换路定律,得

$$i_L(0_+)=i_L(0_-)=2\text{ A}$$

画出 $t=0_+$ 时刻的电路,用 2 A 电流源置换电感,如图 3.13(c)所示。对节点 ① 列 KCL 方程可得

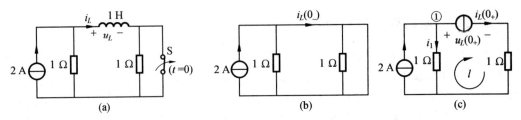

图 3.13　例 3.3 电路

$$i_1 = 2\ \text{A} - 2\ \text{A} = 0$$

再对回路 l 列 KVL 方程,可得

$$u_L(0_+) + 1\ \Omega \times i_L(0_+) = 0$$

解得

$$u_L(0_+) = -1\ \Omega \times i_L(0_+) = -1\ \Omega \times 2\ \text{A} = -2\ \text{V}$$

3.3　一阶 RC 电路的暂态响应

暂态响应(transient response)是指换路之后的动态电路在暂态过程中的系统输出。根据引起暂态响应的原因或能量来源的不同,暂态响应可分为零输入响应和零状态响应。

3.3.1　一阶 RC 电路的零输入响应

零输入响应(zero-input response)是指换路后无独立源,仅由动态元件的初始储能引起的响应。例如,图 3.14(a)所示电路,$t<0$ 时开关接在 a 点,电路处于稳态,电容电压 $u_C = U_0 (t<0)$。$t=0$ 时开关接到 b 点。下面分析 $t>0$ 时 u_C、i_C 的变化规律。

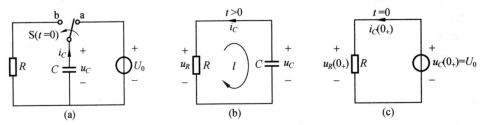

图 3.14　一阶 RC 电路的零输入响应

当 $t>0$ 时,电路如图 3.14(b)所示,对回路 l 列写 KVL 方程,可得

$$u_C - Ri_C = 0 \tag{3.21}$$

电容 C 上的 $u \sim i$ 关系为

$$i_C = -C\frac{\mathrm{d}u_C}{\mathrm{d}t} \tag{3.22}$$

将式(3.22)代入式(3.21),可得

$$RC\frac{\mathrm{d}u_C}{\mathrm{d}t} + u_C = 0 \tag{3.23}$$

根据换路定律可得式(3.23)的初始条件为

$$u_C(0_+) = u_C(0_-) = U_0 \tag{3.24}$$

式(3.23)为常系数线性一阶齐次微分方程,方程的通解形式设为

$$u_C = Ae^{\lambda t} \tag{3.25}$$

将式(3.25)代入微分方程式(3.23),可得

$$(RC\lambda + 1)Ae^{\lambda t} = 0$$

由于 $Ae^{\lambda t}$ 为非零解,因此

$$RC\lambda + 1 = 0 \tag{3.26a}$$

式(3.26a)称为一阶微分方程的特征方程,可求得特征根为

$$\lambda = -\frac{1}{RC} \tag{3.26b}$$

将特征根代入式(3.25)可得微分方程的通解为

$$u_C = Ae^{\lambda t} = Ae^{-\frac{t}{RC}} \tag{3.27}$$

式中　A——待定的积分常数,由初始条件式(3.24)来确定 ,即

$$u_C(0_+) = Ae^0 = A = U_0$$

因此,满足方程式(3.23)和初始条件式(3.24)的定解为

$$u_C = u_C(0_+)e^{-\frac{t}{RC}} = U_0 e^{-\frac{t}{RC}} \quad (t \geqslant 0) \tag{3.28}$$

再由电阻或电容的 $u \sim i$ 关系求得电流 i_C 为

$$i_C = \frac{u_C}{R} = -C\frac{\mathrm{d}u_C}{\mathrm{d}t} = \frac{U_0}{R}e^{-\frac{t}{RC}} \quad (t > 0) \tag{3.29}$$

由于 $t < 0$ 时 i_C 为零,$t \to 0_+$ 时 $i_C = U_0/R$,$i_C(t)$ 在 $t=0$ 处不连续,因此式(3.29)的定义域不包含 $t=0$。式(3.28)、式(3.29)表明,u_C、i_C 都按相同的指数规律衰减。图 3.15 给出了一阶 RC 电路 u_C、i_C 的变化规律。

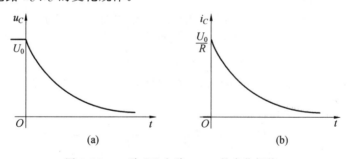

图 3.15　一阶 RC 电路 u_C、i_C 的变化规律

当 $t \to \infty$ 时,u_C、i_C 都衰减至零。在这个衰减变化过程中,电阻 R 吸收的功率与消耗的电能分别为

$$p = u_R i_C = u_C i_C = \frac{U_0^2}{R}e^{-\frac{2t}{RC}} \tag{3.30}$$

$$W_R = \int_0^\infty p(t)\mathrm{d}t = \frac{U_0^2}{R}\left(-\frac{RC}{2}\right)e^{-\frac{2t}{RC}}\bigg|_0^\infty = \frac{1}{2}CU_0^2 = W_C(0_+) \tag{3.31}$$

式(3.31)表明,当 $0 < t < \infty$ 时,电阻 R 消耗的电能等于电容 C 的初始储能。因此,一阶 RC 电路的零输入响应是由电容 C 的初始储能引起的。$t > 0$ 的暂态过程,就是电容

C 通过电阻 R 放电的物理过程。

在放电过程中，u_C、i_C 衰减的速率是相同的，且取决于 RC，令

$$\tau = RC \tag{3.32}$$

式中　τ——RC 电路的时间常数（time constant），具有时间量纲，单位为 s。

由式（3.28）可计算从任意 t_0 时刻开始，经过一个 τ 的时间间隔电压的衰减，即

$$u_C(t_0+\tau)=U_0\mathrm{e}^{-\frac{t_0+\tau}{\tau}}=U_0\mathrm{e}^{-1}\mathrm{e}^{-\frac{t_0}{\tau}}=\mathrm{e}^{-1}u_C(t_0)\approx 0.368u_C(t_0) \tag{3.33}$$

可见，时间常数 τ 可以定义为，从暂态过程中的任意时刻开始，暂态响应下降到 36.8% 经过的时间间隔。τ 越大，则零输入响应衰减越慢，即放电时间越长。表 3.1 列出了从 $t=0$ 时刻开始，经过不同时间间隔的 $u_C(t)$ 值。

表 3.1　RC 放电电路经过不同时间间隔的 $u_C(t)$ 值

t	0	τ	2τ	3τ	4τ	5τ	$\cdots$	∞
$u_C(t)$	U_0	$0.368U_0$	$0.135U_0$	$0.050U_0$	$0.018U_0$	$0.007U_0$	$\cdots$	0

由表 3.1 可见，虽然理论上暂态过程会持续无限长时间，但实际上经过 $3\tau\sim 5\tau$ 的时间，$u_C(t)$ 值就已经衰减到初始值的 5%～0.7%，可以认为暂态（放电）过程基本结束。

一阶 RC 电路的零输入响应都是从初始值开始按相同的指数规律衰减的，且衰减的速率取决于时间常数 τ。时间常数 τ 由电路结构和参数决定，是电路的固有参数。由此，可总结出零输入响应的一般形式，即

$$f(t)=f(0_+)\mathrm{e}^{-t/\tau} \quad (t>0) \tag{3.34}$$

式中　$f(t)$——换路后的电压或电流；

　　　$f(0_+)$——初始值。

以图 3.14(a) 所示电路为例，零输入响应 u_C、i_C 可直接表示为

$$\begin{cases} u_C=u_C(0_+)\mathrm{e}^{-t/\tau} \\ i_C=i_C(0_+)\mathrm{e}^{-t/\tau} \end{cases} \quad (t>0) \tag{3.35}$$

由换路定律，以及图 3.14(c) 所示 $t=0_+$ 时的电路，可求得 u_C、i_C 的初始值为

$$\begin{cases} u_C(0_+)=U_0 \\ i_C(0_+)=\dfrac{u_R(0_+)}{R}=\dfrac{u_C(0_+)}{R}=\dfrac{U_0}{R} \end{cases} \tag{3.36}$$

将上述初始值及时间常数 $\tau=RC$ 代入式（3.35），即可得与式（3.28）、式（3.29）相同的结果。

式（3.34）还表明，线性一阶网络零输入响应与初始状态具有线性关系，这种关系称为零输入特性。

【例 3.4】　电路如图 3.16(a) 所示，当 $t<0$ 时，电路处于稳态；当 $t=0$ 时，开关闭合。试求 $t>0$ 时 $i(t)$ 的变化规律。

解　当 $t>0$ 时，10 V 电压源与 60 Ω 电阻串联支路被短路，暂态电路如图 3.16(b) 所示。本题可以对图 3.16(b) 所示电路列写微分方程求解，也可以直接应用零输入响应的一般形式。这里采用后一种方法。待求的零输入响应 $i(t)$ 可表示为

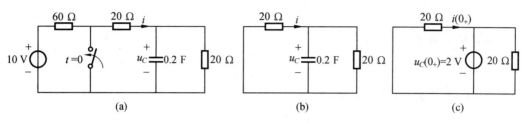

图 3.16　例 3.4 电路

$$i(t) = i(0_+) e^{-t/\tau}$$

因而只需要求得响应 $i(t)$ 的初始值 $i(0_+)$，以及电路的时间常数 τ。

（1）求 $i(0_+)$。

当 $t < 0$ 时，电路为稳态，计算可得 $u_C(0_-) = 2$ V。根据换路定律可得

$$u_C(0_+) = u_C(0_-) = 2 \text{ V}$$

$t = 0_+$ 时刻，可以用 2 V 电压源置换电容，电路如图 3.16(c) 所示，由此可得

$$i(0_+) = -\frac{2 \text{ V}}{20 \text{ }\Omega} = -0.1 \text{ A}$$

（2）求时间常数 τ。

由图 3.16(b) 可以看出，电容通过除自身之外的剩余电路部分的等效电阻来放电，所以时间常数为

$$\tau = RC = (20 \text{ }\Omega \text{ // } 20 \text{ }\Omega) \times 0.2 \text{ F} = 2 \text{ s}$$

综上，零输入响应 $i(t)$ 为

$$i(t) = -0.1 e^{-t/2} \text{A} \quad (t > 0)$$

3.3.2　一阶 RC 电路的零状态响应

零状态响应（zero-state response）是指动态元件的初始储能为零，换路后仅由独立源引起的暂态响应[①]。例如，图 3.17(a) 所示的一阶 RC 电路，当 $t < 0$ 时，开关断开，电路处于稳态，电容电压 $u_C = 0 (t < 0)$；当 $t = 0$ 时，开关闭合，接入电压源 U_s。下面分析 $t > 0$ 时 u_C、i 的变化规律。

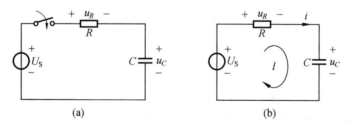

图 3.17　一阶 RC 电路的零状态响应

当 $t > 0$ 时，电路如图 3.17(b) 所示，对回路 l 列写 KVL 方程，可得

———————————

① 本书只讨论直流电源引起的零状态响应，其他形式独立源引起的零状态响应可参考其他相关书目。

$$Ri + u_C = U_s \qquad (3.37)$$

电容 C 上的 $u \sim i$ 关系为

$$i = C\frac{\mathrm{d}u_C}{\mathrm{d}t} \qquad (3.38)$$

将式(3.38)代入式(3.37),可得

$$RC\frac{\mathrm{d}u_C}{\mathrm{d}t} + u_C = U_s \qquad (3.39)$$

由已知条件及换路定律可得方程式(3.39)的初始条件为

$$u_C(0_+) = u_C(0_-) = 0 \qquad (3.40)$$

式(3.39)为常系数线性一阶非齐次微分方程,其通解 $u_C(t)$ 由任一特解 $u_{Cp}(t)$ 和对应的齐次微分方程通解 $u_{Ch}(t)$ 组成,即

$$u_C(t) = u_{Cp}(t) + u_{Ch}(t) \qquad (3.41)$$

(1)求特解 $u_{Cp}(t)$。

当 $t \to \infty$ 时,电路达到稳态。此时电容电压稳态值 $u_C(\infty) = U_s$,能够满足方程式(3.39),因此可以用电容电压的稳态值作为特解,即

$$u_{Cp}(t) = U_s \qquad (3.42)$$

(2)求对应的齐次微分方程的通解 $u_{Ch}(t)$。

与方程式(3.39)对应的齐次方程为

$$RC\frac{\mathrm{d}u_C}{\mathrm{d}t} + u_C = 0 \qquad (3.43)$$

式(3.43)与前述方程式(3.23)相同,其通解为

$$u_{Ch}(t) = Ae^{-t/RC} = Ae^{-t/\tau} \qquad (3.44)$$

式中 $\tau = RC$。

(3)求非齐次微分方程的通解 $u_C(t)$。

将特解 $u_{Cp}(t)$ 与齐次微分方程通解 $u_{Ch}(t)$ 代入式(3.41),可得

$$u_C(t) = U_s + Ae^{-t/\tau} \qquad (3.45)$$

(4)由初始条件确定积分常数 A。

将初始条件式(3.40)代入式(3.45),得

$$u_C(0_+) = U_s + A = 0$$

$$A = -U_s$$

将 A 代入非齐次微分方程的通解式(3.45),可得到满足方程式(3.39)和初始条件式(3.40)的解,即电路的零状态响应 $u_C(t)$ 为

$$u_C(t) = U_s - U_s e^{-t/\tau} = U_s(1 - e^{-t/\tau}) \quad (t \geqslant 0) \qquad (3.46)$$

根据电容的 $u \sim i$ 关系可求电流 $i(t)$ 为

$$i(t) = C\frac{\mathrm{d}u_C(t)}{\mathrm{d}t} = C\frac{\mathrm{d}}{\mathrm{d}t}[U_s(1 - e^{-t/\tau})] = \frac{U_s}{R}e^{-t/\tau} \quad (t > 0) \qquad (3.47)$$

零状态响应 u_C 的波形如图 3.18(a)所示,它从零开始按照指数规律增加,当 $t \to \infty$ 时达到新的稳态值,即 $u_C(\infty) = U_s$。这个暂态过程即为电压源 U_s 通过电阻 R 为电容 C 充电的过程。

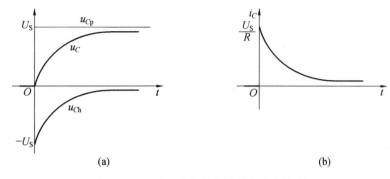

图 3.18　一阶 RC 电路的零状态响应波形

u_C 包括两个分量：一个分量是特解 $u_{Cp}(t)=U_S$，称为 u_C 的稳态分量（steady state component）；另一分量即 $u_{Ch}(t)=-U_S e^{-t/\tau}$，初始值为 $-U_S$，该分量随时间按指数规律不断衰减，直至为零，因此称为 u_C 的暂态分量（transient component）。上述情况表明，一阶 RC 电路的零状态响应等于稳态分量与暂态分量的代数和。

零状态响应 i_C 的波形如图 3.18(b) 所示，其在 $t=0$ 时刻不连续。当 $t<0$ 时，$i=0$；当 $t>0$ 时，电流 i_C 从 U_S/R 开始按指数规律减小，直至为零，充电结束。如果电阻 R 较小，则在换路初始时刻，电压源 U_S 将以较大的电流为电容 C 充电。如果 $R=0$，开关在 $t=0$ 时刻闭合，电压源 U_S 将以无限大的冲击电流为电容 C 注入电荷，使得电容电压从 $t=0_-$ 时的零值跃变至 $t=0_+$ 时的 U_S，此时电容电压不符合换路定律。限于篇幅，针对此类问题本书不再展开讨论。

3.4　一阶 RL 电路的暂态响应

3.4.1　一阶 RL 电路的零输入响应

如图 3.19(a) 所示电路，当 $t<0$ 时，电路为稳态，$i_L=I_0$（$t<0$）；当 $t=0$ 时，开关接通，将电流源短路。图 3.19(b) 所示为 $t>0$ 时的一阶 RL 电路，其 KVL 方程为

$$Ri_L + u_L = 0 \tag{3.48a}$$

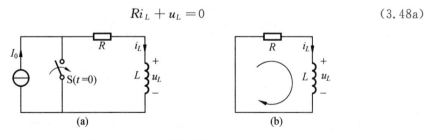

图 3.19　RL 电路的零输入响应

电感 L 的 $u \sim i$ 关系为

$$u_L = L \frac{\mathrm{d}i_L}{\mathrm{d}t} \tag{3.48b}$$

将式(3.48b) 代入式(3.48a)，整理可得

$$L\frac{\mathrm{d}i_L}{\mathrm{d}t} + Ri_L = 0 \qquad (3.49)$$

由换路定律可得初始条件为

$$i_L(0_+) = i_L(0_-) = I_0 \qquad (3.50)$$

式(3.49)是一阶齐次微分方程,其特征方程和特征根分别为

$$L\lambda + R = 0$$

$$\lambda = -\frac{R}{L}$$

微分方程式(3.49)的通解为

$$i_L(t) = Ae^{\lambda t} = Ae^{-\frac{R}{L}t} = Ae^{-t/\tau} \qquad (3.51)$$

式中 τ——RL 电路的时间常数,$\tau = L/R$,与 RC 电路的时间常数 $\tau = RC$ 相比,两者的定
       义及量纲都相同,单位也都是 s。

由初始条件式(3.50)可确定通解式(3.51)的积分常数 A,即

$$i_L(0_+) = Ae^0 = A = I_0 \qquad (3.52)$$

将式(3.52)代入通解式(3.51),可得零输入响应为

$$i_L(t) = i_L(0_+)e^{-t/\tau} = I_0 e^{-t/\tau} \qquad (t \geqslant 0) \qquad (3.53)$$

根据电阻或电感的元件方程求得

$$u_L = -Ri_L = L\frac{\mathrm{d}i_L}{\mathrm{d}t} = -RI_0 e^{-t/\tau} \qquad (t > 0) \qquad (3.54)$$

RL 电路与 RC 电路的零输入响应表现出相同的变化规律,实质都是动态元件初始储
能释放的过程。式(3.53)和式(3.54)表明,i_L 和 u_L 都是从各自的初始值 $i_L(0_+) = I_0$ 和
$u_L(0_+) = -RI_0$ 开始,按同一指数规律衰减至零。图 3.20 所示为零输入响应 i_L 及 u_L 随时
间变化的曲线。由图 3.20 可见,i_L 是连续变化的,而电感电压 u_L 则从 $t = 0_-$ 时的零值跃
变到 $t = 0_+$ 时的 $-RI_0$。若电阻 R 很大,则在换路时电感两端会出现很高的瞬间电压。

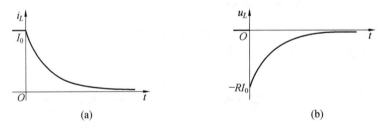

(a)   (b)

图 3.20   零输入响应 i_L 及 u_L 随时间变化的曲线

【例 3.5】   如图 3.21 所示电路,已知 $U_s = 36$ V,$R_2 = 6$ kΩ,线圈等效为 R_1 与 L 串联
支路,$R_1 = 6$ Ω,$L = 0.2$ H。当 $t < 0$ 时,电路处于直流稳态;当 $t = 0$ 时,开关断开。求 $t > 0$
时的电流 i_L 及开关两端电压 u_k。

解   先求 i_L。可直接引用图 3.19 所示 RL 电路的分析结果。i_L 的初始值及时间常
数分别为

$$i_L(0_+) = i_L(0_-) = \frac{U_s}{R_1} = \frac{36\ \mathrm{V}}{6\ \Omega} = 6\ \mathrm{A}$$

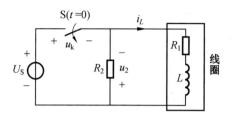

图 3.21　例 3.5 电路

$$\tau = \frac{L}{R} = \frac{L}{R_1 + R_2} = \frac{0.2\ \text{H}}{6\ \Omega + 6\ \text{k}\Omega} \approx \frac{2}{6 \times 10^4}\ \text{s}$$

因此,零输入响应 i_L 为

$$i_L = i_L(0_+) \mathrm{e}^{-t/\tau} = 6\mathrm{e}^{-3 \times 10^4 t}\ \text{A} \quad (t \geqslant 0)$$

再由 KVL 可得

$$u_{\text{k}} = U_{\text{S}} + u_2 = U_{\text{S}} + R_2 i_L = (36 + 3.6 \times 10^4 \mathrm{e}^{-3 \times 10^4 t})\text{V} \quad (t > 0)$$

在换路后瞬间 $(t = 0_+)$,可得

$$u_{\text{k}}(0_+) \approx 3.6 \times 10^4\ \text{V}$$

可见,当断开一个包含电感的电路时,开关可能会承受很高的电压。这是因为 i_L 不能跃变,从而在较大电阻 R_2 两端产生很大的电压。因此,为了避免出现过高电压,在切断感性负载电流时必须采取必要的保护措施。一种常见的方法是,可先在 R_2 上并联一个较小的电阻,待开关断开片刻再移去此并联电阻。

3.4.2　一阶 RL 电路的零状态响应

图 3.22(a) 所示电路中,当 $t < 0$ 时,开关接在 a 点,电路为稳态, $i_L = 0$ ($t < 0$);当 $t = 0$ 时,开关接至 b 点。图 3.22(b) 所示为 $t > 0$ 时的一阶 RL 电路,其 KCL 方程为

$$\frac{u_L}{R} + i_L = I_{\text{S}}$$

代入电感元件的特性方程,可得

$$\frac{L}{R} \frac{\mathrm{d}i_L}{\mathrm{d}t} + i_L = I_{\text{S}} \tag{3.55}$$

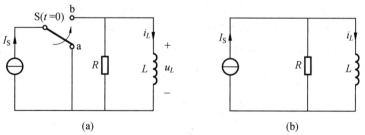

(a)　　　　　　　　　　　　(b)

图 3.22　RL 电路的零状态响应

式(3.55)的初始条件为

$$i_L(0_+) = i_L(0_-) = 0 \tag{3.56}$$

参考一阶 RC 电路的微分方程式(3.39)与初始值式(3.40)的求解过程,满足方程式

(3.55)与初始条件式(3.56)的解为

$$i_L = I_s(1 - e^{-t/\tau}) \quad (t \geqslant 0) \tag{3.57}$$

式中　τ——时间常数，$\tau = L/R$。

由电感元件的 $u \sim i$ 关系，可得

$$u_L = L\frac{di_L}{dt} = L\frac{d}{dt}\left[I_s(1 - e^{-t/\tau})\right] = RI_s e^{-t/\tau} \quad (t > 0) \tag{3.58}$$

零状态响应 i_L 的变化曲线如图 3.23(a) 所示。i_L 从零开始按照指数规律增加，当 $t \rightarrow \infty$ 时达到新的稳态值，即 $i_L(\infty) = I_s$。这个暂态过程即为电流源 I_s 为电感 L 充电的过程。

零状态响应 u_L 的变化曲线如图 3.23(b) 所示，其在 $t = 0$ 时刻不连续。当 $t < 0$ 时，$u_L = 0$，此时电感 L 相当于短路；在 $t = 0_+$ 时刻，由于 $i_L(0_+) = 0$，因此电流源电流 I_s 全部流过电阻 R，使得 $u_L(0_+) = RI_s$；在 $t > 0$ 后，u_L 逐渐减小，直至为零，充电结束。

如果电路中没有电阻 R(或 $R \rightarrow \infty$)，则电感电流将从 $t = 0_-$ 时的零值跃变至 $t = 0_+$ 时的 I_s，此时电感电流不符合换路定律，并产生无限大的 u_L，本书也不再展开讨论此类问题。

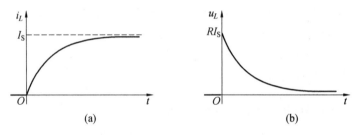

图 3.23　零状态响应 i_L 及 u_L 的变化曲线

3.5　一阶动态电路的全响应及其暂态解的一般形式

3.5.1　一阶动态电路的全响应

由独立源[①]和储能元件的原始储能共同作用引起的响应称为全响应（complete response）。以下讨论全响应与零输入响应和零状态响应的关系。

以图 3.24(a) 所示的 RC 电路为例，设 $u_C(0_-) = U_0 \neq 0$，由电压源 U_s 和 $u_C(0_-) = U_0$ 共同引起的响应即为全响应。则全响应 u_C 的方程和初始条件如下：

$$\begin{cases} RC\dfrac{du_C}{dt} + u_C = U_s \\ u_C(0_+) = u_C(0_-) = U_0 \end{cases} \tag{3.59}$$

图 3.24(b)所示电路为零输入响应，电压源 $U_s = 0$ 相当于短路，仅由电容 $u'_C(0_-) = U_0$

---

① 本章只讨论直流电源作用的情况。

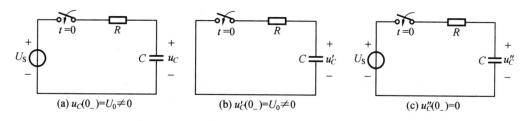

图 3.24　全响应与零输入响应和零状态响应的关系

引起的响应 u_C' 是零输入响应。则 u_C' 的方程和初始条件如下：

$$\begin{cases} RC\dfrac{\mathrm{d}u_C'}{\mathrm{d}t} + u_C' = 0 \\ u_C'(0_+) = u_C'(0_-) = U_0 \end{cases} \tag{3.60}$$

图 3.24(c) 所示电路为零状态响应，$u_C''(0_-) = 0$，仅由独立源 U_s 引起的响应 u_C'' 为零状态响应。则 u_C'' 的方程和初始条件如下：

$$\begin{cases} RC\dfrac{\mathrm{d}u_C''}{\mathrm{d}t} + u_C'' = U_s \\ u_C''(0_+) = u_C''(0_-) = 0 \end{cases} \tag{3.61}$$

将式(3.60)与式(3.61)相加，可得

$$\begin{cases} RC\dfrac{\mathrm{d}}{\mathrm{d}t}(u_C' + u_C'') + (u_C' + u_C'') = U_s \\ u_C'(0_+) + u_C''(0_+) = U_0 \end{cases} \tag{3.62}$$

比较式(3.62)与式(3.59)可得

$$u_C(t) = u_C'(t) + u_C''(t) \tag{3.63}$$

上述分析过程说明，图 3.24(a) 所示 RC 电路的全响应等于零输入响应与零状态响应之和。

在一般情况下，线性动态电路的全响应方程与式(3.59)类似。因此，由 RC 电路获得的式(3.63)适用于所有线性动态电路，即全响应=零输入响应+零状态响应。不同类型的响应具有不同的因果关系，其中，零输入响应与初始状态之间存在线性关系，而零状态响应与激励之间存在线性关系。当问题涉及不同的因果关系时，需要将全响应分成两个分量分别讨论。

3.5.2　一阶动态电路暂态解的一般形式

设含有一个独立电容的任意复杂一阶电路如图 3.25(a) 所示，应用戴维南定理可将其化简为简单的一阶 RC 电路，如图 3.25(b) 所示。由前述内容可得，其求解暂态响应 u_C 的方程和初始条件为

$$\begin{cases} RC\dfrac{\mathrm{d}u_C}{\mathrm{d}t} + u_C = U_{\mathrm{oc}} \\ u_C(0_+) = U_0 \end{cases} \tag{3.64}$$

设含有一个独立电感的任意复杂一阶电路如图 3.26(a) 所示，应用诺顿定理可将其

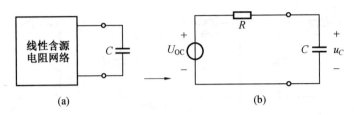

图 3.25　含有一个独立电容的任意复杂一阶电路及其化简的等效电路

化简为简单的一阶 RL 电路,如图 3.26(b) 所示。由前述内容可得,其求解暂态响应 i_L 的方程和初始条件为

$$\begin{cases} GL\, \dfrac{\mathrm{d}i_L}{\mathrm{d}t} + i_L = I_{SC} \\[2mm] i_L(0_+) = I_0 \end{cases} \tag{3.65}$$

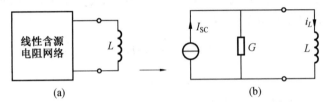

图 3.26　含有一个独立电感的任意复杂一阶电路及其化简的等效电路

式(3.64)与式(3.65)的形式相同,可统一写成

$$\begin{cases} \tau\, \dfrac{\mathrm{d}f(t)}{\mathrm{d}t} + f(t) = g(t) \\[2mm] f(0_+) = F_0 \end{cases} \tag{3.66}$$

式中　$f(t)$——待求响应 u_C 或 i_L;

　　　$g(t)$——戴维南等效电路的独立源 U_{OC} 或诺顿等效电路的独立源 I_{SC};

　　　τ——$\tau = RC$ 或 $\tau = L/R$,其中 R 为戴维南电路或诺顿电路的等效电阻。

可以证明,对于任意复杂的含源电路,如果它包含一个储能元件,并且希望求解除了 u_C 或 i_L 之外的其他电压或电流,那么也可以写出与式(3.66)形式相同的线性常系数一阶非齐次微分方程。该方程的通解由任意一个特解 $f_p(t)$ 和对应的齐次方程的通解 $f_h(t)$ 组成。

在直流电源作用下,当电路达到稳态时,响应的直流稳态解可以作为特解,即

$$f_p(t) = f(\infty)$$

因此,通解可表示为

$$f(t) = f(\infty) + f_h(t) = f(\infty) + A\mathrm{e}^{-t/\tau} \tag{3.67}$$

令式(3.67)中 $t = 0_+$,以确定积分常数 A,则有

$$f(0_+) = f(\infty) + A$$

$$A = f(0_+) - f(\infty)$$

将 A 代入式(3.67),可得

$$f(t) = f(\infty) + [f(0_+) - f(\infty)]\mathrm{e}^{-t/\tau} \tag{3.68}$$

式(3.68)表明,对于任意一阶动态电路,如果求解其任一暂态响应 $f(t)$,只需要分别求出其初始值 $f(0_+)$、时间常数 τ 和稳态值 $f(\infty)$ 这三个要素,故式(3.68)称为一阶动态电路暂态解的三要素公式。

应用式(3.68)也可以单独求解零输入响应和零状态响应这两个分量。例如,若要求某一阶动态电路的零输入响应 $f'(t)$,可以发现当电路达到稳态时,响应最终衰减为零,即直流稳态解 $f'(\infty)=0$,将其代入式(3.68)可得零输入响应的一般形式为

$$f'(t) = f(0_+)\mathrm{e}^{-t/\tau}$$

【例 3.6】 如图 3.27(a)所示电路,当 $t<0$ 时,处于稳态;当 $t=0$ 时,开关接通。求 $t>0$ 时的 u_C、i。

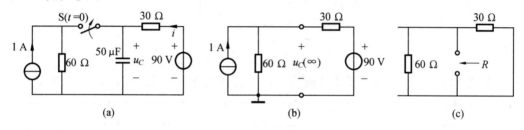

图 3.27 例 3.6 电路

解 (1)求初始值 $u_C(0_+)$。

由图 3.27(a)可得

$$u_C(0_-) = 90 \text{ V}$$

由换路定律可得

$$u_C(0_+) = u_C(0_-) = 90 \text{ V}$$

(2)求稳态值 $u_C(\infty)$。

图 3.27(b)所示为 $t \to \infty$ 时的直流稳态电路,要计算 $u_C(\infty)$,可列写节点电压方程:

$$\left(\frac{1}{30 \text{ }\Omega} + \frac{1}{60 \text{ }\Omega}\right)u_C(\infty) = 1 \text{ A} + \frac{90 \text{ V}}{30 \text{ }\Omega}$$

$$u_C(\infty) = 80 \text{ V}$$

(3)求时间常数 $\tau = RC$。

将两个独立源置零,得到计算等效电阻的电路如图 3.27(c)所示,可得

$$R = \frac{30 \times 60}{30 + 60} \text{ }\Omega = 20 \text{ }\Omega$$

$$\tau = 20 \text{ }\Omega \times 50 \text{ }\mu\text{F} = 0.001 \text{ s}$$

(4)将 $u_C(0_+)$、$u_C(\infty)$ 和 τ 代入三要素公式的 u_C,可得

$$u_C(t) = u_C(\infty) + [u_C(0_+) - u_C(\infty)]\mathrm{e}^{-t/\tau} = (80 + 10\mathrm{e}^{-1\,000t})\text{V} \quad (t \geqslant 0)$$

(5)求电流 i。

$$i(t) = \frac{90 \text{ V} - u_C}{30 \text{ }\Omega} = \frac{90 \text{ V} - (80 + 10\mathrm{e}^{-1\,000t})\text{V}}{30 \text{ }\Omega} = \frac{1}{3}(1 - \mathrm{e}^{-1\,000t})\text{A} \quad (t > 0)$$

Multisim 仿真实践：一阶 RC 电路的暂态过程

一阶 RC 电路暂态电路连接如图 3.28 所示。初始状态电容 C 未充电，$u_C = 0$，电路接通之后，在直流电压源 U_S 的作用下，通过电阻 R 对电容 C 充电，电容电压 u_C 按某种规律升高，直至达到新的稳态。

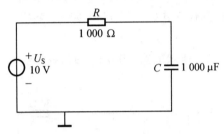

图 3.28   一阶 RC 电路暂态电路连接

利用 Multisim 软件的"瞬态分析"功能，可得到该暂态过程曲线如图 3.29 所示。

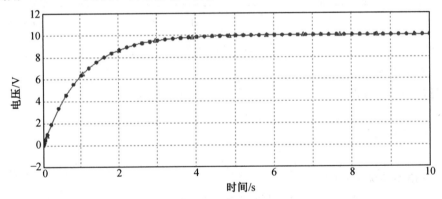

图 3.29   一阶 RC 电路暂态过程曲线

3.6   本章小结

（1）电容能够存储电荷与电场能的电磁特性，可以表示为电荷 q 与电压 u 之间的代数关系。线性电容的电荷和电压成正比，即 $q = Cu$。在关联参考方向下，端口上电压、电流的关系是

$$i = C\frac{\mathrm{d}u}{\mathrm{d}t}$$

$$u = \frac{1}{C}\int_{-\infty}^{t} i(\xi)\mathrm{d}\xi$$

电容属于储能元件。线性电容储存的电场能量为

$$W_{\mathrm{e}} = \frac{1}{2}Cu^2$$

（2）电感能够产生磁场的电磁特性，可以表示为磁链 ψ 与电流 i 的代数关系。线性电

感的磁链和电流成正比,即 $\psi = Li$。在关联参考方向下,端口上电压、电流的关系是

$$u = L\frac{\mathrm{d}i}{\mathrm{d}t}$$

$$i = \frac{1}{L}\int_{-\infty}^{t} u(\xi)\mathrm{d}\xi$$

电感也是储能元件。线性电感储存的磁场能量为

$$W_{\mathrm{m}} = \frac{1}{2}Li^2$$

（3）动态电路换路后,动态元件的储能要发生变化。由于实际电路中能量不能跃变,因此动态电路换路后一般要经历暂态过程。动态电路的暂态过程须用微分方程来描述。为求解微分方程,须确定电路中能量的初始值。

（4）根据换路定律可确定电容电压 u_C 和电感电流 i_L 的初始值,即

$$u_C(0_+) = u_C(0_-)$$

$$i_L(0_+) = i_L(0_-)$$

除 u_C、i_L 之外的电压、电流初始值须通过求解 $t=0_+$ 时刻的电路来确定。

（5）线性动态电路的全响应是由独立电源和储能元件的原始储能共同作用引起的。按引起响应的原因,全响应可分为零输入响应与零状态响应。一阶动态电路的零输入响应,其暂态过程即为储能元件释放能量的过程;一阶动态电路的零状态响应,其暂态过程即为电源为储能元件充电的过程。

（6）对于直流电源作用下的任意一阶动态电路,其暂态响应 $f(t)$ 具有相同的形式,即

$$f(t) = f(\infty) + [f(0_+) - f(\infty)]\mathrm{e}^{-t/\tau}$$

只需要分别求出其初始值 $f(0_+)$、时间常数 τ 和稳态值 $f(\infty)$ 这三个要素即可求得暂态响应。

习　题

3.1　已知图 P3.1(a) 中电容电压 $u(t)$ 的波形如图 P3.1(b) 所示。求:

（1）电容电流 $i(t)$,在图 P3.1(c) 中画出其波形图;（2）电容吸收的功率 $p(t)$,在图 P3.1(d) 中画出其波形图,并从 $p(t)$ 波形图上分析电容吸收能量和发出能量的关系。

3.2　已知图 P3.2(a) 中电容电流 $i(t)$ 的波形图如图 P3.2(b) 所示。（1）设 $t=0$ 时电容未充电,即电荷 $q(0)=0$,求电容电压 $u(t)$,并在图 P3.2(c) 中画出其波形;（2）设 $t=0$ 时电容已充电,$q(0)=1$ C,求电容电压 $u(t)$,并在图 P3.2(c) 中画出其波形;（3）计算 $t=4$ s 时电容储存的电场能量。

3.3　已知图 P3.3(a) 中电感电压 $u(t)$ 如图 P3.3(b) 所示。（1）设 $t=0$ 时 $i(0)=0$,求电感电流 $i(t)$,并在图 P3.3(c) 中画出其波形;（2）设 $t=0$ 时,$i(0)=1$ A,求电感电流 $i(t)$,并在图 P3.3(c) 中画出其波形;（3）求 $t=4$ s 时的磁链 ψ 和磁场能量 W。

3.4　如图 P3.4 所示电路,$t<0$ 时为稳态,求 $u(0_+)$ 和 $i(0_+)$。

3.5　如图 P3.5 所示电路,$t<0$ 时为稳态,求 $u_C(0_+)$、$i_L(0_+)$ 和 $u(0_+)$。

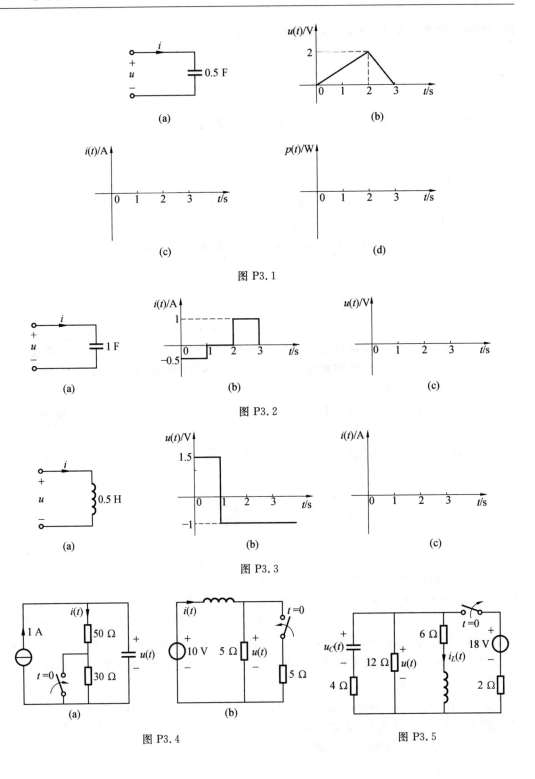

图 P3.1

图 P3.2

图 P3.3

图 P3.4

图 P3.5

3.6　如图 P3.6 所示电路,$t < 0$ 时为稳态,求 $u_C(t)$ 和 $i(t)$。

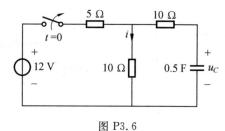

图 P3.6

3.7　如图 P3.7 所示电路,$t < 0$ 时为稳态,$t = 0$ 时 S_1 接通,$t = 0.1$ s 时 S_2 接通。求电流 $i_L(t)$ 和 $i_1(t)$,并画出 $i_L(t)$ 波形。

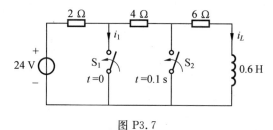

图 P3.7

3.8　如图 P3.8 所示电路,$t < 0$ 时为稳态,试用三要素公式求 $i_L(t)$、$i_C(t)$ 和 $i(t)$。

3.9　如图 P3.9 所示电路,$t < 0$ 时为稳态,求 $i_L(t)$ 和 $i(t)$。

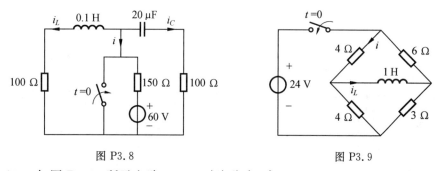

图 P3.8　　　　　　　　　　　　图 P3.9

3.10　如图 P3.10 所示电路,$t < 0$ 时为稳态,求 $u(t)$。

3.11　如图 P3.11 所示电路,$t < 0$ 时为稳态,求 $u_C(t)$ 和 $i_L(t)$。

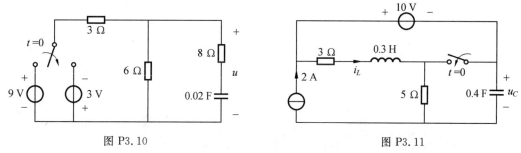

图 P3.10　　　　　　　　　　　　图 P3.11

3.12　如图 P3.12 所示电路,$t < 0$ 时为稳态。设 $U_{S1} = 38$ V,$U_{S2} = 12$ V,$R_1 = 20$ Ω,$R_2 = 5$ Ω,$R_3 = 6$ Ω,$L = 0.2$ H,求 $t \geqslant 0$ 时的电流 i_L。

3.13   如图 P3.13 所示电路，$t<0$ 时为稳态，$t=0$ 时开关断开。求 $t>0$ 时的电感电流 i_L。

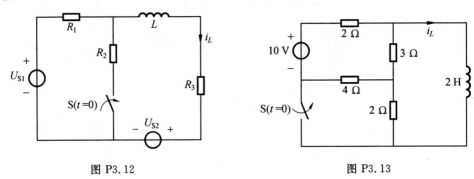

图 P3.12   图 P3.13

第4章 交流电路分析

在现代工业生产和生活中,交流电比直流电的应用更为广泛。本章讨论的交流电路是指电压、电流的大小和方向都随时间呈周期性变化的电路。若电路中的电压、电流随时间按正弦规律变化,则称为正弦电流电路。正弦电流电路在电气、电子、通信等工程领域具有重要的理论和实际意义。如电力工业在电能的传输及发配电中就广泛使用正弦电流电路。在电子技术领域,正弦交流也是最重要的信号形式。本章主要介绍正弦量的基本概念及相量表示法、正弦电流电路的相量分析法、正弦电流电路的功率、对称三相电路及谐振等内容。

4.1 正弦电流

随时间按正弦规律变动的电流称为正弦电流(sinusoidal current)。在正弦电流电路中,电压、磁链及电荷也都随时间按正弦规律变化,以上电路变量统称为正弦量(sinusoid)。正弦量既可用时间的正弦函数表示,也可用时间的余弦函数表示。本章在一般情况下采用余弦函数表示正弦量,下面通过正弦电流介绍正弦量的相关概念。

图 4.1(a) 所示为流过正弦电流的一条支路。在指定电流参考方向和时间坐标原点之后,可画出正弦电流的波形,如图 4.1(b) 所示。

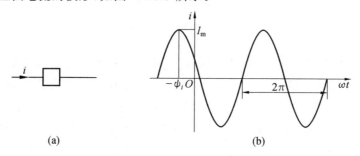

图 4.1 正弦电流及其波形

图 4.1(b) 中正弦电流对应的余弦函数表达式为

$$i = I_m \cos(\omega t + \psi_i) \tag{4.1}$$

式中 I_m—— 振幅或幅值(amplitude),用带下标 m 的大写字母表示,即正弦电流的最大值;

       ω—— 正弦电流的角频率(angular frequency);

       $\omega t + \psi_i$—— 正弦电流的相位(phase)或相角(phase angle),反映正弦电流某时刻所处的状态;

       ψ_i—— 正弦电流的初相(initial phase),即正弦电流在 $t = 0$ 时的相位。

式(4.1)中时间 t 的定义域应是 $(-\infty, +\infty)$,这只是表示在所考虑的时间段内电流 i

始终按正弦规律变动而已,实际电路工作时当然不可能没有起止时间。

式(4.1)中 i 表示电流在某时刻 t 的量值,也称为电流的瞬时值(instantaneous value)。任一时刻正弦电流的瞬时值都要用 I_m、ψ_i 和 ω 三个量来确定。同样,所有的正弦量都需要用振幅、初相和角频率这三个要素来表示其变动规律,这三个量称为正弦量的三要素。

1. 振幅和有效值

振幅恒为正,可以表示周期电流的大小。但如果讨论周期电流做功的问题,用振幅表示电流大小就不适合了。如某一周期电流的振幅与一个直流电流的量值相等,但二者做功的平均效果是不相等的。因为周期电流除了在达到振幅的时刻与直流量值相等,其他时间都比直流量值小。因此,需要重新规定衡量周期电流大小的量,即所谓的有效值(effective value)。

设周期电流 $i = f(t)$ 和直流 I 分别通过相同的电阻 R,若二者做功的平均效果相同,则将此直流 I 的量值规定为周期电流 i 的有效值。下面根据这一概念来推导计算周期电流有效值的公式。周期电流 i 在微分时间 $\mathrm{d}t$ 内所做的功(即吸收的电能)为

$$\mathrm{d}W = i^2 R \mathrm{d}t$$

在一个周期 T 内做的功为

$$W = \int_0^T i^2 R \mathrm{d}t$$

量值为 I 的直流在同一时间 T 内所做的功为

$$W' = I^2 R T$$

根据周期电流 i 与直流 I 做功的效果相同,即 $W = W'$,可得

$$I = \sqrt{\frac{1}{T} \int_0^T i^2 \mathrm{d}t} \tag{4.2}$$

式(4.2)表明,周期电流的有效值可以通过计算周期电流瞬时值的平方在一周期 T 内的平均值,然后开方得到。按计算方法有效值又称为方均根值(root-mean-square value,RMS)。式(4.2)也可用于计算周期电压的有效值。

正弦电流属于周期电流。将式(4.1)代入式(4.2)得到正弦电流的有效值为

$$I = \sqrt{\frac{1}{T} \int_0^T I_m^2 \cos^2(\omega t + \psi_i) \mathrm{d}t} = \frac{I_m}{\sqrt{2}} \tag{4.3}$$

即正弦电流的振幅是有效值的 $\sqrt{2}$ 倍。同理,正弦电压的振幅也是有效值的 $\sqrt{2}$ 倍。

为了与瞬时值相区别,有效值都用大写字母(如 I、U 等)来表示,而瞬时值则用小写字母(如 i、u 等)表示。有效值比振幅更为适用,如我国家庭用电的标准电压 220 V 就是指有效值。一般交流仪表或设备铭牌上所标示的电流、电压量值都是有效值。工程上通常说的交流电压或电流的大小,若无特殊声明也都是指有效值。

2. 角频率和频率

角频率 ω 的 SI 单位为 rad/s(弧度 / 秒),表示正弦电流变化的快慢,即单位时间内相位变动的角度。因为时间 t 经过正弦电流的一个周期 T,对应于相角变动 2π 弧度,所以

$$\begin{cases} \left[\omega(t+T)+\psi_i\right]-(\omega t+\psi_i)=2\pi \\ \omega=2\pi/T=2\pi f \end{cases} \tag{4.4}$$

式中 f—— 正弦电流在单位时间内变动的循环数,也称为频率(frequency)。

频率 f 的 SI 单位为 s^{-1},符号为 Hz(赫兹)。工程实际中常用的单位还有 kHz、MHz、GHz、THz 等,相邻两个单位之间是 10^3 进制。我国电力系统所用的标准频率为 50 Hz,称为工频(power frequency),相应的角频率 $\omega=2\pi\times50=100\pi$ rad/s。周期、角频率和频率都可以用来反映正弦量随时间变化的快慢。

3. 初相位和相位差

正弦量的相位 $\omega t+\psi_i$ 是随时间变化的,初相位 ψ_i 反映了正弦量在 $t=0$ 时刻的起始状态。如果角频率相同的正弦电压 $u=U_m\cos(\omega t+\psi_u)$ 和正弦电流 $i=I_m\cos(\omega t+\psi_i)$ 的初相位 ψ_u 和 ψ_i 不同,那么任一时刻它们的相位 $\omega t+\psi_u$ 与 $\omega t+\psi_i$ 也不会相同,而二者的相位差(phase difference)为

$$(\omega t+\psi_u)-(\omega t+\psi_i)=\psi_u-\psi_i \tag{4.5}$$

可见,相位差是不随时间改变的,它是描述同频率正弦量之间关系的重要参数。若相位差 $\psi_u-\psi_i=0$,则称两个正弦量为同相(in phase)。若 $\psi_u-\psi_i>0$,则称 u 越前(lead)于 i,如图 4.2 所示,或者说 i 滞后(lag)于 u,表示 u 比 i 先达到最大值或先达到零值。越前或滞后的相角通常以 180° 为限,如果 u 与 i 的相位差为 90°,则称它们相位正交(phase quadrature);如果 u 与 i 的相位差为 180°,则称为反相(phase inversion)。注意,只有同频率的正弦量才能比较相位关系,在比较相位差时,应将正弦量均用余弦函数或正弦函数来表示。

为方便比较同频率正弦量之间的相位关系,通常选取时间坐标原点使其中一个正弦量的初相为 0,这个被选初相为 0 的正弦量称为参考正弦量。其他正弦量的初相就等于它们与参考正弦量的相位差。如在图 4.3 中取电压 u 为参考正弦量,令其初相位 $\psi_u=0$,正弦电压记为

$$u=U_m\cos\omega t \tag{4.6}$$

参考正弦量可以任意选取,但各正弦量之间的相位差是不变的。一个电路中只能选择一个正弦量为参考正弦量,这与电路中只能任选一点为电位参考点是同一个道理。

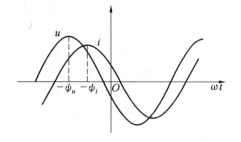

图 4.2 u 越前于 i 的波形

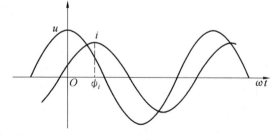

图 4.3 u 为参考正弦量的波形

图 4.3 中 i 滞后参考正弦量 u 的相位差为 ψ_i(即 $\omega t=0$ 时 u 先达到最大值,经过 ψ_i 后 i 达到最大值)。因此,i 的初相为 $-\psi_i$,即 $i=I_m\cos(\omega t-\psi_i)$。$i$ 的波形图就是将参考正弦量 u 的波形图沿横轴右移 ψ_i 角。

当电路中各处电压、电流都是同频率正弦量时,称为正弦电流电路,或称为正弦稳态电路,通常简称正弦电路(sinusoidal circuits)。这里所谓的正弦稳态是指不考虑实际正弦电路的时间起点和时间终点,只是讨论电路工作全过程中某一时间段或主要时间段的电路模型,时间变量的取值只是相对于计算上的起始时刻。

【例 4.1】　示波器显示的三个工频正弦电压的波形如图 4.4 所示,已知图中纵坐标每格表示 10 V。试写出各电压的瞬时表达式。

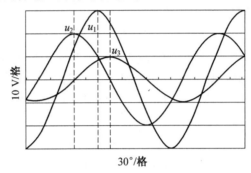

图 4.4　示波器显示的三个工频正弦电压的波形

解　由图 4.4 可得,u_1、u_2 和 u_3 的幅值分别为 30 V、20 V 和 10 V。取 u_1 为参考正弦量,即

$$u_1 = 30\cos \omega t \text{ V}$$

图 4.4 中正弦波一个周期 360° 共占横坐标 12 格,故每格表示 30°。由图可见 u_2 比 u_1 越前 60°,u_3 比 u_1 滞后 30°,于是得到

$$u_2 = 20\cos(\omega t + 60°) \text{ V}$$
$$u_3 = 10\cos(\omega t - 30°) \text{ V}$$

4.2　正弦量的相量表示法

正弦量是由振幅、初相和角频率来确定的时间函数,直接使用正弦量分析和计算正弦电路是非常复杂和烦琐的。此外,线性电容和线性电感端口 u 与 i 的关系均为求导或积分关系,若以正弦量为电路变量,对含有电容与电感的电路所列方程均为微积分方程,分析和计算电路将更为复杂。

在本章所讨论的正弦电路中,各正弦量的角频率都相同,等于交流电源的角频率,所以只需计算正弦量的振幅和初相。此时,每个正弦量只由振幅和初相两个要素来确定。对比任一复数都可以由模和幅角两个量值来确定,如果用正弦量的振幅作为复数的模,用正弦量的初相作为复数的幅角,则该正弦量就可以表示成唯一的复数形式。下面将要讨论用复数的运算代替正弦量的运算,获得一种计算正弦电路的简便方法。

4.2.1　复数

设 A 是一个复数,可用直角坐标式表示为

$$A = a + jb \tag{4.7}$$

式中　　j—— 虚数单位,j=$\sqrt{-1}$;

a、b—— 复数 A 的实部(real part) 和虚部(imaginary part),记为 $a=\text{Re}[A]$
和 $b=\text{Im}[A]$。

复数 A 也可用极坐标式表示为

$$A=|A|\,\mathrm{e}^{\mathrm{j}\theta}$$

或

$$A=|A|\angle\theta \tag{4.8}$$

式中　　$|A|$—— 复数 A 的模(modulus);

θ—— 复数 A 的幅角(argument)。

复数 A 还可以用复平面上的点(对应于直角坐标式)或有向线段(对应于极坐标式)
表示,如图 4.5 所示。复数的加减运算须采用直角坐标式,而进行乘除运算采用极坐标式
比较方便,因此在计算中要反复进行直角坐标式和极坐标式的换算。根据欧拉公式 $\mathrm{e}^{\mathrm{j}\theta}=\cos\theta+\mathrm{j}\sin\theta$ 得到变换公式为

$$a=|A|\cos\theta,\quad b=|A|\sin\theta \tag{4.9}$$

$$|A|=\sqrt{a^2+b^2},\quad \theta=\arctan\frac{b}{a} \tag{4.10}$$

利用式(4.10)计算幅角 θ,判断其所在象限时,必须考虑实部 a 和虚部 b 各自的正负
号,而不能只看它们比值的正负号。使用计算器可以直接进行复数的直角坐标系和极坐
标系的互换。

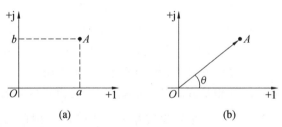

图 4.5　用复平面上的点或有向线段表示复数

4.2.2　正弦量的相量表示

下面讨论如何用复数表示正弦量。设一个随时间变动的复数为 $A_\mathrm{m}\mathrm{e}^{\mathrm{j}(\omega t+\psi)}$,根据欧拉
公式可将其转换为直角坐标式:

$$A_\mathrm{m}\mathrm{e}^{\mathrm{j}(\omega t+\psi)}=A_\mathrm{m}\cos(\omega t+\psi)+\mathrm{j}A_\mathrm{m}\sin(\omega t+\psi) \tag{4.11}$$

令 $f(t)=A_\mathrm{m}\cos(\omega t+\psi)$,可见,正弦量 $f(t)$ 等于复数 $A_\mathrm{m}\mathrm{e}^{\mathrm{j}(\omega t+\psi)}$ 的实部,记为

$$f(t)=A_\mathrm{m}\cos(\omega t+\psi)=\text{Re}[A_\mathrm{m}\mathrm{e}^{\mathrm{j}(\omega t+\psi)}]=\text{Re}[A_\mathrm{m}\mathrm{e}^{\mathrm{j}\psi}\mathrm{e}^{\mathrm{j}\omega t}] \tag{4.12}$$

式(4.12)中,令

$$\dot{A}_\mathrm{m}=A_\mathrm{m}\mathrm{e}^{\mathrm{j}\psi}=A_\mathrm{m}\angle\psi \tag{4.13}$$

式(4.13)中,$\dot{A}_\mathrm{m}$ 是不随时间变化的复数,其模 A_m 和幅角 ψ 分别为正弦量 $f(t)$ 的振
幅和初相。这种能够表示正弦量振幅和初相的复数称为相量(phasor)。根据正弦量的振

幅与有效值的大小关系 $A_m = \sqrt{2}\,A$，该正弦量也可以表示为有效值相量，即

$$\dot{A} = A\mathrm{e}^{\mathrm{j}\psi} = A\angle\psi \tag{4.14}$$

4.1 节介绍了正弦量的两种表示方法，解析式表示法和波形图表示法，相量可以当作正弦量的第三种表示方法。例如，已知正弦电压 $u(t) = 220\sqrt{2}\cos(\omega t + 60°)\mathrm{V}$，则可直接写出代表此正弦电压的振幅相量 $\dot{U}_m = 220\sqrt{2}\,\mathrm{e}^{\mathrm{j}60°}\mathrm{V}$，或者有效值相量 $\dot{U} = 220\mathrm{e}^{\mathrm{j}60°}\mathrm{V}$。注意，相量不等于正弦量，相量只是为方便正弦电路的分析和计算而引入的数学计算量。相量 $\dot{U}_m$ 或 $\dot{U}$ 是复数域中的复值量，而正弦量 $u(t)$ 是时间的余弦函数，若已知角频率 ω，则二者的变换关系可由式(4.12)表示。

相量作为一个复数，也可以用复平面上的有向线段来表示。按照一定的振幅和相位关系画出若干相量的图形称为相量图(phasor diagram)。例如，已知两个正弦电流 $i_1 = I_{m1}\cos(\omega t + \psi_1)$ 与 $i_2 = I_{m2}\cos(\omega t + \psi_2)$，其振幅相量 $\dot{I}_{m1} = I_{m1}\angle\psi_1$ 和 $\dot{I}_{m2} = I_{m2}\angle\psi_2$ 可分别用两条有向线段表示，如图 4.6 所示。从相量图上可清晰地看出各正弦量的大小和相位关系。例如，图 4.6 中两个电流相量的幅角 $\psi_1 > \psi_2$，说明正弦电流 i_1 越前于 i_2。注意，只有同频率的正弦量，其相量图才能画在同一复平面上。

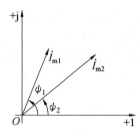

图 4.6　向量图

式(4.12)中随时间变动的复数 $A_m\mathrm{e}^{\mathrm{j}(\omega t + \psi)}$ 也可以表示为有向线段，只不过辐角 $\omega t + \psi$ 是随时间均匀变化的，即时间每经过一个周期 T，幅角增加 2π。所以 $A_m\mathrm{e}^{\mathrm{j}(\omega t + \psi)}$ 可表示为以角速度 ω 绕原点逆时针方向旋转的长度为 A_m 的有向线段。这条旋转的有向线段及其表示的复数 $A_m\mathrm{e}^{\mathrm{j}(\omega t + \psi)}$ 都称为旋转相量(rotating phasor)。图 4.7 画出了旋转相量在 $t = 0$ 和 $t = t_1$ 时的所在位置。旋转相量 $A_m\mathrm{e}^{\mathrm{j}(\omega t + \psi)} = A_m\mathrm{e}^{\mathrm{j}\psi}\mathrm{e}^{\mathrm{j}\omega t}$ 可拆成两个因式：第一个因式 $A_m\mathrm{e}^{\mathrm{j}\psi}$ 就是前面介绍的相量 $\dot{A}_m = A_m\mathrm{e}^{\mathrm{j}\psi}$，表示旋转相量在图中 $t = 0$ 时的位置；第二个因式 $\mathrm{e}^{\mathrm{j}\omega t}$ 称为旋转因子(rotating factor)，其模为单位值 1，表示以角速度 ω 绕原点逆时针方向旋转的单位长度的有向线段。

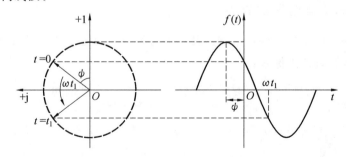

图 4.7　旋转相量在实轴上的投影对应于正弦波

式(4.12)表时，复数 $A_m\mathrm{e}^{\mathrm{j}(\omega t + \psi)}$ 的实部等于正弦量 $f(t) = A_m\cos(\omega t + \psi)$。图 4.7 表示当旋转相量 $A_m\mathrm{e}^{\mathrm{j}(\omega t + \psi)}$ 以角速度 ω 绕原点逆时针方向旋转时，其在实轴上的投影就绘制出

了正弦量 $f(t)=A_m\cos(\omega t+\psi)$ 随时间变动的波形。为了便于绘制 $f(t)$ 的波形,在图 4.7 中将复平面的坐标逆时针转了 $90°$。式(4.12)是正弦量与相量关系的解析表示,而图 4.7 是此关系的几何表示。

4.2.3 正弦量运算与相量运算的对应关系

正弦量的相量表示,实质是一种变换域分析法。变换的目的是简化运算。下面根据正弦量与相量之间的数学关系,推导出正弦量线性求和运算、微分运算及积分运算所对应的相量运算规则。

1. 线性性质

线性性质表示多个正弦量的线性求和运算,可变换为各正弦量的相量做同样的线性求和运算。以两个正弦电流为例,设 $i_1=I_{m1}\cos(\omega t+\psi_1)$,$i_2=I_{m2}\cos(\omega t+\psi_2)$,两个电流相量分别为 $\dot{I}_{m1}$ 与 $\dot{I}_{m2}$。若 $i=k_1i_1+k_2i_2$(k_1、k_2 为实数),则求和所得正弦电流 i 的相量为 $\dot{I}_m=k_1\dot{I}_{m1}+k_2\dot{I}_{m2}$。证明如下:

$$i=k_1i_1+k_2i_2=k_1\mathrm{Re}[\dot{I}_{m1}e^{j\omega t}]+k_2\mathrm{Re}[\dot{I}_{m2}e^{j\omega t}]=\mathrm{Re}[(k_1\dot{I}_{m1}+k_2\dot{I}_{m2})e^{j\omega t}]$$

即表明正弦电流 i 的相量为 $\dot{I}_m=k_1\dot{I}_{1m}+k_2\dot{I}_{2m}$,由此得证。

根据线性性质,可推导出基尔霍夫定律的相量形式。基尔霍夫电流定律方程的时域形式为 $\sum i=0$。当方程中电流均为同频率的正弦量时,可将其变换为基尔霍夫电流定律的相量形式,即

$$\sum \dot{I}_m=0$$

或

$$\sum \dot{I}=0 \tag{4.15}$$

式(4.15)表明,在集中参数正弦电流电路中,流出节点的各支路电流相量的代数和等于零。

同理,将基尔霍夫电压定律方程的时域形式 $\sum u=0$ 变换成相量形式,即

$$\sum \dot{U}_m=0$$

或

$$\sum \dot{U}=0 \tag{4.16}$$

式(4.16)表明,在集中参数正弦电流电路中,沿任一回路各支路电压相量的代数和等于零。

应当注意,一般正弦电流或电压的有效值及振幅并不满足基尔霍夫定律,因为有效值与振幅只表示正弦量或相量的大小,二者都是正实数,无法结合参考方向列写 KCL 或 KVL 方程。

2. 微分规则

设正弦量 $f(t)=\mathrm{Re}[\dot{A}_m e^{j\omega t}]$(角频率为 ω),则 $f(t)$ 时间导数的相量等于 $f(t)$ 的相量

$\dot{A}_\mathrm{m}$ 乘因子 $j\omega$,即

$$\frac{\mathrm{d}}{\mathrm{d}t}f(t) - \mathrm{Re}[j\omega\dot{A}_\mathrm{m}e^{j\omega t}] \qquad (4.17)$$

证明如下:

$$\frac{\mathrm{d}}{\mathrm{d}t}f(t) = \frac{\mathrm{d}}{\mathrm{d}t}\mathrm{Re}[\dot{A}_\mathrm{m}e^{j\omega t}] = \mathrm{Re}\left[\frac{\mathrm{d}}{\mathrm{d}t}(\dot{A}_\mathrm{m}e^{j\omega t})\right] = \mathrm{Re}[j\omega\dot{A}_\mathrm{m}e^{j\omega t}]$$

即表示正弦量时间导数 $\dfrac{\mathrm{d}}{\mathrm{d}t}f(t)$ 的相量为 $j\omega\dot{A}_\mathrm{m}$。

3. 积分规则

设正弦量 $f(t) = \mathrm{Re}[\dot{A}_\mathrm{m}e^{j\omega t}]$(角频率为 ω),则 $f(t)$ 时间积分的相量等于 $f(t)$ 的相量 $\dot{A}_\mathrm{m}$ 除以因子 $j\omega$,即

$$\int f(t)\mathrm{d}t = \mathrm{Re}\left[\frac{1}{j\omega}\dot{A}_\mathrm{m}e^{j\omega t}\right] \qquad (4.18)$$

证明如下:

$$\int f(t)\mathrm{d}t = \int\mathrm{Re}[\dot{A}_\mathrm{m}e^{j\omega t}]\mathrm{d}t = \mathrm{Re}\left[\int(\dot{A}_\mathrm{m}e^{j\omega t})\mathrm{d}t\right] = \mathrm{Re}\left[\frac{1}{j\omega}\dot{A}_\mathrm{m}e^{j\omega t}\right]$$

即表示正弦量时间积分 $\int f(t)\mathrm{d}t$ 的相量为 $\dfrac{1}{j\omega}\dot{A}_\mathrm{m}$。

由此可见,若正弦量 $f(t)$ 表示相量 $\dot{A}_\mathrm{m}$,则在求正弦量 $f(t)$ 的微分时,变换为相量 $\dot{A}_\mathrm{m}$ 乘 $j\omega$;在求正弦量 $f(t)$ 的积分时,变换为相量 $\dot{A}_\mathrm{m}$ 除以 $j\omega$,这给正弦电流电路的运算带来极大的方便。

【例 4.2】 求 $A_1 = 4 - j3, A_2 = +j, A_3 = -j$ 的极标式,并计算 $A_1 \cdot A_2$ 与 $A_1 \cdot A_3$ 的结果。

解

$$A_1 = 4 - j3 = 5e^{-j36.9°} \quad \text{或} \quad A_1 = 5\angle -36.9°$$
$$A_2 = +j = e^{j90°} \quad \text{或} \quad A_2 = 1\angle 90°$$
$$A_3 = -j = e^{-j90°} \quad \text{或} \quad A_3 = 1\angle -90°$$
$$A_1 \cdot A_2 = (4 - j3) \cdot j = 5\angle -36.9° \cdot 1\angle 90° = 5\angle 53.1°$$
$$A_1 \cdot A_3 = (4 - j3) \cdot (-j) = 5\angle -36.9° \cdot 1\angle -90° = 5\angle -126.9°$$

由此可得,若某相量乘 j,则模不变,幅角加 $90°$;若某相量乘 $(-j)$(即除以 j),则模不变,幅角减 $90°$

【例 4.3】 (1)分别写出正弦电流 $i_1 = 10\cos\omega t\,(\mathrm{A})$,$i_2 = 4\sqrt{2}\cos(\omega t - 150°)\,(\mathrm{A})$,$i_3 = -5\cos(\omega t - 60°)\,(\mathrm{A})$,$i_4 = 6\sin(\omega t + 30°)\,(\mathrm{A})$ 的相量;(2)分别写出电压相量 $\dot{U}_\mathrm{m1} = (3 - j4)\,\mathrm{V}$,$\dot{U}_\mathrm{m2} = (-3 + j4)\,\mathrm{V}$,$\dot{U}_\mathrm{m3} = j5\,\mathrm{V}$ 所代表的正弦量(设角频率为 ω)。

解 (1)先要将已知的正弦电流转换为标准的余弦函数形式,再写出对应的相量,即

$$i_1 = 10\cos\omega t\,(\mathrm{A}) \rightarrow \dot{I}_\mathrm{m1} = 10\angle 0°\,\mathrm{A}$$

i_2 的有效值为整数 $I_2 = 4\,\mathrm{A}$,所以更适合表示为有效值相量,即

$$i_2 = 4\sqrt{2}\cos(\omega t - 150°)(\text{A}) \rightarrow \dot{I}_2 = 4\angle -150° \text{ A}$$

$$i_3 = -5\cos(\omega t - 60°)(\text{A}) = 5\cos(\omega t - 60° + 180°)(\text{A}) \rightarrow \dot{I}_{m3} = 5\angle 120° \text{ A}$$

$$i_4 = 6\sin(\omega t + 30°)(\text{A}) = 6\cos(\omega t + 30° - 90°)(\text{A}) \rightarrow \dot{I}_{m4} = 6\angle -60° \text{ A}$$

（2）先要将已知相量的直角坐标式转换为极坐标式，再写出所代表的正弦量，即

$$U_{m1} = \sqrt{3^2 + (-4)^2} \text{ V} = 5 \text{ V}, \quad \psi_1 = \arctan\frac{-4}{3} \approx -53.1°$$

$$\dot{U}_{m1} = 5\angle -53.1° \text{ V} \rightarrow u_1 = 5\cos(\omega t - 53.1°)(\text{V})$$

$$U_{m2} = \sqrt{(-3)^2 + 4^2} \text{ V} = 5 \text{ V}, \quad \psi_2 = \arctan\frac{4}{-3} \approx 126.9°$$

$$\dot{U}_{m2} = 5\angle 126.9° \text{ V} \rightarrow u_2 = 5\cos(\omega t + 126.9°)(\text{V})$$

$$\dot{U}_{m3} = \text{j}5 \text{ V} = 5\angle 90° \text{ V} \rightarrow u_3 = 5\cos(\omega t + 90°)(\text{V})$$

【例 4.4】　图 4.8 所示部分电路中，已知 $i_1 = 10\cos\omega t(\text{A})$，$i_2 = 10\cos(\omega t + 120°)(\text{A})$，根据基尔霍夫电流定律的相量形式，求 i_3。

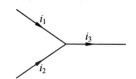

图 4.8　例 4.4 电路

解　先写出已知正弦电流的相量形式，再根据 KCL 的相量形式计算电流相量 $\dot{I}_{m3}$，最后写出正弦电流 i_3，即

$$i_1 = 10\cos\omega t(\text{A}) \rightarrow \dot{I}_{m1} = 10\angle 0° \text{ A}$$

$$i_2 = 10\cos(\omega t + 120°)(\text{A}) \rightarrow \dot{I}_{m2} = 10\angle 120° \text{ A}$$

$$\dot{I}_{m3} = \dot{I}_{m1} + \dot{I}_{m2} = 10\angle 0° \text{ A} + 10\angle 120° \text{ A}$$
$$= [10 + 10(\cos 120° + \text{j}\sin 120°)](\text{A}) = 10\angle 60° \text{ A}$$

故 $i_3 = 10\cos(\omega t + 60°)(\text{A})$。

求电流相量或电压相量的代数和可以直接在相量图中进行。图 4.9(a) 中以电流相量 $\dot{I}_{m1}$ 和 $\dot{I}_{m2}$ 为两边作平行四边形，其夹角的对角线就代表两电流相量之和，即为 $\dot{I}_{m3}$，这种处理相量求和的方法称为平行四边形法则。计算两个相量求和还可以采用三角形法则，如图 4.9(b) 所示。这一方法还可以推广为计算多个相量求和，称为多边形法则。即将求和的相量首尾顺次相连，以第一个相量的起点为起点，以最后一个相量的终点为终点的有向线段，就是所得求和相量。

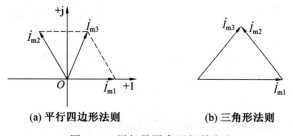

| (a) 平行四边形法则 | (b) 三角形法则 |

图 4.9　用相量图求两相量之和

4.3　RLC 元件上伏安关系的相量形式

4.3.1　电阻元件

设图 4.10(a) 所示电阻元件上电压与电流的参考方向相同,则 $u=Ri$,根据正弦量的相量表示法的线性性质,可将其变换成相量形式,即

$$\dot{U}_{m}=R\dot{I}_{m}$$

或

$$\dot{U}=R\dot{I} \qquad (4.19)$$

式(4.19)表示的电压与电流的相量关系,即为电阻元件上欧姆定律的相量形式,由此可以得出电阻元件的相量模型,如图 4.10(b) 所示

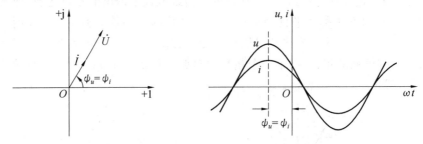

(a)   (b)

图 4.10　电阻元件及其相量模型

将 $\dot{U}=U\angle\psi_u$ 和 $\dot{I}=I\angle\psi_i$ 代入式(4.19) 得

$$U\angle\psi_u=RI\angle\psi_i$$

该复数等式两边的模与幅角分别相等,即

$$U=RI \qquad (4.20)$$

$$\psi_u=\psi_i \qquad (4.21)$$

式(4.20)表明,在电阻 R 上电压与电流有效值(或振幅)之比等于电阻;式(4.21)表明,在电阻 R 上电压与电流同相位。可见,式(4.19)同时给出了在电阻上电压与电流的量值关系和相位关系,其相量图和波形如图 4.11 所示。

图 4.11　电阻上电压与电流的相量图和波形

4.3.2　电感元件

设图 4.12(a) 所示电感元件上的电压、电流参考方向相同,则有

$$u=L\frac{\mathrm{d}i}{\mathrm{d}t}$$

根据正弦量相量表示法的微分规则,可得电感上电压与电流的相量关系为

$$\dot{U}_\mathrm{m} = \mathrm{j}\omega L\dot{I}_\mathrm{m}$$

或

$$\dot{U} = \mathrm{j}\omega L\dot{I} \tag{4.22}$$

根据式(4.22)表示的电压与电流的相量关系,可以得出电感元件的相量模型,如图 4.12(b) 所示。在形式上,式(4.22)与式(4.19)相似。令

$$X_L = \omega L = 2\pi fL$$

式中 X_L —— 电感的感抗(inductive reactance)。

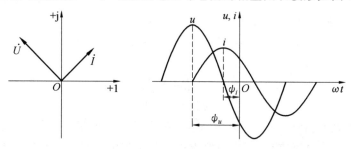

图 4.12   电感元件及其相量模型

感抗的 SI 单位为 Ω,用来表征电感元件对正弦电流阻碍作用的大小。在电感 L 确定的条件下,感抗 X_L 与频率 f 成正比。频率越高,阻碍电流通过的感应电动势也就越大。当频率 f 为零时,感抗等于零,说明电感元件在直流电路中相当于短路。因此电感具有"通低频,阻高频"的特点。

由于引入了感抗 X_L,因此式(4.22)可以写成

$$\dot{U}_\mathrm{m} = \mathrm{j}X_L\dot{I}_\mathrm{m}$$

或

$$\dot{U} = \mathrm{j}X_L\dot{I} \tag{4.23}$$

将 $\dot{U} = U\angle\psi_u$ 和 $\dot{I} = I\angle\psi_i$ 代入式(4.23) 得

$$U\angle\psi_u = \mathrm{j}X_L I\angle\psi_i = X_L I\angle(\psi_i + 90°)$$

由上式可得

$$U = X_L I \tag{4.24}$$

$$\psi_u = \psi_i + 90° \tag{4.25}$$

式(4.24)表明,在电感 L 上电压与电流的有效值之比等于感抗 X_L;式(4.25)表明,在电感 L 上电压比电流越前 $90°$。电感上电压与电流的相量图和波形如图 4.13 所示。

图 4.13   电感上电压与电流的相量图和波形

4.3.3　电容元件

设图 4.14(a) 所示电容元件上电压与电流的参考方向相同,则有

$$u = \frac{1}{C}\int i \, dt$$

根据正弦量的相量表示法的积分规则,将上式变换成相量形式为

$$\dot{U}_{\mathrm{m}} = \frac{1}{\mathrm{j}\omega C}\dot{I}_{\mathrm{m}}$$

或

$$\dot{U} = \frac{1}{\mathrm{j}\omega C}\dot{I} \tag{4.26}$$

由式(4.26)得到电容元件的相量模型如图 4.14(b) 所示。令

$$X_C = \frac{1}{\omega C} = \frac{1}{2\pi f C}$$

式中　X_C—— 电容的容抗(capacitive reactance)。

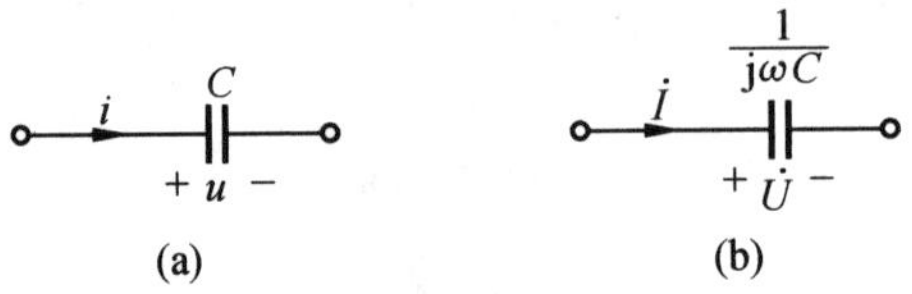

图 4.14　电容元件及其相量模型

容抗的 SI 单位为 Ω,用来表征电容元件对正弦电流阻碍作用的大小。在电容 C 确定的条件下,容抗 X_C 与频率 f 成反比。频率 f 越高时,电容充放电进行得越快,电流也就越大。当频率 f 为零时,容抗 X_C 无穷大,说明电容元件在直流电路中相当于断路。因此电容具有"通高频、阻低频"及"通交隔直"的特点。

引入容抗 X_C 之后,式(4.26)便可写成

$$\dot{U}_{\mathrm{m}} = -\mathrm{j}X_C\dot{I}_{\mathrm{m}}$$

或

$$\dot{U} = -\mathrm{j}X_C\dot{I} \tag{4.27}$$

将 $\dot{U} = U\angle\psi_u$ 和 $\dot{I} = I\angle\psi_i$ 代入式(4.27) 得

$$U\angle\psi_u = -\mathrm{j}X_C I\angle\psi_i = X_C I\angle(\psi_i - 90°)$$

由上式可得

$$U = X_C I \tag{4.28}$$

$$\psi_u = \psi_i - 90° \tag{4.29}$$

式(4.28)来明,在电容 C 上电压与电流的有效值之比等于容抗 X_C;式(4.29)来明,在电容 C 上电压比电流滞后 $90°$。电容上电压与电流的相量图和波形如图 4.15 所示。

式(4.19)、式(4.22)及式(4.26)分别为 R、L、C 各元件端口特性方程的相量形式,若元件上电压与电流的参考方向相反,则以上各式中要带负号。相量模型是对正弦稳态电路进行分析的工具,其中电感与电容元件的相量模型参数 $\mathrm{j}\omega L$ 与 $1/\mathrm{j}\omega C$ 为虚数,其仅具有

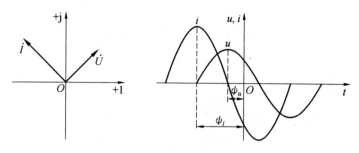

图 4.15　电容上电压与电流的相量图和波形

数学计算上的意义。通过正弦量的相量表示,将电感与电容的元件特性方程从时域中的微积分方程,变换为相量代数方程,这是使用相量表示正弦量的优点之一。

【例 4.5】　已知图 4.16 所示电路中 $i_S = 0.1\cos(\omega t + 45°)$(A),$\omega = 10$ rad/s,$R = 20\ \Omega,L = 3$ H,$C = 5 \times 10^{-3}$ F。试求电压 u_R、u_L 和 u_C。

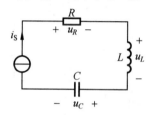

图 4.16　例 4.5 电路

解　代表电流源 i_S 的振幅相量为

$$\dot{I}_{Sm} = 0.1\angle 45°\ A$$

根据式(4.19)、式(4.22)和式(4.26)可得

$$\dot{U}_{Rm} = R\dot{I}_{Sm} = 20\ \Omega \times 0.1\angle 45°\ A = 2\angle 45°\ V$$

$$\dot{U}_{Lm} = j\omega L\dot{I}_{Sm} = j30\ \Omega \times 0.1\angle 45°\ A = 3\angle 135°\ V$$

$$\dot{U}_{Cm} = \frac{1}{j\omega C}\dot{I}_{Sm} = -j20\ \Omega \times 0.1\angle 45°\ A = 2\angle -45°\ V$$

则各元件电压的时域表达式为

$$u_R = 2\cos(\omega t + 45°)(V)$$

$$u_L = 3\cos(\omega t + 135°)(V)$$

$$u_C = 2\cos(\omega t - 45°)(V)$$

注意,电感电压 u_L 与电容电压 u_C 相位相差 $180°$。由于两元件流过同一个电流 i_S,在电感元件上电压越前电流 $90°$,而在电容元件上电压滞后电流 $90°$,因此 u_L 与 u_C 反相。

4.4　阻抗和导纳

4.4.1　阻抗

1. RLC 串联电路的等效阻抗

图 4.17(a) 所示的 RLC 串联电路是交流电路中的一种典型电路,是组成复杂正弦交流电路的基础。下面将此 RLC 串联电路的时域模型变换成相量电路模型,如图 4.17(b) 所示,并讨论电路中各电压相量与电流相量之间的关系。

根据基尔霍夫电压定律的相量形式,图 4.17(b) 所示电路的电压相量方程为

$$\dot{U} = \dot{U}_R + \dot{U}_L + \dot{U}_C$$

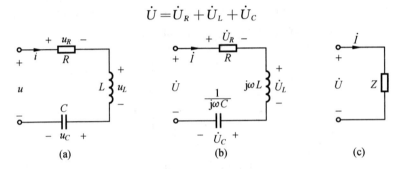

图 4.17　RLC 串联电路的时域模型和相量模型

将 R、L、C 各元件端口特性方程的相量形式,即式(4.19)、式(4.22)及式(4.26)代入上式可得

$$\dot{U} = R\dot{I} + \mathrm{j}\omega L \dot{I} + \frac{1}{\mathrm{j}\omega C}\dot{I} = \left[R + \mathrm{j}\left(\omega L - \frac{1}{\omega C}\right)\right]\dot{I} \qquad (4.30)$$

令

$$Z = R + \mathrm{j}\left(\omega L - \frac{1}{\omega C}\right) = R + \mathrm{j}(X_L - X_C) = R + \mathrm{j}X = |Z| \angle \varphi \qquad (4.31)$$

式中　Z——RLC 串联电路的阻抗(impedance),其中实部是电阻 R,虚部 X 等于感抗与容抗之差,也称为电抗。

阻抗 Z 与电抗 X 的单位都是欧姆(Ω)。阻抗 Z 是 RLC 串联电路的等效参数,可表示为图 4.17(c) 所示的符号。

阻抗 Z 的极坐标式中 $|Z|$ 和 φ 分别称为阻抗模和阻抗角,即

$$|Z| = \sqrt{R^2 + (X_L - X_C)^2} \qquad (4.32)$$

$$\varphi = \arctan(X_L - X_C)/R \qquad (4.33)$$

将阻抗代入式(4.30)可得

$$\dot{U} = Z\dot{I} \qquad (4.34)$$

式(4.34)与线性电阻的欧姆定律 $u = Ri$ 在形式上相似,可称为欧姆定律的相量形式。其实 R、L、C 各元件端口特性方程的相量形式,即式(4.19)、式(4.22)及式(4.26)都是式(4.34)的特例,都可称为欧姆定律的相量形式。因此,电阻的阻抗为 $Z = R$,电感的

阻抗为 $Z=\mathrm{j}\omega L=\mathrm{j}X_L$，电容的阻抗为 $Z=1/\mathrm{j}\omega C=-\mathrm{j}X_C$。注意，若图 4.17(c) 中 $\dot{U}$ 与 $\dot{I}$ 参考方向相反，则式 (4.34) 中要带负号。

设图 4.17(c) 中的 $\dot{U}=U\angle\psi_u,\dot{I}=I\angle\psi_i$，代入式 (4.34) 得

$$\frac{\dot{U}}{\dot{I}}=\frac{U\angle\psi_u}{I\angle\psi_i}=\frac{U}{I}(\psi_u-\psi_i)=\mid Z\mid\angle\varphi$$

由上式可得

$$\frac{U}{I}=\mid Z\mid \tag{4.35}$$

$$\psi_u-\psi_i=\varphi \tag{4.36}$$

式 (4.35) 表明，阻抗端口的电压与电流有效值（或振幅）之比等于阻抗模；式 (4.36) 表明，阻抗端口电压与电流的相位差等于阻抗角 φ。

综上所述，式 (4.34) 表示的欧姆定律的相量形式，以一个复数方程同时给出了阻抗端口电压与电流的大小关系和相位关系。

由式 (4.33) 可以看出，当 $X_L>X_C$ 时，阻抗角 $\varphi>0$，$\dot{U}$ 越前于 $\dot{I}$，RLC 串联电路呈电感性，称为感性电路；当 $X_L<X_C$ 时，阻抗角 $\varphi<0$，$\dot{U}$ 滞后于 $\dot{I}$，RLC 串联电路呈电容性，称为容性电路；当 $X_L=X_C$ 时，阻抗角 $\varphi=0$，$\dot{U}$ 与 $\dot{I}$ 同相，RLC 串联电路呈电阻性，称为阻性电路。

2. RLC 串联电路各电压有效值的关系

下面讨论 RLC 串联电路中各电压的大小关系。因为各元件流过同一电流，所以取电流 $\dot{I}$ 为参考相量（即时域中参考正弦量对应的相量）。根据电阻上 $\dot{U}_R$ 与 $\dot{I}$ 同相位，电感上 $\dot{U}_L$ 比 $\dot{I}$ 越前 $90°$，电容上 $\dot{U}_C$ 比 $\dot{I}$ 滞后 $90°$ 的相位关系，以及电压相量方程 $\dot{U}=\dot{U}_R+\dot{U}_L+\dot{U}_C$，采用多边形法则可画出图 4.18 所示的相量图。图 4.18 相量图中 $\dot{U}$ 越前 $\dot{I}$ 的相位差就等于 RLC 串联电路的阻抗角 φ，且 $\varphi>0$，说明此 RLC 串联电路为感性电路，即 $X_L>X_C$。根据 $U_L=X_LI$ 与 $U_C=X_CI$，可得 $U_L>U_C$，正如相量图所示。

RLC 串联电路中各电压的有效值关系，就是相量图中直角三角形的三条边长的大小关系，即

$$U=\sqrt{U_R^2+(U_L-U_C)^2} \tag{4.37}$$

直角三角形中的斜边长即为端口电压有效值 U，一条直角边的大小为电阻电压有效值 U_R，另一条直角边的大小为 $\mid\dot{U}_X\mid=\mid\dot{U}_L+\dot{U}_C\mid$。$\dot{U}_X$ 为电抗电压相量，即电感与电容串联部分的电压相量。

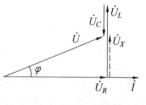

图 4.18　RLC 串联电路的相量图

图 4.19 所示为 RLC 串联电路中电流和各电压波形，其中 i 为参考正弦量，u_L 比 i 越前 $90°$，u_C 比 i 滞后 $90°$，因此 u_L 与 u_C 相位相反。u_L 与 u_C 波形相叠加就得到电抗电压 u_X，即 $u_X=u_L+u_C$。因此，电抗电压 u_X 的振幅 U_{Xm} 应等于 u_L 与 u_C 振幅之差，即 $U_{Xm}=\mid U_{Lm}-U_{Cm}\mid$ 或 $U_X=\mid U_L-U_C\mid$，这就是式 (4.37) 中 U_L 和 U_C 相减的原因。式 (4.37) 也表明，一

一般情况下有效值并不满足基尔霍夫定律。

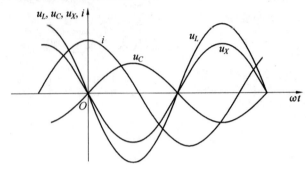

图 4.19 RLC 串联电路中电流和各电压波形

4.4.2 导纳

阻抗 Z 的倒数称为导纳 Y，即

$$Y = \frac{1}{Z} \tag{4.38}$$

导纳 Y 的 SI 单位是西门子(S)。导纳与阻抗虽然都是复数，但都不代表正弦量，所以导纳与阻抗都不是相量。根据 $\dot{U} = Z\dot{I}$，欧姆定律的相量形式还可以写成

$$\dot{I} = Y\dot{U} \tag{4.39}$$

导纳与阻抗都是交流电路中常用的等效参数，二者统一了元件的电压、电流方程。对于多个阻抗并联的电路，其等效导纳等于各并联导纳（阻抗倒数）之和，因而用导纳参数分析和计算较为方便。

【例 4.6】 有一 RCL 并联电路，如图 4.20(a) 所示。其中 $R = 500\ \Omega, L = 1\ \text{H}, C = 1\ \mu\text{F}$。试在频率为 50 Hz 和 400 Hz 两种情况下求其串联等效电路的参数。

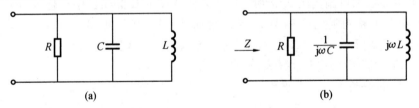

图 4.20 例 4.6 电路

解 首先画出 RCL 并联电路的相量模型，如图 4.20(b) 所示。直接计算 RCL 并联电路的等效阻抗较为烦琐，可先表示出 RCL 并联电路的等效导纳，即并联各元件的导纳（阻抗倒数）之和：

$$Y = \frac{1}{R} + j\omega C + \frac{1}{j\omega L} = \frac{1}{R} + j\left(\omega C - \frac{1}{\omega L}\right)$$

所以电路的等效阻抗为

$$Z = \frac{1}{Y} = \frac{1}{\dfrac{1}{R} + j\left(\omega C - \dfrac{1}{\omega L}\right)}$$

当 $f=50$ Hz 时，$\omega=2\pi f=100\pi$ rad/s，代入 R、C、L 参数计算其等效阻抗为

$$Z\approx(164+\text{j}235)\ \Omega$$

阻抗 Z 的虚部为正，表明此时该电路为感性电路，可由电阻与电感串联等效，如图 4.21(a) 所示。其中等效电感为

$$L=\frac{X_L}{\omega}=\frac{235\ \Omega}{(100\pi)\text{s}^{-1}}\approx 0.747\ \text{H}$$

当 $f=400$ Hz 时，$\omega=2\pi f=800\pi$ rad/s，代入 R、C、L 参数计算其等效阻抗为

$$Z\approx(236-\text{j}250)\ \Omega$$

阻抗 Z 的虚部为负，表明此时该电路为容性电路，可由电阻与电容串联等效，如图 4.21(b) 所示。其中等效电容为

$$C=-\frac{1}{\omega X_C}=-\frac{1}{(800\pi)\text{s}^{-1}\times(-250)\ \Omega}\approx 1.59\ \mu\text{F}$$

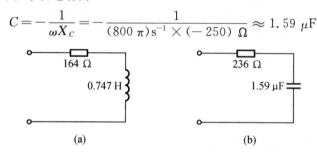

图 4.21　在两种频率下得到的两种等效电路

例 4.6 结果说明，一个实际电路在不同频率下的等效电路，不仅其电路参数不同，甚至连元件类型也可能发生改变。

4.5　正弦电流电路的相量分析法

将正弦量表示为相量形式，并引入等效参数阻抗和导纳后，元件特性方程和基尔霍夫定律方程都成为线性代数方程，与直流电路中的相应方程形式相似。因此，在直流电路中应用的分析方法、定理、公式和等效变换都可以推广应用于正弦电流电路的相量模型。正弦电流电路的分析步骤如下。

（1）根据电路的时域模型画出对应的相量模型。相量模型中的电压、电流要表示为相量，各元件参数要表示为阻抗或者导纳。相量模型的电路拓扑结构不变，电压、电流的参考方向不变。

（2）根据计算直流电阻电路的方法，列出相量模型的复系数线性代数方程。

（3）求解所列方程，得到待求的电压相量或电流相量。最后根据相量与正弦量的对应关系，写出正弦量表达式。

以上计算正弦电流电路的过程称为相量分析法（phase analysis）。下面通过例题进一步理解相量分析法的具体内容。

【例 4.7】　已知图 4.22 中正弦电压源 $u_S=20\sqrt{2}\cos(10t-90°)$（V），正弦电流源 $i_S=2\sqrt{2}\cos(10t+90°)$（A），应用支路电流法求电流 i_1。

解　已知同频率的正弦电压源和正弦电流源，可得电路角频率 $\omega=10$ rad/s，根据各

元件的时域参数,可计算出各元件的阻抗参数。画出电路的相量模型,如图 4.23 所示。由于独立源的有效值都为整数,因此本题使用有效值相量更方便计算。

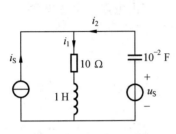

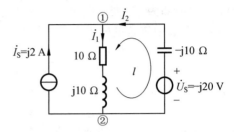

图 4.22　例 4.7 电路　　　　　图 4.23　例 4.7 电路的相量模型

图 4.23 所示电路的相量模型有两个节点,取节点 ② 为参考点,即令 $\dot{U}_{n2}=0$,对节点 ① 列写相量形式的 KCL 方程。取回路 l,列写相量形式的 KVL 方程,可得

$$节点 ①：\quad \dot{I}_1 - \dot{I}_2 = \dot{I}_S$$

$$回路 \ l：\quad (10\ \Omega + \mathrm{j}10\ \Omega)\dot{I}_1 + (-\mathrm{j}10\ \Omega)\dot{I}_2 = \dot{U}_S$$

代入独立源的相量参数可得

$$节点 ①：\quad \dot{I}_1 - \dot{I}_2 = \mathrm{j}2\ \mathrm{A}$$

$$回路 \ l：\quad (10\ \Omega + \mathrm{j}10\ \Omega)\dot{I}_1 + (-\mathrm{j}10\ \Omega)\dot{I}_2 = -\mathrm{j}20\ \mathrm{V}$$

联立求解方程可得

$$\dot{I}_1 = 2\sqrt{2}\angle -45°\ \mathrm{A}$$

由此可得

$$i_1 = 4\cos(10t - 45°)\,(\mathrm{A})$$

【例 4.8】　应用节点电压法求例 4.7 中的电流 i_1。

解　在图 4.23 中取节点 ② 为参考点,即令 $\dot{U}_{n2}=0$,对节点 ① 列写节点电压方程,可得

$$节点 ①：\quad \left(\frac{1}{10\ \Omega + \mathrm{j}10\ \Omega} + \frac{1}{-\mathrm{j}10\ \Omega}\right)\dot{U}_{n1} = \dot{I}_S + \frac{\dot{U}_S}{-\mathrm{j}10\ \Omega}$$

代入独立源的相量参数可得

$$节点 ①：\quad \left(\frac{1}{10\ \Omega + \mathrm{j}10\ \Omega} + \frac{1}{-\mathrm{j}10\ \Omega}\right)\dot{U}_{n1} = \mathrm{j}2\ \mathrm{A} + \frac{-\mathrm{j}20\ \mathrm{V}}{-\mathrm{j}10\ \Omega}$$

求解方程可得

$$\dot{U}_{n1} = 40\angle 0°\ \mathrm{V}$$

因此

$$\dot{I}_1 = \frac{\dot{U}_{n1} - 0}{10\ \Omega + \mathrm{j}10\ \Omega} = \frac{40\angle 0°\ \mathrm{V}}{10\ \Omega + \mathrm{j}10\ \Omega} = 2\sqrt{2}\angle -45°\ \mathrm{A}$$

由此可得

$$i_1 = 4\cos(10t - 45°)\ \mathrm{A}$$

【例 4.9】 应用戴维南定理求例 4.7 中的电流 i_1。

解 首先将含源一端口 ab 等效为戴维南电路,如图 4.24(b) 所示,再分别求出戴维南电路的等效阻抗 Z_i 与开路电压相量 $\dot{U}_{OC}$。

求解等效阻抗 Z_i 如图 4.24(c) 所示,即将含源一端口 ab 内的电压源置零(所在支路短路)、电流源置零(所在支路开路)。由此可得无源一端口的等效阻抗 $Z_i = -j10\ \Omega$。

求解开路电压相量 $\dot{U}_{OC}$ 如图 4.24(d) 所示,列方程可得

$$\dot{U}_{OC} = \dot{I}_s \cdot (-j10\ \Omega) + \dot{U}_s = j2\ \text{A} \cdot (-j10\ \Omega) + (-j20)\ \text{V} = (20 - j20)\ \text{V}$$

由图 4.24(b) 计算 $\dot{I}_1$ 得

$$\dot{I}_1 = \frac{\dot{U}_{OC}}{Z_i + 10\ \Omega + j10\ \Omega} = \frac{(20 - j20)\ \text{V}}{-j10\ \Omega + 10\ \Omega + j10\ \Omega} = \frac{(20 - j20)\ \text{V}}{10\ \Omega} = 2\sqrt{2}\ \angle -45°\ \text{A}$$

由此可得

$$i_1 = 4\cos(10t - 45°)\ \text{A}$$

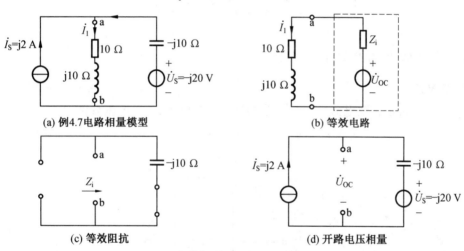

(a) 例4.7电路相量模型 (b) 等效电路

(c) 等效阻抗 (d) 开路电压相量

图 4.24 应用戴维南定理求解例 4.7

【例 4.10】 应用叠加定理求例 4.7 中的电流 i_1。

解 先将电流源置零(所在支路开路),如图 4.25(a) 所示,求电压源单独作用时的响应相量 $\dot{I}_1'$,得

$$\dot{I}_1' = \frac{\dot{U}_s}{-j10\ \Omega + 10\ \Omega + j10\ \Omega} = \frac{-j20\ \text{V}}{10\ \Omega} = -j2\ \text{A}$$

再将电压源置零(所在支路短路),如图 4.25(b) 所示,求电流源单独作用时的响应相量 $\dot{I}_1''$。图 4.25(b) 中,无源一端口 ab 的等效阻抗 Z_{ab} 为

$$Z_{ab} = (-j10\ \Omega)\ /\!/\ (10\ \Omega + j10\ \Omega) = \frac{(-j10\ \Omega) \cdot (10\ \Omega + j10\ \Omega)}{-j10\ \Omega + 10\ \Omega + j10\ \Omega} = (10 - j10)\ \Omega$$

则,响应相量为

$$\dot{I}_1'' = \frac{\dot{I}_s \cdot Z_{ab}}{10\ \Omega + j10\ \Omega} = \frac{j2\ \text{A} \cdot (10 - j10)\ \Omega}{10\ \Omega + j10\ \Omega} = 2\ \text{A}$$

因此

$$\dot{I}_1 = \dot{I}_1' + \dot{I}_1'' = (2 - j2)\ \text{A} = 2\sqrt{2} \angle -45°\ \text{A}$$

即

$$i_1 = 4\cos(10t - 45°)(\text{A})$$

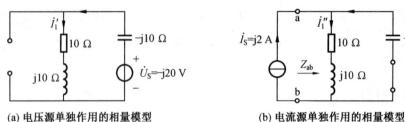

(a) 电压源单独作用的相量模型　　　　(b) 电流源单独作用的相量模型

图 4.25　应用叠加定理求解例 4.7

4.6　正弦电流电路的功率

4.6.1　瞬时功率与平均功率

1. 瞬时功率

设图 4.26 所示正弦电流一端口电路端口的正弦电压、正弦电流分别为

$$u = \sqrt{2}\,U\cos(\omega t + \psi_u)$$

$$i = \sqrt{2}\,I\cos(\omega t + \psi_i)$$

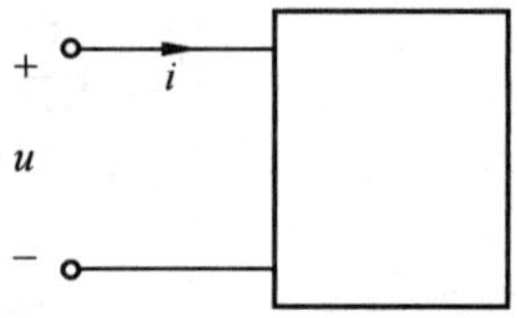

图 4.26　正弦电流一端口电路

图 4.26 中 u 与 i 参考方向相同,此端口吸收的功率为

$$p(t) = ui = 2UI\cos(\omega t + \psi_u)\cos(\omega t + \psi_i) \tag{4.40}$$

利用三角函数公式 $2\cos\alpha\cos\beta = \cos(\alpha + \beta) + \cos(\alpha - \beta)$,式(4.40)可变换为

$$p(t) = UI\cos(\psi_u - \psi_i) + UI\cos(2\omega t + \psi_u + \psi_i) \tag{4.41}$$

式中　　$p(t)$——瞬时功率(instantaneous power),它包含两个乘积项:第一项是不随时间变动的常量;第二项是以 2ω 角频率周期性变动的余弦函数,其在一个周期内的平均值为零。

2. 平均功率

工程上更关注的是周期电压、周期电流做功的平均效果,所以将瞬时功率在一个周期内的平均值定义为平均功率(average power),即

$$P = \frac{1}{T}\int_0^T p(t)\,\mathrm{d}t \tag{4.42}$$

将式(4.41)代入式(4.42)可得图 4.26 所示一端口电路的平均功率为

$$P = \frac{1}{T}\int_0^T UI\cos(\psi_u - \psi_i)\,\mathrm{d}t + \frac{1}{T}\int_0^T UI\cos(2\omega t + \psi_u + \psi_i)\,\mathrm{d}t$$

上式等号右端第一个积分项的被积函数为常量,其平均值等于该常量;第二项的被积函数为余弦函数,其平均值为零。于是得

$$P = UI\cos(\psi_u - \psi_i) = UI\cos\varphi = UI\lambda \tag{4.43}$$

式中

$$\lambda = \cos\varphi \tag{4.44}$$

其中,λ 为功率因数(power factor);$\varphi = \psi_u - \psi_i$ 为端口电压越前电流的相位差,也称为功率因数角。

平均功率 P 是瞬时功率的平均值,用来衡量电路或元件真正吸收或发出的功率。在实际工程和生活中,通常所说某个家用电器或设备消耗多少瓦的功率,就是指平均功率。式(4.43)表明,正弦电压与电流产生的平均功率不仅与电压、电流的大小相关,而且还与电压、电流的相位差有关。

下面讨论电阻、电感与电容元件的平均功率。

首先,设图 4.26 中只含有电阻元件,则该一端口电路可等效为电阻 R。在电阻 R 上,u 与 i 同相位,即 $\varphi = \psi_u - \psi_i = 0$。图 4.27 所示为电阻上电压 u、电流 i 和功率的波形,在任一时刻将 u 与 i 相乘就可得到图中的瞬时功率 $p_R(t)$。由于瞬时功率 $p_R(t)$ 总是大于等于零,所以电阻的平均功率 P_R 大于零,表明电阻为耗能元件,总是吸收功率。由式(4.43)可得电阻 R 吸收的平均功率为

$$P_R = UI\cos 0^\circ = UI = \frac{U^2}{R} = I^2 R \tag{4.45}$$

式(4.45)表明,在正弦电路中,电阻的平均功率即为电压与电流有效值之积。该式也可推广到一般正弦电路中,表明同相位的电压、电流产生的平均功率等于它们的有效值之积。

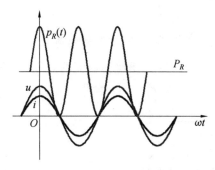

图 4.27　电阻上电压、电流和功率的波形

其次,设图 4.26 所示电路可等效为一个电感 L 或等效为一个电容 C。在电感 L 或电容 C 上,u 与 i 相位正交,$\varphi = \pm 90^\circ$。图 4.28 所示为电感上电压 u、电流 i 和功率的波形,在任一时刻将 u 与 i 相乘就可得到图中的瞬时功率 $p_L(t)$。$p_L(t)$ 以 2ω 角频率按正弦规律变化,其平均值为零。当 $p_L(t) > 0$ 时,表示电感吸收功率;当 $p_L(t) < 0$ 时,表示电感发出功

率。同理,电容也存在吸收和发出功率的过程。这是因为电感与电容同为储能元件,在正弦电路中与外电路之间存在能量的交换作用。由式(4.43)可得电感 L 与电容 C 吸收的平均功率为

$$P_L = UI\cos 90° = 0 \tag{4.46}$$

$$P_C = UI\cos(-90°) = 0 \tag{4.47}$$

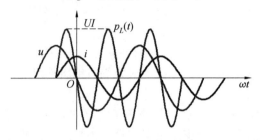

图 4.28　电感上电压、电流和功率的波形

式(4.46)、式(4.47)表明,在正弦电路中,电感 L 或电容 C 的平均功率为零,平均功率为零表明在一个周期内电感或电容吸收与释放的能量相等,维持电感或电容的正弦电压和电流不需要消耗其他能量。该式也可推广到一般正弦电路中,表明相位正交的电压、电流不产生平均功率。

4.6.2　无功功率与功率因数的提高

1. 无功功率

在实际工程与生活中应用的交流电路,负载大多为感性。设图 4.26 所示一端口电路是感性电路,端口 u 越前于 i,其相位差 $0 < \varphi < 90°$。则该电路可用电阻 R 与电感 L 的并联电路来等效代替(也可等效为 RL 串联电路),如图 4.29(a)所示,相量图如图 4.29(b)所示。由式(4.43)可得,该一端口电路吸收的平均功率为

$$P = UI\cos\varphi = UI_P \tag{4.48}$$

式中　　$I_P = I\cos\varphi$。

由相量图可得,$\dot{I}_P$ 是与端口电压 $\dot{U}$ 同相位的电流分量,故产生平均功率。因此 $\dot{I}_P$ 称为端口电流 $\dot{I}$ 的有功分量。同时,I_P 也是电阻电流的有效值,所以该一端口电路吸收的平均功率即等于电阻吸收的平均功率 $P = UI_P = P_R$。

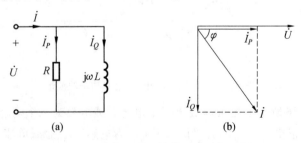

图 4.29　感性一端口等效电路及相量图

电流 $\dot{I}$ 的另一分量 $\dot{I}_Q$ 与端口电压 $\dot{U}$ 相位正交,且 $\dot{I}_Q$ 流过电感,在电感上不产生平均

功率,故 $\dot{I}_Q$ 称为端口电流 $\dot{I}$ 的无功分量。一般在流过电源和传输设备的电流中都存在着无功分量,它也要占用设备容量,却不产生平均功率。工程上(如电力系统)为计算无功分量的影响,定义无功功率(reactive power)为

$$Q = UI\sin\varphi \tag{4.49}$$

对于感性电路,$\varphi > 0$,$Q > 0$,称为感性无功功率。纯电感的无功功率为

$$Q_L = UI\sin 90° = UI = I^2\omega L = U^2/(\omega L) \tag{4.50}$$

从图 4.28 可以看出,电感的无功功率 $Q_L = UI$ 就等于电感瞬时功率 $p_L(t)$ 的幅值,因而电感的无功功率就是衡量其与外电路进行能量交换的最大速率。图 4.29 所示感性电路吸收的无功功率 $Q = UI\sin\varphi = UI_Q = Q_L$ 就等于该电路中电感的无功功率。

对于容性电路,$\varphi < 0$,$Q < 0$,称为容性无功功率。纯电容的无功功率为

$$Q_C = UI\sin(-90°) = -UI = -I^2/\omega C = -U^2\omega C \tag{4.51}$$

无功功率 Q 表示电路中存在能量交换的过程,并不是真正意义上被消耗或者产生的功率。相对于无功功率 Q,平均功率 P 也称为有功功率(active power)。通常提到交流电路的功率,若不加特殊说明,都是指平均功率,交流功率表所显示的读数也是平均功率。

2. 功率因数的提高

一般电气设备都要规定额定电压和额定电流,工程上用它们的乘积表示某些电气设备的容量,称为视在功率或表观功率(apparent power),即

$$S = UI \tag{4.52}$$

比较式(4.43)、式(4.49)及式(4.52),可得 P、Q、S 三者之间的关系为

$$S = \sqrt{P^2 + Q^2} \tag{4.53}$$

有功功率 P、无功功率 Q 和视在功率 S 的单位虽然都是"伏安"(符号 V·A),但却采用不同的单位名称,以示区别。P 的单位称为瓦[特](W),Q 的单位称为乏(var),而 S 直接用 V·A 作为单位。式(4.53)可以表示为直角三角形,称为功率三角形,如图 4.30 所示。

大多数工业用电设备都是感性负载,如车床、电动机设备等,多数家用电器含有线圈,也呈电感性。通常感性负载的功率因数都较低,如交流感应电动机空载时的功率因数只有 0.2 左右,家用日光灯的功率因数为 0.45 ~ 0.6。感性负载接上电源后,其内部的线圈要建立磁场。负载在工作时除了需要从电源获得有功率外,还要从电源取得建立磁场的能量,并与电源做周期性的能量交换。无功功率 Q 就是衡量这种能量交换的速率。无功功率越大,表示电路中负载与电源进行能量交换的规模越大。

在图 4.30 所示的功率三角形中,如果负载的功率因数 λ 较小,则功率因数角 φ 就较大,无功功率 Q 也就越大,若要达到负载的额定功率 P,所需要的电源容量 S 也就越大。假设某负载的额定功率 $P = 10$ kW,若负载的功率因数 $\lambda = 1$,则只需要容量 $S = 10$ kV·A 的电源供电;若负载的功率因数 $\lambda = 0.1$,则需要电源的容量达到 $S =$

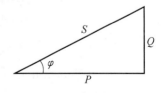

图 4.30 功率三角形

100 kV·A。因此,功率因数较低的负载要使用容量更大的电源,或者说电源设备的容量

不能得到充分利用。从供电单位角度来看,其提供的是视在功率 S,却仅能对用户实际消耗的有功功率 P 收费。也就是说,供电单位提供的供电电流中,一部分为电流的无功分量,它既不能产生收益,还会增大线路的损耗。鉴于以上原因,供电部门对用电企业的总功率因数提出一定要求,一般不得低于 0.9。

提高电路功率因数的常用方法是用电容器并联感性负载。由式(4.51)可知,电容的无功功率为负,可以抵消感性负载的无功功率。根本原因是电容的电场能量与感性负载的部分磁场能量进行交换,从而减小了感性负载与电源之间的能量交换,即减小了电源提供给负载的无功功率,也就提高了负载的功率因数。

【例 4.11】 已知图 4.31 所示电路中,$U_R = U = 100$ V,$\dot{U}_R$ 滞后 $\dot{U}$ 的相角为 $60°$,求一端口电路 N 的平均功率 P 与无功功率 Q。

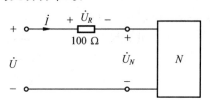

图 4.31   例 4.11 电路

解   设定电路中的参考相量,令 $\dot{U}_R = 100\angle 0°$ V,则由已知可得 $\dot{U} = 100\angle 60°$ V。列出电压相量方程:

$$\dot{U}_N = \dot{U} - \dot{U}_R = 100\angle 60° \text{ V} - 100\angle 0° \text{ V} = 100\angle 120° \text{ V}$$

电流为 $\dot{I} = \dfrac{\dot{U}_R}{100\ \Omega} = \dfrac{100\angle 0° \text{ V}}{100\ \Omega} = 1\angle 0°$ A,且与 $\dot{U}_N$ 为关联参考方向,则一端口电路 N 吸收的平均功率为

$$P = U_N I \cos 120° = 100 \text{ V} \times 1 \text{ A} \times (-0.5) = -50 \text{ W}$$

一端口电路 N 吸收的无功功率为

$$Q = U_N I \sin 120° = 100 \text{ V} \times 1 \text{ A} \times (0.866) = 86.6 \text{ var}$$

结果说明,该一端口电路 N 是发出功率的感性电源电路。

4.7   三相电路

三相电路是一种具有特殊规律的正弦交流电路,由于其在技术和经济上具有重大优越性,因此广泛应用于发电、输电及大功率用电设备等电力系统中。日常生活中所用的单相交流电,也是取自三相交流电路中的一相。

4.7.1   对称三相电源

三相交流电是由三相交流发电机产生的,图 4.32 所示为三相交流发电机原理示意图。三相交流发电机由定子和转子组成,定子铁心的内圆周凹槽对称放置着完全相同的三个绕组(线圈)AX、BY、CZ,绕组在空间位置上相互间隔 $120°$。A、B、C 分别为绕组的始端,X、Y、Z 分别为绕组的末端。转子是旋转的电磁铁。当转子恒速旋转时,在三个绕组的两端将依次感应出频率与振幅相同的正弦电压 u_A、u_B、u_C。如果三个正弦电压的参考方向都是由始端指向末端,如图 4.32(b) 所示,则它们的初相彼此相差 120°。

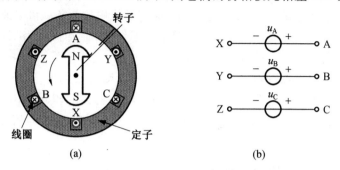

图 4.32　三相交流发电机原理示意图

这种振幅相同、频率相同、相位彼此相差 120° 的三个单相正弦电压源组合而成的电源称为对称三相电压源(symmetric three-phase voltage source)。三个单相电压源分别称为 A 相、B 相和 C 相电源。若以 u_A 为参考正弦量,则三个正弦电压源的瞬时表达式为

$$\begin{cases} u_A = U_m \cos \omega t \\ u_B = U_m \cos(\omega t - 120°) \\ u_C = U_m \cos(\omega t - 240°) \end{cases} \tag{4.54}$$

对称正弦三相电压波形如图 4.33 所示。设 $U = U_m/\sqrt{2}$,$a = \angle 120°$,则对称三相电压源的有效值相量为

$$\begin{cases} \dot{U}_A = U \angle 0° \\ \dot{U}_B = U \angle -120° = a^2 \dot{U}_A \\ \dot{U}_C = U \angle -240° = a \dot{U}_A \end{cases} \tag{4.55}$$

式中　　a—— 旋转因子,$a = \angle 120°$,它乘某一相量就相当于把这一相量逆时针方向旋转 120°。

对称三相电压相量图如图 4.34 所示。

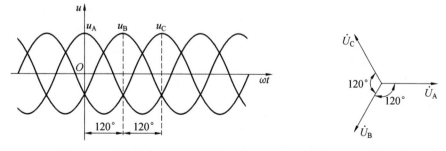

图 4.33　对称正弦三相电压波形　　　图 4.34　对称三相电压相量图

三相电压 u_A、u_B、u_C 的相位从越前到滞后的次序称为相序(phase sequence)。式 (4.54)、式 (4.55) 及图 4.33、图 4.34 所示的三相电压的相位次序为 A—B—C(或 B—C—A,或 C—A—B),称为正序(positive sequence)或顺序。若三相电压相位的次序

为 A—C—B(或 C—B—A,或 B—A—C),则称为负序(negative sequence)或逆序。在实际的对称三相电路中,若以某一相为 A 相,则认为比 A 相滞后 120°的为 B 相,再滞后 120°的为 C 相,这属于正序。而负序是相对于正序而言的。相序在电力工程中非常重要,如三相电动机接入三相电源时,只要任意对调三条电源线中的两条就可以改变相序,从而改变电动机的旋转方向。在发电厂和变电所等电力系统中,通常将 A 相、B 相、C 相三条电源主线分别涂以黄、绿、红三种颜色以示区分。

在三相电路中,负载通常也制成三相,各相参数都相同的三相感应电动机,称为对称三相负载。这种三相电源向三相负载供电的体制,称为三相制(three-phase system)。本节主要讨论三相电源和三相负载都对称,并且三相导线阻抗都相等的对称三相电路(symmetric three-phase circuit)。

4.7.2　对称三相电路的连接

三相电源和三相负载都有两种基本的连接方式,即星形联结和三角形联结。以下分别讨论。

1. 星形联结

如果将对称三相电源的末端 X、Y、Z 连接在一起,始端 A、B、C 分别连出,则该对称三相电源结成星形联结,简称 Y 联结。对称三相负载的星形联结与电源类似,如图 4.35 所示。三个电源的连接点 N 及三个负载的连接点 N′称为中性点(neutral point)。中性点之间的连线称为中线(neutral wire),俗称零线。分别从电源始端 A、B、C 引出的三根导线 AA′,BB′,CC′ 称为端线(terminal wire),俗称火线。这种连接方式使用了四根导线,故称三相四线制。

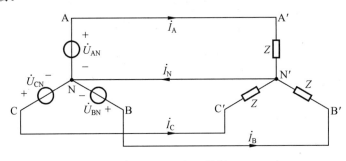

图 4.35　三相四线制

图 4.35 的中线电流为

$$\dot{I}_\mathrm{N} = \dot{I}_\mathrm{A} + \dot{I}_\mathrm{B} + \dot{I}_\mathrm{C} = \frac{\dot{U}_\mathrm{AN}}{Z} + \frac{\dot{U}_\mathrm{BN}}{Z} + \frac{\dot{U}_\mathrm{CN}}{Z} \tag{4.56a}$$

将 $\dot{U}_\mathrm{BN} = a^2 \dot{U}_\mathrm{AN}$、$\dot{U}_\mathrm{CN} = a\dot{U}_\mathrm{AN}$ 代入式(4.56a)可得

$$\dot{I}_\mathrm{N} = \frac{\dot{U}_\mathrm{AN}}{Z}(1 + a^2 + a) = \frac{\dot{U}_\mathrm{AN}}{Z}\left(1 - \frac{1}{2} - \mathrm{j}\frac{\sqrt{3}}{2} - \frac{1}{2} + \mathrm{j}\frac{\sqrt{3}}{2}\right) = 0 \tag{4.56b}$$

式(4.56b)说明,对称三相电路中的中线电流等于零。在这种情况下,中线没有输送电流的作用,可以省去,于是原来的三相四线制就变成了三相三线制,如图 4.36 所示。

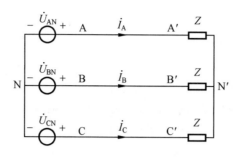

图 4.36　三相三线制

端线电流 $\dot{I}_A$、$\dot{I}_B$、$\dot{I}_C$ 称为线电流(line current),电源和负载中各相的电流称为相电流(phase current)。每两条端线之间的电压称为线电压(line voltage),单相电源或单相负载承受的电压称为相电压(phase voltage)。工程上所说的三相电路的电压,如果没有特别说明都是指线电压。例如,220 kV 的高压输电线,是指线电压 220 kV。

从星形联结的电路结构可以看出,不论是否有中线,线电流均等于相电流,而线电压应等于相应的两个相电压之差。图 4.36 中三相电源的线电压与相电压的相量关系可表示为

$$\begin{cases} \dot{U}_{AB} = \dot{U}_{AN} - \dot{U}_{BN} \\ \dot{U}_{BC} = \dot{U}_{BN} - \dot{U}_{CN} \\ \dot{U}_{CA} = \dot{U}_{CN} - \dot{U}_{AN} \end{cases} \tag{4.57}$$

对称三相电路中,式(4.57)可进一步简化为

$$\begin{cases} \dot{U}_{AB} = \dot{U}_{AN} - a^2\dot{U}_{AN} = \sqrt{3}\dot{U}_{AN} \angle 30° \\ \dot{U}_{BC} = \sqrt{3}\dot{U}_{BN} \angle 30° \\ \dot{U}_{CA} = \sqrt{3}\dot{U}_{CN} \angle 30° \end{cases} \tag{4.58}$$

以相电压 $\dot{U}_{AN}$ 为参考相量,根据式(4.57)或式(4.58)可画出对称星形联结的相电压与线电压的相量图,如图 4.37 所示。

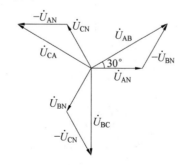

图 4.37　对称星形联结的相电压与线电压的相量图

综上所述,在对称星形联结电路中,线电压也是对称的,其有效值等于相电压有效值的 $\sqrt{3}$ 倍。用 U_L 和 U_P 分别表示线电压和相电压的有效值,则有

$$U_L = \sqrt{3}\, U_P \tag{4.59}$$

而线电压在相位上都越前于相应的相电压 $30°$。一般低压电网的标准相电压为 $220\ \text{V}$,则线电压为 $\sqrt{3} \times 220 \approx 380\ \text{V}$。

2. 三角形联结

若对称的三个电压源首尾依次相接,再从连接点引出端线,则该对称三相电源构成三角形联结,简称 △ 联结。对称三相负载也首尾依次连接成 △,如图 4.38 所示。

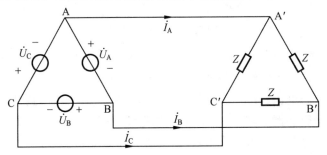

图 4.38　电源和负载都接成三角形

在三角形结构中没有中性点和中线,因此这种联结方式只能应用于三相三线制电路。从三角形联结的电路结构可以看出,相电压就等于线电压,而线电流与相电流是不同的。以图 4.38 中的负载端为例,分别对节点 A'、B'、C' 列相量形式的 KCL 方程,可将线电流 $\dot{I}_A$、$\dot{I}_B$、$\dot{I}_C$ 分别表示为相应的两个相电流之差,即

$$\begin{cases} \dot{I}_A = \dot{I}_{A'B'} - \dot{I}_{C'A'} \\ \dot{I}_B = \dot{I}_{B'C'} - \dot{I}_{A'B'} \\ \dot{I}_C = \dot{I}_{C'A'} - \dot{I}_{B'C'} \end{cases} \tag{4.60}$$

以相电流 $\dot{I}_{A'B'}$ 为参考相量,根据式(4.60)可画出对称三角形联结的线电流与相电流的相量图,如图 4.39 所示。

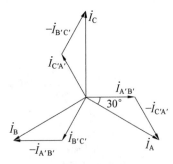

图 4.39　对称三角形联结的线电流与相电流的相量图

从图 4.39 可以得出,在对称三角形联结中,线电流也是对称的,其有效值等于相电流有效值的 $\sqrt{3}$ 倍,即

$$I_L = \sqrt{3}\, I_P \tag{4.61}$$

而线电流在相位上滞后于相应的相电流 $30°$。

　　我国电力系统的供电方式均采用三相三线制或三相四线制。一般在低压电网中存在大量的单相负载,如照明或大部分家用电器。因为单相负载是分散的、单独使用的,绝大多数情况下是运行在三相电源对称而三相负载不对称的状态。为保证每个单相负载始终都能获得电源的相电压,必须接有中线,而且中线要保证可靠连接,不允许接开关或熔断器。为了得到三相四线制系统,电源必须接成星形,这样才能引出中线。家用电器大多是额定电压 220 V 的单相负载,应该接在端线与中线之间。在电压等级较高的输电网络中 $(\geqslant 10\ \mathrm{kV})$,三相负荷基本是对称的,因而都采用三相三线制。三相三线制供电体系使用三条传输线就可实现三个电源同时向三个负载输送电能,极大地减少了输电线的成本,这是三相电路的优点之一。

4.7.3　对称三相电路的计算

1. 对称三相星形联结电路的简便算法

　　下面讨论根据对称三相电路的特点找出求解电路的简便分析方法。图 4.40 所示对称三相电路中,电源与负载都接成星形。以电源中性点 N 为电位参考点,对负载中性点 N′ 列节点电压方程,可得

$$\left(\frac{3}{Z+Z_\mathrm{L}}+\frac{1}{Z_\mathrm{N}}\right)\dot{U}_\mathrm{N'N}=\frac{\dot{U}_\mathrm{A}}{Z+Z_\mathrm{L}}+\frac{\dot{U}_\mathrm{B}}{Z+Z_\mathrm{L}}+\frac{\dot{U}_\mathrm{C}}{Z+Z_\mathrm{L}}$$

因为电路对称,故 $\dot{U}_\mathrm{A}+\dot{U}_\mathrm{B}+\dot{U}_\mathrm{C}=0$,可解得 $\dot{U}_\mathrm{N'N}=0$。说明在对称星形联结三相电路中,无论中线阻抗为何值,中性点 N 与 N′ 之间的电位差都为零。因此,可将对称星形联结三相电路的中性点短路,图 4.40 中的虚线即为添加的短路导线。对由 A 相电路和短路导线构成的回路列写电压相量方程,可得

$$(Z+Z_\mathrm{L})\dot{I}_\mathrm{A}=\dot{U}_\mathrm{A} \tag{4.62}$$

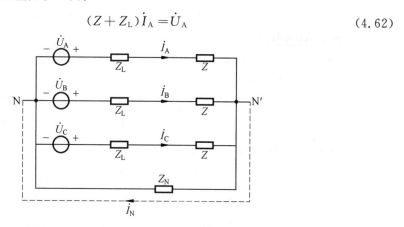

图 4.40　把中性点 N 与 N′ 直接相连(对称三相电路)

　　与式(4.62)对应的电路模型如图 4.41 所示。由此可见,对称三相星形联结电路可单独取出一相按单相电路计算,其余两相电路的电压电流可由对称关系直接写出。

　　综上,对称三相星形联结电路简便算法的步骤可概括如下:

① 将所有的电源和负载的中性点短路;

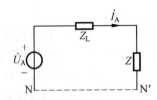

图 4.41 从图 4.40 中取出 A 相(与式(4.62)对应的电路模型)

② 取出一相单独进行计算;

③ 根据对称关系推算其他两相的电压和电流。

2. 对称三相电源的 △—Y 变换

如果所给对称三相电源接成了三角形联结,为了应用上述简便算法,则要将三角形联结电源等效为星形联结。等效的两个三相电源要提供相同的线电压。例如,设图4.42(a)所示对称三相三角形联结电源的线电压大小为 U_L,三角形结构电路中的相电压就是线电压,则三个单相电源电压大小为 $U_A = U_B = U_C = U_L$。如果用星形联结电源等效该三角形联结电源,如图4.42(b)所示,为了提供大小相同的线电压 U_L,星形联结的三个单相电源电压的大小应该为 $U_{AN} = U_{BN} = U_{CN} = U_L/\sqrt{3}$。

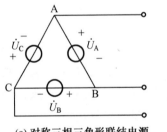 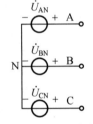

(a) 对称三相三角形联结电源   (b) 对称三相星形联结电源

图 4.42 对称三相电源的 △—Y 变换

3. 对称三相负载的 △—Y 变换

如果对称三相负载接成了三角形联结,也可以变换为等效的星形联结,以下讨论对称三相负载的 △—Y 等效变换。

已知图4.43(a)所示的对称 △ 联结负载,负载阻抗为 $Z_\triangle$,将其等效变换为图4.43(b)所示的 Y 联结负载,求两个电路的等效关系(即负载阻抗 Z_Y 与 $Z_\triangle$ 的关系)。星形与三角形联结网络都属于三端网络,有三对端子间电压 $\dot{U}_{12}$、$\dot{U}_{13}$、$\dot{U}_{23}$ 和三个端子电流 $\dot{I}_1$、$\dot{I}_2$、$\dot{I}_3$,共六个变量。根据 KCL 和 KVL,无论两种联结方式的内部结构如何,都应有 $\dot{U}_{12} = \dot{U}_{13} - \dot{U}_{23}$,$\dot{I}_3 = \dot{I}_1 + \dot{I}_2$。因此,三端网络的六个电路变量中有四个独立变量,其对外作用可以用两对端子间电压($\dot{U}_{13}$ 和 $\dot{U}_{23}$)与两个端子电流($\dot{I}_1$ 和 $\dot{I}_2$)的关系来表示。由此,两个三端网络都可视为二端口网络。根据等效的概念,当 Y 联结与 △ 联结的网络等效时,二者对应端口应具有相同的端口特性,由此推导出等效条件。

由图 4.43(a)可知,△ 联结电路的端口特性方程为

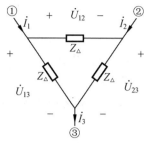

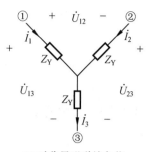

(a) 对称三角形联结负载　　　　　　　　(b) 对称星形联结负载

图 4.43　对称三相负载的 △—Y 变换

$$\begin{cases} \dot{I}_1 = \dfrac{\dot{U}_{13}}{Z_\triangle} + \dfrac{\dot{U}_{12}}{Z_\triangle} = \dfrac{\dot{U}_{13}}{Z_\triangle} + \dfrac{\dot{U}_{13} - \dot{U}_{23}}{Z_\triangle} = \dfrac{2\dot{U}_{13} - \dot{U}_{23}}{Z_\triangle} \\[3mm] \dot{I}_2 = \dfrac{\dot{U}_{23}}{Z_\triangle} - \dfrac{\dot{U}_{12}}{Z_\triangle} = \dfrac{\dot{U}_{23}}{Z_\triangle} - \dfrac{\dot{U}_{13} - \dot{U}_{23}}{Z_\triangle} = \dfrac{2\dot{U}_{23} - \dot{U}_{13}}{Z_\triangle} \end{cases} \tag{4.63}$$

由图 4.43(b) 可知,Y 联结电路的端口特性方程为

$$\begin{cases} \dot{U}_{13} = \dot{I}_1 Z_Y + \dot{I}_3 Z_Y = \dot{I}_1 Z_Y + (\dot{I}_1 + \dot{I}_2)Z_Y = (2\dot{I}_1 + \dot{I}_2)Z_Y \\[2mm] \dot{U}_{23} = \dot{I}_2 Z_Y + \dot{I}_3 Z_Y = \dot{I}_2 Z_Y + (\dot{I}_1 + \dot{I}_2)Z_Y = (\dot{I}_1 + 2\dot{I}_2)Z_Y \end{cases} \tag{4.64}$$

将式(4.63)与式(4.64)联立可得

$$Z_Y = \frac{1}{3} Z_\triangle \tag{4.65}$$

【例 4.12】　对称三角形联结的负载与对称星形联结的电源相接,如图 4.44(a) 所示。已知负载各相阻抗为 $Z = (8 - j6)\ \Omega$,线路阻抗为 $Z_L = j2\ \Omega$,电源相电压大小为 220 V,试求电源和负载的相电流。

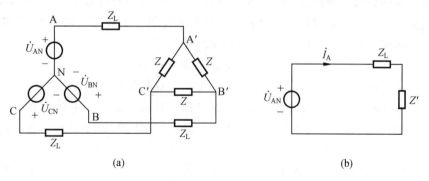

(a)　　　　　　　　　　　　　　(b)

图 4.44　例 4.12 电路

解　先将角形负载等效为星形联结,再将中性点短路连接后取出 A 相电路,如图 4.44(b) 所示。

星形负载的各相阻抗为

$$Z' = \frac{Z}{3} = \frac{(8 - j6)}{3}\ \Omega$$

设 A 相电源相电压为 $220\angle 0°$ V,图 4.44(b) 中 A 相负载相电流与电源相电流相等,即

$$\dot{I}_{A} = \frac{\dot{U}_{AN}}{Z_{L} + Z'} = \frac{220\angle 0°}{j2\ \Omega + \frac{(8 - j6)\ \Omega}{3}} = 82.5\angle 0°\ A$$

在图 4.44(a) 中,星形联结电源的相电流即线电流,其与三角形联结负载相电流的大小关系为

$$I_{A'B'} = \frac{I_{A}}{\sqrt{3}} = \frac{82.5\ A}{\sqrt{3}} = 47.6\ A$$

即三角形联结负载相电流为 47.6 A。

4.7.4　对称三相电路的功率

设对称三相负载中各相负载的电压与电流都取关联参考方向,并以 A 相电压为参考正弦量,即 $u_{A} = \sqrt{2}U_{p}\cos\omega t$,$i_{A} = \sqrt{2}I_{p}\cos(\omega t - \varphi)$,$U_{P}$ 与 I_{P} 分别表示负载的相电压与相电流的有效值,φ 是相电压越前相电流的相位差。利用三角函数积化和差公式,该 A 相负载的瞬时功率可表示为

$$p_{A} = u_{A}i_{A} = \sqrt{2}U_{p}\cos\omega t \cdot \sqrt{2}I_{p}\cos(\omega t - \varphi) = U_{P}I_{P}\cos\varphi + U_{P}I_{P}\cos(2\omega t - \varphi)$$

根据对称关系,B 相与 C 相的瞬时功率分别为

$$p_{B} = u_{B}i_{B} = \sqrt{2}U_{p}\cos(\omega t - 120°) \cdot \sqrt{2}I_{p}\cos(\omega t - \varphi - 120°)$$
$$= U_{P}I_{P}\cos\varphi + U_{P}I_{P}\cos(2\omega t - \varphi - 240°)$$
$$p_{C} = u_{C}i_{C} = \sqrt{2}U_{p}\cos(\omega t - 240°) \cdot \sqrt{2}I_{p}\cos(\omega t - \varphi - 240°)$$
$$= U_{P}I_{P}\cos\varphi + U_{P}I_{P}\cos(2\omega t - \varphi - 480°)$$

各相负载的瞬时功率都包含两个乘积项:其中一项为相同的常量 $U_{P}I_{P}\cos\varphi$,而另一项为时间的余弦函数。该对称三相负载的瞬时功率应等于上述三式的代数和,注意以上三式的三个时间余弦函数依次相差 120°,相加结果为零。故

$$p = p_{A} + p_{B} + p_{C} = 3U_{P}I_{P}\cos\varphi \tag{4.66}$$

由此可见,对称三相电路的瞬时功率等于常量。这种瞬时功率平衡的性质是三相制的优点之一。如对称三相电路中的电动机在运转时,其输入的瞬时电功率是常量。根据能量转换原理,由于电动机输出的机械功率和机械转矩也是常量,因此电动机在运转时的振动较小。

式(4.66)中,$\cos\varphi = \lambda$ 是各相负载的功率因数,也是对称三相负载的功率因数。由于瞬时功率为常量,因此该瞬时功率大小就是对称三相电路的平均功率,即

$$P = 3U_{P}I_{P}\cos\varphi \tag{4.67}$$

式(4.67)表明,对称三相电路的平均功率等于单相平均功率的三倍。同理,可得对称三相电路的无功功率 Q 与视在功率 S 为

$$Q = 3U_{P}I_{P}\sin\varphi \tag{4.68}$$
$$S = 3U_{P}I_{P} \tag{4.69}$$

在三相电路中,一般用线电压和线电流表示电源或负载的外部特性,所以通常用线电压与线电流来计算各种功率。在对称三相电路中,当电源或负载接成星形联结结构时,有 $U_P = U_L/\sqrt{3}$ 和 $I_P = I_L$,代入式(4.67)~(4.69)可得

$$P = \sqrt{3}\,U_L I_L \cos\varphi \tag{4.70}$$

$$Q = \sqrt{3}\,U_L I_L \sin\varphi \tag{4.71}$$

$$S = \sqrt{3}\,U_L I_L \tag{4.72}$$

若对称三相电源或负载接成三角形联结,则有 $U_P = U_L$ 和 $I_P = I_L/\sqrt{3}$,代入式(4.67)~(4.69)仍然得到与式(4.70)~(4.72)相同的结果。

【例 4.13】　两组对称负载并联如图 4.45(a)所示。其中一组接成三角形联结,负载功率为 10 kW,功率因数为 0.8(感性),另一组接成星形联结,负载功率也是 10 kW,功率因数为0.855(感性)。端线阻抗 $Z_L = (0.1 + j0.2)\ \Omega$。要求负载端线电压有效值保持 380 V,问电源线电压应为多少?

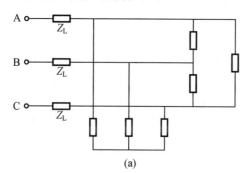 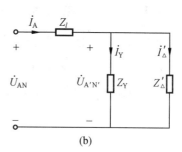

图 4.45　例 4.13 电路

解　由已知功率因数 $\cos\varphi_Y = 0.855, \cos\varphi_\triangle = 0.8$,可求得星形和三角形负载的阻抗角分别为

$$\varphi_Y = 31.24°$$

$$\varphi_\triangle = 36.87°$$

因为负载端线电压 $U_L = 380$ V,所以星形负载线(相)电流为

$$I_Y = \frac{P_Y}{\sqrt{3}\,U_L \cos\varphi_Y} = \frac{10\ \text{kW}}{\sqrt{3} \times 380 \times 0.855} = 17.77\ \text{A}$$

三角形负载线电流为

$$I_\triangle = \frac{P_\triangle}{\sqrt{3}\,U_l \cos\varphi_\triangle} = \frac{10\ \text{kW}}{\sqrt{3} \times 380\ \text{V} \times 0.8} = 18.99\ \text{A}$$

将三角形联结等效成星形联结,设负载阻抗为

$$Z'_\triangle = \frac{Z_\triangle}{3}$$

取出 A 相单独分析,电路如图 4.45(b)所示。

设

$$\dot{U}_{A'N'} = 220\angle 0°\ \text{V}$$

$$\dot{I}_Y = 17.77\angle-31.24° \text{ A}$$

$$\dot{I}_\triangle = 18.99\angle-36.87° \text{ A}$$

$$\dot{I}_A = \dot{I}_Y + \dot{I}_\triangle = 17.77\angle-31.24° + 18.99\angle-36.87° = 36.76\angle-34.14° \text{A}$$

由 KVL 方程得,电源相电压为

$$\dot{U}_{AN} = \dot{I}_A \times Z_L + \dot{U}_{A'N'} = 227.1\angle1° \text{ V}$$

则电源线电压为

$$U_{AB} = \sqrt{3}U_{AN} = 393.3 \text{ V}$$

4.8　谐振电路

本节主要讨论电路特性与频率的关系,介绍网络函数、频率特性及滤波的基本概念,并研究交流电路在满足一定条件时发生的谐振现象。

4.8.1　网络函数与频率特性

直流电路中的齐性定理可以推广应用于正弦交流电路的相量模型。假设某个交流电路相量模型中只有一个电源,并将其源电压或源电流相量作为激励(输入),用 $\dot{X}$ 表示,将电路中某一电压或电流相量作为响应(输出),用 $\dot{Y}$ 表示。根据齐性定理,响应相量与激励相量成正比,即

$$H(j\omega) = \frac{\dot{Y}}{\dot{X}} \tag{4.73}$$

式中　　$H(j\omega)$——网络函数(network function)。

如果激励与响应属于同一端口,则网络函数实际就是端口的等效阻抗(激励为电流源,响应为电压)或等效导纳(激励为电压源,响应为电流)。如果激励和响应属于不同端口,则网络函数也称为转移函数或传递函数(transfer function)。在通信与信息系统、自动控制系统等领域中,网络函数都是重要的基本概念。

集中参数正弦交流电路的网络函数 $H(j\omega)$ 一般为含有角频率 ω 的复数有理式。以图 4.46 所示的 RC 串联电路为例,若以电容电压 $\dot{U}_C$ 为响应,以输入电压 $\dot{U}$ 为激励,则该电路的网络函数为

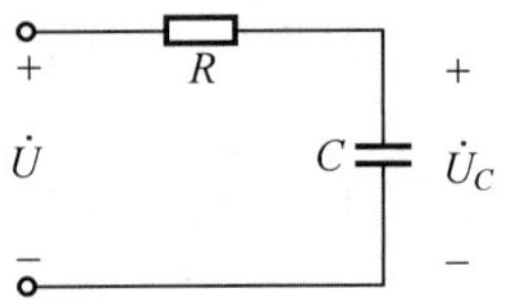

图 4.46　RC 串联电路

$$H(j\omega) = \frac{\dot{U}_C}{\dot{U}} = \frac{1/j\omega C}{R + 1/j\omega C} = \frac{1}{1 + j\omega RC} \tag{4.74}$$

将式(4.74)中的 $H(j\omega)$、$\dot{U}_C$、$\dot{U}$ 都写成极标式,即

$$|H(j\omega)|\angle\theta(\omega) = \frac{U_c\angle\psi_c}{U\angle\psi} = \frac{U_c}{U}\angle\psi_c - \psi$$

式(4.74)的复数等式取模可得

$$\mid H(\mathrm{j}\omega)\mid=\frac{U_C}{U}=\frac{1}{\sqrt{1+\omega^2R^2C^2}} \tag{4.75}$$

式中　$\mid H(\mathrm{j}\omega)\mid$ —— 网络函数的模,反映响应与激励有效值之比与频率的关系,称为网络的幅频特性(amplitude-frequency characteristic)。

式(4.74)的复数等式取幅角可得

$$\theta(\omega)=\psi_C-\psi=-\arctan(\omega RC) \tag{4.76}$$

式中　$\theta(\omega)$ —— 网络函数的幅角,表示响应越前于激励的相位差与频率的关系,称为网络的相频特性(phase-frequency characteristic)。

幅频特性与相频特性总称为网络的频率特性(frequency characteristic)。

为方便讨论 RC 电路的频率特性,令

$$\omega_0=\frac{1}{RC}$$

式中　ω_0 ——RC 电路的固有频率或自然频率(natural frequency)。

将 ω_0 其代入式(4.75)与式(4.76)可得

$$\mid H(\mathrm{j}\omega)\mid=\frac{U_C}{U}=\frac{1}{\sqrt{1+(\omega/\omega_0)^2}} \tag{4.77}$$

$$\theta(\omega)=\psi_C-\psi=-\arctan(\omega/\omega_0) \tag{4.78}$$

由式(4.77)与式(4.78)可分别绘制 RC 电路的幅频特性曲线和相频特性曲线,如图 4.47 所示(图中横坐标 ω/ω_0 称为相对频率)。

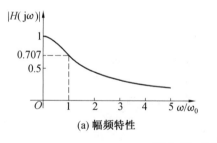
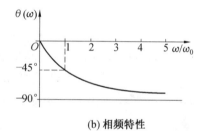

(a) 幅频特性　　　　　　　　　　　(b) 相频特性

图 4.47　RC 电路的频率特性

图 4.47(a)所示的幅频特性表明,当频率为零时,电容 C 相当于断路,输出电压 U_C 与输入电压 U 大小相等,即 $\mid H(\mathrm{j}\omega)\mid=1$;在频率逐渐增大后,容抗 X_C 与频率成反比减小,在输入电压有效值 U 不变的条件下,电容分压 U_C 将减小,则 $\mid H(\mathrm{j}\omega)\mid=U_C/U$ 随频率的增大而减小;当频率无穷大时,容抗 X_C 趋于零,相当于短路,输出电压 U_C 为零,则 $\mid H(\mathrm{j}\omega)\mid=0$。从信号传输的观点来看,此网络使高频输入信号产生较大的衰减,而允许低频输入信号以较小的衰减通过网络。具有这种特性的网络称为低通网络(low-pass network)。通常将 $\mid H(\mathrm{j}\omega)\mid$ 下降到最大值的 $1/\sqrt{2}$ 时所对应的频率称为截止频率(out-off frequency),记为 ω_c。从图 4.47(a)可以看出,RC 低通网络的截止频率为 $\omega_c=\omega_0=1/RC$。对于 RC 低通网络,$0\sim\omega_c$ 这个频率范围称为低通网络的通带(pass-band),而 $\omega_c\sim\infty$ 这个频率范围称为阻带(stop-band)。

图 4.47(b)所示的相频特性表明,随着频率逐渐增大,输出电压 $\dot{U}_C$ 滞后于输入电压

$\dot{U}$ 的相位差越大。

通过选用不同的网络结构和元件类型还可以实现高通网络(high-pass network)、带通网络(band-pass network)和带阻网络(band-stop network)。例如,图 4.46 所示的 RC 电路中,若以电阻电压为响应,则称为 RC 高通网络。这是因为当频率为零时,电容断路电流为零,电阻输出电压为零;而频率逐渐增大后,容抗减小,电流随之增大,电阻输出电压也随之增大;当频率为无穷大时,容抗 X_C 趋于零,相当于短路,电阻输出电压就等于输入电压。

4.8.2 串联谐振

1. 谐振定义及串联谐振条件

图 4.48 所示 RLC 串联电路的等效阻抗为 $Z=R+\mathrm{j}[\omega L-1/(\omega C)]$,一般情况,等效阻抗 Z 为复数,端口电压 $\dot{U}$ 越前电流 $\dot{I}$ 的相位差即为阻抗角。但在一定条件下,当阻抗 Z 虚部为零,即感抗与容抗完全抵消时,电路呈阻性,端口电压 $\dot{U}$ 和电流 $\dot{I}$ 同相位。

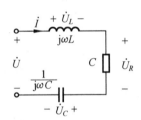

图 4.48 RLC 串联电路

对于任何含有电容和电感的一端口电路,在一定条件下可呈现电阻性,其端口电压与电流同相位,则称此一端口电路发生谐振(resonance)。图 4.48 所示 RLC 串联电路发生的谐振称为串联谐振(series resonance),其发生谐振的条件为

$$\omega L = \frac{1}{\omega C} \tag{4.79}$$

发生谐振时的谐振角频率(resonance angular)、谐振频率(resonance frequency)分别为

$$\begin{cases} \omega_0 = \dfrac{1}{\sqrt{LC}} \\[3mm] f_0 = \dfrac{1}{2\pi\sqrt{LC}} \end{cases} \tag{4.80}$$

RLC 串联电路在谐振时的感抗与容抗相等,令

$$\rho = \omega_0 L = \frac{1}{\omega_0 C} \tag{4.81}$$

式中 ρ——谐振电路的特性阻抗(characteristic impedance),代入谐振角频率可得

$$\rho = \sqrt{\frac{L}{C}} \tag{4.82}$$

2. 串联谐振基本特征

(1) 谐振时,复阻抗 $Z_0=R$,电路呈阻性,阻抗模达到最小值。

（2）谐振时，在端口电压有效值一定的条件下，电路中电流达到最大，且与端口电压同相。谐振时的电流为

$$\dot{I}_0 = \frac{\dot{U}}{Z_0} = \frac{\dot{U}}{R} \qquad (4.83)$$

（3）谐振时，电感电压与电容电压大小相等，相位相反，推导如下：

$$\dot{U}_{L0} = j\omega_0 L \dot{I}_0 = j\omega_0 L \frac{\dot{U}}{R} = j\frac{\omega_0 L}{R}\dot{U} = j\frac{\rho}{R}\dot{U} \qquad (4.84)$$

$$\dot{U}_{C0} = \frac{1}{j\omega_0 C}\dot{I}_0 = \frac{1}{j\omega_0 C}\frac{\dot{U}}{R} = -j\frac{\frac{1}{\omega_0 C}}{R}\dot{U} = -j\frac{\rho}{R}\dot{U} \qquad (4.85)$$

若令 $Q = \rho/R$，则

$$U_{L0} = U_{C0} = QU \qquad (4.86)$$

式中　Q——串联谐振电路的品质因数（quality factor），它是衡量电路特征的一个重要参数。

RLC 串联电路的品质因数等于谐振时的电感电压或电容电压与电源电压的大小之比。如果电路品质因数 $Q \gg 1 (\rho \gg R)$，当电路发生串联谐振时，即使输入电压（激励）很小，也能够在电感或电容上获得较大的输出电压（响应）。因此可以说，电路的谐振与物理学中的共振是具有相同实质的现象。由式（4.84）与式（4.85）可得，$\dot{U}_{L0} + \dot{U}_{C0} = 0$，因此 LC 串联谐振相当于短路，端口电压就等于电阻电压，即 $\dot{U} = \dot{U}_{R0} = R\dot{I}_0$。

在无线电技术领域，正是利用串联谐振的这一特点，将微弱的电压信号输入 RLC 串联回路中，利用串联谐振来获得较高的输出电压信号。例如，有些收音机就是利用串联谐振电路，从具有不同频段的信号源中，通过调节电容 C 的大小来选择所要收听的某个电台信号。在电力工程中通常要避免发生串联谐振，因为谐振时在电容和电感上可能出现非常大的过电压，造成电气设备的绝缘击穿。

4.8.3　并联谐振

1. 线圈与电容并联谐振的条件

在实际应用中常用电感线圈和电容器构成并联谐振电路。电感线圈可用电感与电阻串联作为电路模型，而电容器的损耗很小可视为理想电容元件。这样便得到如图 4.49(a) 所示的并联电路，其等效导纳为并联两支路的导纳之和，即

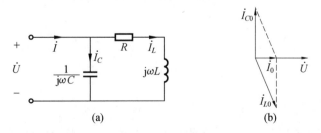

图 4.49　线圈与电容器的并联电路及相量图

$$Y = \mathrm{j}\omega C + \frac{1}{R + \mathrm{j}\omega L} = \frac{R}{R^2 + (\omega L)^2} + \mathrm{j}\left(\omega C - \frac{\omega L}{R^2 + (\omega L)^2}\right) \tag{4.87}$$

该电路发生谐振的条件是 $\mathrm{Im}[Y] = 0$，即

$$\omega C - \frac{\omega L}{R^2 + (\omega L)^2} = 0$$

对于特定的电感线圈，若给定电路的角频率，则可以调节并联电容的大小，使该电路满足谐振条件，谐振电容 C_0 为

$$C_0 = \frac{L}{R^2 + (\omega L)^2} \tag{4.88}$$

若电容大小是确定的，则可以调节电路频率达到谐振，谐振角频率 ω_0 为

$$\omega_0 = \sqrt{\frac{1}{LC} - \frac{R^2}{L^2}} \tag{4.89}$$

由于 ω_0 应为实数，即要求式(4.89)中

$$\frac{1}{LC} - \frac{R^2}{L^2} > 0$$

因此，可得

$$R < \sqrt{\frac{L}{C}} \tag{4.90}$$

式(4.90)说明，当线圈电阻比较大时，通过调节电路频率是无法满足谐振条件的，除非并联较小的电容。线圈与电容并联谐振时的相量图如图 4.49(b) 所示。

2. 线圈与电容并联谐振的特点

线圈与电容并联谐振时的导纳只有实部，记为

$$Y_0 = \frac{R}{R^2 + \omega_0 L^2} = G_0 \tag{4.91}$$

谐振时的等效阻抗 R_0 为

$$R_0 = \frac{1}{G_0} = R + \frac{\omega_0 L^2}{R} \tag{4.92}$$

将式(4.89)代入式(4.92)中可得

$$R_0 = R + \frac{L^2}{R}\left(\frac{1}{LC} - \frac{R^2}{L^2}\right) = \frac{L}{RC} \tag{4.93}$$

式(4.93)表明，线圈的电阻 R 越小，其与电容并联谐振时的等效阻抗 R_0 就越大。

此时，流过电容的电流相量 $\dot{I}_{C0} = \mathrm{j}\omega_0 C\dot{U}$，而端口电压为 $\dot{U} = R_0 \dot{I}$，再将式(4.93)代入可得

$$\dot{I}_{C0} = \mathrm{j}\omega_0 C\dot{U} = \mathrm{j}\omega_0 CR_0 \dot{I} = \mathrm{j}\omega_0 C\frac{L}{RC}\dot{I} = \frac{\mathrm{j}\omega_0 L}{R}\dot{I} \tag{4.94}$$

在此，定义线圈与电容并联电路的品质因数为

$$Q = \frac{I_{C0}}{I_0} = \frac{\omega_0 L}{R} \tag{4.95}$$

即线圈的品质因数可定义为谐振频率下的感抗与串联电阻之比，通常为几十到几百。

如果完全忽略线圈电阻的大小(令 $R = 0$)，则线圈与电容并联就理想化为电感与电容

并联。当电感与电容发生并联谐振时，$\omega_0 L = 1/\omega_0 C$，则谐振角频率 ω_0 为

$$\omega_0 = \frac{1}{\sqrt{LC}} \tag{4.96}$$

此时，电感电流与电容电流大小相等，相位相反，即 $\dot{I}_0 = \dot{I}_C + \dot{I}_L = 0$。因此，LC 并联谐振相当于断路。

【例 4.14】　一个电感为 0.1 mH，电阻为 20 Ω 的线圈与 100 pF 的电容器接成并联电路，试求该并联电路的谐振频率和谐振时的阻抗。

解　谐振角频率和谐振频率分别为

$$\omega_0 = \sqrt{\frac{1}{LC} - \frac{R^2}{L^2}} \approx \frac{1}{\sqrt{LC}} = \frac{1}{\sqrt{0.1 \times 10^{-3} \times 100 \times 10^{-12}}} = 10^7 \text{ rad/s}$$

$$f_0 = \frac{\omega_0}{2\pi} = \frac{(10^7)\text{s}^{-1}}{2\pi} \approx 1\,592 \text{ kHz}$$

谐振时的等效阻抗为

$$Z = R_0 = \frac{L}{RC} = \frac{0.1 \times 10^{-3} \text{ H}}{20 \text{ Ω} \times 100 \times 10^{-12}\text{F}} \approx 50 \text{ k}\Omega$$

可见，线圈与电容并联谐振时的等效阻抗要远大于线圈电阻，$R_0/R = 50 \text{ k}\Omega/20 \text{ Ω} = 2\,500$。

【例 4.15】　利用图 4.50 所示电路的谐振滤波器进行滤波。输入信号 $\dot{E}_1$ 中含有 $f_0 = 50$ Hz 的电源噪声 $\dot{E}_0$，$L = 100$ mH，若要将电源噪声滤去，则应选多大的电容？

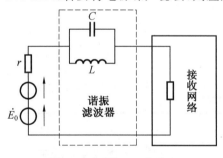

图 4.50　例 4.15 电路

解　当 LC 构成的谐振滤波器在频率 f_0 发生并联谐振时，电容电流与电感电流大小相等，相位相反，相互抵消，所以接收网络的总电流为零，也就无法接收到 f_0 的信号，则

$$f_0 = \frac{1}{2\pi\sqrt{LC}}$$

$$C = \frac{1}{(2\pi f_0)^2 L} = \frac{1}{(2\pi \times 50 \text{ Hz})^2 \times 0.1 \text{ H}} \approx 100 \ \mu\text{F}$$

Multisim 仿真实践：RLC 串联谐振电路

RLC 串联谐振电路如图 4.51 所示。10 Ω电阻、20 mH 电感和 0.51 μF 电容串联电源构成闭合回路，其中电源输入的交流信号由波形发生器实现，设置其幅值为 +4 V 的正弦波，频率可调。同时，电路中串联电流表，用于测量回路电流，电阻两端并联电压表，用于测量其电压有效值。

根据该电路的元件参数，可理论计算得到其谐振频率 $f_0 = \dfrac{1}{2\pi\sqrt{LC}} \approx 1\,590$ Hz。在仿真实验过程中，在该谐振频率点两侧设置不同的输入正弦波频率，同时测量电流表和电压表数值，通过绘制频率－电流数据曲线，可分析谐振电路特性。

通过实验数据可以验证：谐振时，电路呈阻性，阻抗模达到最小值，此时电路中电流达到最大值，电阻两端电压与电路输入端口电压同相，且数值相同。

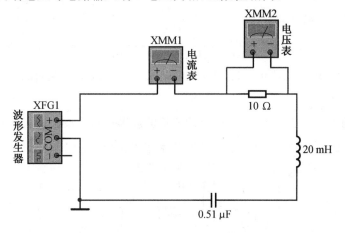

图 4.51　RLC 串联谐振电路

4.9　本章小结

（1）正弦电流 $i = I_{\mathrm{m}}\cos(\omega t + \varphi)$，其振幅 I_{m}、角频率 ω 及初相 φ 称为正弦量的三要素。

（2）周期量的有效值等于其瞬时值在一个周期内的方均根值。即周期电流 i 的有效值为 $I = \sqrt{\dfrac{1}{T}\displaystyle\int_0^T i^2 \mathrm{d}t}$ 。正弦电流的有效值与振幅的关系为 $I = I_{\mathrm{m}}/\sqrt{2}$ 。

（3）正弦电流 $i = I_{\mathrm{m}}\cos(\omega t + \varphi)$ 与振幅相量 $\dot{I}_{\mathrm{m}} = I_{\mathrm{m}}\mathrm{e}^{\mathrm{j}\varphi}$（或有效值相量 $\dot{I} = I\mathrm{e}^{\mathrm{j}\varphi}$）是一一对应的关系，即 $i = \mathrm{Re}[I_{\mathrm{m}}\mathrm{e}^{\mathrm{j}\varphi} \cdot \mathrm{e}^{\mathrm{j}\omega t}]$。正弦量的相量表示具有线性性质、微分性质与积分性质。

（4）相量形式的基尔霍夫电流定律和基尔霍夫电压定律方程分别为

$$\sum \dot{I} = 0$$

$$\sum \dot{U} = 0$$

（5）当电阻、电感和电容元件上电压、电流取关联参考方向时，其相量形式的元件方程分别为

$$\dot{U} = R\dot{I}$$

$$\dot{U} = \mathrm{j}\omega L\dot{I}$$

$$\dot{U} = \frac{1}{\mathrm{j}\omega C}\dot{I}$$

以上三式一并给出了 RLC 上正弦电压与电流的大小与相位关系：

① 在 R 上，$U = RI$，电压与电流同相；

② 在 L 上，$U = X_L I$，电压越前电流 $90°$；

③ 在 C 上，$U = X_C I$，电流越前电压 $90°$。

（6）RLC 串联电路的等效阻抗为 $Z = R + \mathrm{j}\left(\omega L - \dfrac{1}{\omega C}\right)$，阻抗的倒数称为导纳，即 $Z = \dfrac{1}{Y}$。当阻抗或导纳上的电压和电流取关联参考方向时，其相量形式的欧姆定律为

$$\dot{U} = Z\dot{I}$$

$$\dot{I} = Y\dot{U}$$

（7）正弦电流电路相量模型的各种方程与直流电路的各种方程一一对应。将直流电路方程中电阻和电导分别推广为阻抗和导纳；将恒定电压、电流推广为电压、电流相量，则成为对应正弦电流电路的相量方程。

（8）正弦电流电路中，当一端口网络的端口电压 $\dot{U} = U\angle\psi_u$、电流 $\dot{I} = I\angle\psi_i$ 为关联参考方向时，其输入的平均功率和无功功率分别为

$$P = UI\cos(\psi_u - \psi_i) = UI\cos\varphi = S\cos\varphi$$

$$Q = UI\sin(\psi_u - \psi_i) = UI\sin\varphi = S\sin\varphi$$

其中，$S = UI$ 为视在功率。

（9）对称三相电路中，若电源或负载接成星形，则线电流等于相电流，线电压有效值为相电压有效值的 $\sqrt{3}$ 倍；若电源或负载连接为三角形，则线电压等于相电压，线电流有效值为相电流有效值的 $\sqrt{3}$ 倍。

（10）计算对称星形联结的电路时，可用无阻抗的中线将各中性点连通，然后取出一相进行计算，若对称三相电路中有三角形联结的部分，则应先将其等效变换为星形联结，再取出一相计算。

（11）对称三相正弦电流电路不论接成星形或三角形，其平均功率等于线电压、线电流和功率因数三者乘积的 $\sqrt{3}$ 倍，即 $P = \sqrt{3}U_L I_L\cos\varphi$，其中 φ 是相电流滞后于相电压的相位差。

（12）在只有一个激励的正弦电流电路中，响应相量 $\dot{Y}$ 与激励相量 $\dot{X}$ 成正比，其比例系数称为网络函数，记为 $H(\mathrm{j}\omega) = \dot{Y}/\dot{X}$；网络函数的模 $|H(\mathrm{j}\omega)|$ 和辐角 $\theta(\omega)$ 随频率而变动

的规律分别称为网络的幅频特性和相频特性,总称频率特性。利用网络不同的幅频特性可实现低通、高通、带通、带阻等滤波功能。

(13)RLC 串联电路谐振时阻抗达到最小值,为 $|Z|=R$。电感电压和电容电压有效值相等、相位相反,故互相抵消,称为电压谐振。电感电压和电容电压的有效值均为端口电压有效值的 Q 倍。$Q=\omega_0 L/R=1/(\omega_0 RC)$ 为 RLC 串联电路的品质因数,$\omega_0=1/\sqrt{LC}$ 为谐振角频率;线圈与电容并联谐振时,若 $R \ll \omega L$,则谐振角频率 $\omega_0 \approx 1/\sqrt{LC}$,品质因数定义为 $Q=\omega_0 L/R$。

习　题

4.1　求图 P4.1 所示周期电压的有效值 U。

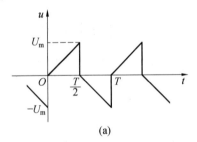
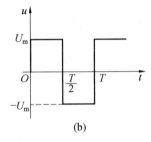

(a)　　　　　　　　　　　　(b)

图 P4.1

4.2　设图 P4.2 所示电路中 $u=10\cos(\omega t-20°)(\mathrm{V})$,$i_1=5\cos(\omega t+70°)(\mathrm{A})$,$i_2=2\cos(\omega t-110°)(\mathrm{A})$,$i_3=4\cos(\omega t-20°)(\mathrm{A})$。写出表示它们的振幅相量和有效值相量。

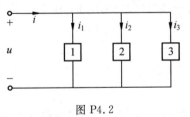

图 P4.2

4.3　根据图 P4.2 中各元件上电压与电流的相位关系判断它们是什么元件? 设角频率 $\omega=100 \mathrm{~rad/s}$,求出三个元件的参数($R$、$L$ 或 C)。

4.4　用相量法求图 P4.2 中所示电路的总电流 i。

4.5　在频率 $f=50 \mathrm{~Hz}$ 的正弦电流电路中,已知 $\dot{U}_1=(-6-\mathrm{j}8)\mathrm{~V}$,$\dot{U}_2=-10 \mathrm{~V}$,$\dot{U}_3=-\mathrm{j}10 \mathrm{~V}$,写出它们所表示的正弦电压。

4.6　图 P4.6 所示各电路中已标明电压表和电流表的读数,试求电压 $\dot{U}$ 和电流 $\dot{I}$ 的有效值。

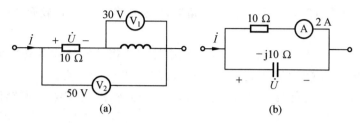

图 P4.6

4.7 设图 P4.7 所示电路中正弦电源 u_S 的角频率 ω 分别为 10^3 rad/s、10^2 rad/s 和 10 rad/s,试求此电路在这三种频率下的阻抗和串联等效电路参数(R、L 或 C)。

4.8 图 P4.8 所示电路中 $\dot{U}_S = 10\angle 0° \text{ V}$,$\dot{I}_S = 10\angle 45° \text{ mA}$。列节点电压方程求各支路电流。

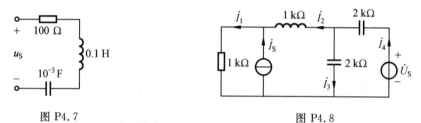

图 P4.7 图 P4.8

4.9 图 P4.9 所示为三表法测量负载等效阻抗的电路。现已知电压表、电流表、功率表读数分别为 36 V、10 A 和 288 W,各表均为理想仪表,求感性负载等效阻抗 Z。再设电路角频率为 $\omega = 314$ rad/s,求负载的等效电阻和等效电感。

4.10 已知图 P4.10 所示电路中 $U_R = U = 100$ V,$\dot{U}_R$ 滞后于 $\dot{U}$ 的相角为 $60°$,求一端口网络 N 吸收的平均功率和无功功率。

图 P4.9 图 P4.10

4.11 已知图 P4.11 所示电路中 $\dot{U}_S = 80\angle 0° \text{ V}$,$\dot{I} = 4\angle -30° \text{ A}$。求阻抗 Z 及其吸收的平均功率与无功功率。

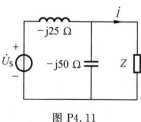

图 P4.11

4.12 一对称三相电源线电压为 U_L,对称三相负载每相阻抗为 Z。(1)将阻抗 Z 接成星形,试求线电流;(2)将阻抗 Z 接成三角形,再求线电流;(3)比较两种接法的线电流,能得出什么结论。

4.13 某对称三角形联结的负载与对称电源相连接。已知此负载每相阻抗为$(9-j6)\ \Omega$,线路阻抗为 j2 Ω,电源线电压为 380 V,试求负载的相电流。

4.14 某对称三相负载的功率因数为 $\lambda=0.866$(感性),当用星形联结接于线电压为 380 V 的对称三相电源时,其平均功率为 30 kW。试计算负载的每相等效阻抗。

4.15 某对称三相负载各相阻抗为 $Z=(6+j8)\ \Omega$,接于线电压为 380 V 的对称三相电源上,分别计算负载为星形联结和三角形联结时负载消耗的平均功率。

4.16 求图 P4.16 所示电路的网络函数 $H(j\omega)=\dot{U}_o/\dot{U}_i$。

4.17 已知图 P4.17 所示电路中电压 $U=10$ V,角频率 $\omega=5\,000$ rad/s。调节电容 C 使电流 I 达到最大,这时电流表和电压表分别显示 200 mA 和 600 V。试求 R、L、C 及品质因数 Q。

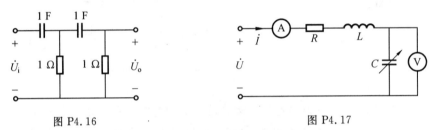

图 P4.16　　　　　　　　　　　　　图 P4.17

4.18 已知图 P4.18 所示电路处于谐振状态,$u_S=10\sqrt{2}\cos\omega t$ (V),$\omega=10^4$ rad/s。试求电流 i_1、i_2、i_L 和 i_C。

4.19 图 P4.19 所示方框内是由 C、L_1、L_2 组成的滤波电路,要求它能够阻止电流的基波通至负载,并使 5 次谐波无衰减地通至负载。设 $C=5\ \mu$F,基波角频率 $\omega=10^3$ rad/s,求电感 L_1 和 L_2。

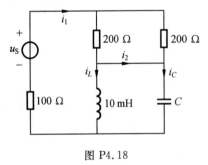

图 P4.18

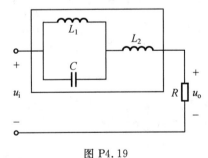

图 P4.19

第5章　集成运算放大器及其基本应用

本书前述内容介绍的电路都属于分立元件电路,分立元件电路是指由一个个单独的电阻、电容及电感等元器件连接组成的电路。如果电路或系统较为复杂,则分立元件电路的元器件数目、体积、质量和功耗都将增大,可靠性也较低。电子技术发展的一个重要趋势和方向就是实现系统的集成化。本章讨论的运算放大器就是一种集成电路(integrated circuit,IC)。集成电路是通过氧化、光刻、扩散、外延等半导体制造工艺,把一定数量的电阻、电容、晶体管等常用电子元器件及连接导线制作在一小块半导体硅片上,并封装在管壳内,构成具有特定功能的电路器件,其优点是成本低、体积小、质量轻、功耗低、可靠性高。

1964 年,美国仙童半导体公司研制出第一个单片集成运算放大器。早期的运算放大器主要用来完成对模拟信号的加法、减法、积分、微分、对数、指数等数学运算,故此得名,并简称运放。现如今,其应用范围已远远超出数学运算的范围,且在信号检测、信号处理、控制及通信等领域得到越来越广泛的应用,是线性集成电路中品种和数量最多的一类。本章内容并不涉及运算放大器的内部电路结构与工作原理,而是将运算放大器抽象为一个多端元件,主要讨论其端口外特性,关注运算放大器在电路中的主要作用及基本应用电路。

5.1　放大电路的概念和主要性能指标

5.1.1　放大电路的概念

放大电路是一种能够将输入的微弱电信号放大到满足应用要求的电路。为了描述放大电路,可以将其抽象为一个双端口网络,其中左侧是输入端口,右侧是输出端口。如图5.1所示。作为模拟电路的基本单元,放大电路的作用是用一个较小的输入变化量来控制一个较大的输出变化量,实现能量的控制。由于输入信号很微弱,能量也很小,无法直接驱动负载工作,因此需要外接直流电源作为能源。

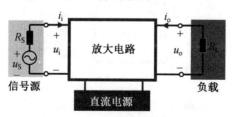

图 5.1　放大电路应用示意图

放大电路的本质是一个能量转换器,它通过输入的微弱信号来控制直流电源的能量输出的变化。负载上获得的信号变化规律是由输入信号决定的,而负载上获得的较大能量是由直流电源提供的。根据功率放大的方式和作用的不同,放大电路可以分为电压放大电路、电流放大电路及功率放大电路。本书将在第 7 章详细介绍晶体管基本放大电路的结构和工作原理。集成运算放大器是一种以晶体管为核心器件的具有高电压放大倍数的多级放大电路。

5.1.2   放大电路的主要性能指标

放大电路的性能指标是衡量其性能优劣的标准,主要包括放大倍数(增益)、输入电阻、输出电阻和通频带等。

1. 放大倍数(增益)

放大倍数越大,表示放大电路的放大能力越强。放大电路的增益包括电压增益(输出电压与输入电压之比)、电流增益(输出电流与输入电流之比)、互阻增益(输出电压与输入电流之比)、互导增益(输出电流与输入电压之比)和功率增益(输出功率与输入功率之比)。对于集成运算放大器,主要关注其电压增益,也称电压放大倍数。当输入信号为正弦交流信号时,输出电压与输入电压的相量之比即为电压放大倍数:

$$\dot{A}_u = \frac{\dot{U}_o}{\dot{U}_i} \tag{5.1}$$

若只考虑大小关系,则

$$A_u = \frac{U_o}{U_i} \tag{5.2}$$

2. 输入电阻 R_i

从放大电路的输入端口向负载方向看,它是一个无源一端口电路,该无源一端口可等效为一个电阻 R_i,称为放大电路的输入电阻,如图 5.2 所示。输入电阻是描述放大电路从信号源获取电信号大小的参数。R_i 越大,放大电路得到的输入电压 u_i 就越接近信号源的电压 u_S;反之 R_i 越小,信号源内阻 R_S 分压就相对较大,而放大电路得到的输入电压 u_i 就相对较小。所以,为了减少信号损失,一般希望放大电路的输入电阻 R_i 越大越好。当输入信号为正弦交流信号时,输入电阻 R_i 等于输入电压 u_i 与输入电流 i_i 的相量之比,即

$$R_i = \frac{\dot{U}_i}{\dot{I}_i} \tag{5.3}$$

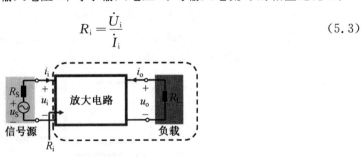

图 5.2   放大电路的输入电阻

3. 输出电阻 R_o

从放大电路的输出端口向信号源方向看是一个线性含源一端口电路,根据等效电源

定理,该线性含源一端口可等效为一个电源电路,如图 5.3 所示,连接负载 R_L 的电路等效为一个戴维南电路。放大电路的输出电阻 R_o 就是戴维南电路中串联的等效电阻 R_o。计算 R_o 时,需先将负载 R_L 断开,将含源一端口内的独立源置零($\dot{U}_S=0$)而得到无源一端口,在输出端口外加电压 $\dot{U}_o$,此时输出电流为 $\dot{I}_o$,则等效电阻可按下式计算:

$$R_o = \frac{\dot{U}_o}{\dot{I}_o}\bigg|_{R_L=\infty}^{\dot{U}_S=0} \tag{5.4}$$

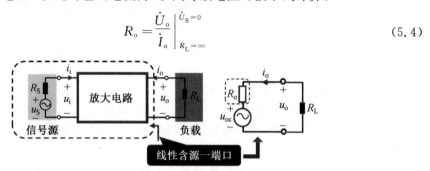

图 5.3   放大电路的输出电阻

输出电阻 R_o 是衡量一个放大电路带负载能力的指标。R_o 越小,负载变化时输出电压的变化越小。因此,为增加放大电路的带负载能力,其输出电阻 R_o 一般越小越好。

4. 频率响应(通频带)

通频带用于衡量放大电路对不同频率信号的放大能力。通常放大电路的输入信号不是单一频率的正弦信号,而是包含各种不同频率的正弦分量。输入信号所包含的各种正弦分量的频率范围称为输入信号的频带。在输入信号的低频段和高频段,放大电路中存在的电抗元件或者晶体管内的电容效应会使得放大倍数下降,而且还会产生相移,如图 5.4 所示。由图可见,一般放大电路在某一段频率范围内,放大倍数基本保持一致而不随频率变化,$A=A_m$,而在低频段和高频段,放大倍数会减小,即放大倍数是频率的函数 $A(f)$。当 $A(f)$ 下降到中频放大倍数 A_m 的 $1/\sqrt{2}$ 时所对应的频率,称为截止频率。

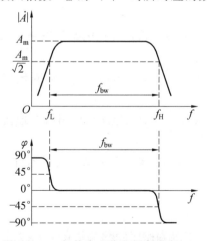

图 5.4   一般放大电路的频率响应

图 5.4 中,f_L 为下限截止频率,f_H 为上限截止频率,这两个频率之间的频率范围 $f_{bw}=f_H-f_L$ 称为通频带。通频带越宽,表明放大电路能够适应的信号频率范围越宽。

5. 非线性失真系数

放大电路的输出波形不能完全正确反映输入信号的变化,称为输出波形失真。放大电路的核心器件晶体管具有非线性特性,使得电路的线性放大范围有一定的限度。可以引入非线性失真系数来衡量放大电路的非线性失真程度。放大电路在正弦输入信号的作用下,输出电压信号的谐波成分总量与基波分量之比[①],即为非线性失真系数,其表达式为

$$\text{THD} = \frac{\sqrt{U_2^2 + U_3^2 + U_4^2 + \cdots}}{U_1} \times 100\% \tag{5.5}$$

式中　U_1—— 基波分量的电压有效值;

$U_2, U_3, U_4, \cdots$—— 各次谐波分量的电压有效值。

利用失真度测试仪或谐波分析仪可以测量非线性失真系数。

6. 最大不失真输出幅度

放大电路的最大不失真输出幅度是指非线性失真系数不超过额定值时的输出信号最大值,一般用 U_{omax} 或 I_{omax} 表示。

5.2　运算放大器

5.2.1　实际运算放大器示例

集成运放的产品种类和型号非常多,根据性能要求一般分为通用型与专用型。通用型集成运放的直流特性较好,性能上能够满足许多领域应用的需要,价格也便宜;专用型集成运放包括低功耗型、高速型、宽频带型、高输入阻抗型、高精度型、高压大功率型及可编程控制型等。图 5.5 所示为一款典型的通用型运算放大器 OP07,其采用双列直插封装形式,共有 8 个管脚,图 5.6 所示为该运放的管脚外部接线图,各管脚序号、名称及功能描述如下。

(1)管脚 1、管脚 8 为调零端。通过外接电路可进一步减小失调电压[②],使得当输入电压为零时输出电压也为零。

(2)管脚 2 为反相输入端。当输入电压由此引脚对地接入时,输出电压与输入电压极性相反。

(3)管脚 3 为同相输入端。当输入电压由此引脚对地接入时,输出电压与输入电压极性相同。

(4)管脚 4 为负电源接入端。集成运放属于有源器件,内部含有晶体管,需外接电压源才能工作。

---

① 按照傅里叶级数展开式,周期性非正弦交流信号可以表示为一系列频率成倍数关系的正弦分量的线性叠加。其中,基波是最低频率分量,谐波是基波频率整数倍的各次分量,通常称为高次谐波。

② 失调电压是指运放开环使用时,加载在两个输入端之间的直流电压,使得放大器直流输出电压为零。

（5）管脚 5 为未用的空管脚（NC）。

（6）管脚 6 为电压输出端。

（7）管脚 7 为正电源接入端。

 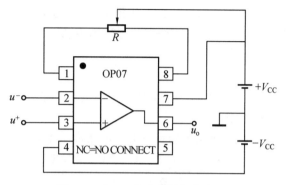

图 5.5　运算放大器 OP07　　　　图 5.6　OP07 的管脚外部接线图

5.2.2　电压传输特性

图 5.6 中，u^+、u^- 分别表示同相输入端和反相输入端的节点电压，则输入端口电压即差分输入电压（differential input voltage）为 $u_d = u^+ - u^-$。在输出端开路的情况下，输出电压 u_o 与差分输入电压 u_d 的关系可以用图 5.7 所示的电压传输特性曲线来表示。集成运放的传输特性可分为放大区（线性区）和饱和区（非线性区）两部分。在线性区内，输出电压 u_o 和差分输入电压 u_d 呈线性放大关系，传输特性曲线为过原点的一条直线；在非线性区，受电源电压的限制，输出 u_o 不再线性放大，而是呈现饱和特性。正负饱和区的输出电压 u_o 分别达到极值 $+U_{OM}$ 和 $-U_{OM}$，该极值一般略低于正、负电源的电压值。

本章主要讨论运放在线性区工作时的功能、分析方法和基本应用电路。运放工作在线性区内的电路模型如图 5.8 所示。该电路模型包含的 3 个元件，分别表示运放的 3 个重要性能指标。

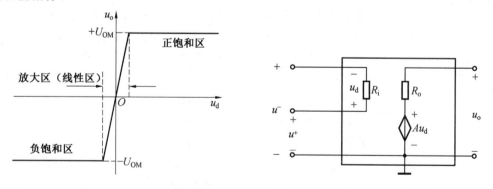

图 5.7　运放的电压传输特性曲线　　　图 5.8　运放工作在线性区内的电路模型

模型中含有一个受控源，具体类型为电压控制电压源（voltage control voltage source，VCVS），用以表示输出端口与输入端口之间存在的耦合关系。当输出端口开路时，输出电压 u_o 等于受控电压源的输出电压 Au_d，即

$$u_o = Au_d$$

$$(5.6)$$

式中　A—— 运放的开环电压放大倍数,也称为开环增益,其大小即为电压传输特性曲线在线性区内直线的斜率。

由于运放的实际开环增益可达到$10^5 \sim 10^8$,因此运放在线性区的直线斜率非常大,几乎与纵轴重合。线性区非常窄,表示运放工作在开环状态下,一个微小的输入差模电压信号u_d就会使得输出电压u_o达到饱和。

模型中的R_i为运放的输入电阻。一般实际运放的输入电阻都设计得非常大,可达到$10^6 \sim 10^{13}$ Ω。

模型中的R_o为运放的输出电阻。为了提高运放的带负载能力,实际运放的输出电阻都设计得比较小。

表5.1列出了运算放大器电路模型中参数的典型取值范围。

表 5.1　运算放大器电路模型中参数的典型取值范围

参数名称、符号	典型值	理想化值
开环电压增益 A	$10^5 \sim 10^8$	∞
输入电阻 R_i	$10^6 \sim 10^{13}$ Ω	∞
输出电阻 R_o	$10 \sim 100$ Ω	0

5.2.3　理想运放及端口特性

为了便于分析计算,通常根据运放实际参数的特点,将运放的性能指标进行理想化处理:开环电压增益A理想化为∞;输入电阻R_i理想化为∞;输出电阻R_o理想化为0。理想化的依据是在一定工程误差范围内,可以用理想化参数计算得到的结果代替用实际参数计算的结果。这样可以大大简化含有集成运放的应用电路的分析。因此若无特别说明,后续内容涉及的集成运放在线性区工作时均按理想运放处理。

当仅分析电路的工作原理时,实际运放的电源及调零端与运放的输入输出特性无关,故都可以略去。理想运放的电路符号如图 5.9 所示。运放的公共端往往确定为接地端—— 电位为零。实际电子线路中的接地端常常取多条支路的汇合点、仪器的底座或机壳等,输入电压、输出电压都以之为参考点。有时电路中并不画出公共端(接地端),但在电路分析时要注意它始终存在。

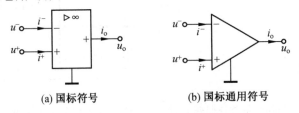

(a) 国标符号　　　　　　　(b) 国标通用符号

图 5.9　理想运放的电路符号

在上述理想条件下,可以得到理想运放的端口特性。

首先,输入电阻R_i为无穷大,就表示两输入端电流i^+与i^-为 0,类似于断路,即

$$i^+ = i^- = 0 \tag{5.7}$$

但运放的输入端并不是真正的断路,只是在电路分析时不用考虑电流 i^+ 与 i^- 的大小。因此,式(5.7)表示的端口特性称为"虚断"。

再有,开环增益 A 理想化为无穷大,而运放工作在线性区时的输出电压 u_o 是有限的 $(-U_\text{OM} \leqslant u_\text{o} \leqslant +U_\text{OM})$。所以输入电压 $u_\text{d} = u^+ - u^- = 0$,运放的两输入端类似于短路,即

$$u^+ = u^- \tag{5.8}$$

但实际运放工作在线性区时,两个输入端并不是真正的短路,只是同相输入端与反相输入端的电位非常接近,或者差模输入电压 u_d 无限小。因此,式(5.8)表示的端口特性称之为"虚短"。

运放工作在线性区时,在理想化参数条件下,抽象成为一种 4 端元件,4 个端子分别为同相输入端,反相输入端,输出端及公共端(接地端)。若两个输入端和一个输出端分别与公共端构成一个端口,则该 4 端口元件也可视为 3 端口元件。3 个端口共有 6 个变量(u^+、i^+、u^-、i^-、u_o、i_o),式(5.7)与式(5.8)表示端口变量之间的约束关系,也就是该元件的端口特性方程。输出端口的 u_o、i_o 没有出现在特性方程中,表示不受本元件约束,而是取决于运放之外的电路。

5.2.4　含理想运放电路的分析

对于简单的含有理想运放的电路,可直接列写 KCL 方程,当电路结构比较复杂时,适合应用节点电压法列写联立方程组。列方程时要注意利用运放输入端"虚短"和"虚断"的端口特性。

【例 5.1】　分析图 5.10 所示电路输出电压 u_o 与输入电压 u_i 的关系。

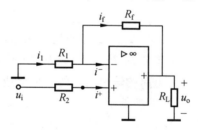

图 5.10　例 5.1 电路

解　图 5.10 所示电路结构简单,可直接列写 KCL 方程。
由"虚断"特性可得

$$i^+ = i^- = 0$$

对反相输入端节点列 KCL 方程,可得

$$i_1 = i_\text{f}, \quad i_1 = \frac{0 - u^-}{R_1}, \quad i_\text{f} = \frac{u^- - u_\text{o}}{R_\text{f}}$$

对同相输入端,R_2 没有压降,因此

$$u^+ = u_\text{i}$$

由"虚短"特性可得

$$u^+ = u^- = u_\text{i}$$

因此

$$\frac{0 - u_i}{R_1} = \frac{u_i - u_o}{R_f}$$

整理可得

$$u_o = \left(1 + \frac{R_f}{R_1}\right) u_i$$

由结果可知,输出电压 u_o 与输入电压 u_i 成正比,且极性相同,该电路称为同相放大器。同相放大器的电压增益 $1 + R_f/R_1$ 只与外接电阻 R_1 和 R_f 有关,而与集成运放自身的性能指标无关,因此可实现高精度和高稳定性的增益值。设 $R_1 = 1\ \text{k}\Omega$, $R_f = 9\ \text{k}\Omega$,则 $u_o = 10u_i$,则该电路将输入信号放大了 10 倍。这是一个典型的负反馈电路,R_f 跨接在反相输入端与输出端之间,即当同相输入端电压变化时,放大的输出信号通过 R_f 反馈回反相输入端,使得反相输入端电位紧紧跟随同相输入端电位的变化,保证运放的差分输入电压无限小,使得运放稳定地工作在线性区。5.3 节将介绍负反馈的相关内容。

5.3 负反馈

5.3.1 负反馈的概念及作用

1. 负反馈的概念

反馈是控制理论的基本概念,它通过将系统的输出返回到输入端并以某种方式改变输入,进而影响系统功能的过程。根据反馈对输出产生的影响性质,可以将其分为正反馈和负反馈。正反馈增强系统的输出,而负反馈减弱系统的输出。在电子电路中,反馈是改善放大电路性能的一种重要手段。事实上,几乎没有不采用反馈的电子电路。此外,反馈理论已经从电子技术领域扩展到工业、经济、社会管理等各个领域。

放大电路的反馈就是将放大电路的输出信号的一部分或者全部通过一定的方式引回输入端的过程。为了便于讨论,将一般的反馈放大电路抽象成图 5.11 所示的框图,其中基本放大电路 A 与反馈电路 F 构成一个闭合环路,常称为闭环。框图中的 x_i 表示输入信号,既可以表示电压信号,也可以表示电流信号,信号传递方向如图 5.11 中箭头所示。规定信号的传输方向从输入端到输出端为正向传输,传输方向从输出端到输入端为反向传输。基本放大电路 A 主要是放大净输入信号 x_d,获得输出信号 x_o。反馈电路 F 主要是将放大电路输出信号 x_o 的一部分或全部通过一定的方式引回输入端。净输入信号 x_d 取决于输入信号 x_i 和反馈信号 x_f 的比较(叠加)结果。如果引回的反馈信号 x_f 使净输入信号 x_d 减小,则称为负反馈;反之称为正反馈。集成运放引入负反馈才能工作在线性区,本节主要讨论负反馈。

基本放大电路 A 的放大倍数(即开环放大倍数) 为

$$\dot{A} = \frac{\dot{X}_o}{\dot{X}_d} \tag{5.9}$$

反馈电路 F 的反馈系数为

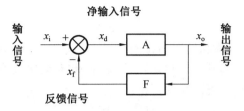

图 5.11　有反馈放大电路的框图

$$\dot{F} = \frac{\dot{X}_f}{\dot{X}_o} \tag{5.10}$$

在引入负反馈的情况下,净输入信号为

$$\dot{X}_d = \dot{X}_i - \dot{X}_f \tag{5.11}$$

负反馈放大电路的放大倍数(即闭环放大倍数或广义放大倍数)为

$$\dot{A}_f = \frac{\dot{X}_o}{\dot{X}_i} = \frac{\dot{A}\dot{X}_d}{\dot{X}_d + \dot{X}_f} = \frac{\dot{A}\dot{X}_d}{\dot{X}_d + \dot{F}\dot{X}_o} = \frac{\dot{A}\dot{X}_d}{\dot{X}_d + \dot{F}\dot{A}\dot{X}_d} = \frac{\dot{A}}{1 + \dot{A}\dot{F}} \tag{5.12}$$

式(5.12)为负反馈基本方程式,其中 $\dot{A}\dot{F}$ 称为环路增益,也就是环路中基本放大电路的增益和反馈电路反馈系数的乘积。

2. 负反馈的作用

(1) 降低放大倍数。

负反馈使得净输入信号减小,即 $\dot{X}_d < \dot{X}_i$,降低了放大倍数($|\dot{A}_f| < |\dot{A}|$),因此 $|1 + \dot{A}\dot{F}| > 1$。$|1 + \dot{A}\dot{F}|$ 称为反馈深度,它反映了负反馈对放大电路的影响程度,其值越大,负反馈作用越强,$|\dot{A}_f|$ 也就越小。如果 $|1 + \dot{A}\dot{F}| \gg 1$,则称为深度负反馈,式(5.12)可以简化为

$$\dot{A}_f = \frac{\dot{A}}{1 + \dot{A}\dot{F}} \approx \frac{\dot{A}}{\dot{A}\dot{F}} = \frac{1}{\dot{F}} \tag{5.13}$$

式(5.13)说明,在深度负反馈条件下电路的闭环放大倍数 $\dot{A}_f$ 近似等于反馈系数 $\dot{F}$ 的倒数,而几乎与开环放大倍数 $\dot{A}$ 无关,即仅取决于反馈电路的元件参数。反馈电路的元件参数均为非半导体器件,温度稳定性优于半导体器件。因此,在深度负反馈情况下,闭环放大倍数是非常稳定的。例 5.1 分析的同相放大器就是深度负反馈放大电路,其闭环放大倍数仅取决于外接电阻 R_1 和 R_f,而与运算放大器的开环放大倍数 A 无关。

引入负反馈后,虽然放大倍数降低了,但在很多方面改善了放大电路的工作性能。

(2) 提高增益的稳定性。

在负反馈放大电路中,环境温度的变化、元器件参数的变化、电源电压的波动、负载变化等因素的影响,会使输出信号的大小发生波动(即引起增益的变化),而输出信号的这种变化将通过反馈电路引回到放大电路的输入端,使得净输入信号发生相反方向的变化,从而抑制输出信号的波动,提高增益的稳定性。负反馈基本方程式表示了有、无反馈时的增益关系,即

$$A_f = \frac{A}{1+AF} \tag{5.14}$$

增益的稳定性常用有、无反馈时增益的相对变化量来衡量。根据式(5.14),开环、闭环增益的相对变化量分别用 dA/A 和 dA_f/A_f 表示,相对变化量越小,表示稳定性越好。

将式(5.14)对 A 求导,可以得到

$$\frac{dA_f}{dA} = \frac{(1+AF)-AF}{(1+AF)^2} = \frac{1}{(1+AF)^2} \tag{5.15a}$$

式(5.15a)右边分子分母同乘 A,可得

$$\frac{dA_f}{dA} = \frac{A}{A} \frac{1}{(1+AF)^2} = \frac{A_f}{A} \frac{1}{1+AF}$$

所以

$$\frac{dA_f}{A_f} = \frac{1}{1+AF} \frac{dA}{A} \tag{5.15b}$$

式(5.15b)说明,闭环增益的相对变化量 dA_f/A_f 是开环增益的相对变化量 dA/A 的 $1/(1+AF)$ 倍,即引入负反馈后提高了增益的稳定性。

(3) 抑制非线性失真和环内噪声。

理想的放大电路,输出信号与输入信号应该完全呈线性关系。但是,构成放大电路的非线性器件会使放大电路的输出信号产生非线性失真。放大电路引入负反馈后,非线性失真能够得到明显改善,如图 5.12 所示。

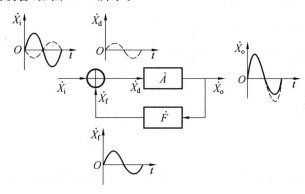

图 5.12　负反馈对非线性失真的影响

设输入信号 $\dot{X}_i$ 为正弦波信号,放大电路存在的非线性器件使输出信号 $\dot{X}_o$ 产生了正半周大、负半周小的非线性失真。当放大电路引入负反馈后,由于反馈系数 F 为常数,反馈信号 $\dot{X}_f$ 与输出信号 $\dot{X}_o$ 成正比,因此反馈信号 $\dot{X}_f$ 也存在正半周大、负半周小的失真波形。输入信号 $\dot{X}_i$ 与反馈信号 $\dot{X}_f$ 相减后,使得净输入信号 $\dot{X}_d$ 的波形相反,成为正半周较小、负半周较大的失真波形。放大电路的非线性校正,使得输出信号 $\dot{X}_o$ 为正负半周基本对称的正弦波,改善了非线性失真。

引入负反馈可以抑制反馈环内的非线性失真,也可以抑制反馈环内的噪声、干扰和温度漂移,两者的原理完全相同。但引入负反馈无法抑制反馈环外的噪声、干扰和温度漂移。

（4）展宽通频带。

通频带是放大电路的主要技术指标之一，某些放大电路要求有较宽的通频带。引入负反馈是展宽通频带的有效措施之一。由于集成运放的多级放大电路之间采用直接耦合（详见本书 7.4 节），没有耦合电容，故其低频特性良好，放大倍数基本是常数。但是在输入信号的高频段，放大电路内部电抗元件的作用及晶体管内部电容效应的影响，会使得放大倍数下降。假设无反馈的放大电路在高频段的放大倍数的表达式为

$$\dot{A} = \frac{\dot{A}_m}{1 + j\dfrac{f}{f_H}} \tag{5.16}$$

式中　A_m—— 无反馈放大电路的中频放大倍数；

　　　f_H—— 上限截止频率。

设引入负反馈后反馈网络的反馈系数为 $\dot{F}$，则高频段的放大倍数的表达式为

$$\dot{A}_f = \frac{\dot{A}}{1 + \dot{A}\dot{F}} = \frac{\dfrac{\dot{A}_m}{1 + j\dfrac{f}{f_H}}}{1 + \dfrac{\dot{A}_m}{1 + j\dfrac{f}{f_H}}\dot{F}} = \frac{\dot{A}_m}{1 + \dot{A}_m\dot{F} + j\dfrac{f}{f_H}} = \frac{\dfrac{\dot{A}_m}{1 + \dot{A}_m\dot{F}}}{1 + j\dfrac{f}{(1 + \dot{A}_m\dot{F})f_H}}$$

$$= \frac{\dot{A}_{mf}}{1 + j\dfrac{f}{(1 + \dot{A}_m\dot{F})f_H}} = \frac{\dot{A}_{mf}}{1 + j\dfrac{f}{f_{Hf}}} \tag{5.17}$$

式中　$\dot{A}_{mf}$—— 反馈放大电路的中频放大倍数；

　　　f_{Hf}—— 反馈放大电路的上限截止频率。

式（5.17）中的上限截止频率为

$$f_{Hf} = (1 + \dot{A}_m\dot{F})f_H \tag{5.18}$$

由此可见，引入负反馈后，放大电路的上限截止频率增大到原来的 $1 + \dot{A}_m\dot{F}$ 倍，展宽了放大电路的通频带。

综上，放大电路引入负反馈虽然降低了放大倍数，但能够提高增益的稳定性，抑制反馈环内的非线性失真和噪声，并且能够展宽通频带。另外，5.3.2 节将介绍不同类型的负反馈还可以稳定输出电压或输出电流，并改变放大电路的输入电阻和输出电阻。

5.3.2　负反馈类型及判断

根据不同的应用场合，为达到不同的目的，可采用不同类型的负反馈。

如果反馈信号中只含有直流成分，则称为直流负反馈；如果负反馈信号中只含有交流成分，则称为交流负反馈；如果负反馈信号中同时含有交直流信号，则称为交直流负反馈。

根据反馈电路在输出端采样信号的不同，可分为电压负反馈和电流负反馈。如果反馈信号取自输出电压，则称为电压负反馈；如果反馈信号取自输出电流，则称为电流负

反馈。

根据反馈信号与输入信号在输入端连接方式的不同或比较形式的不同,负反馈可分为串联负反馈和并联负反馈。如果反馈信号与输入信号串联,或两者以电压形式比较,则称为串联负反馈;如果反馈信号与输入信号并联,或两者以电流形式比较,则称为并联负反馈。

综上所述,放大电路中的负反馈可以归纳为四种类型:电压串联负反馈、电压并联负反馈、电流串联负反馈、电流并联负反馈。

1. 电压串联负反馈

(1) 典型的电压串联负反馈放大电路如图 5.13 所示,电阻 R_f 连接在输出端与反相输入端之间。根据"虚断"特性,$i^- = 0$,R_f 与 R_1 相当于串联构成反馈环节,输出电压 u_o 中 R_1 的分压即为反馈电压 $u_f = [R_1/(R_1 + R_f)]u_o$。

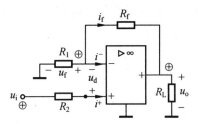

图 5.13　典型的电压串联负反馈放大电路

(2) 利用瞬时极性法判断该电路是否为负反馈放大电路。所谓瞬时极性法,首先假设输入信号的瞬时极性,按信号传输方向依次判断放大电路中各相关点信号的瞬时极性,从而得到输出信号的瞬时极性;再根据输出信号的瞬时极性判断反馈信号的瞬时极性。如果反馈信号的瞬时极性使得净输入信号减小,则电路引入了负反馈,反之电路引入了正反馈。设输入信号 u_i 在某一瞬时的极性为正(图中以 ⊕ 标出),由于输入信号 u_i 加在同相输入端,可得输出电压 u_o 极性为正,因此反馈电压 u_f 极性也为正。由于 $i^+ = 0$,R_2 没有压降,$u^+ = u_i$,并且 $u^- = u_f$,因此引入反馈后,净输入电压 $u_d = u^+ - u^- = u_i - u_f$ 减小,故该电路为负反馈放大电路。

(3) 从图 5.13 所示电路的输入端结构可以判断出该电路属于串联负反馈放大电路。输入信号加在运放的同相输入端,而反馈信号加在运放的反相输入端,二者以电压形式比较,并且使得净输入电压减小,因而该电路为串联负反馈放大电路。

引入串联负反馈能够增大放大电路的输入电阻。图 5.14(a) 所示无反馈时放大电路的输入电阻 R_i 为

$$R_i = \frac{\dot{U}_i}{\dot{I}_i} = \frac{\dot{U}_d}{\dot{I}_i} \tag{5.19}$$

图 5.14(b) 所示引入串联负反馈后放大电路的输入电阻 R_{if} 为

$$R_{if} = \frac{\dot{U}_i}{\dot{I}_i} = \frac{\dot{U}_d + \dot{U}_f}{\dot{I}_i} = \frac{\dot{U}_d + \dot{A}\dot{F}\dot{U}_d}{\dot{I}_i} = \frac{1 + \dot{A}\dot{F}}{\dot{I}_i}\dot{U}_d = (1 + \dot{A}\dot{F})R_i \tag{5.20}$$

式(5.20)表明,凡是串联负反馈,均将使输入电阻增大为无反馈时的 $1 + \dot{A}\dot{F}$ 倍。

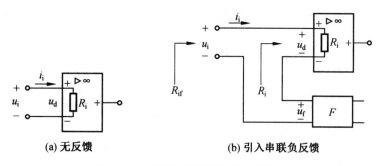

(a) 无反馈　　　　　(b) 引入串联负反馈

图 5.14　串联负反馈使输入电阻增大

（4）通过"输出短路法"能够判断出反馈电压是否取自输出电压。将图 5.13 所示电路的输出端（或负载）短路，即令 $u_o=0$，可以得到反馈电压 u_f 也为 0，说明反馈电压 u_f 是输出电压 u_o 的一部分。由于反馈电压 u_f 取自输出电压 u_o，因此该电路引入的是电压负反馈。

引入电压负反馈可以稳定输出电压。假定因负载 R_L 的变化使得输出电压 u_o 减小，通过反馈线路，反馈电压 u_f 也随之减小，因而净输入电压 u_d 增大，输出电压 u_o 随之增大，使得输出电压 u_o 稳定。由于电压负反馈具有稳定输出电压的作用，即有恒压输出特性，因此就相当于减小了输出电阻 R_o。如图 5.3 所示的放大电路，其输出端可以等效成一个电压源电路，电压源内阻就是放大电路的输出电阻。对于电压负反馈电路，无论负载电阻如何变化，输出电压都基本保持不变，说明电压源的内阻较小，带负载能力较强。所以，放大电路引入电压负反馈后，减小了输出电阻。

2. 电压并联负反馈

（1）图 5.15 所示为典型的电压并联负反馈放大电路，电阻 R_f 连接在输出端与反相输入端之间。根据"虚断"特性，$i^+=0$，R_2 无压降，因而 $u^+=0$。根据"虚短"特性，$u^+=u^-=0$。因此，反馈支路电流 $i_f=-u_o/R_f$。

（2）利用瞬时极性法判断该电路是否为负反馈放大电路。假设输入电压 u_i 瞬时极性为正，由于输入电压 u_i 通过 R_1 加到反相输入端，因此输出电压 u_o 瞬时极性为负。反馈支路电流 i_f 将增大，而净输入电流 $i_d=i_1-i_f$ 将变小，说明该电路引入反馈后使得净输入电流变小，所以是负反馈放大电路。

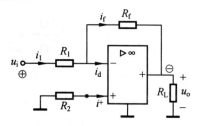

图 5.15　典型的电压并联负反馈放大电路

（3）从图 5.15 所示电路的输入端结构可以判断出该电路属于并联负反馈放大电路。反馈信号与输入信号都加在运放的反相输入端，二者以电流形式比较，并且使得净输入电流减小，因而该电路为并联负反馈放大电路。

引入并联负反馈能够减小放大电路的输入电阻。图 5.16(a) 所示无反馈时放大电路的输入电阻 R_i 为

$$R_i = \frac{\dot{U}_i}{\dot{I}_i} = \frac{\dot{U}_i}{\dot{I}_d} \tag{5.21}$$

图 5.16(b) 所示引入并联负反馈后放大电路的输入电阻 R_{if} 为

$$R_{if} = \frac{\dot{U}_i}{\dot{I}_i} = \frac{\dot{U}_i}{\dot{I}_d + \dot{I}_f} = \frac{\dot{U}_i}{\dot{I}_d + \dot{A}\dot{F}\dot{I}_d} = \frac{\dot{U}_i}{(1 + \dot{A}\dot{F})\dot{I}_d} = \frac{1}{1 + \dot{A}\dot{F}}R_i \tag{5.22}$$

式(5.22) 表明,凡是并联负反馈,均将使输入电阻减小为无反馈时的 $1/(1 + \dot{A}\dot{F})$。

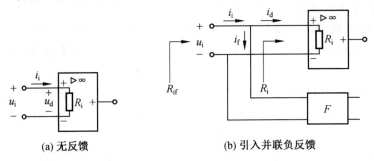

(a) 无反馈   (b) 引入并联负反馈

图 5.16 并联负反馈使输入电阻减小

(4) 通过"输出短路法"能够判断出反馈电流是否取自输出电压。将图 5.15 所示电路的输出端(或负载)短路,即令 $u_o = 0$,则电阻 R_f 两端电位都为 0,因此反馈电流 i_f 也为 0,说明反馈电流 i_f 取自输出电压 u_o。由于反馈电流 $i_f = -u_o/R_f$ 取自输出电压 u_o,因此该电路为电压负反馈。放大电路引入电压负反馈,一方面可以稳定输出电压,另一方面可以减小输出电阻。

3. 电流串联负反馈

(1) 图 5.17 所示为典型的电流串联负反馈放大电路。反馈电阻 R_f 的电压将引回反相输入端,根据"虚断"特性,反相输入端电流为 0,所以 $u_f = i_o R_f$。

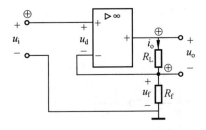

图 5.17 典型的电流串联负反馈放大电路

(2) 利用瞬时极性法判断该电路是否为负反馈放大电路。设输入电压 u_i 瞬时极性为正,则输出电压 u_o 瞬时极性为正,使输出电流 i_o 增加,则反馈电压 u_f 瞬时极性也为正。净输入电压 $u_d = u_i - u_f$ 将减小,所以是负反馈放大电路。

(3) 从图 5.17 所示电路的输入端结构可以判断出该电路属于串联负反馈放大电路。输入信号 u_i 加在运放的同相输入端,而反馈信号 u_f 加在运放的反相输入端,二者以电压

形式比较,因而该电路为串联负反馈放大电路。由前述内容可知,串联负反馈将增大放大电路的输入电阻。

(4) 通过"输出短路法"能够判断出反馈电压是否取自输出电流。将图 5.17 所示电路的输出端(或负载)短路,即令 $u_o = 0$,可以得到反馈电压 u_f 并不为 0。由于反馈电压 $u_f = i_o R_f$ 是取自输出电流 i_o,因此该电路引入的是电流负反馈。

引入电流负反馈可以稳定输出电流。假定因负载 R_L 的变化使得输出电流 i_o 减小,则反馈电压 $u_f = i_o R_f$ 也随之减小,而净输入电压 u_d 增大,输出电压 u_o 随之增大,输出电流 i_o 也随之增大,使得输出电流 i_o 稳定。由于电流负反馈具有稳定输出电流的作用,即有恒流输出特性,因此就相当于增大了输出电阻 R_o。因为放大电路的输出端可以等效成一个电流源电路,电流源内阻就是放大电路的输出电阻。对于电流负反馈电路,无论负载电阻如何变化,输出电流都基本保持不变,说明输出端等效的电流源的内阻很大,带负载能力较强。所以,放大电路引入电流负反馈后,增大了输出电阻。

4. 电流并联负反馈

(1) 图 5.18 所示为典型的电流并联负反馈放大电路,电阻 R_f 与 R_1 构成反馈环节。根据"虚断"特性,同相输入端电流为 0,R_2 无压降,因而 $u^+ = 0$。根据"虚短"特性,$u^- = u^+ = 0$。因此,R_f 与 R_3 相当于并联,反馈电阻 R_f 从输出电流 i_o 分得的反馈电流 $i_f = -R_3/(R_3 + R_f) i_o$。

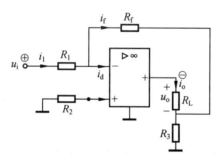

图 5.18 典型的电流并联负反馈放大电路

(2) 根据瞬时极性法,设输入电压 u_i 瞬时极性为正,由于输入电压 u_i 加在反相输入端,因此输出电压 u_o 瞬时极性为负,输出电流 i_o 瞬时流向与参考方向相反,反馈电流 i_f 瞬时流向与参考方向相同,净输入电流 $i_d = i_i - i_f$ 将减小,所以是负反馈放大电路。

(3) 从图 5.18 所示电路的输入端结构可以判断出该电路为并联负反馈放大电路,反馈信号与输入信号都加在运放的反相输入端,二者以电流形式比较,并且使得净输入电流减小。引入并联负反馈能够减小放大电路的输入电阻。

(4) 通过"输出短路法"能够判断出反馈电流是否取自输出电流。将图 5.18 所示电路的输出端(或负载)短路,即令 $u_o = 0$,可以得到反馈电流 i_f 并不为 0。即反馈电流 $i_f = -R_3/(R_3 + R_f) i_o$ 取自输出电流,因而该电路引入的是电流负反馈。放大电路引入电流负反馈,一方面可以稳定输出电流,另一方面可以增大输出电阻。

5.3.3 引入负反馈的原则

若要通过输入电压控制输出电压,应引入电压串联负反馈;若要通过输入电流控制输出电压,应引入电压并联负反馈;若要通过输入电压控制输出电流,应引入电流串联负反馈;若要通过输入电流控制输出电流,应引入电流并联负反馈。

若要稳定放大电路的输出电压或降低输出电阻,应引入电压负反馈;若要稳定放大电路的输出电流或提高输出电阻,应引入电流负反馈。

若要提高放大电路的输入电阻,应引入串联负反馈;若要降低放大电路的输入电阻,应引入并联负反馈。

5.4   集成运算放大器信号运算电路

集成运放作为通用型器件,其应用十分广泛。以集成运放为核心器件,外接深度负反馈电路,使其闭环工作在线性区,就可以实现比例、加法、减法、积分、微分等数学运算功能。实现这些运算功能的电路统称为模拟信号运算电路,简称运算电路。在分析各种运算电路时,要注意利用运放输入端"虚断"和"虚短"的特性。

5.4.1   比例运算电路

比例运算电路是最基本的运算电路,是构成其他各种运算电路的基础。

1. 反相比例运算电路

图 5.19 所示为反相比例运算电路。根据集成运放工作在线性区时的"虚断"特性,$i^+ = i^- = 0$,R_2 没有压降,则 $u^+ = 0$。又由"虚短"特性可得 $u^+ = u^- = 0$,即运放的反相输入端和同相输入端的电位都等于 0,这种现象称为虚地。对反相输入端节点列 KCL 方程可得 $i_1 = i_f$,即 $\dfrac{u_i - 0}{R_1} = \dfrac{0 - u_o}{R_f}$,则输出电压与输入电压的关系为

$$u_o = -\frac{R_f}{R_1}u_i \tag{5.23}$$

式(5.23)表明,u_o 与 u_i 的比值总为负,表示输出电压与输入电压相位相反。u_o 与 u_i 比值的大小仅由 R_f 与 R_1 决定,与运放的放大倍数无关,保证了比例运算的精度和稳定性。若 $R_f = R_1$,则 $u_o = -u_i$,这时该电路只起到反相作用,称为反相器。为保证运放输入级的对称性,要求同相输入端电阻 $R_2 = R_1 \mathbin{/\mkern-5mu/} R_f$。

反相比例运算电路引入了深度的电压并联负反馈,因此其输入电阻不高,输出电阻很小,具有较强的带负载能力。

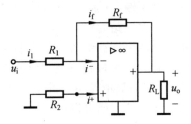

图 5.19   反相比例运算电路

2. 同相比例运算电路

图 5.20 所示为同相比例运算电路,例 5.1 已讨论过该电路。由"虚断"和"虚短"特性可得,$i^+ = i^- = 0$,$u_i = u^+ = u^- = \dfrac{R_1}{R_1 + R_f} u_o$,由此可得同相比例运算电路输出电压与输入电压的关系为

$$u_o = \left(1 + \frac{R_f}{R_1}\right) u_i \tag{5.24}$$

式 (5.24) 表明,u_o 与 u_i 的比值总为正,表示输出电压与输入电压相位相同。u_o 与 u_i 比值的大小仅由 R_f 与 R_1 决定,与运放的放大倍数无关,故其精度和稳定性都很高。为保证运放输入级的对称性,要求 $R_2 = R_1 /\!/ R_f$。

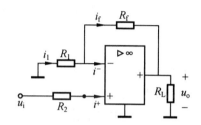

图 5.20　同相比例运算电路

若 $R_f = 0$,或者使得 $R_1 = \infty$(断开),则 $u_o = u_i$,此时输出电压与输入电压的大小和相位完全相同,故称这一电路为电压跟随器。

同相比例运算电路引入了深度的电压串联负反馈,具有较高的输入电阻和很低的输出电阻,带负载能力较强。

5.4.2　加减运算电路

实现多个输入信号按各自不同比例求和或求差的电路统称为加减运算电路。若所有输入信号均作用于集成运放的同一个输入端,则实现加法运算,或一部分输入信号作用于集成运放的同相输入端,另一部分输入信号作用于反相输入端,则实现相减运算。

1. 反相加法运算电路

图 5.21 所示为反相加法运算电路,该电路实现了 3 个模拟输入信号按比例相加。

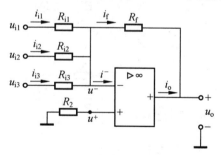

图 5.21　反相加法运算电路

使用节点电压法分析图 5.21 所示电路相对较为简单。该电路共有 4 个节点电位,包括反相输入端节点电位 u^-、同相输入端节点电位 u^+、输出端节点电位 u_o 及公共端(接地端)。根据"虚断"特性,同相输入端节点没有电流,所以不用列方程。输出端节点存在输出电流 i_o,当不需要求出电流 i_o 时,就不必对输出端节点列方程。因此,选定公共端(接地端)为参考点后,对运放的反相输入端节点列写节点电压方程,可得

$$\left(\frac{1}{R_{i1}}+\frac{1}{R_{i2}}+\frac{1}{R_{i3}}+\frac{1}{R_f}\right)u^- -\frac{1}{R_f}u_o=\frac{u_{i1}}{R_{i1}}+\frac{u_{i2}}{R_{i2}}+\frac{u_{i3}}{R_{i3}} \tag{5.25}$$

方程式(5.25)实质上就是反相输入端节点的 KCL 方程,根据"虚断"特性,方程中没有计入反相输入端的电流 i^-。根据"虚短"特性可知,同相输入端与反相输入端为虚地,即 $u^+ = u^- = 0$。因此,由方程式(5.25)可得输出电压 u_o 为

$$u_o=-\left(\frac{R_f}{R_{i1}}u_{i1}+\frac{R_f}{R_{i2}}u_{i2}+\frac{R_f}{R_{i3}}u_{i3}\right) \tag{5.26}$$

式(5.26)表明,输出电压 u_o 等于 3 个输入电压按不同比例反相求和。当 $R_{i1}=R_{i2}=R_{i3}=R_f$ 时,有

$$u_o=-(u_{i1}+u_{i2}+u_{i3}) \tag{5.27}$$

即输出电压等于输入电压之和,实现了反相加法运算。静态平衡电阻 $R_2=R_{i1}$ // R_{i2} // R_{i3} // R_f。该电路还可以实现更多输入信号的求和,分析输入与输出电压关系的方法是相同的。当改变其中一个输入端的电阻值时,只改变该路输入电压与输出电压之间的比例关系,而对其他输入电压与输出电压的比例关系没有影响,因而反相加法运算电路的调节比较灵活方便。

加法运算的输入信号也可以全部加在同相输入端,但是其运算关系和平衡电阻的选取比较复杂,估算和调整的过程也不方便,因而同相加法不如反相加法运算电路应用广泛。

2. 减法运算电路

图 5.22 所示为减法运算电路,可以使用节点电压法分析该电路。该电路共有 4 个节点,包括反相输入端节点电位 u^-、同相输入端节点电位 u^+、输出端节点电位 u_o 及公共端(接地端)。当不需要求得输出端电流 i_o 时,就没有必要对输出端节点列方程。因此,选择公共端(接地端)为参考点,分别对反相输入端节点和同相输入端节点列写节点电压方程,可得

$$\begin{cases} \left(\dfrac{1}{R_1}+\dfrac{1}{R_f}\right)u^- -\dfrac{1}{R_f}u_o=\dfrac{u_{i1}}{R_1} \\ \left(\dfrac{1}{R_2}+\dfrac{1}{R_3}\right)u^+=\dfrac{u_{i2}}{R_2} \end{cases} \tag{5.28}$$

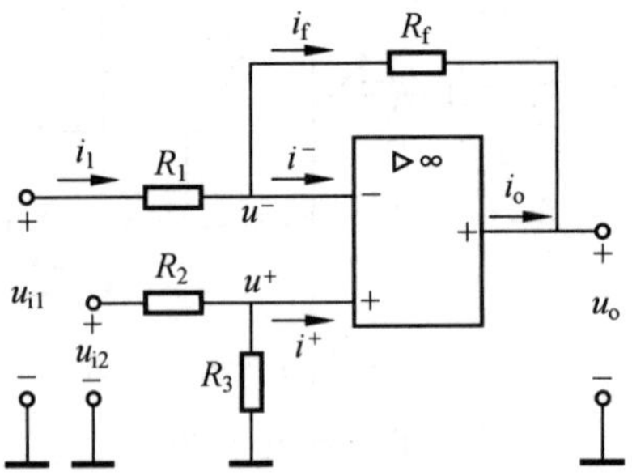

图 5.22　减法运算电路

根据"虚断"特性,$i^+=i^-=0$,因此,式(5.28)的两个方程没有计入 i^- 和 i^+。根据"虚短"特性,$u^+=u^-$,故式(5.28)的两个方程联立可得

$$u_\mathrm{o} = \left(1 + \frac{R_\mathrm{f}}{R_1}\right)\frac{R_3}{R_2 + R_3}u_{i2} - \frac{R_\mathrm{f}}{R_1}u_{i1} \qquad (5.29)$$

减法运算电路的分析可以利用叠加定理。u_{i1} 单独作用时（$u_{i2}=0$），根据反向比例运算电路分析的结果，输出电压为

$$u_\mathrm{o}' = -\frac{R_\mathrm{f}}{R_1}u_{i1} \qquad (5.30)$$

当 u_{i2} 单独作用时（$u_{i1}=0$），根据同相比例运算电路的分析结果，输出电压为

$$u_\mathrm{o}'' = \left(1 + \frac{R_\mathrm{f}}{R_1}\right)\frac{R_3}{R_2 + R_3}u_{i2} \qquad (5.31)$$

式（5.30）与式（5.31）相叠加可得式（5.29），即 $u_\mathrm{o} = u_\mathrm{o}' + u_\mathrm{o}''$。

若 $R_1 = R_2, R_\mathrm{f} = R_3$，则

$$u_\mathrm{o} = \frac{R_\mathrm{f}}{R_1}(u_{i2} - u_{i1}) \qquad (5.32)$$

此时，该减法运算电路的输出电压与两个输入电压之差成正比，也称为差分比例运算电路。

【例 5.2】　图 5.23 所示为两级反相加法运算电路实现的减法运算电路，写出该电路输出电压 u_o 与输入电压 u_{i1}、u_{i2} 和 u_{i3} 的关系。

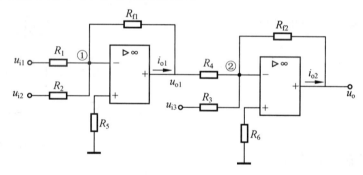

图 5.23　例 5.2 电路

解　方法一：分别写出两级反相加法运算电路输出电压与输入电压的关系式，即

$$u_{o1} = -\left(\frac{R_{f1}}{R_1}u_{i1} + \frac{R_{f1}}{R_2}u_{i2}\right)$$

$$u_\mathrm{o} = -\left(\frac{R_{f2}}{R_4}u_{o1} + \frac{R_{f2}}{R_3}u_{i3}\right)$$

因此可得 u_o 与输入电压 u_{i1}、u_{i2} 和 u_{i3} 的关系为

$$u_\mathrm{o} = -\left[\frac{R_{f2}}{R_4}\left(-\frac{R_{f1}}{R_1}u_{i1} - \frac{R_{f1}}{R_2}u_{i2}\right) + \frac{R_{f2}}{R_3}u_{i3}\right] = \frac{R_{f2}}{R_4}\left(\frac{R_{f1}}{R_1}u_{i1} + \frac{R_{f1}}{R_2}u_{i2}\right) - \frac{R_{f2}}{R_3}u_{i3}$$

方法二：列写节点电压方程联立求解。

因为本题不要求表示输出电流 i_{o1} 与 i_{o2}，所以不用对运放的输出端节点列方程，只需要对两个运放的反相输入端节点 ① 与 ② 分别列节点电压方程。设节点 ① 与节点 ② 的电位分别为 u_{n1} 与 u_{n2}，则节点电压方程为

$$\begin{cases} \left(\dfrac{1}{R_1} + \dfrac{1}{R_2} + \dfrac{1}{R_{f1}} \right) u_{n1} - \dfrac{1}{R_{f1}} u_{o1} = \dfrac{u_{i1}}{R_1} + \dfrac{u_{i2}}{R_2} \\ \left(\dfrac{1}{R_2} + \dfrac{1}{R_4} + \dfrac{1}{R_{f2}} \right) u_{n2} - \dfrac{1}{R_4} u_{o1} - \dfrac{1}{R_{f2}} u_o = \dfrac{u_{i3}}{R_3} \end{cases}$$

根据"虚断"特性,方程中没有计入流出节点 ① 与节点 ② 的反相输入端电流。根据"虚短"特性,两个运放的反相输入端节点同为虚地,即 $u_{n1} = 0$ 与 $u_{n2} = 0$,代入方程并联立求解可得到与方法一相同的结果。

5.4.3　积分和微分运算电路

电容元件的电压与电流之间满足微积分关系。若集成运放利用电阻和电容作为反馈网络,即可实现积分和微分两种运算电路。

1. 积分运算电路

图 5.24 所示为积分运算电路,其电路结构与反向比例运算电路相似,不同之处是用电容 C_f 代替了反馈电阻 R_f。由"虚断"和"虚短"特性可得,$i_i = i_f = u_i/R_1$。所以输出电压 u_o 为

$$u_o = -u_C = -\frac{1}{C_f} \int i_f \mathrm{d}t = -\frac{1}{R_1 C_f} \int u_i \mathrm{d}t \tag{5.33}$$

式(5.33)表明,积分电路的输出电压与输入电压的积分成正比。通常将 $R_1 C_f$ 称为积分时间常数,用符号"τ"表示。在实际工程中,式(5.33)的积分运算要给定积分起始时刻的输出电压。如求解 t_1 到 t_2 时间段的积分时,输出电压为

$$u_o = -\frac{1}{R_1 C_f} \int_{t_1}^{t_2} u_i \mathrm{d}t + u_o(t_1) \tag{5.34}$$

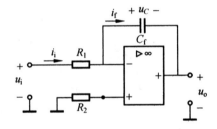

图 5.24　积分运算电路

式中　　$u_o(t_1)$ —— 积分起始时刻的输出电压。

利用积分运算电路可以实现延时、定时和波形变化等功能。图 5.25 所示为积分运算电路的波形变换作用,图 5.25(a) ~ (c) 的输入信号分别为阶跃信号、方波信号和正弦信号。

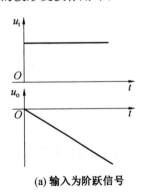

(a) 输入为阶跃信号

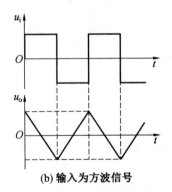

(b) 输入为方波信号

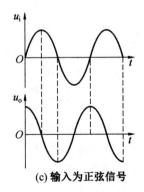

(c) 输入为正弦信号

图 5.25　积分运算电路的波形变换作用

【**例** 5.3】　求图 5.26 所示电路输出电压 u_o 与输入电压 u_i 的关系。

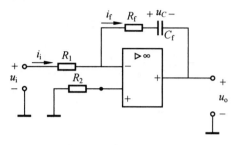

图 5.26　例 5.3 电路

解　反相输入端到输出端的电压可表示为

$$u^- - u_o = i_f R_f + u_C = i_f R_f + \frac{1}{C_f}\int i_f \mathrm{d}t$$

由"虚短"和"虚断"特性可得

$$u^+ = u^- = 0$$

$$i_i = i_f = \frac{u_i - 0}{R_1}$$

故

$$u_o = -\left(\frac{R_f}{R_1}u_i + \frac{1}{R_1 C_f}\int u_i \mathrm{d}t\right)$$

图 5.26 所示电路是由反向比例运算电路和积分运算电路组合而成的比例－积分调节器,简称 PI 调节器。在自动控制系统中常用 PI 调节器来保证系统的稳定性和控制精度。

2. 微分运算电路

将图 5.24 所示积分运算电路的电容 C_f 与电阻 R_1 位置互换,即可组成微分运算电路,如图 5.27 所示。

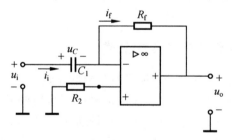

图 5.27　微分运算电路

由"虚断"和"虚短"特性可得,$u^+ = u^- = 0, i_i = i_f$,则

$$u_i = u_C$$

$$i_i = C_1 \frac{\mathrm{d}u_C}{\mathrm{d}t} = C_1 \frac{\mathrm{d}u_i}{\mathrm{d}t}$$

故输出电压为

$$u_o = -R_f i_f = -R_f i_i = -R_f C_1 \frac{\mathrm{d}u_i}{\mathrm{d}t} \tag{5.35}$$

【**例** 5.4】   求图 5.28 所示电路输出电压 u_o 与输入电压 u_i 的关系。

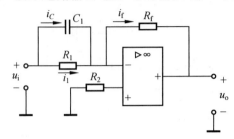

图 5.28   例 5.4 电路

解   由"虚断"和"虚短"特性可得，$u^+ = u^- = 0$，$i_1 + i_C = i_f$，则

$$i_f = i_1 + i_C = \frac{u_i}{R_1} + C_1 \frac{\mathrm{d}u_i}{\mathrm{d}t}$$

$$u_o = -R_f i_f$$

故输出电压为

$$u_o = -\left(\frac{R_f}{R_1}u_i + R_f C_1 \frac{\mathrm{d}u_i}{\mathrm{d}t}\right)$$

图 5.28 所示电路是由反相比例运算电路和微分运算电路组合而成的比例－微分调节器，简称 PD 调节器，PD 调节器可以在自动控制系统中加速调速过程。

以集成运放为核心器件，配合二极管、晶体管等器件还可以实现对数与指数运算，在此基础上还能实现乘法、除法、开方及平方等运算电路。由于篇幅所限，本书不再赘述，相关内容可参考其他教材。

5.5   有源滤波器

有源滤波器是以集成运放为核心器件构成的一种信号选频电路，在有源滤波器中集成运放工作在线性工作区。

5.5.1   滤波的概念及滤波器的分类

滤波器是一种信号处理电路，其功能是对信号频率进行选择，通常是过滤掉噪声和干扰信号而保留下有用信号。根据滤波器输出信号中所保留的频率成分的不同，可将滤波器分为低通滤波器（LPF）、高通滤波器（HPF）、带通滤波器（BPF）和带阻滤波器（BEF）四大类。例如，图 5.29 所示低通滤波器的滤波作用，表示某信号通过 LPF 后过滤掉了高频噪声而保留了低频有用信号。

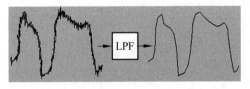

图 5.29   低通滤波器的滤波作用

输出信号中被保留的频段称为通带,被过滤或抑制的频段称为阻带。滤波器的理想特性要求:通带范围内无信号衰减(保持增益最大值 A_0),阻带范围内无信号输出。理想滤波器的幅频特性如图 5.30 所示。

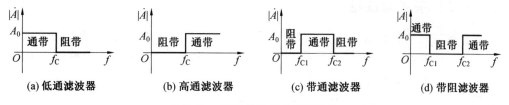

(a) 低通滤波器　　　　(b) 高通滤波器　　　　(c) 带通滤波器　　　　(d) 带阻滤波器

图 5.30　理想滤波器的幅频特性

理想滤波器是物理不可实现的。在实际滤波器的幅频特性图中,通带和阻带之间并没有严格的界限,存在一个过渡带,在过渡带内的频率成分不会被完全抑制,只会受到不同程度的衰减,如图 5.31 所示。在设计实际滤波器时,一般要求过渡带越窄越好,使通带外的频率成分衰减得越快越好,尽量逼近理想滤波器。

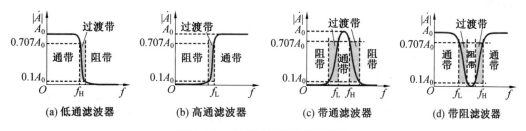

(a) 低通滤波器　　　　(b) 高通滤波器　　　　(c) 带通滤波器　　　　(d) 带阻滤波器

图 5.31　实际滤波器的幅频特性

5.5.2　无源滤波器

仅由电阻、电容和电感等无源元件组成的滤波电路称为无源滤波器。本书 4.8 节讨论的 RC 电路就是一个简单的无源滤波器。在图 5.32(a) 所示的电路中,若以电容 C 上的电压为输出电压,对于输入信号中的高频信号,电容容抗 X_C 很小,则输出电压中高频信号的幅值就很小,即高频信号衰减较大,所以为低通滤波电路。在图 5.32(b) 所示的电路中,以电阻 R 上的电压为输出电压,由于低频时电容的容抗很大,电容 C 压降很大,所以在电阻 R 上获得的低频输出信号有很大衰减;而高频时容抗很小,电容 C 的压降很小,所以高频信号能够以较小的衰减从电阻 R 上输出,因此为高通滤波电路。

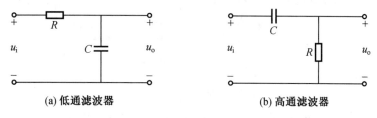

(a) 低通滤波器　　　　　　　　　　(b) 高通滤波器

图 5.32　无源滤波器

无源滤波器的结构简单,不需要直流电源供电,可靠性较高。但无源滤波器也存在诸多缺点,如通带内的信号有能量损耗、通带内放大倍数较低、负载效应比较明显、过渡带较宽、幅频特性不理想,并且使用电感元件时容易引起电磁感应,当电感 L 较大时滤波器的体积和质量也都比较大。

5.5.3 有源滤波器

含有集成运放等有源器件的滤波电路称为有源滤波器。其优点是:通带内的信号不仅没有能量损耗,而且还可以放大;负载效应不明显,多级相联时相互影响很小,利用级联的简单方法很容易构成高阶滤波器;并且滤波器的体积小、质量轻、不需要磁屏蔽。有源滤波器的缺点是:通带范围受有源器件的带宽限制;需要直流电源供电;可靠性不如无源滤波器高,在高压、高频、大功率的场合不适用等。

1.有源低通滤波器

图 5.33(a)所示的一阶有源低通滤波器电路,可以看成由一个 RC 无源滤波器与同相比例运算电路组合而成。该电路引入了深度的电压串联负反馈,输出电阻非常小,有较强的带负载能力,即负载对电路频率特性的影响很小。

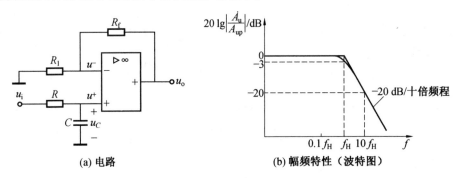

(a) 电路 (b) 幅频特性（波特图）

图 5.33 一阶有源低通滤波器

根据集成运放"虚断"特性,同相输入端电流为 0,则 R 与 C 相当于串联,同相输入端电位 $\dot{U}^{+}$ 为

$$\dot{U}^{+}=\dot{U}_C = \frac{\dfrac{1}{\mathrm{j}\omega C}}{R + \dfrac{1}{\mathrm{j}\omega C}}\dot{U}_i = \frac{\dot{U}_i}{1 + \mathrm{j}\omega RC} \tag{5.36}$$

根据同相比例运算电路 $\dot{U}_o$ 与 $\dot{U}^{+}$ 的关系可得

$$\dot{U}_o = \left(1 + \frac{R_f}{R_1}\right)\dot{U}^{+} = \left(1 + \frac{R_f}{R_1}\right)\frac{1}{1 + \mathrm{j}\omega RC}\dot{U}_i \tag{5.37}$$

令 $\omega_0 = 2\pi f_0 = \dfrac{1}{RC}$，$A_{up} = 1 + \dfrac{R_f}{R_1}$，则电压放大倍数为

$$\dot{A}_u = \frac{\dot{U}_o}{\dot{U}_i} = \frac{1 + \dfrac{R_f}{R_1}}{1 + \mathrm{j}\omega RC} = \frac{A_{up}}{1 + \mathrm{j}\dfrac{\omega}{\omega_0}} = \frac{A_{up}}{1 + \mathrm{j}\dfrac{f}{f_0}} \tag{5.38}$$

在图 5.33(a)所示电路中,当 $f=0$ 时,电容 C 相当于开路,此时电路的电压放大倍数 A_{up} 即为同相比例运算电路的电压放大倍数。一般 $A_{up} > 1$,且只要合理选择 R_1 和 R_f 就可

得到所需的放大倍数。当 $f=f_0$ 时，$|\dot{A}_u|=A_{up}/\sqrt{2}$，则该低通滤波器的通带截止频率（也称上限截止频率）为 $f_H=f_0$。根据式（5.38）可绘出该滤波器的幅频特性（波特图），如图 5.33(b) 所示[①]。滤波器的幅频特性（波特图）通常用折线表示，图中折线为实际幅频特性（图中曲线）的近似，二者在截止频率 f_H 处有 3 dB 的最大误差。当 $f < f_H$ 时，$20\lg|\dot{A}_u/A_{up}|=0$，即 $A_u=A_{up}$，因此 A_{up} 可表示为通带内的电压放大倍数；当 $f > f_H$ 时，幅频特性以 -20 dB/十倍频程的斜率下降。该滤波器阻带内无用信号衰减较慢，与理想低通滤波器特性相差甚远。

为了改善一阶低通滤波器的特性，使高频段的无用信号以更快的速度下降，可在一阶 RC 低通滤波器的基础上再增加一级 RC 低通滤波环节，构成二阶有源低通滤波器，其电路如图 5.34(a) 所示。

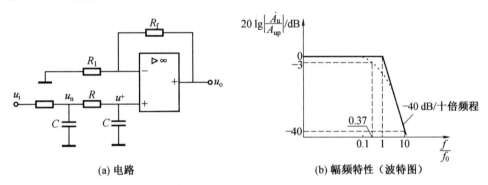

　　(a) 电路　　　　　　　　(b) 幅频特性（波特图）

图 5.34　二阶有源低通滤波器

根据"虚断""虚短"特性，写出输出电压 $\dot{U}_o$、同相输入端电压 $\dot{U}^+$ 和节点电位 $\dot{U}_n$ 的表达式，即

$$\dot{U}_o = \left(1+\frac{R_f}{R_1}\right)\dot{U}^+$$

$$\dot{U}^+ = \dot{U}_n \frac{1}{1+j\omega RC}$$

$$\dot{U}_n = \frac{\dfrac{1}{j\omega C} \, /\!/ \, \left(R+\dfrac{1}{j\omega C}\right)}{R+\left[\dfrac{1}{j\omega C} \, /\!/ \, \left(R+\dfrac{1}{j\omega C}\right)\right]}\dot{U}_i$$

联立求解以上三式，可得二阶有源低通滤波器的电压放大倍数为

$$\dot{A}_u = \frac{\dot{U}_o}{\dot{U}_i} = \frac{1+\dfrac{R_f}{R_1}}{1+3j\omega RC+(j\omega RC)^2} \tag{5.39}$$

令 $\omega_0=2\pi f_0=\dfrac{1}{RC}$，$A_{up}=1+\dfrac{R_f}{R_1}$，则式（5.39）变为

---

　　① 用波特图表示的幅频特性图中，横坐标通常用对数尺度表示频率，纵坐标通常用分贝值（dB）来表示，即将幅值增益取对数后再乘 20。

$$\dot{A}_{\mathrm{u}} = \frac{A_{\mathrm{up}}}{1 - \left(\dfrac{f}{f_0}\right)^2 + \mathrm{j}3\,\dfrac{f}{f_0}} \tag{5.40}$$

当 $f = f_{\mathrm{H}}$ 时,使式(5.40)分母的模为 $\sqrt{2}$,即 $\left|1 - \left(\dfrac{f_{\mathrm{H}}}{f_0}\right)^2 + \mathrm{j}3\,\dfrac{f_{\mathrm{H}}}{f_0}\right| = \sqrt{2}$,解得该滤波器的上限截止频率为 $f_{\mathrm{H}} \approx 0.37 f_0$。

根据式(5.40)绘出幅频特性(波特图)如图5.34(b)所示。在图中 $f > f_0$ 以后,该滤波器的幅频特性以 $-40\ \mathrm{dB}/$ 十倍频程的速度下降,比一阶低通滤波器的下降速度快。

2. 有源高通滤波器

将图5.33(a)所示的一阶低通滤波器中 R 与 C 的位置互换,就成为一阶有源高通滤波器,其电路如图5.35(a)所示。图5.35(a)中的滤波电容 C 接在集成运放的输入端,它将阻隔和衰减低频信号,而让高频信号顺利通过。

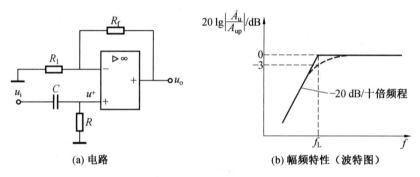

(a) 电路　　　　　　　　　　(b) 幅频特性(波特图)

图5.35　一阶有源高通滤波器

根据集成运放"虚断"特性,R 与 C 相当于串联,同相输入端电位 $\dot{U}^+$ 即电阻 R 的分压为

$$\dot{U}^+ = \frac{R}{R + \dfrac{1}{\mathrm{j}\omega C}}\dot{U}_{\mathrm{i}} = \frac{\dot{U}_{\mathrm{i}}}{1 + \dfrac{1}{\mathrm{j}\omega RC}} \tag{5.41}$$

根据同相比例运算电路 $\dot{U}_{\mathrm{o}}$ 与 $\dot{U}^+$ 的关系可得

$$\dot{U}_{\mathrm{o}} = \left(1 + \frac{R_{\mathrm{f}}}{R_1}\right)\dot{U}^+ = \left(1 + \frac{R_{\mathrm{f}}}{R_1}\right)\frac{1}{1 + \dfrac{1}{\mathrm{j}\omega RC}}\dot{U}_{\mathrm{i}} \tag{5.42}$$

令 $\omega_0 = 2\pi f_0 = \dfrac{1}{RC}$,$A_{\mathrm{up}} = 1 + \dfrac{R_{\mathrm{f}}}{R_1}$,则电压放大倍数为

$$\dot{A}_{\mathrm{u}} = \frac{\dot{U}_{\mathrm{o}}}{\dot{U}_{\mathrm{i}}} = \frac{1 + \dfrac{R_{\mathrm{f}}}{R_1}}{1 + \dfrac{1}{\mathrm{j}\omega RC}} = \frac{A_{\mathrm{up}}}{1 - \mathrm{j}\,\dfrac{\omega_0}{\omega}} = \frac{A_{\mathrm{up}}}{1 - \mathrm{j}\,\dfrac{f_0}{f}} \tag{5.43}$$

与低通滤波器的分析类似,可以得出高通滤波器的下限截止频率为 $f_{\mathrm{L}} = f_0 = 1/(2\pi RC)$,其幅频特性(波特图)如图5.35(b)所示。一阶有源高通滤波器也存在过渡带较宽、滤波性能差的特点。若采用二阶高通滤波,则可以明显改善滤波性能,由于篇幅所

限,此处不再赘述。

3.有源带通滤波器

BPF 允许一定频段的信号通过,抑制低于和高于该频段的信号。如果 LPF 的上限截止频率 f_H 高于 HPF 的下限截止频率 f_L,那么只需要将 LPF 与 HPF 相串联就可以构成简单的 BPF,如图 5.36 所示。

4.有源带阻滤波器

BEF 的作用与 BPF 正好相反,对于特性频率范围内的信号有衰减或抑制作用,而频带以外的信号可以顺利通过,也因此称为陷波滤波器,被广泛应用于电子系统的抗干扰电路中。如果 LPF 的上限截止频率 f_H 小于 HPF 的下限截止频率 f_L,那么只需要将 LPF 与 HPF 相并联就可以构成简单的 BEF,如图 5.37 所示。

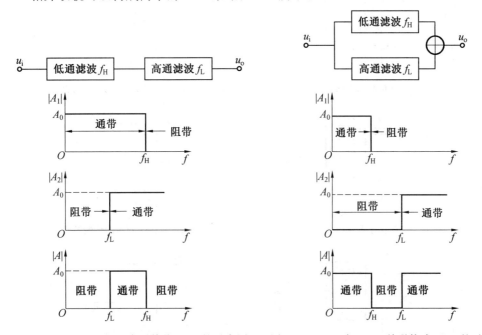

图 5.36　LPF 与 HPF 串联构成 BPF 的示意图　　图 5.37　LPF 与 HPF 并联构成 BEF 的示意图

5.6　电压比较器

电压比较器是一种以集成运放为核心的信号处理电路,其功能是比较两个输入电压的大小,通过输出高电压或低电压表示两个输入电压的大小关系。

电压比较器中集成运放的输入信号通常是两个模拟量,一般情况下,一个输入信号是变化的模拟电压信号 u_i,另一个输入信号则是固定不变的参考电压 U_{REF}。与前述集成运放的应用电路不同,电压比较器中的集成运放工作在非线性区(饱和区),因此其输出只有两种可能的状态,正饱和值 $+U_{OM}$ 或负饱和值 $-U_{OM}$。即:当 $u^- < u^+$ 时,输出 $U_o = +U_{OM}$;当 $u^- > u^+$ 时,输出 $U_o = -U_{OM}$;而当 $u^- = u^+$ 时,输出状态在 $+U_{OM}$ 与 $-U_{OM}$ 之间发生跳变。通常把比较器的输出状态发生跳变的时刻所对应的输入电压值称为阈值电压,简称阈值或门限电平,也可简称门限,记作U_T。

5.6.1 单限电压比较器

如果将集成运放的两个输入端分别加上输入电压u_i和固定参考电压U_{REF},就构成了单限电压比较器如图 5.38 所示。反向输入电压比较器如图 5.38(a)所示,集成运放处于开环状态,工作在非线性区,输入信号u_i加在反相端,参考电压U_{REF}接在同相端。当$u_i >U_{REF}$,即$u^- > u^+$时,$U_o = -U_{OM}$;当$u_i < U_{REF}$,即$u^- < u^+$时,$U_o = +U_{OM}$。反相输入电压比较器的传输特性如图 5.38(b)所示。

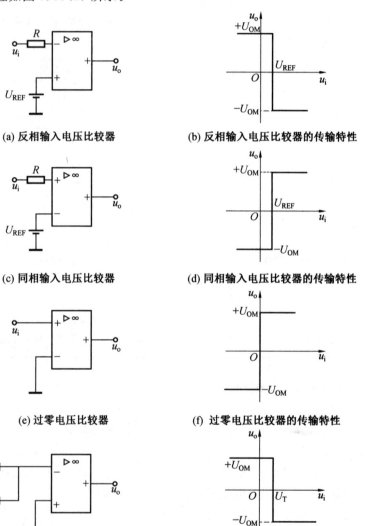

(a) 反相输入电压比较器   (b) 反相输入电压比较器的传输特性

(c) 同相输入电压比较器   (d) 同相输入电压比较器的传输特性

(e) 过零电压比较器   (f) 过零电压比较器的传输特性

(g) 阈值可调电压比较器   (h) 阈值可调电压比较器的传输特性

图 5.38 单限电压比较器

若将输入信号u_i加在同相端,参考电压U_{REF}接在反相端,则构成了同向输入电压比较器如图 5.38(c)所示。当$u_i > U_{REF}$时,$U_o = +U_{OM}$;当$u_i < U_{REF}$时,$U_o = -U_{OM}$。同相

输入电压比较器的传输特性如图 5.38(d) 所示。

通常将阈值电压等于零的比较器称为过零电压比较器,如图 5.38(e) 所示,其传输特性如图 5.38(f) 所示。输入信号每次过零时输出电压都要产生跳变,因此可以根据输出电压的极性来确定输入电压的极性,也可以利用这种电路进行波形变换,如当输入电压 u_i 为正弦电压时,则输出电压 u_o 为矩形波。

图 5.38(g) 所示为阈值可调电压比较器,其输入电压 u_i 与参考电压 U_{REF} 都接在反相端。令 $u^- = u^+$,求出此时的输入电压 u_i 就是阈值电压,即 $U_T = -(R_2/R_1)U_{REF}$。此式表明,只要改变参考电压的大小和极性,或者改变电阻 R_1 和 R_2 的阻值,就可以改变阈值电压 U_T 的大小和极性。图 5.38(h) 所示为阈值可调电压比较器的传输特性。

5.6.2　滞回电压比较器

单限电压比较器虽然电路简单,灵敏度高,但只要输入电压经过阈值电压,输出电压就产生跃变。若输入电压受到干扰或噪声的影响在阈值电压上下波动,即使其幅值很小,输出电压也会在正、负饱和值之间反复跃变。若发生在自动控制系统中,这种过分灵敏的动作将会对执行机构产生不利的影响,使系统不能正常工作。为了克服这个缺点,应使电压比较器具有滞回输出特性,提高抗干扰能力。

滞回电压比较器电路如图 5.39(a) 所示,输入电压 u_i 接在运放的反相输入端。在比较器的输出端与同相输入端之间引入由 R_2 和 R_f 构成的电压串联正反馈:一方面,正反馈使净输入信号增大,使得运放工作在非线性区,输出电压 u_o 为 $+U_{OM}$ 或者 $-U_{OM}$;另一方面,R_2 和 R_f 构成的正反馈电路使得同相输入端电压 u^+ 随着输出电压 u_o 的改变而改变。

下面分析该电路的阈值电压。利用叠加定理,可表示出同相输入端的电压为

$$u^+ = \frac{R_f}{R_2 + R_f}U_{REF} + \frac{R_2}{R_2 + R_f}u_o \tag{5.44}$$

式中　u_o——输出电压 u_o 为 $+U_{OM}$ 或者 $-U_{OM}$。

当 $u^- = u^+$ 时,运放的输出电压 u_o 在 $+U_{OM}$ 与 $-U_{OM}$ 之间发生越变,在该临界条件下求出此时的输入电压 $u_i = u^- = u^+$ 就是阈值电压,由此可得两个阈值电压为

$$\begin{cases} U_{TH} = \dfrac{R_f}{R_2 + R_f}U_{REF} + \dfrac{R_2}{R_2 + R_f}U_{OM} \\ U_{TL} = \dfrac{R_f}{R_2 + R_f}U_{REF} - \dfrac{R_2}{R_2 + R_f}U_{OM} \end{cases} \tag{5.45}$$

设原来 $u_o = +U_{OM}$,当 u_i 逐渐增大时,使得 u_o 从 $+U_{OM}$ 跳变为 $-U_{OM}$ 所需的阈值电压 U_{TH},称为上限阈值电压;若原来 $u_o = -U_{OM}$,当 u_i 逐渐减小时,使得 u_o 从 $-U_{OM}$ 跳变为 $+U_{OM}$ 所需的阈值电压 U_{TL},称为下限阈值电压。由此得到滞回电压比较器的传输特性,如图 5.39(b) 所示。

两个阈值电压之差(ΔU_T)称为门限宽度或回差,即

$$\Delta U_T = U_{TH} - U_{TL} = \frac{2R_2}{R_2 + R_f}U_{OM} \tag{5.46}$$

由式(5.46)可以看出,门限宽度取决于电阻 R_2 和 R_f,而与参考电压 U_{REF} 无关。改变 U_{REF} 的大小可以同时调节两个门限电平 U_{TH} 与 U_{TL},但二者之差 ΔU_T 不变。门限宽度

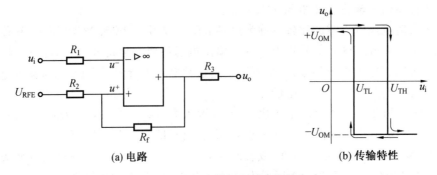

(a) 电路　　　　　　　　(b) 传输特性

图 5.39　滞回电压比较器

ΔU_T 越大,比较器抗干扰能力越强,但分辨率随之下降。

　　电压比较器有通用型、高速型和精密型等多种专用集成电路产品。采用集成电压比较器可以使外接元件更少,使用更为方便。电压比较器的输出容易与数字集成器件的输入配合,因此常用作模拟电路和数字电路的接口电路,在测量、通信和波形变换等方面也应用广泛。

Multisim 仿真实践:积分运算电路

　　集成运算放大器 LM324AD 构成的积分运算电路如图 5.40 所示。其中 LM324AD 的 4 引脚接 +5 V 电压,11 引脚接地,同相端 3 引脚串联电阻接地,反相端 2 引脚串联电阻接输入信号,1 引脚是输出信号端,接示波器显示输出波形。输出端 1 引脚与反相端 2 引脚之间串联电容 C_1,实现交流负反馈功能。若给输入端设置幅值为 2 V、频率为 1 kHz 的方波,电路输出端可得到如图 5.41 所示的积分三角波。

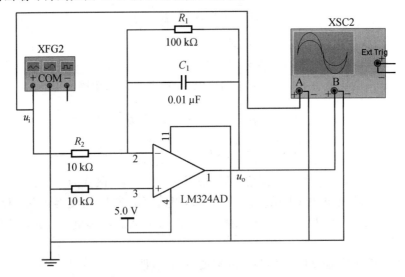

图 5.40　集成运算放大器 LM324AD 构成的积分运算电路

　　注意:若输入信号频率趋于 0,则电容容抗为无穷大,反馈电路近似为开路,将导致电压放大倍数无穷大,集成运放电压将失调。因此,为了避免此情况出现,一般会在电容 C_1

两端并联上一个电阻 R_1，一般取 $R_1 > 10R_2$。通频带中 R_1 几乎不分流，所以电压增益不会减小太多。其分析方法与一般的积分运算电路相同。

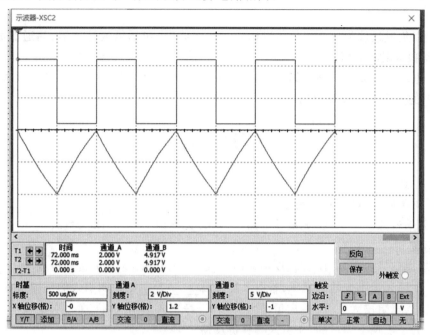

图 5.41　积分运算电路的波形变换输出波形

5.7　本章小结

（1）放大电路的主要性能包括放大倍数（增益）、输入电阻、输出电阻、频率响应（通频带）、非线性失真系数及最大不失真幅度等。

（2）实际运放工作在线性区时，可理想化成一个四端元件，具有"虚短"和"虚断"两个端口特性；对于简单的含有理想运放的电路，可直接列写 KCL 方程，当电路结构比较复杂时，适合应用节点电压法列写联立方程组。列方程时要注意利用运放输入端"虚短"和"虚断"的端口特性。

（3）放大电路的负反馈，具有降低放大倍数、提高增益稳定性、抑制非线性失真和环内噪声、展宽通频带、稳定输出电压或电流、改变输入电阻和输出电阻等作用。

放大电路中的负反馈可以归纳为四种类型：电压串联负反馈、电压并联负反馈、电流串联负反馈、电流并联负反馈。利用瞬时极性法可以判断是正反馈还是负反馈，根据输入端的结构类型可以判断是串联反馈还是并联反馈；利用"输出短路法"可以判断是电压反馈还是电流反馈。

引入串联负反馈能够增大放大电路的输入电阻；引入并联负反馈能够减小放大电路的输入电阻；引入电压负反馈能够稳定输出电压并减小放大电路的输出电阻；引入电流负反馈能够稳定输出电流并增大放大电路的输出电阻。

（4）实现比例、加法、减法、积分、微分等数学运算功能的电路统称为模拟信号运算电路，简称运算电路。在分析各种运算电路时，要注意利用运放输入端"虚断"和"虚短"的特性。

（5）以集成运放为核心器件可以构成有源滤波器，包括低通滤波器、高通滤波器、带通滤波器和带阻滤波器。

（6）电压比较器是一种以集成运放为核心的信号处理电路，在测量、通信等领域可以实现波形的整形和变换等应用。

习　题

5.1　选择合适的答案填入空内。

（1）对于放大电路，开环是指_____。

A. 无信号源　　　　B. 无反馈通路　　　C. 无电源　　　　D. 无负载

闭环是指_____。

A. 考虑信号源内阻　B. 存在反馈通路　　C. 接入电源　　　D. 接入负载

（2）在输入量不变的情况下，若引入反馈后_____，则说明引入的反馈是负反馈。

A. 输入电阻增大　　B. 输出量增大　　　C. 净输入量增大　D. 净输入量减小

（3）为了实现下列目的，应引入哪种负反馈。

A. 直流负反馈　　　B. 交流负反馈

① 为了稳定静态工作点，应引入_____；

② 为了稳定放大倍数，应引入_____；

③ 为了改变输入电阻和输出电阻，应引入_____；

④ 为了展宽频带，应引入_____。

（4）选择合适答案填入空内。

A. 电压　　　　　　B. 电流　　　　　　C. 串联　　　　　D. 并联

① 为了稳定放大电路的输出电压，应引入_____负反馈；

② 为了稳定放大电路的输出电流，应引入_____负反馈；

③ 为了增大放大电路的输入电阻，应引入_____负反馈；

④ 为了减小放大电路的输入电阻，应引入_____负反馈；

⑤ 为了增大放大电路的输出电阻，应引入_____负反馈；

⑥ 为了减小放大电路的输出电阻，应引入_____负反馈。

5.2　试求图 P5.2 所示各电路输出电压与输入电压的运算关系式。

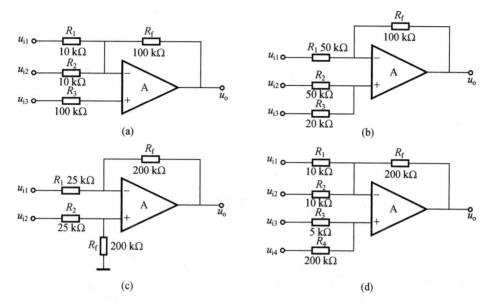

图 P5.2

5.3 分别求解图 P5.3 所示各电路的运算关系。

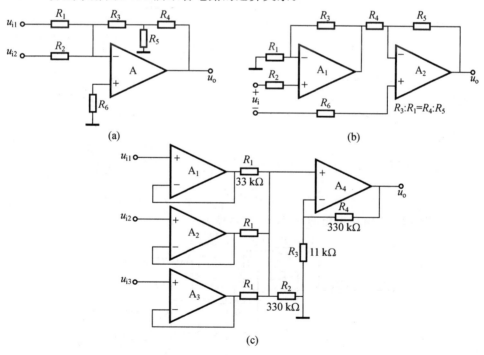

图 P5.3

5.4 在图 P5.4(a) 所示电路中，已知输入电压 u_i 的波形如图 P5.4(b) 所示，当 $t=0$ 时 $u_o=0$。试画出输出电压 u_o 的波形。

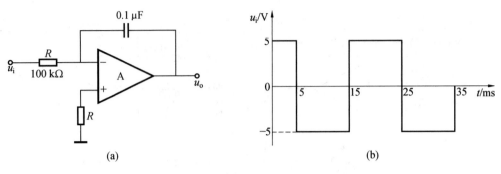

图 P5.4

5.5 试分别求解图 P5.5 所示各电路的运算关系。

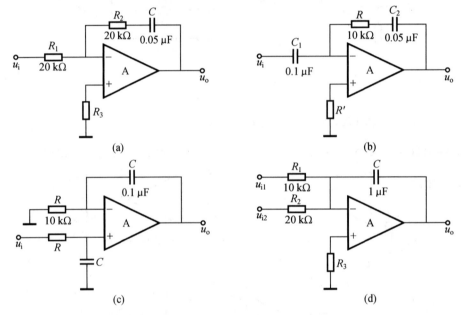

图 P5.5

5.6 求图 P5.6 所示电路的 u_i 与 u_o 的运算关系。

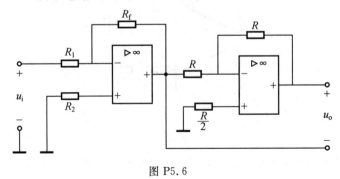

图 P5.6

5.7 求图 P5.7 所示的电路中 u_o 与各输入电压的运算关系。

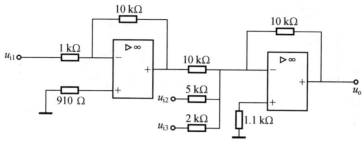

图 P5.7

5.8　在图 P5.8 所示的电路中,电源电压为 ± 15 V,$u_{i1} = 1.1$ V,$u_{i2} = 1$ V 。试问接入输入端电压后,输出电压 u_o 由 0 上升到 10 V 所需时间。

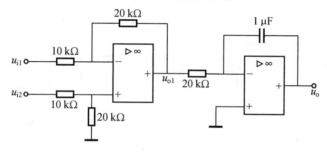

图 P5.8

5.9　按下列关系式画出运算电路,并计算各电阻的阻值,反馈电阻 R_F 和电容 C_F 是已知值。

(1) $u_o = -(u_{i1} + 0.2u_{i2})$,$R_F = 100$ kΩ;

(2) $u_o = 0.5u_i$,$R_F = 10$ kΩ;

(3) $u_o = 2u_{i2} - u_{i1}$,$R_F = 10$ kΩ;

(4) $u_o = -10\int u_{i1}\,\mathrm{d}t - 5\int u_{i2}\,\mathrm{d}t$,$C_F = 1$ μF

5.10　在下列各种情况下,应分别采用哪种类型(低通、高通、带通、带阻)的滤波电路。

(1) 抑制 50 Hz 交流电源的干扰;

(2) 处理具有 1 Hz 固定频率的有用信号;

(3) 从输入信号中取出低于 2 kHz 的信号;

(4) 抑制频率为 100 kHz 以上的高频干扰。

5.11　试说明图 P5.11 所示各电路属于哪种类型的滤波电路。

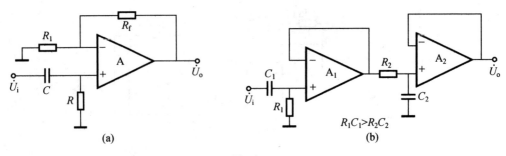

图 P5.11

5.12　试分别求解图 P5.12 所示各电路的电压传输特性。(D_z 为稳压管,分别限定输出电压 u_o 为 $+8\ \text{V}$ 或 $-8\ \text{V}$,$+6\ \text{V}$ 或 $-6\ \text{V}$)。

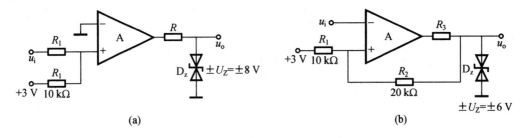

图 P5.12

第6章 二极管及其基本应用电路

半导体器件是利用硅、锗等半导体材料的特殊电特性来完成特定功能的电子器件,是构成各种电子电路的基本器件,可用来产生、控制、接收、变换、放大信号,以及进行能量转换。半导体二极管是结构最简单的半导体器件。本章主要介绍半导体基础知识、PN 结、二极管的结构、工作原理,以及整流、限幅、检波、逻辑运算等基本应用电路。

6.1 半导体基础知识及 PN 结

6.1.1 本征半导体

物质按其导电能力的不同,可分为导体、绝缘体和半导体。导体是指电阻率很小且易于传导电流的物质。金属是最常见的一类导体,其最外层电子极易挣脱原子核的束缚成为自由电子,在外电场的作用下产生定向移动从而形成电流。绝缘体又称为电介质,是指在通常情况下不传导电流的物质,其电阻率极高。例如,高价元素(如惰性气体)或高分子材料(如橡胶),其分子内正负电荷束缚得很紧,可以自由移动的带电粒子少,所以导电性极差。半导体物质的最外层电子既不像导体那么容易挣脱原子核的束缚,又不像绝缘体那样被原子核束缚得那么紧,因此在常温下其导电性能介于导体与绝缘体之间。

本征半导体(intrinsic semiconductor)是指完全不含杂质且无晶格缺陷的纯净半导体,它在物理结构上有多晶体和单晶体两种形态,制造半导体器件必须使用硅(Si)或锗(Ge)这两种元素的单晶体结构。硅和锗都是四价元素,原子的最外层有四个价电子,原子排列成有序的空间晶格结构。每个原子的 4 个价电子分别与相邻的 4 个原子所共有,形成 4 个共价键(covalent bond),使得每个原子最外层有 8 个电子,处于相对稳定状态。4 价元素的共价键结构如图 6.1 所示。

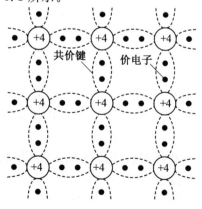

图 6.1 4 价元素的共价键结构

本征半导体中原子间的共价键具有较强的束缚力,价电子能否挣脱共价键的束缚与温度紧密相关。在热力学温度大于 0 K 时,某些共价键中的价电子如果获得了足够多的能量,就能挣脱共价键的束缚成为自由电子,同时在共价键中留下相同数量的空位,这些空位称为空穴。这种现象称为本征激发,也称热激发。自由电子在运动过程中还有可能去填补空穴,使自由电子与空穴成对消失,这种现象称为复合。

共价键中的价电子挣脱束缚后更易于填补临近的空穴,而该价电子留下的位置又被其相邻的价电子填补,这一过程持续下去,就相当于空穴在移动。带负电荷的价电子依次填补空穴的运动与带正电荷的粒子作反方向运动的效果相同,因此空穴也被视为带正电荷的粒子。可见,半导体中存在两种载流子,即带正电荷的空穴和带负电荷的自由电子。两种载流子同时参与导电是半导体导电方式的显著特点,也是半导体与金属在导电原理上的本质区别。载流子的产生与复合如图 6.2 所示。

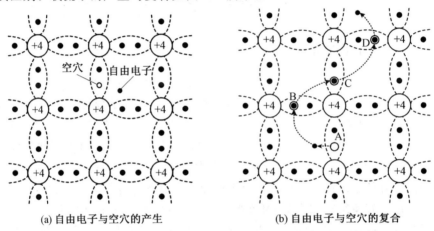

(a) 自由电子与空穴的产生　　　　　　　　　(b) 自由电子与空穴的复合

图 6.2　载流子的产生与复合

在本征半导体中,自由电子与空穴是成对出现的。在一定温度下,自由电子－空穴对的产生与复合处于一种动态平衡状态。当温度升高时,晶体中产生的自由电子－空穴对就越多,载流子浓度近似按指数增加,因此半导体的导电能力将随温度的升高而显著增强。温度是影响半导体器件性能的一个重要的外部因素,半导体材料的这种特性称为热敏特性。此外,半导体材料还具有光敏、掺杂等特性。

6.1.2　杂质半导体

本征半导体在常温条件下的载流子浓度很低,因而导电能力很弱。如果在本征半导体中掺入少量杂质元素,通过控制掺杂浓度来控制半导体的导电性能,就可得到杂质半导体。按掺入的杂质元素不同,可形成 N 型半导体和 P 型半导体两种杂质半导体。

1. N 型半导体

在纯净的硅晶体中掺入五价元素磷(P),使磷原子取代晶格中部分硅原子的位置,就形成了 N 型半导体。磷原子的最外层有 5 个价电子,其中 4 个价电子能够和相邻的硅原子形成共价键结构,多出 1 个价电子不受共价键的约束,在常温条件热激发的作用下就能摆脱原子核的束缚成为自由电子。磷原子本身因失去 1 个电子成为晶格内不能移动的正离子,如图 6.3 所示。半导体中掺入的杂质越多,自由电子的浓度就越高,导电性也就越强。在杂质半导体内,也会像本征半导体一样,在热激发的作用下产生自由电子－空穴对,但这种热运动产生的载流子浓度远小于由于掺杂而产生的载流子浓度。所以在 N 型半导体中,自由电子是多数载流子(简称多子),空穴是少数载流子(简称少子),且多子数量要远大于少子数量。该类型半导体是以带负电(negative electricity)的自由电子导电为主,故称为 N 型半导体,也称为电子型半导体。

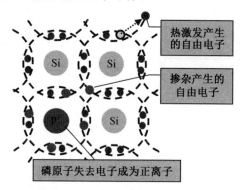

图 6.3　硅晶体中掺入磷元素

2. P 型半导体

在纯净的硅晶体中掺入三价元素硼(B),使硼原子取代晶格中的硅原子的位置,就形成了 P 型半导体。由于硼原子有三个价电子,在与相邻的 4 个硅原子形成共价键结构时缺少一个价电子,产生一个"空位"。在常温条件热激发的作用下,相邻硅原子共价键上的电子就可能填补这些空位,从而在电子原来所处的位置上形成带正电的空穴。硼原子本身由于获得电子而成为晶格中不能移动的负离子,如图 6.4 所示。每个硼原子都能产生一个空穴,这种半导体内的空穴数远大于自由电子数,即空穴为多子,自由电子为少子。该类型半导体是以带正电(Positive electricity)的空穴导电为主,故称为 P 型半导体,也称空穴型半导体。

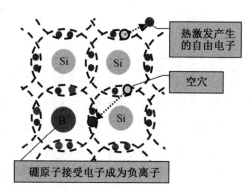

图 6.4　硅晶体中掺入硼元素

杂质半导体中,多子的浓度约等于掺入杂质的浓度,可决定该半导体的导电性能,但多子受温度影响较小;少子是本征激发产生的,所以尽管浓度很低,却对温度非常敏感,是影响半导体器件性能的主要因素。后面为简单起见,N 型半导体通常只画出正离子和等量的自由电子,P 型半导体只画出负离子和等量的空穴,如图 6.5 所示。

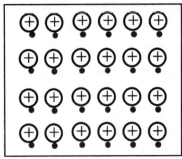

(a) N 型半导体

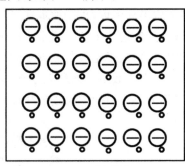

(b) P 型半导体

图 6.5　杂质半导体示意图

6.1.3　PN 结

1. PN 结的形成

P 型半导体与 N 型半导体制作在一起后,在二者的交界面就会出现多子的浓度差。P 区的多子(空穴)将向 N 区扩散,N 区的多子(自由电子)将向 P 区扩散,如图 6.6(a)所示。这种多数载流子在浓度差的作用下产生的运动称为扩散运动。由于扩散到 P 区的自由电子与空穴复合,而扩散到 N 区的空穴与自由电子复合,因此在交界面附近多子的浓度下降,P 区出现负离子区,N 区出现正离子区,这些不能移动的带电离子形成了一个很薄的空间电荷区,并且产生了一个内电场,如图 6.6(b)所示。随着扩散运动的进行,空间电荷区加宽,内电场加强,其方向是从 N 区指向 P 区,正好阻碍多数载流子的扩散运动。同时,在内电场的作用下,进入空间电荷区的少数载流子也将做定向运动,即空穴从 N 区向 P 区运动,而自由电子从 P 区向 N 区运动。这种少数载流子在内电场作用下的定向运动,称为漂移运动。在无外加电场或其他激发作用下,扩散运动与漂移运动会达到动态平衡,空间电荷区的宽度处于相对稳定的状态,此空间电荷区就称为 PN 结,也称为耗尽层或势垒区。

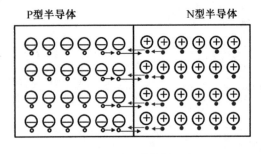

(a) 多子的扩散运动

(b) 空间电荷区的形成

图 6.6　PN 结的形成

2. PN 结的单向导电性

PN 结在没有外加电场的作用时,其内部载流子的扩散运动与漂移运动达到动态平衡,PN 结内没有电流通过。

若在 PN 结上外加正向电压,即 P 区接电源正极,N 区接电源负极,则称 PN 结处于正向偏置状态,简称正偏,如图 6.7 所示。此时,外电场与内电场方向相反。外加电场将 P 区的空穴和 N 区的电子分别由两侧推向空间电荷区,使空间电荷区变窄,削弱了内电场,破坏了原来的动态平衡,使多子的扩散运动显著增强,而少子的漂移运动受到抑制。在外加电源的作用下,持续不断的扩散运动形成正向电流 I_F,使得 PN 结导通。PN 结正向导通的电阻较小,为了防止 PN 结因正向电流过大而损坏,实际电路中都要串接限流电阻。

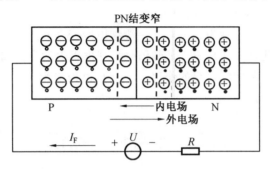

图 6.7　PN 结正向偏置

若将 PN 结的 N 区与电源正极相连,P 区与电源负极相连,则称 PN 结处于反向偏置状态,简称反偏,如图 6.8 所示。此时,外电场与内电场方向相同,使空间电荷区变宽,加强了内电场,阻止了多子的扩散运动,而加强了少子的漂移运动,形成反向电流 I_R,也称为漂移电流。因为少子的浓度非常低,使得反向电流很小,在近似分析中常常忽略不计,因此可以认为 PN 结反向偏置时处于截止状态。

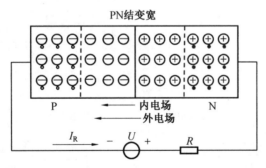

图 6.8　PN 结反向偏置

综上,PN 结正向偏置时,正向电阻很小,正向电流很大,PN 结为导通状态;PN 结反向偏置时,反向电流很小,PN 结处于截止状态或者说呈现高阻状态。这就是 PN 结的单向导电性。所有半导体器件的工作特性都以 PN 结的单向导电性为基础。

3. PN 结的电容效应

当 PN 结的偏置电压发生变化时,耗尽层内的电荷量及其两侧载流子的数目均发生变化,这种电荷量随偏置电压变化的现象与电容的充放电过程相似,称为 PN 结的电容效应。根据产生机理不同,PN 结的结电容可分为势垒电容和扩散电容。

(1)势垒电容 C_b。

当 PN 结外加电压变化时,空间电荷区的宽度将随之变化,即耗尽层的电荷量随外加电压变化而变化,这种现象与电容的充放电过程相同,耗尽层宽窄变化所等效的电容称为势垒电容 C_b。

(2) 扩散电容 C_d。

当 PN 结正向偏置时,扩散运动增强,使得 P 区与 N 区的多数载流子越过耗尽层到达对方区域,并在耗尽层两侧累积形成一定的浓度梯度,靠近耗尽层的浓度高,远离耗尽层的浓度低。当外加正向电压变化时,耗尽层两侧载流子的累积和释放过程与电容器充放电过程相同,这种电容效应称为扩散电容 C_d。

势垒电容与扩散电容统称为结电容。一般结电容都很小(结面积小的为 1 pF 左右,结面积大的为几十至几百皮法),对于低频信号呈现出很大的容抗,其作用可忽略不计,只有在信号频率较高时才考虑结电容的作用。本书只讨论应用于低频信号的半导体器件,所以并不考虑结电容的作用。

6.2　半导体二极管

6.2.1　二极管的基本结构

将 PN 结用外壳封装起来,并加上电极引线就构成了半导体二极管,简称二极管。由 P 区引出的电极为正极或阳极,由 N 区引出的电极为负极或阴极,二极管电路符号如图 6.9(a) 所示,其常见结构如图 6.9(b) ～ (d) 所示。

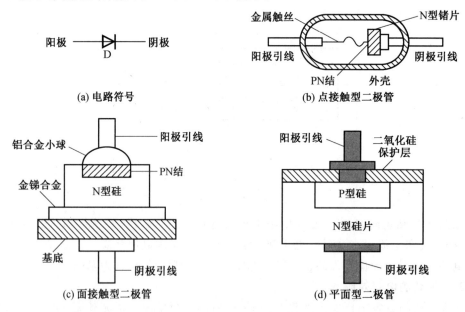

图 6.9　二极管的符号与结构分类

图 6.9(b) 所示的点接触型二极管,由一根金属丝经过特殊工艺与 N 型半导体表面相接,形成 PN 结。其结面积小,只能通过较小的电流,也不能承受过高的反向电压,结电容

在 1 pF 以下,一般适用于高频检波电路和小功率整流电路。图 6.9(c) 所示的面接触型二极管采用合金法工艺制成,其结面积大,能够流通较大的电流,并承受较高的电压,但因结电容较大,只能在较低频率下工作,一般用于低频整流电路。图 6.9(d) 所示的平面型二极管采用扩散法制成,结面积大的可用于大功率整流电路,结面积小的可作为脉冲数字电路的开关管。

6.2.2　二极管的伏安特性

二极管的内部就是一个 PN 结,所以二极管的主要特性也是单向导电性。由半导体物理学的理论分析可知,PN 结所加电压 u 与流过电流 i 的关系为

$$i = I_S(e^{\frac{u}{U_T}} - 1) \tag{6.1}$$

式中　　I_S—— 反向饱和电流;

　　　　T—— 热力学温度,单位为 K;

　　　　U_T—— 温度电压当量,当 $T = 300$ K 时,$U_T \approx 26$ mV。

若忽略二极管半导体体电阻和引线电阻的影响,可用 PN 结的电流方程式(6.1)来描述二极管的伏安特性。以硅管为例,其伏安特性曲线如图 6.10(a) 所示。

1. 正向特性

当二极管外加正向电压较小时,外电场不足以克服内电场,故多数载流子的扩散运动仍受到较大阻碍,二极管正向电流近似为零,此时二极管工作于死区。只有当正向电压足够大时,正向电流才从零开始按指数规律增大。二极管开始导通的临界电压称为开启电压 U_{on}。硅管的 U_{on} 约为 0.5 V,锗管的 U_{on} 约为 0.1 V。在正向电压超过开启电压 U_{on} 后,内电场被大大削弱,PN 结呈现出很小的电阻,即正向电流随着电压变大而迅速增加,二极管正向压降变化很小,此时的二极管才真正导通。硅管的正向导通压降 U_D 为 0.6 ~ 0.8 V,锗管的正向导通压降 U_D 为 0.1 ~ 0.3 V。

2. 反向特性

当二极管外加反向电压时,外电场与内电场方向相同,阻碍多子的扩散运动,有利于少子的漂移运动。漂移运动是由本征激发产生的少子的运动,其形成的反向电流非常小。在特定环境温度下,反向电压在一定范围内变化时,反向电流基本恒定,如同通过二极管的电流达到饱和一样,这个电流称为反向饱和电流 I_S。通常硅管的 I_S 小于 0.1 μA,锗管的 I_S 可达到几十微安。反向饱和电流越小,二极管的单向导电性越好。当二极管外加反向电压达到图 6.10(a) 中的 U_{BR} 时,在外部强电场作用下,少子的数目急剧增加,因而反向电流急剧增大,这种现象称为反向击穿,U_{BR} 称为反向击穿电压。不同型号二极管的反向击穿电压差别很大,通常从几十伏到几百伏。普通二极管被击穿后,会因为功率过大致使 PN 结温度过高,产生热击穿,二极管会失去单向导电性造成永久性损坏。

半导体中的少子浓度主要受温度影响,所以二极管的伏安特性对温度非常敏感。在环境温度升高时,二极管的正向特性曲线将左移,反向特性曲线将下移,如图 6.10(b) 所示。

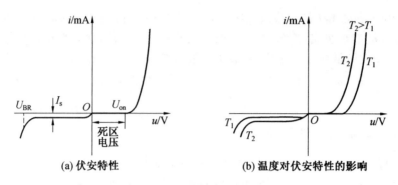

(a) 伏安特性   (b) 温度对伏安特性的影响

图 6.10 二极管的伏安特性

3. 二极管的理想伏安特性与近似伏安特性

在实际工作中为了便于分析和计算,通常将二极管的伏安特性做近似化或理想化处理。例如,图 6.11(a) 所示电路,当电源电压 U_S 远大于二极管的导通压降 U_D 时,则可将该二极管视为理想二极管,它的理想伏安特性如图 6.11(b) 所示。理想二极管正向导通时,可忽略正向导通压降,二极管相当于短路,或者相当于开关闭合;理想二极管反向截止时,忽略反向饱和电流,二极管相当于断路,或者相当于开关断开。

当图 6.11(a) 所示电路中,二极管的导通压降 U_D 与电源电压 U_S 相比不能忽略时,其伏安特性可近似为折线,如图 6.11(c) 所示。二极管折线化的伏安特性表明,二极管导通时正向压降为一个常量 U_D,截止时反向电流为零。因而等效电路是理想二极管串联电压源 U_D。

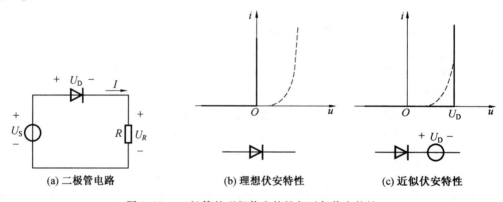

(a) 二极管电路   (b) 理想伏安特性   (c) 近似伏安特性

图 6.11 二极管的理想伏安特性与近似伏安特性

【**例 6.1**】 如图 6.12 所示电路,二极管导通压降 U_D 约为 0.7 V。试分别估算开关断开和闭合时输出电压 U_o 的数值。

解

当开关断开时,二极管在 3 V 电压源作用下正向导通,故输出电压为

$$U_o = 3\ V - 0.7\ V = 2.3\ V$$

当开关闭合时,二极管外加反向电压因

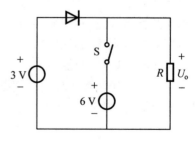

图 6.12 例 6.1 电路

而截止,故输出电压为

$$U_{\mathrm{o}} = 6 \text{ V}$$

6.2.3　二极管的主要参数

每种半导体器件都有一系列表示其性能特点的参数,并汇集在器件使用手册中。以下介绍半导体二极管的几种主要参数。

1. 最大整流电流 I_{F}

I_{F} 是二极管长期运行时允许通过的最大正向平均电流。在规定散热条件下,二极管正向平均电流不得超过此值,否则会因结温过高而烧坏。

2. 最高反向工作电压 U_{R}

U_{R} 是二极管工作时允许外加的最大反向电压,超过此值时,二极管可能被击穿而损坏。为了留有余量,通常 U_{R} 为反向击穿电压 U_{BR} 的一半。

3. 反向电流 I_{R}

I_{R} 是指在室温条件下,在二极管两端加上规定的反向电压且并未击穿时的反向电流。反向电流越小,说明二极管的单向导电性越好。由于反向电流是由本征激发的少子的漂移运动形成的,因此 I_{R} 受温度的影响很大。

4. 最高工作频率 f_{M}

f_{M} 是二极管工作的上限频率,超过此值时,因结电容的影响,二极管将失去单向导电的特性。

6.3　特殊用途二极管

6.3.1　稳压二极管

1. 符号与伏安特性

稳压二极管是一种特殊的面接触型半导体二极管,又称为齐纳二极管,简称稳压管。稳压管通常工作在反向击穿区,当流过稳压管的电流在很大范围内变化时,管子两端的电压几乎不变,从而可以获得一个稳定的电压。与普通二极管不同,稳压二极管的反向击穿是可逆的,只要击穿后的反向电流不超过允许范围,稳压管就不会发生热击穿而损坏。稳压二极管的符号与伏安特性如图 6.13 所示。

2. 稳压二极管的主要参数

(1) 稳定电压 U_{Z}。

U_{Z} 是在规定电流下稳压管的反向击穿电压。由于半导体器件参数具有分散性,因此同一型号稳压管的 U_{Z} 存在一定差别,故一般都给出其范围。例如,型号为 2CW59 稳压管的 U_{Z} 为 $10 \sim 11.8$ V,但就某一个稳压管而言,U_{Z} 应为确定值。

(2) 稳定电流 I_{Z}。

I_{Z} 是保证稳压管工作在正常稳压状态时的最小电流,也常表示为 I_{Zmin}。当电流低于此值时稳压效果变坏,只要不超过稳压管的额定功率,稳定电流越大,稳压效果越好。

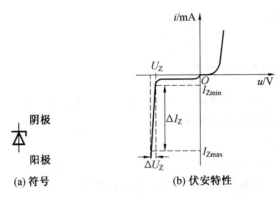

图 6.13　稳压二极管的符号与伏安特性

（3）最大稳定电流 I_{ZM}。

I_{ZM} 是稳压管允许通过的最大反向电流值，也可表示为 I_{Zmax}。

（4）额定功率 P_{ZM}。

P_{ZM} 等于稳压管的稳定电压 U_Z 与最大稳定电流 I_{ZM} 的乘积，即 $P_{ZM} = U_Z I_{ZM}$。当功率超过此值时，稳压管会因结温过高而损坏。

（5）动态电阻 r_Z。

r_Z 是稳压管工作在稳压区时，端电压变化量 ΔU_Z 与其电流变化量 ΔI_Z 之比，即 $r_Z = \Delta U_Z / \Delta I_Z$。$r_Z$ 越小，稳压管的反向伏安特性曲线越陡，稳压特性越好。

（6）温度系数 α。

α 是指温度每变化 1° 时稳定电压的变化量，即 $\alpha = \Delta U_Z / \Delta T$，表示稳压管的温度稳定性。稳定电压 U_Z 在 $4 \sim 7$ V 之间的稳压管，温度系数非常小，近似为零；稳定电压小于 4 V 的稳压管具有负温度系数，即稳定电压随温度的升高而下降；稳定电压大于 7 V 的稳压管具有正温度系数，即稳定电压随温度的升高而增大。

3. 稳压电路的工作原理

稳压管组成的稳压电路如图 6.14 所示。该电路是将前端整流滤波电路的输出作为稳压电路的输入电压 U_i，当 U_i 波动或负载变化时，能够保持输出电压 U_o 基本稳定。以下分两种情况来讨论其稳压原理。

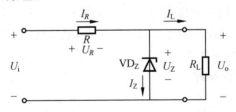

图 6.14　稳压管组成的稳压电路

当输入电压 U_i 不变，负载 R_L 变化引起输出电压 U_o 变动时，如负载 R_L 变小，即负载电流 I_L 增大，则 I_R 增大，RI_R 增大，从而引起 U_o 减小，会使得并联稳压管的工作电流 I_Z 显著减小，于是 I_R 随之减小，RI_R 减小，而 U_o 增大。U_o 先减小，后增大，即输出电压 U_o 保持稳定。

当负载 R_L 不变,输入电压 U_i 变化引起 U_o 变动时,如 U_i 增大,将引起 U_o 增大,I_Z 会显著增大,使得总电流 I_R 及 RI_R 也随之明显增大,从而使 U_o 减小,以保持输出电压 U_o 的稳定。

该稳压电路是利用稳压管的电流调整作用,将输入电压 U_i 的波动或负载 R_L 的变化对输出电压的影响,通过电阻 R 电压变化的补偿作用,来维持输出电压 U_o 的稳定。由于稳压管的反向电流小于 I_{Zmin} 时不稳压,大于 I_{Zmax} 时会超过额定功率而损坏,因此电阻 R 要合理取值,确保反向电流的大小在 I_{Zmin} 和 I_{Zmax} 之间,故电阻 R 称为限流电阻。

【例 6.2】　如图 6.14 所示稳压管组成的稳压电路,已知输入电压 $U_i=10$ V,稳压管的稳定电压 $U_Z=6$ V,最小稳定电流 $I_{Zmin}=5$ mA,最大稳定电流 $I_{Zmax}=25$ mA,负载电阻 $R_L=600$ Ω。求限流电阻 R 的取值范围。

解　由图 6.14 所示电路可得 $I_R=I_Z+I_L$,$I_L=\dfrac{U_Z}{R_L}=\dfrac{6\text{ V}}{600\ \Omega}=10$ mA,且 $I_Z=(5\sim25)$ mA。因此

$$I_R=I_Z+I_L=(15\sim35)\text{ mA}$$

R 上的电压为

$$U_R=U_i-U_Z=10\text{ V}-6\text{ V}=4\text{ V}$$

由此可得

$$R_{max}=\frac{U_R}{I_{Rmin}}=\frac{4\text{ V}}{15\text{ mA}}=267\ \Omega$$

$$R_{min}=\frac{U_R}{I_{Rmax}}=\frac{4\text{ V}}{35\text{ mA}}=114\ \Omega$$

6.3.2　肖特基二极管

肖特基二极管以其发明人肖特基(Schottky)命名,全称为肖特基势垒二极管(Schottky barrier diode,SBD)。SBD 并不是由 PN 结组成,而是利用金属(金、银、铝、铂等)与 N 型半导体接触形成的金属－半导体结原理制作而成。由金属引出的电极为正极或阳极,N 型半导体区引出的电极为负极或阴极,其符号如图 6.15 所示。当金属与 N 型半导体接触后,由于 N 型半导体的费米能级要高于金属,因此 N 型半导体中的自由电子会向金属移动。这些自由电子分布在只有一个原子层厚度的金属表面,使得金属－半导体结的金属侧带负电荷。对于 N 型半导体来说,失去电子的施主杂质原子成为正离子,使得 N 型半导体带正电荷。这些正电荷分布在靠近金属－半导体结的 N 型半导体一侧,由此建立了从 N 型半导体指向金属方向的内电场,阻止 N 型半导体的自由电子进一步向金属移动。N 型半导体一侧形成的势垒区称为肖特基势垒,如图 6.16 所示,其势垒高度远小于 PN 结的势垒高度,但伏安特性与 PN 结相似,具有单向导电性。

由于肖特基势垒高度低于 PN 结势垒高度,因此 SBD 的正向导通开启电压和正向压降都比 PN 结二极管低,约低 $0.2\sim0.4$ V。另外,SBD 是一种多数载流子导电器件,其反向恢复时间只是肖特基势垒电容的充、放电时间,故其开关速度非常快,开关损耗也特别小。但是,SBD 的反向击穿电压较低,比 PN 结二极管更容易受热击穿,反向漏电流也比 PN 结二极管大。SBD 的结构及特点使其适合作为高频、低压、大电流整流二极管,以及

续流二极管、保护二极管,也有用在微波通信等电路中作为整流二极管、小信号检波二极管使用,在通信电源、变频器等电路中比较常见。

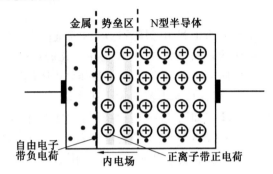

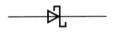

图 6.15　肖特基二极管符号　　　　图 6.16　肖特基二极管结构

6.3.3　发光二极管

发光二极管(light emitting diode,LED)是一种特殊的二极管,基本结构也是由一个PN 结构成,并具有单向导电性,其符号如图 6.17 所示。发光二极管加上正向电压后,在多数载流子的扩散运动过程中,电子与空穴复合时会把多余的能量以可见光的形式释放出来。发光二极管的发光颜色取决于所用的半导体材料,如砷化镓二极管发红光,磷化镓二极管发绿光,碳化硅二极管发黄光,氮化镓二极管发蓝光等。发光二极管的伏安特性与普通二极管类似,但由于材料的特殊性,因此其正向导通电压较大,约为 $1 \sim 2$ V,正向导通电流一般为几毫安到几十毫安,使用时一般要串联限流电阻,且在一定范围内,通过的电流越大,光的亮度越强。发光二极管具有显色性好、可靠性高、功耗小、寿命长、环保等优点,广泛应用于照明与显示领域中。

6.3.4　光电二极管

光电二极管又称为光敏二极管,它是一种能将光信号转换为电信号的光探测器。光电二极管的管芯常使用一个具有光敏特性的 PN 结,而管壳上有一个窗口,使光线可以照射到 PN 结上。光电二极管工作时需加反向电压,当无光照时,反向电流很小,一般小于$0.1\ \mu A$,称为暗电流,此时光电二极管截止。当光线照射 PN 结时,可以使 PN 结中产生电子一空穴对,称为光生载流子,这些载流子在反向电压作用下参加漂移运动,形成的反向电流称为光电流,且光的强度越大,反向电流也越大,这种特性可广泛应用于遥控、报警及光电传感器之中。光电二极管的符号如图 6.18 所示。

图 6.17　发光二极管的符号　　　　　　图 6.18　光电二极管的符号

6.4　二极管应用电路

6.4.1　二极管整流电路

大多数电子设备都需要直流电源供电,获得直流供电电源的方式较多,如干电池、蓄电池或直流发电机等。为了获得高稳定性、高精度、低纹波及较低成本的直流电压源,通常将 220 V、50 Hz 的正弦交流电经过变压、整流、滤波和稳压后变换为直流电。整流就是将交流电压变换为单方向的脉动直流电压,整流电路是直流稳压电源的重要组成部分。

图 6.19 所示为单相半波整流电路,其电路图如图 6.19(a) 所示,该电路由变压器、二极管 D 和负载 R_L 组成。u_1 是变压器的原边电压,通常为 220 V、50 Hz 的正弦交流电压,u_2 是变压器的副边电压。由于二极管 D 导通压降相对很小,因此忽略其导通压降,视其为理想二极管。在 u_2 的正半周,二极管 D 正向导通,电流 i_D 在负载 R_L 上产生上正下负的输出电压 u_o;在 u_2 的负半周,二极管 D 反向截止,电流 i_D 为 0,R_L 的输出电压 u_o 也为 0。由此,在 u_2 的一个周期内,负载 R_L 上的输出电压 u_o 就是单方向的,且近似为半个周期的正弦电压,所以该电路称为半波整流电路。单相半波整流电路中 u_2 及输出电压 u_o 的波形如图 6.19(b) 所示。

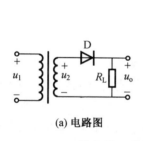

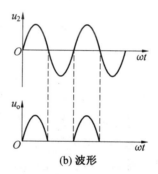

(a) 电路图　　　　　　　　　　(b) 波形

图 6.19　单相半波整流电路及其波形

单相半波整流电路虽然简单,但是它只利用了交流电源的半个周期,变压器利用率较低,输出电压 u_o 有效值也较小,脉动幅度较大。为了克服这些缺点,可以利用 4 个二极管构成单相桥式全波整流电路,其电路图如图 6.20(a) 所示,也可以简化表示为图 6.20(b) 所示电路。

在 u_2 的正半周时,D_1、D_3 导通,D_2、D_4 截止;在 u_2 的负半周时,D_2、D_4 导通,D_1、D_3 截止。由此,在 u_2 的整个周期内,均有电流自上而下流过负载 R_L,且输出直流脉动电压,故称为全波整流电路。u_2、输出电流 i_o 及输出电压 u_o 的波形如图 6.20(c) 所示。与单相半波整流电路相比,单相桥式全波整流电路的输出电压有效值更大,输出电压脉动程度更小,并且整流二极管承受的反向电压也不高。

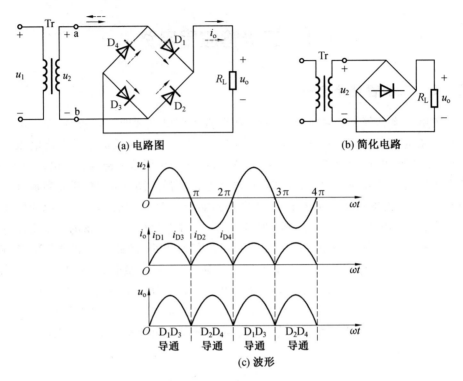

(a) 电路图   (b) 简化电路

(c) 波形

图 6.20 单相桥式全波整流电路

6.4.2 限幅电路

大多数电子电路,如放大器、调制器等,都要求输入信号在特定的电压范围内。任何幅度超过规定电压范围的信号都会在输出时失真,严重的可能导致电路器件损坏。因此,通常需要对输入信号的波形进行削波(clipping),以"限幅"输入信号的一部分,但不会影响剩余部分。即当输入电压在一定范围内变化时,输出电压随输入电压做相应变化;而当输入电压超出该范围时,输出电压保持不变,这种电路就是限幅电路。

二极管限幅电路是利用二极管的单向导电性工作的,以下简单介绍三种二极管限幅电路的结构与工作原理。设二极管的正向导通压降为 0.7 V(硅管),二极管反向偏置时相当于开路。以正弦电压 u_i 作为限幅电路的输入电压,以方便与限幅后的输出电压 u_o 做波形对比。

图 6.21(a) 所示电路中,二极管 D 与偏置电压源 U_B 串联。当输入电压 $u_i > U_B + 0.7\text{ V}$ 时,二极管正向导通,输出电压 u_o 即被限制在 $U_B + 0.7\text{ V}$;当 $u_i < U_B + 0.7\text{ V}$ 时,二极管截止,输出电压 $u_o = u_i$。该电路能够限制正向输出电压的大小,因此称为正向偏置限幅电路。图 6.21(b) 所示电路为负向偏置限幅电路,即限制反向输出电压的大小,使输出电压 $u_o > -U_B - 0.7\text{ V}$。图 6.21(c) 所示为双向偏置限幅电路,即同时限制正向和反向输出电压的大小。根据限幅电路的要求或应用,每个支路的偏置电压可以相同或不同。此外,可以通过使用可变电压源来制作可变电压限幅电路。

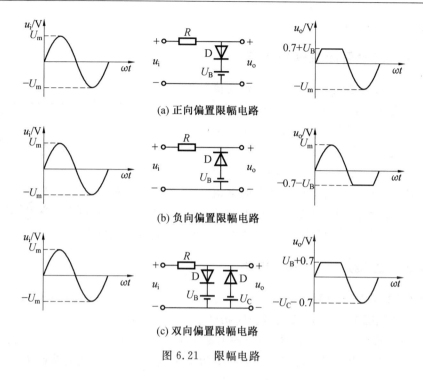

(a) 正向偏置限幅电路

(b) 负向偏置限幅电路

(c) 双向偏置限幅电路

图 6.21　限幅电路

6.4.3　检波电路

在无线电技术中,消息信号(如声音信号)的频率较低,能量很小,无法实现远距离传输。因此,需要把消息信号与高能量的高频振荡信号(通常为高频正弦波信号)进行混合,才能通过天线发射出去进行远距离传输。这里的高频振荡信号称为载波信号,消息信号与载波信号的混合称为调制,产生的新信号称为已调波信号。图 6.22(a) 所示为通过幅度调制产生的已调波信号,该调幅信号的包络就是传送的低频消息信号。在无线电接收端,从已调波信号中提取出低频消息信号(包络)的过程称为解调或者检波。图 6.22(b) 所示为由二极管组成的检波器。二极管 D 称为检波二极管,通常为点接触型锗二极管,其工作频率高。C 为检波器负载电容,用来滤除检波后的高频成分,R_L 为检波器负载,用来获取检波后所需的低频消息信号。

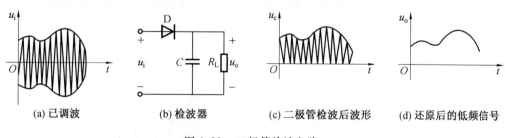

(a) 已调波　　　(b) 检波器　　　(c) 二极管检波后波形　　　(d) 还原后的低频信号

图 6.22　二极管检波电路

由于二极管的单向导电性,已调波经过检波二极管后,负半波被截去,如图 6.22(c)所示。检波器负载电容 C 再将高频信号旁路,则负载 R_L 获得的输出电压就是还原的低频信号,如图 6.22(d) 所示。

6.4.4 二极管续流保护电路

图 6.23 所示电路中的二极管起到续流
保护作用。当开关 K 闭合时,直流电压源 U_S
接通大电感 L,二极管因反偏而截止,全部电
流流过电感线圈。在开关 K 断开瞬间,二极
管将为电感线圈的续流电流提供通路。如果
没有二极管提供续流通路,电感线圈的电流
将迅速变为 0,大电感两端会产生很大的负

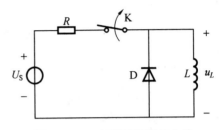

图 6.23　二极管续流保护电路

瞬时电压,将击穿开关处的空气,即形成电弧,为续流电流找到放电通路。

6.4.5 逻辑运算(开关)电路

在图 6.24(a) 所示电路中,电源电压 V_{CC} 为 5 V,A、B 为输入端,Y 为输出端。设二极
管正向导通的压降为 0.7 V,反向截止时相当于开路。只要输入端 A 或 B 有一个为低电
平(0 V),则必然有一个二极管导通,使输出端 Y 电位钳位在 0.7 V;当输入端 A 与 B 全为
高电平(5 V) 时,二极管全部关断,输出近似为电源电压(5 V)。该电路称为二极管与逻
辑电路,输出与输入的电平逻辑关系如图 6.24(b) 所示。

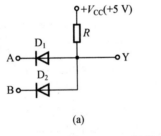

u_A	u_B	u_Y
0 V	0 V	0.7 V
0 V	5 V	0.7 V
5 V	0 V	0.7 V
5 V	5 V	5 V

(a)　　　　　　　　(b)

图 6.24　二极管与逻辑电路

在图 6.25(a) 所示电路中,若输入端 A 与 B 全为低电平(0 V),则二极管全部截止,输
出端 Y 输出低电平(0 V);若输入端 A 或 B 至少有一个为高电平(5 V),则输出为高电平
(4.3 V)。该电路称为二极管或逻辑电路,输出与输入的电平逻辑关系如图 6.25(b)
所示。

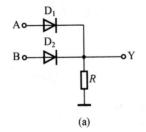

u_A	u_B	u_Y
0 V	0 V	0 V
0 V	5 V	4.3 V
5 V	0 V	4.3 V
5 V	5 V	4.3 V

(a)　　　　　　　　(b)

图 6.25　二极管或逻辑电路

Multisim 仿真实践：二极管桥式整流电路

二极管桥式整流电路连接图如图 6.26 所示，四个二极管两两相接构成闭合回路，电路输入为交流电源，实验中用函数发生器设置幅值为 2 V 频率为 1 kHz 的正弦波。输入正弦波的正半部分时，D_2、D_3 两只二极管导通，而 D_1、D_4 两只二极管截止，在负载电阻 R_L 两端得到的电路输出是正电压；输入正弦波的负半部分时，D_1、D_4 两只二极管导通，而 D_2、D_3 两只二极管截止，由于这两只二极管反接，因此负载电阻 R_L 两端得到的电路输出还是正弦波的正半部分。示波器观察所得到的二极管桥式整流电路波形如图 6.27 所示。

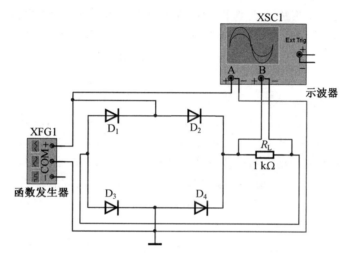

图 6.26　二极管桥式整流电路连接图

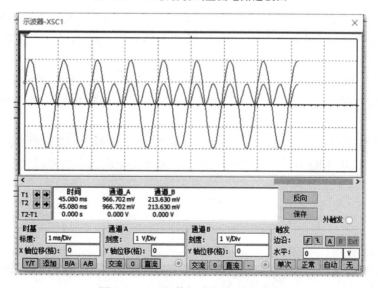

图 6.27　二极管桥式整流电路波形

6.5 本章小结

（1）本征半导体是指完全不含杂质且无晶格缺陷的纯净半导体。相邻的硅或锗原子通过最外层的四个电子构成共价键排列成有序稳定的空间晶格结构。共价键中的价电子在热激发，或者光照、电场等外部作用激发下，能够摆脱共价键的束缚成为自由电子，留下的空位称为空穴。自由电子与空穴成对出现，是参与半导体导电的两种载流子。由于常温下本征半导体载流子的浓度较低，因此导电能力较弱。

本征半导体掺入特定杂质元素后成为杂质半导体，可以明显改变半导体的电学性质：掺入少量的三价元素就形成了 P 型半导体，在 P 型半导体中空穴为多数载流子（多子），自由电子为少数载流子（少子）；掺入少量五价元素形成 N 型半导体，在 N 型半导体中自由电子为多数载流子，而空穴为少数载流子。多子浓度由掺杂浓度决定，而少子由热激发产生，其浓度与温度相关。

（2）将 P 型半导体与 N 型半导体制作在一块半导体上，则在两种半导体的交界面处，多子在浓度差的作用下产生扩散运动。多子在扩散运动中相互复合，并在交界面两侧留下不能移动的正、负离子，从而产生了内电场。内电场会阻碍多子的扩散运动，并且推动两侧半导体少子的漂移运动。当扩散运动与漂移运动达到动态平衡时，形成稳定的空间电荷区（也称为耗尽层），在 P 型半导体与 N 型半导体的交界面就形成了 PN 结。当 PN 结外加正向电压时，PN 结电阻很低，正向电流很大，PN 结处于导通状态；当 PN 结外加反向电压时，反向电流很小，PN 结处于截止状态。

（3）PN 结是半导体二极管的核心部件，具有单向导电性。当二极管外加正向电压且大于开启电压 U_{on} 时，二极管正向电流迅速增大，且二极管的导通压降 U_D 随电流变化很小；当外加正向电压小于 U_{on} 时，二极管的正向电流很小；当二极管外加反向电压时，反向饱和电流非常小；当二极管外加反向电压超过击穿电压 U_{BR} 时，二极管发生反向击穿现象。

（4）稳压二极管、肖特基二极管、发光二极管及光电二极管具有不同组成结构，有些是由特定材料和制作工艺制成的特殊功能二极管，应了解特殊功能二极管的工作原理和基本应用。

（5）二极管可以构成包括整流电路、限幅电路、检波电路、续流保护电路及逻辑开关电路在内的基本应用电路，应了解二极管在这些基本应用电路中的作用和工作原理。

习 题

6.1 填空：

（1）本征半导体是_____，其载流子是_____和_____。两种载流子的浓度_____。

（2）在杂质半导体中，多数载流子的浓度主要取决于_____，而少数载流子的浓度则与_____有很大关系。

（3）漂移电流是_____在_____作用下形成的。

（4）二极管的最主要特征是_____，与此有关的两个主要参数是_____和_____。

（5）稳压管是利用了二极管的_____特征而制造的特殊二极管，它工作在_____。

（6）某稳压管具有正的电压温度系数，那么当温度升高时，稳压管的稳压值将_____。

6.2　如图 P6.2 所示电路，已知 $u_i = 10\sin\omega t$(V)，试画出 u_i 与 u_o 的波形。设二极管正向导通电压可忽略不计。

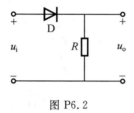

图 P6.2

6.3　在图 P6.3 所示的各电路中，$E = 5$ V，$u_i = 10\sin\omega t$（V），二极管的正向压降可忽略不计，试分别画出输出电压 u_o 的波形。

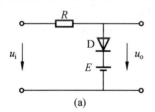
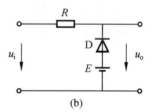

图 P6.3

6.4　设硅稳压管 VD_{Z1} 和 VD_{Z2} 的稳定电压分别为 5 V 和 10 V，正向压降均为 0.7 V。求图 P6.4 所示各电路的输出电压 U_o。

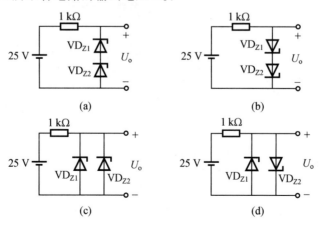

图 P6.4

6.5　已知稳压管的稳定电压 $U_Z = 6$ V，稳定电流的最小值 $I_{Zmin} = 5$ mA，最大功耗

$P_{ZM} = 150$ mW。试求图 P6.5 所示电路中电阻 R 的取值范围。

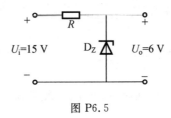

图 P6.5

6.6 在图 P6.6 中,试求下列几种情况下输出端电位 V_F:

(1)$V_A = +10$ V,$V_B = 0$ V;(2)$V_A = +6$ V,$V_B = +5.8$ V,设二极管的正向电阻为零,反向电阻为无穷大。

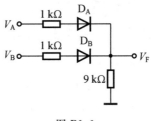

图 P6.6

6.7 有两个稳压管 D_{Z1} 和 D_{Z2},其稳定电压分别为 5.5 V 和 8.5 V,正向压降都是 0.5 V。如果要得到 3 V、6 V 和 9 V 几种稳定电压,这两个稳压管(还有限流电阻)应该如何联结? 分别画出各电路。

第7章　晶体管及其基本应用电路

晶体管是组成各种电子电路的常用半导体器件。晶体管作为一种有源器件,能够利用电流放大作用组成放大电路,实现能量的控制与转换;也可以利用其开关特性,组成数字逻辑电路的基本单元,实现数字量的逻辑运算和逻辑处理功能。晶体管分为双极型晶体管(bipolar junction transistor,BJT)和场效应晶体管(field effect transistor,FET)两大类。在双极型晶体管中,自由电子和空穴都参与导电,而在场效应晶体管中,只有一种载流子参与导电。本章着重介绍晶体管的结构、工作原理、外特性及各种基本应用电路。

7.1　双极型晶体管

7.1.1　双极型晶体管的结构及类型

双极型晶体管又称为半导体三极管、晶体三极管,习惯上简称为三极管或晶体管。图7.1所示为几种常见的晶体管外观结构。晶体管基本外延平面结构如图7.2所示,它是在一个硅(或锗)基片上制造出3个掺杂半导体区域,分别称为发射区、基区和集电区,并分别引出3个电极:发射极(e)、基极(b)和集电极(c)。

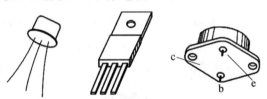

图 7.1　几种常见的晶体管外观结构

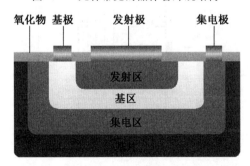

图 7.2　晶体管基本外延平面结构

按照3个掺杂半导体组成方式的不同,晶体管可分为 NPN 和 PNP 两种类型,其结构示意图如图7.3所示。基区与发射区之间的 PN 结称为发射结,基区与集电区之间的 PN 结称为集电结。图7.4所示为两种类型晶体管的符号,符号中的箭头表示发射结加正向偏置电压时,发射极电流的方向。

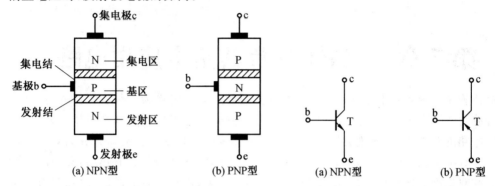

图 7.3   两种类型晶体管的结构示意图   图 7.4   两种类型晶体管的符号

晶体管的内部结构和制造工艺具有以下特点:基区很薄,且掺杂浓度最低;发射区的掺杂浓度最高;集电区掺杂浓度比发射区低很多,且集电结面积大于发射结面积。尽管发射区与集电区是同型半导体,但两者面积与掺杂浓度均不同,结构上非对称,因此发射极 e 与集电极 c 不能互换使用。本节主要通过 NPN 型晶体管介绍相关内容。

7.1.2   晶体管的电流放大作用

在工程实践或科学实验中,传感器获得的电信号都很微弱,只有经过放大才能做进一步的处理,或者使之具有足够的能量来推动执行机构。晶体管是放大电路的核心器件,其电流放大作用是由内部基本结构、制造工艺和外部条件共同决定的。

为了使晶体管能够具有电流放大作用,发射结应加正向偏置电压,集电结应加反向偏置电压。现以 NPN 型晶体管为例,说明晶体管内部载流子的运动与电流放大作用。如图 7.5 所示,发射极 e、基极 b 与集电极 c 相对于接地端的电位分别为 V_E、V_B 和 V_C,直流电压源 V_{BB}、V_{CC} 与电阻 R_b、R_c 形成的直流偏置电路,使得 $V_C > V_B > V_E$。

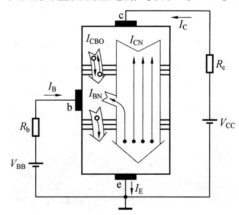

图 7.5   晶体管内部载流子的运动与电流放大作用

在外部偏置电压作用下,发射结正偏,有利于多子的扩散运动,即发射区的多子(自由电子)向基区扩散,基区的多子(空穴)向发射区扩散。这两种多子的扩散运动形成发射极电流 I_E。由于发射区掺杂浓度远远高于基区,因此 I_E 主要以电子电流为主。

发射区的多子(自由电子)到达基区后,成为 P 型半导体的非平衡少子。这些自由电子分成两部分,其中极少部分自由电子与基区空穴复合形成电流 I_{BN};而大部分自由电子在集电结反向偏置电压作用下漂移到集电区,形成电流 I_{CN}。另外,基区自身的少子(自由电子)与集电区少子(空穴)也会在集电结反偏电压作用下形成漂移电流,称为反向饱和电流 I_{CBO}。I_{CBO} 数值很小,可以忽略不计。因此,基极电流 I_B 主要以 I_{BN} 为主,而集电极电流 I_C 主要以 I_{CN} 为主。

根据基尔霍夫电流定律,发射极电流 I_E 等于基极电流 I_B 与集电极电流 I_C 之和,即 $I_E = I_B + I_C$。其中,I_B 所在回路称为输入回路,I_C 所在回路称为输出回路,而发射极是两个回路的公共端,这种连接方式称为共射极接法。

晶体管制成后,其内部尺寸和掺杂浓度是确定的,发射区所发射的自由电子中,在基区复合的部分与被集电区收集的部分的比例是确定的,因此 I_B 与 I_C 也成比例,即

$$I_C = \bar{\beta} I_B \tag{7.1}$$

式中 $\bar{\beta}$—— 晶体管共射极直流放大倍数,在晶体管规格表或测量设备中通常表示为 h_{FE}。

$\bar{\beta}$ 的大小一般为 $20 \sim 300$,具体数值取决于晶体管型号,一些特殊型号的晶体管有更大的直流放大倍数。晶体管在放大状态时,基极电流 I_B 相对很小,因此集电极电流 I_C 与发射极电流 I_E 近似相等,即 $I_C \approx I_E$。

7.1.3 晶体管的共射特性曲线

共发射极接法的晶体管的特性曲线包括输入特性曲线和输出特性曲线。特性曲线是晶体管内部载流子运动的外部表现,反映晶体管的工作特性,是分析放大电路的重要依据。可以用晶体管特性图示仪测得晶体管的输入、输出特性曲线。

1. 输入特性曲线

图 7.6 所示为 NPN 型晶体管的共射输入特性曲线,描述管压降 U_{CE} 为常数时,输入端口的基极电流 i_B 与发射结电压 u_{BE} 之间的函数关系,即

$$i_B = f(u_{BE}) \mid U_{CE} = \mathrm{const}$$

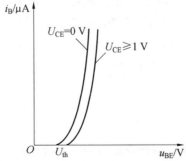

图 7.6 NPN 型晶体管的共射输入特性曲线

由于基区很薄,两个 PN 结相距很近,因此 i_B 与 u_{BE} 的关系会受到 U_{CE} 的影响。对不

同的 U_{CE}，输入特性应该表示为一组曲线。

(1) 当 $U_{CE}=0$ V 时，发射结加正向偏置电压，共射输入特性曲线与二极管的正向特性曲线类似。

(2) 当 U_{CE} 较小时，随着 U_{CE} 的增加，特性曲线向右移动。这是因为随着 U_{CE} 的增加，集电结的内电场增强，收集电子的能力得到提高，减小了基区内电子复合的机会，致使同样的 u_{BE} 下 i_B 减小。

(3) 当 $U_{CE} \geqslant 1$ V 时，集电结已经反向偏置，收集电子的能力很强，可以认为发射区发射到基区的电子基本上被集电区收集，以至于 U_{CE} 再增加，i_B 也不会明显减小。工程上通常认为 $U_{CE} \geqslant 1$ V 的所有曲线重合，可以近似表示为 $U_{CE}=1$ V 的一条曲线。

2. 输出特性曲线

输出特性曲线是指当 I_B 为常数时，输出端口的集电极电流 i_C 与管压降 u_{CE} 之间的函数关系曲线，即

$$i_C = f(u_{CE}) \mid I_B = \mathrm{const}$$

图 7.7 所示为 NPN 型晶体管的共射输出特性曲线，它是 I_B 在 $0 \sim 80$ μA 区间取值所对应的一簇特性曲线。输出特性曲线可以划分为三个区域，分别是放大区、饱和区和截止区，用来表示晶体管的三种工作状态，即放大状态、饱和状态和截止状态。

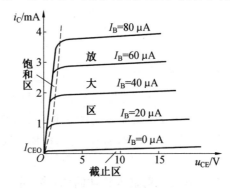

图 7.7 NPN 型晶体管的共射输出特性曲线

(1) 截止区。

一般将 $I_B=0$ 的输出特性曲线以下的区域称为截止区，并且为了可靠截止，工程实践中常使 $u_{BE} \leqslant 0$ V，此时发射结与集电结均反向偏置。当发射结反向偏置时，发射区不再向基区注入电子。但在 u_{CE} 的作用下，集电极与发射极之间存在很小的穿透电流 I_{CEO}，一般硅管的穿透电流小于 1 μA，若忽略不计，集电极与发射极之间近似开路，相当于开关的断开状态。

(2) 放大区。

晶体管工作在放大区时，发射结正偏并大于开启电压，集电结反偏，即 $u_{BE} > U_{th}$，且 $u_{CE} \geqslant u_{BE}$。该区域内各条输出特性曲线近似为水平的直线，表示 i_B 一定时，i_C 基本上不随 u_{CE} 变化，输出端口表现出恒流源的特性。但在 u_{CE} 为某确定值时，当基极电流有微小的变化量 Δi_B 时，相应的集电极电流将产生一个较大的变化量 Δi_C。例如，图 7.7 中，当 $u_{CE}=$ 5 V 时，i_B 由 20 μA 增加到 40 μA（$\Delta i_B=0.02$ mA），相应的 i_C 由 1 mA 增加到 2 mA（$\Delta i_C=$

2 mA),可见晶体管具有电流放大作用。

将集电极电流与基极电流的变化量之比定义为共射交流放大倍数,用 β 表示,即

$$\beta = \frac{\Delta i_C}{\Delta i_B} \Big|_{U_{CE} = \text{const}} \tag{7.2}$$

在近似分析中,可以认为 $\beta \approx \bar{\beta}$,在实际应用中不再加以区分。

（3）饱和区。

晶体管工作在饱和区时,发射结正偏且大于开启电压,集电结也正偏,即 $u_{BE} > U_{th}$,且 $u_{CE} \leqslant u_{BE}$。集电结内电场被削弱,集电区收集自由电子的能力减弱。在这一区域,不同 i_B 值的各条特性曲线几乎重叠在一起。也就是说,当 i_B 增大时,i_C 增大不多或基本不变,即 $i_C < \beta i_B$,晶体管失去了放大能力,这种现象称为饱和。但 i_C 随 u_{CE} 的增大而迅速增大。在饱和区 u_{CE} 的数值较小,可以根据 u_{CE} 的大小来判断晶体管是否处于饱和状态。$u_{CE} = u_{BE}$ 时的工作状态称为临界饱和状态,临界状态时的管压降记为 U_{CES}。饱和状态时的管压降记为 $U_{CE(sat)}$,一般小功率硅管 $U_{CE(sat)} < 0.3$ V,此时集电极与发射极之间电位相近而可以近似认为短路,相当于开关的闭合状态。

在模拟电路中,晶体管通常工作在放大区;在数字电路中,晶体管一般工作在饱和区和截止区。

7.1.4　双极型晶体管的主要参数

1. 电流放大系数

电流放大系数包括共射直流放大系数 $\bar{\beta}$ 及共射交流放大系数 β,近似分析中 $\beta \approx \bar{\beta}$。

2. 极间反向饱和电流

（1）集电极－基极间的反向饱和电流 I_{CBO}。

当发射极 e 开路时,集电极 c 和基极 b 之间的反向饱和电流即为 I_{CBO}。一般小功率锗管的 I_{CBO} 约为几微安至几十微安,硅管的 I_{CBO} 比锗管小 $2 \sim 3$ 个数量级,因此温度稳定性更好。

（2）集电极－发射极间的穿透电流 I_{CEO}。

当基极 b 开路时,集电极 c 和发射极 e 间加上一定电压所产生的集电极电流即为 I_{CEO},$I_{CEO} = (1 + \bar{\beta}) I_{CBO}$。

因为 I_{CBO} 和 I_{CEO} 都是少数载流子运动形成的,所以对温度非常敏感。选用晶体管时,I_{CBO} 和 I_{CEO} 应尽量小。

3. 极限参数

（1）集电极最大允许电流 I_{CM}。

当集电极电流 i_C 过大时,晶体管的 β 值就要减小。使 β 值明显减小的 i_C 即为 I_{CM}。当 i_C 超过 I_{CM} 后,晶体管还有损坏的可能。

（2）集电极最大允许功耗 P_{CM}。

当晶体管工作时,管压降为 u_{CE},集电极电流为 i_C,因此晶体管损耗功率为 $p_C = i_C u_{CE}$。晶体管功率大部分消耗在反向偏置的集电结上,并表现为结温升高。P_{CM} 是在晶

体管温升允许的条件下集电极所消耗的最大功率,超过此值时,晶体管将被烧坏。

（3）反向击穿电压。

晶体管的某一极开路时,另外两个电极间所允许加的最高反向电压即为极间反向击穿电压,超过此值时晶体管会发生击穿现象。极间反向击穿电压主要有以下几项。

①$U_{(BR)CEO}$:基极开路时,集电极和发射极之间的反向击穿电压;

②$U_{(BR)CBO}$:发射极开路时,集电极和基极之间的反向击穿电压。

7.2　双极型晶体管基本放大电路

双极型晶体管 BJT 的三个电极均可作为输入回路与输出回路的公共端。发射极作为公共电极,简称共射,表示为 ce;集电极作为公共电极,简称共集,表示为 cc;基极作为公共电极,简称共基,表示为 cb。晶体管的三种接法,也称为三种组态。而无论哪种组态,都要使得发射结正偏,集电结反偏,才能使得晶体管工作在放大状态。本节主要介绍共射基本放大电路与共集基本放大电路,共基基本放大电路不常用于运算放大器中就不再详述。

本节分析中,将使用不同的标识方法来区分电路中不同类型的电路变量,如:U_{BE}、U_{CE} 表示直流分量;u_{be}、u_{ce} 表示交流分量;u_{BE}、u_{CE} 表示交流分量与直流分量叠加在一起的信号。此外,$\dot{U}_{be}$、$\dot{U}_{ce}$ 表示交流分量的相量,U_{be}、U_{ce} 表示交流分量的有效值。

7.2.1　共射基本放大电路

1. 共射基本放大电路的组成

共射基本放大电路如图 7.8 所示。从晶体管的基极 b 对地输入信号,集电极 c 对地输出信号,发射极 e 作为输入、输出回路的公共端。

在分析放大电路时,要考虑直流电压源 V_{CC} 与交流信号源 u_i 的共同作用。如果只有直流电压源 V_{CC} 单独作用(即 $u_i = 0$),电路中各处电压、电流都是恒定的直流分量,这种直流工作状态简称为静态。图 7.9 所示为共射基本放大电路静态时的直流通路。

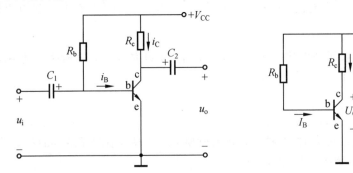

图 7.8　共射基本放大电路　　图 7.9　共射基本放大电路静态时的直流通路

当输入交流信号不等于零时(即 $u_i \neq 0$),电路中各处的电压和电流会在直流分量的基础上,叠加变化的交流分量,这种交流工作状态简称为动态。

在图 7.8 所示的电路中,直流电压源 V_{CC} 和基极电阻 R_b 使晶体管的发射结正向偏置且大于开启电压,并提供基极电流 I_B;直流电压源 V_{CC} 和集电极电阻 R_c 使晶体管的集电结反偏,形成集电极电流 I_C。

放大电路中的 C_1 与 C_2 为大容量的电解电容,对于交流分量相当于短路,具有隔直流、通交流的作用,称为耦合电容。输入交流信号 u_i 通过耦合电容 C_1 无损失地加到晶体管的发射结,形成变化的基极电流 i_B,从而形成变化的集电极电流 i_C。集电极电阻 R_c 将变化的集电极电流转换为变化的电压,再通过耦合电容 C_2 得到输出交流信号 u_o。

晶体管是放大电路的核心器件,它能够用微小变化的基极电流来放大并控制变化的集电极电流。放大的实质是能量的控制与转换,即放大电路通过晶体管的电流控制作用将直流电压源 V_{CC} 的能量转换为输出信号的能量。

2. 静态工作点

图 7.9 所示共射基本放大电路静态时的直流通路,也称为直流偏置电路。该电路主要用来为晶体管提供适当的电压和电流偏置,建立合适的直流工作状态,以确保晶体管工作在放大状态,这是实现放大电路在不失真的情况下放大交流输入信号的前提条件。通过对直流通路的静态分析,可得到表示放大电路直流工作状态的三个参数:I_{BQ}、I_{CQ} 及 U_{CEQ},Q 通常被称为静态工作点。

若已知发射结导通压降 U_{BE}(一般硅管 U_{BE} 取值为 0.7 V,锗管为 0.3 V),则静态工作点可由式(7.3)～(7.5)近似估算:

$$I_B = \frac{V_{CC} - U_{BE}}{R_b} \tag{7.3}$$

$$I_C = \bar{\beta} I_B \tag{7.4}$$

$$U_{CE} = V_{CC} - I_C R_c \tag{7.5}$$

式(7.3)是描述晶体管输入回路 U_{BE} 与 I_B 的线性方程式;式(7.5)是描述晶体管输出回路 U_{CE} 与 I_C 的线性方程式。因此,由式(7.3)确定的直线与输入特性曲线的交点,以及由式(7.5)确定的直线与输出特性曲线的交点,即为放大电路的静态工作点,如图 7.10 所示。

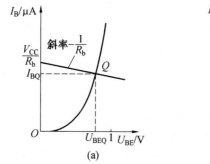 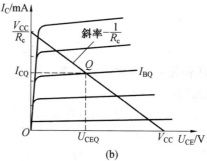

图 7.10　放大电路的静态工作点

3. 静态工作点的稳定

晶体管的放大倍数 β、发射结电压 U_{BE}、反向饱和电流 I_{CBO} 等参数对温度变化十分敏感。温度升高时,放大倍数 $\bar{\beta}$ 会增加,发射结电压 U_{BE} 会减小,反向饱和电流 I_{CBO} 会增加,最终导致集电极电流 I_C 的增加。这种温度的变化会导致放大电路静态工作点波动,进而影响放大电路的动态参数,从而产生失真。

图 7.11 所示的分压偏置电路是一种常见的直流偏置电路,可以有效地稳定静态工作点。在该电路中,R_{b1} 和 R_{b2} 是一种串联分压形式。选取适当的 R_{b1} 和 R_{b2} 可以使得 $I_1 \approx I_2 \gg I_B$,所以晶体管基极电位为

$$V_B \approx \frac{R_{b2}}{R_{b1} + R_{b2}} V_{CC} \tag{7.6}$$

V_B 基本不随温度变化。

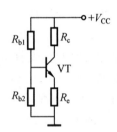

图 7.11　分压偏置电路

分压偏置电路稳定静态工作点的过程如图 7.12 所示。温度 T 升高时,I_C 增加,R_e 上的压降增大,而 V_B 是固定的,故 U_{BE} 将减小,使 I_B 减小,从而使得 I_C 减小。在这个自动调节过程中,电阻 R_e 起到至关重要的作用,它通过直流负反馈稳定了输出电流 I_C。

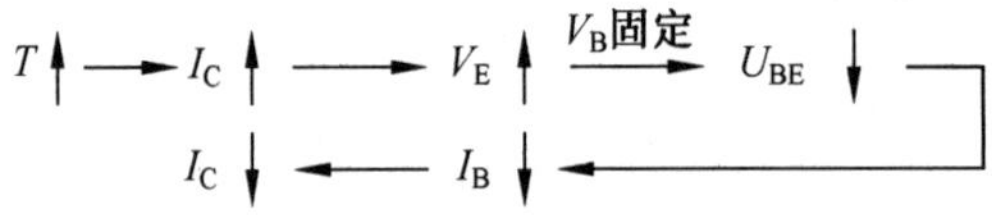

$$T\uparrow \longrightarrow I_C\uparrow \longrightarrow V_E\uparrow \xrightarrow{\;V_B固定\;} U_{BE}\downarrow$$
$$I_C\downarrow \longleftarrow I_B\downarrow \longleftarrow$$

图 7.12　分压偏置电路稳定静态工作点的过程

分压偏置电路的静态工作点可按式(7.7)～(7.9)估算:

$$I_C \approx I_E = \frac{V_B - U_{BE}}{R_e} \tag{7.7}$$

$$I_B \approx \frac{I_C}{\beta} \tag{7.8}$$

$$U_{CE} = V_{CC} - I_C R_c - I_E R_e \tag{7.9}$$

4. 分压偏置共射基本放大电路

(1)电路组成。

在分压偏置电路的基础上,将输入交流信号 u_i 经过耦合电容 C_1 连接到晶体管的基极,然后从集电极经过耦合电容 C_2 引出输出电压 u_o,就构成了一个分压偏置共射基本放大电路,如图 7.13 所示。图 7.13 中,C_e 为旁路电容,对电路中的直流分量相当于断路,使得 R_e 能够通过直流负反馈稳定 I_C;对电路中的交流分量相当于短路,使交流分量不经过 R_e,从而不产生交流负反馈,以免降低交流电压放大倍数(详见本节例 7.1)。

(2)工作原理。

分压偏置共射基本放大电路的放大过程如图 7.14 所示。图 7.14 中,静态工作点 I_{BQ}、

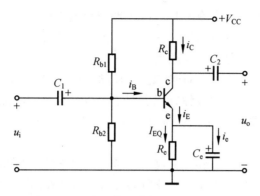

图 7.13　分压偏置共射基本放大电路

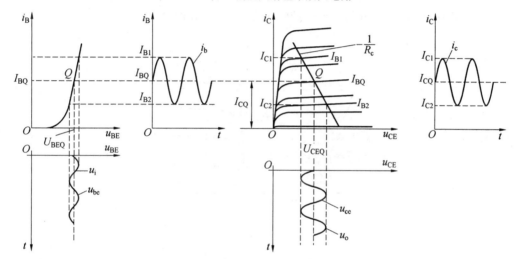

图 7.14　分压偏置共射基本放大电路的放大过程

I_{CQ} 及 U_{CEQ}，可按式(7.7)～(7.9)计算得到。该放大电路工作原理详述如下。

① 当输入交流信号 u_i 时，耦合电容 C_1 对 u_i 相当于短路，使得发射结电压在直流量 U_{BEQ} 的基础上叠加了一个交流信号 $u_{be}=u_i$，即 $u_{BE}=U_{BEQ}+u_{be}$。

② 发射结电压 u_{BE} 在静态工作点 U_{BEQ} 附近变化，使得基极电流在直流量 I_{BQ} 的基础上叠加了一个交流量 i_b，即 $i_B=I_{BQ}+i_b$。

③ 根据晶体管的电流放大作用，$i_c=\beta i_b$，$I_{CQ}=\beta I_{BQ}$，集电极电流 $i_C=I_{CQ}+i_c$。

④ 发射极电流 $i_E=I_{EQ}+i_e$，其中交流分量 i_e 被旁路电容 C_e 短路，只有直流分量 I_{EQ} 流过电阻 R_e。因此晶体管的管压降为

$$u_{CE}=V_{CC}-R_c i_C-R_e I_{EQ} \tag{7.10}$$

式(7.10)是描述输出回路 u_{CE} 与 i_C 的线性方程式，可表示为一条直线。将 u_{CE}、i_C 分别表示为直流量与交流量之和，代入式(7.10)可得

$$u_{ce}+U_{CEQ}=V_{CC}-R_c(i_c+I_{CQ})-R_e I_{EQ} \tag{7.11}$$

将式(7.11)与静态工作点 U_{CEQ}、I_{CQ} 的关系式 $U_{CEQ}=V_{CC}-R_c I_{CQ}-R_e I_{EQ}$ 相减可得

$$u_{ce}=-i_c R_c \tag{7.12}$$

式(7.12)表示 R_c 把交流电流 i_c 转换为交流电压 u_{ce}。最后，经过耦合电容 C_2 得到交

流输出电压信号 $u_o = u_{ce}$。通常输出电压 u_o 的幅值比输入信号 u_i 大得多,由此,该电路通过交流信号传输过程 $u_i(u_{be}) \to i_b \to i_c \to u_o(u_{ce})$ 实现了电压信号的放大。

从图 7.14 所示交流信号的放大过程可以看出,输入交流电压 $u_i(u_{be})$ 与交流电流 i_b、i_c 相位相同,而输出电压 $u_o(u_{ce})$ 与前述交流信号的相位相差 180°,即共射基本放大电路具有反相作用。式(7.10)所示线性方程表明了相位发生反相的原因:若 i_c 随输入电压 $u_i(u_{be})$ 的增大而增大,则 $R_c i_c$ 增加,导致 u_{CE} 相应减小,所以交流信号 u_{ce} 与 i_c 相位相反。

（3）输出波形失真。

对于放大电路来说,静态工作点应设置在输出特性曲线放大区的中间位置,并且输入信号较小,就能够使得晶体管在动态工作时具有较大的线性范围,保证输出信号能正确反映输入信号的变化。如果静态工作点选择不当,就可能使晶体管的动态工作范围进入饱和区或截止区,导致放大电路产生严重的非线性失真,如图 7.15 所示。

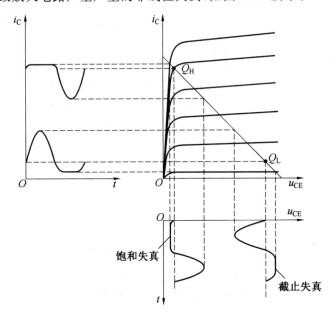

图 7.15　放大电路的非线性失真

如果晶体管的静态工作点靠近饱和区,则在 u_i 正半周时,工作点会进入晶体管输出特性曲线的饱和区,即 i_C 不再随 i_B 的增大而线性增大,导致输出电压 u_o 产生底部失真,称为饱和失真。

如果晶体管的静态工作点靠近截止区,则在 u_i 负半周时,晶体管会呈截止状态,输出电压 u_o 就不再随输入而产生变化,导致输出电压 u_o 产生顶部失真,称为截止失真。

（4）电路分析。

放大电路的分析包括静态分析和动态分析。静态分析是指当输入交流信号 u_i 等于零时,通过直流量传递的路径(即直流通路)求解静态工作点。图 7.11 所示电路就是分压偏置共射基本放大电路的直流通路,且根据式(7.7)～(7.9)可确定静态工作点。

动态分析是对交流信号传递的路径(即交流通路),计算放大倍数、输入电阻及输出电阻等各项动态性能指标。图 7.16 所示电路是分压偏置共射基本放大电路的交流通路。

直流电压源 V_{CC} 对于交流信号没有作用,相当于短路接地。耦合电容 C_1 与 C_2 及旁路电容 C_e 的电容值都足够大,对于交流信号其容抗很小,都相当于短路。

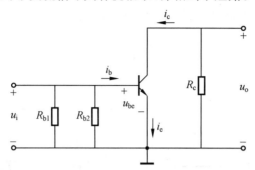

图 7.16　分压偏置共射基本放大电路的交流通路

对交流通路进行动态分析时,可以利用图 7.17 所示的晶体管结构模型来确定 $u_{be}\sim i_b$ 的关系,以此确定晶体管 $b-e$ 间的动态输入电阻 r_{be}。结构模型中,$b-b'$ 之间存在基区体电阻 $r_{bb'}$,其阻值可在晶体管的参数手册中查阅得到;$b'-e$ 之间包括发射结电阻和发射区体电阻两部分,在模型中用 r_e 表示,该参数与 PN 结的特性方程有关,在常温下可近似估算为

$$r_e \approx \frac{26 \text{ mV}}{I_{EQ}(\text{mA})} \tag{7.13}$$

式中　I_{EQ}——静态工作点的发射极电流。

由于基极电流 i_b 相对很小,在基区体电阻 $r_{bb'}$ 的压降也很小,因此晶体管 $b-e$ 间的电压有效值 U_{be} 可近似为

$$U_{be} \approx U_{b'e} = r_e I_e \tag{7.14}$$

式中　I_e——发射极交流电流 i_e 的有效值,且 $I_e \approx I_c$。

晶体管 $b-e$ 间的动态输入电阻 r_{be} 为

$$r_{be} = \frac{U_{be}}{I_b} \approx \frac{r_e I_e}{I_b} \approx \frac{r_e \beta I_b}{I_b} = \beta r_e \tag{7.15}$$

空载时输出电压 u_o 的有效值为 $U_o = R_c I_c \approx R_c I_e$,因此该电路的放大倍数 A_u 可估算为

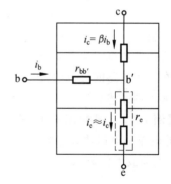

图 7.17　晶体管结构模型

$$A_u = \frac{U_o}{U_i} = \frac{U_o}{U_{be}} \approx \frac{R_c I_e}{r_e I_e} = \frac{R_c}{r_e} \tag{7.16}$$

注意:此处放大倍数仅表示输出与输入动态电压的有效值之比,根据前述工作原理可知,u_o 与 u_i 相位相反。若用电压相量之比表示放大倍数,则

$$\dot{A}_u = \frac{\dot{U}_o}{\dot{U}_i} \approx -\frac{R_c}{r_e} \tag{7.17}$$

交流通路中的基极电阻 R_{b1}、R_{b2} 与等效电阻 r_{be} 并联,因此放大电路的动态输入电阻 R_i 为

$$R_i = R_{b1} \mathbin{/\mkern-5mu/} R_{b2} \mathbin{/\mkern-5mu/} r_{be} = R_{b1} \mathbin{/\mkern-5mu/} R_{b2} \mathbin{/\mkern-5mu/} \beta r_e \qquad (7.18)$$

若求该电路的动态输出电阻 R_o,可将图 7.16 所示交流通路的输入电压信号 u_i 置零,使用外加电源法求输出电阻 $R_o = U_o / I_o$,如图 7.18 所示。由于 $U_i = 0$,因此 $I_b = 0$,$I_c = 0$,故动态输出电阻 R_o 为

$$R_o = \frac{U_o}{I_o} = R_c \qquad (7.19)$$

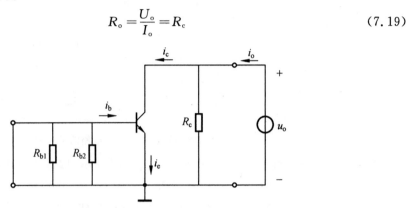

图 7.18　外加电源法求输出电阻 R_o

单管共射放大电路是构成集成运算放大器的基础电路,但是其放大倍数与输入电阻等动态性能与晶体管参数相关,易受环境温度影响,因而在工程实践中一般很少直接利用该电路对电信号进行放大处理,而更多采用集成运算放大器组成的应用电路,如本书第 5 章介绍的同相或反相比例放大电路。这些电路的动态性能与集成运放的参数无关,相对比较稳定。应该指出,在工程实践中对单管放大电路动态参数的估算有不同方法,估算的结果也会有一定差异,在此类定性分析中,一般没有必要过于追求精确的定量计算结果。本节采用的估算方法更便于简洁、快速地进行定性分析。

在放大电路的分析中,还需要考虑信道带宽、噪声系数、线性度等动态性能,因篇幅所限本书不再详述。

【例 7.1】　已知图 7.19 所示共射放大电路的晶体管交流放大倍数 $\beta = 100$。求:(1) 此电路的电压放大倍数 A_u、动态输入电阻 R_i、动态输出电阻 R_o;(2) 若没有旁路电容 C_e,该电路放大倍数 A_u。

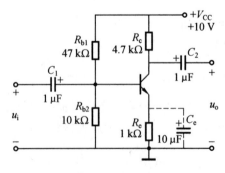

图 7.19　例 7.1 电路

解　(1) 先确定基极电位 V_{BQ},再求 I_{EQ},由此得到发射结体电阻 r_e,再求电压放大倍

数 A_u：

$$V_{BQ} \approx \frac{R_{b2}}{R_{b1}+R_{b2}}V_{CC} = \frac{10\ \text{k}\Omega}{47\ \text{k}\Omega+10\ \text{k}\Omega} \times 10\ \text{V} = 1.75\ \text{V}$$

$$I_{EQ} = \frac{V_{BQ}-0.7\ \text{V}}{R_e} = \frac{1.05\ \text{V}}{1\ \text{k}\Omega} = 1.05\ \text{mA}$$

$$r_e \approx \frac{26\ \text{mV}}{I_{EQ}} = \frac{26\ \text{mV}}{1.05\ \text{mA}} = 24.8\ \Omega$$

$$A_u \approx \frac{R_c}{r_e} = \frac{4.7\ \text{k}\Omega}{24.8\ \Omega} = 189.5$$

该电路的动态输入电阻为

$$R_i = R_{b1}\ /\!/\ R_{b2}\ /\!/\ \beta r_e = 47\ \text{k}\Omega\ /\!/\ 10\ \text{k}\Omega\ /\!/\ 2.48\ \text{k}\Omega = 1.9\ \text{k}\Omega$$

动态输出电阻为

$$R_o = R_c = 4.7\ \text{k}\Omega$$

（2）若没有旁路电容 C_e，发射极电流 i_E 的交流分量 i_e 也流过电阻 R_e，则

$$U_i \approx I_e r_e + I_e R_e$$

该电路的放大倍数变为

$$A_u = \frac{U_o}{U_i} \approx \frac{I_c R_c}{I_e(r_e+R_e)} \approx \frac{R_c}{r_e+R_e} = \frac{4.7\ \text{k}\Omega}{1.0248\ \text{k}\Omega} = 4.59$$

从结果可以看出，如果没有旁路电容 C_e，发射极电阻 R_e 起到交流负反馈的作用，使电压放大倍数 A_u 显著降低。且一般 $r_e \ll R_e$，此时放大倍数 A_u 大约为电阻 R_c 与 R_e 之比。

7.2.2　共集基本放大电路

以 NPN 型 BJT 为核心元件组成的共集基本放大电路如图 7.20 所示，集电极直接连接电压源 V_{CC}，输出端直接从发射极引出。因此，对交流信号而言，集电极为交流地电位，可视为输入和输出的公共端，共集基本放大电路的交流通路如图 7.21 所示。

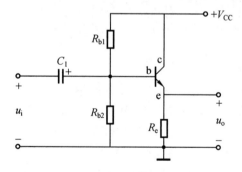

图 7.20　共集基本放大电路

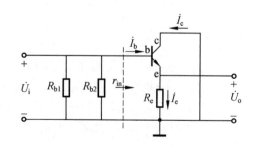

图 7.21　共集基本放大电路的交流通路

由式（7.14）可得，晶体管 b－e 间的电压相量 $\dot{U}_{be} = r_e \dot{I}_e$，则输入电压相量 $\dot{U}_i = \dot{U}_{be} + R_e \dot{I}_e = r_e \dot{I}_e + R_e \dot{I}_e$，空载时输出电压相量 $\dot{U}_o = R_e \dot{I}_e$，则电压放大倍数 $\dot{A}_u$ 为

$$\dot{A}_u = \frac{\dot{U}_o}{\dot{U}_i} = \frac{R_e \dot{I}_e}{(r_e+R_e)\dot{I}_e} = \frac{R_e}{r_e+R_e} \tag{7.20}$$

由式(7.20)可以看出,共集基本放大电路的 $\dot{A}_u$ 大于 0,且小于 1。因此,共集基本放大电路没有放大电压信号的作用,并且输出与输入相位相同。但是共集基本放大电路仍能放大电流,所以具有功率放大作用。一般 r_e 远小于 R_e,所以 A_u 可近似为 1,即 $U_o \approx U_i$。因此,共集基本放大电路也称为射极跟随器。

图 7.21 所示电路中晶体管基极对地的等效输入电阻 r_{in} 为

$$r_{in} = \frac{\dot{U}_{be} + R_e \dot{I}_e}{\dot{I}_b} = \frac{r_e \dot{I}_e + R_e \dot{I}_e}{\dot{I}_b} \approx \frac{\beta \dot{I}_b (r_e + R_e)}{\dot{I}_b} = \beta(r_e + R_e) \tag{7.21}$$

一般 $r_e \ll R_e$,式(7.21)中可略去 r_e,即 $r_{in} \approx \beta R_e$。交流通路中的基极电阻 R_{b1}、R_{b2} 与等效电阻 r_{in} 并联,因此射极跟随器的输入电阻 R_i 为

$$R_i = R_{b1} /\!/ R_{b2} /\!/ r_{in} = R_{b1} /\!/ R_{b2} /\!/ \beta R_e \tag{7.22}$$

由于分压电阻 R_{b1}、R_{b2} 及 βR_e 都比较大,因此射极跟随器的输入电阻很高,可达几十千欧到几百千欧。

若求射极跟随器的输出电阻 R_o,可将交流通路的信号源所在支路短路,用外加电源法计算 $R_o = \dot{U}_o / \dot{I}_o$,如图 7.22 所示。发射极电阻 R_e 流过的电流可表示为 $\dot{I}_{Re} = \dot{U}_o / R_e$。对回路 l 可列 KVL 方程 $\dot{U}_{be} + \dot{U}_o = 0$,即 $r_e \dot{I}_e + \dot{U}_o = 0$,则 $\dot{I}_e = -\dot{U}_o / r_e$。因此,输出电阻 R_o 可表示为

$$R_o = \frac{\dot{U}_o}{\dot{I}_o} = \frac{\dot{U}_o}{\dot{I}_{Re} - \dot{I}_e} = \frac{\dot{U}_o}{\dfrac{\dot{U}_o}{R_e} + \dfrac{\dot{U}_o}{r_e}} = \frac{1}{\dfrac{1}{R_e} + \dfrac{1}{r_e}} = R_e /\!/ r_e \tag{7.23}$$

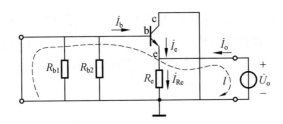

图 7.22　外加电源法求输出电阻

由于 r_e 较小,因此射极跟随器的输出电阻 R_o 也很小,可小到十几欧姆。

通过以上分析可知,射极跟随器的输入电阻大,输出电阻小,其从信号源索取的电流小且带负载能力强,因此常用于多级放大电路的输入级和输出级。射极跟随器也可以作为中间级连接两个电路,以减小两电路直接相连的相互影响,起到缓冲作用。

【例 7.2】　若图 7.20 所示电路中 $R_{b1} = R_{b2} = 100\ \text{k}\Omega$,$R_E = 1\ \text{k}\Omega$,$V_{CC} = 10\ \text{V}$,BJT 的 $\beta = 200$,试估算该电路的输入电阻 R_i、电压放大倍数 A_u、电流放大倍数 A_i 及功率放大倍数 A_p。

解　因 r_e 较小可忽略,故根据式(7.22)可得

$$R_i = R_{b1} /\!/ R_{b2} /\!/ \beta R_e = 100\ \text{k}\Omega /\!/ 100\ \text{k}\Omega /\!/ 200\ \text{k}\Omega = 40\ \text{k}\Omega$$

由式(7.20)可得电压放大倍数为

$$A_u = \frac{U_o}{U_i} \approx 1$$

信号源输入电流有效值 $I_i = U_i/R_i$，空载时输出电流有效值 $I_o = I_e = U_o/R_e$。因此电流放大倍数为

$$A_i = \frac{I_o}{I_i} = \frac{U_o/R_e}{U_i/R_i} \approx \frac{R_i}{R_e} = \frac{40\ \text{k}\Omega}{1\ \text{k}\Omega} = 40$$

功率放大倍数为

$$A_p \approx A_i = 40$$

7.3　多级放大电路

在实际应用中，通常要放大非常微弱的信号，而单级放大电路的电压放大倍数往往不够，因此常采用多级放大电路。即将前一级的输出作为后一级的输入，这样信号逐级放大，以得到更高放大倍数的输出信号。

7.3.1　多级放大电路的耦合方式

多级放大电路中，各级之间的连接方式称为耦合，多级放大电路共有 3 种耦合方式，分别是阻容耦合、直接耦合与变压器耦合。下面介绍常用的阻容耦合与直接耦合。

1. 阻容耦合

图 7.23 所示为两级阻容耦合放大电路。前一级的输出经过耦合电容 C_2 接到下一级的输入端。耦合电容 C_2 取值较大，一般为几微法到几十微法。对交流信号而言，电容相当于短路；对直流信号而言，电容相当于开路，从而使前后两级的静态工作点相互独立，互不影响。这种耦合方式给分析、设计和调试带来很大方便。但阻容耦合方式也存在局限性，因为作为耦合元件的电容对缓慢变化的信号容抗很大，不利于信号的传输。所以，阻容耦合不能放大低频信号，更不能反映直流成分的变化。另外，阻容耦合不易于集成化。

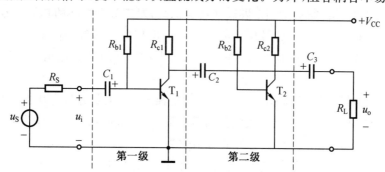

图 7.23　两级阻容耦合放大电路

2. 直接耦合

图 7.24 所示为两级直接耦合放大电路。为了避免耦合电容对低频信号的影响，可将前一级的输出直接接到下一级的输入端。直接耦合的优点是：既能放大交流信号，又能放大直流信号，同时更利于集成化。但是直接耦合的前后级之间存在直流通路，造成各级静

态工作点互相影响,不利于电路的分析、设计和调试。另外,直接耦合方式的另一个突出问题是零点漂移问题。

　　如果将一个直接耦合放大电路的输入端对地短路,即令输入电压 $u_i = 0$,并调整电路使输出电压 $u_o = 0$。从理论上来讲,输出电压 u_o 应该一直为零并保持不变。但实际上输出电压将离开零点,缓慢地发生不规则的变化,这种现象称为零点漂移,简称零漂,又称温漂。产生这种现象的主要原因是,半导体器件的参数受温度的影响而发生波动,导致放大电路静态工作点不稳定,而直接耦合方式又使得静态工作点的变化逐级放大。

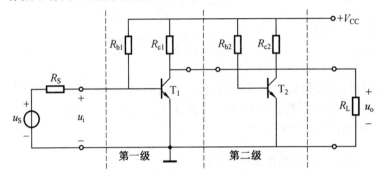

图 7.24　两级直接耦合放大电路

　　因此,一般来说,直接耦合放大电路的级数越多,放大倍数越高,零点漂移问题就越严重。零漂对放大电路的影响主要有两个方面:

　　(1) 零漂使静态工作点偏离原设计值,使放大电路无法正常工作;

　　(2) 在输出端,零漂信号与有效输出信号叠加在一起,干扰甚至“淹没”有效信号,这时的放大电路已经没有使用价值了。

　　可见,控制直接耦合多级放大电路中第一级的零漂是至关重要的问题。

7.3.2　多级放大电路的性能指标

　　多级放大电路不仅能够得到足够高的放大倍数,对于放大电路的其他性能指标,如输入电阻、输出电阻等也能达到设计所需要求。集成运算放大器就是由多级放大电路构成的,其电压放大倍数为 $10^5 \sim 10^8$,输入电阻很大,为 $10^6 \sim 10^{13}$ Ω,输出电阻很小,一般为 $10 \sim 100$ Ω。

　　多级放大电路的动态性能指标与单级放大电路相同,主要分析电压放大倍数 A_u、输入电阻 R_i 和输出电阻 R_o。各级放大电路前后级联,前一级的输出电压作为后一级的输入电压,对于一个 N 级放大电路,其电压放大倍数为

$$\dot{A}_u = \dot{A}_{u1} \cdot \dot{A}_{u2} \cdot \cdots \cdot \dot{A}_{uk} \cdot \cdots \cdot \dot{A}_{uN} \tag{7.24}$$

　　在放大电路的设计中,要尽可能减小信号源内阻以及负载对放大电路动态性能的影响。本章讨论的各种基本放大电路,只分析了信号源内阻为零且输出空载的情况。当各级放大电路级联后,对于某中间级(k 级)放大电路来说,它的负载就是其后一级($k+1$ 级)放大电路的输入电阻,而它的信号源内阻就是其前一级($k-1$ 级)放大电路的输出电阻。所以,当计算 k 级放大电路的输入电阻 R_{ik} 时,要考虑 $k+1$ 级的输入电阻(等效为 k 级放大

电路的负载)的影响,而计算 k 级放大电路的输出电阻 R_{ok} 时,要考虑 $k-1$ 级的输出电阻 (等效为 k 级放大电路的信号源内阻)的影响。

多级放大电路作为一个整体系统,其输入电阻等于第一级(输入级)的输入电阻,输出电阻等于最后一级(即输出级)的输出电阻,即

$$R_i = R_{i1} \tag{7.25}$$

$$R_o = R_{oN} \tag{7.26}$$

7.3.3　集成运放的组成结构

集成运放是一种采用直接耦合方式的多级放大电路,一般由三级组成,分别为输入级、中间级和输出级,其结构框图如图 7.25 所示。

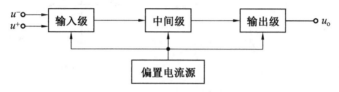

图 7.25　集成运放结构框图

1. 输入级

集成运放的输入级是决定集成运算放大器性能的关键部分,尤其要具有较强的抑制零点漂移的能力。输入级是将两个参数对称的单管放大电路接成差分放大电路(详见 7.4 节)的结构形式,使输出端的零点漂移互相抵消,这种措施十分有效而且比较容易实现。

2. 中间级

中间级也称电压放大级,要求其具有足够高的电压增益,一般采用共射放大电路,并且用恒流源做集电极负载。

3. 输出级

输出级需要向负载提供一定的输出功率。要求其输出电阻小,以提高带负载能力。集成运放的输出级通常采用互补功率放大电路(详见 7.5 节)。

此外,集成运算放大器还有偏置电流源,通常由恒流源电路组成,用于为各级电路提供稳定、合适的静态电流,设置合适的静态工作点。限于篇幅有限,本书不对恒流源电路展开讨论。

7.4　双极型晶体管差分放大电路

集成运算放大器的输入级均采用差分放大电路,其目的是利用参数匹配的两只晶体管形成对称形式的电路结构,使它们受温度的影响相互抵消,达到减小温度漂移的目的。本节主要介绍基本差分放大电路的组成与工作原理,以及放大信号的工作模式。

7.4.1　组成与工作原理

基本差分放大电路如图 7.26 所示,其结构如图 7.26(a)所示。为便于后续表述,可用

图 7.26(b) 代表该电路的符号(注意区别集成运放的符号)。该电路由两个对称的单管共射放大电路组成,并有两个输入端 u_{i1} 与 u_{i2} 和两个输出端 u_{o1} 与 u_{o2}。晶体管 T_1 和 T_2 的参数与温度特性相同,两个集电极电阻 R_c 阻值也相等,且电路采用 $+V_{CC}$ 与 $-V_{EE}$ 两路电源供电。由于电路左右两侧完全对称,因此当温度变化时,两个单管放大电路的输出端 u_{o1} 与 u_{o2} 发生等量变化,相对的输出漂移电压等于零。

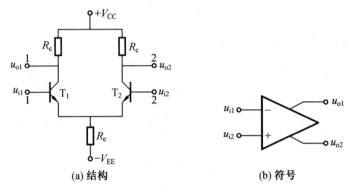

(a) 结构   (b) 符号

图 7.26   基本差分放大电路

当输入电压 u_{i1} 与 u_{i2} 都为零时,两输入端与地之间可视为短路,电源 $-V_{EE}$ 通过发射极公共电阻 R_e 为晶体管 T_1 和 T_2 提供偏置电流,以建立合适的静态工作点,因而不必另设置基极偏置电阻。

因为电路对称,两个晶体管各处电压、电流均相同,可令 $I_{B1}=I_{B2}=I_B$,$I_{C1}=I_{C2}=I_C$,$I_{E1}=I_{E2}=I_E$,$U_{CE1}=U_{CE2}=U_{CE}$。此时,若发射结压降 $U_{BE}=0.7$ V,则发射极电位 $V_E=-0.7$ V,如图 7.27 所示,可列出方程 $0.7 \text{ V}+2R_e I_E=V_{EE}$,即

$$I_E = \frac{V_{EE}-0.7 \text{ V}}{2R_e} \tag{7.27}$$

$$U_{CE} = V_{CC}+V_{EE}-I_C R_c-2I_E R_e \tag{7.28}$$

式(7.28)中,集电极电流 I_C 与发射极电流 I_E 可近似相等。

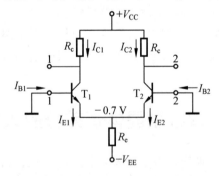

图 7.27   基本差分放大电路的直流工作状态

发射极公共电阻 R_e 能够通过直流负反馈减少两个单管放大电路自身的零点漂移,从而抑制整个差分放大电路的零点漂移。如温度升高时,两个晶体管的集电极电流 I_C 将增加,流过 R_e 的电流($2I_E$)也增加,使得发射极电位 V_E 升高,所以两个晶体管的发射结压降 U_{BE} 降低,从而基极电流 I_B 都减小,集电极电流 I_C 也相应减小,抵消了温度升高导致 I_C 增

加的变化。

7.4.2　工作模式

1. 单端输入

单端输入模式如图 7.28 所示。一个周期的正弦电压信号 u_{i1} 接入输入端1,而输入端2接地($u_{i2}=0$)(图 7.28(a)),则 T_1 单管放大电路的输出 u_{o1} 与 u_{i1} 反相,而其发射极电位 v_e 与输入信号 u_{i1} 同相变化。此时,发射极公共端电位 v_e 相当于右侧 T_2 管在共基极组态下的输入信号。假设 u_{i1} 增大使得 v_e 增大,则 T_2 发射结压降 u_{be} 减小,使得 T_2 管的基极电流与集电极电流都减小,而 T_2 管的集电极电阻 R_c 压降减小,最终使得 T_2 的集电极电位增加,即输出 u_{o2} 与 u_{i1} 同相。

若输入电压信号 u_{i2} 加在输入端2处,则 T_2 单管放大电路输出 u_{o2} 与 u_{i2} 反相,而 T_1 管在共基极组态下的输出 u_{o1} 与 u_{i2} 同相,如图 7.28(b) 所示。

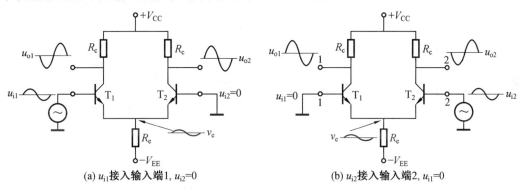

(a) u_{i1}接入输入端1, u_{i2}=0　　　　(b) u_{i2}接入输入端2, u_{i1}=0

图 7.28　单端输入模式

2. 双端输入

(1) 差模输入。

一对大小相等,相位相反的输入信号称为差模输入信号,这是一种双端输入模式,如图 7.29(a) 所示。每个输入端的信号都会相应产生两个输出,可以利用叠加定理分析这种差模输入模式。图 7.29(b) 表示输入电压信号 u_{i1} 单独接输入端 1 时,输出 u_{o1} 与 u_{i1} 反相,而输出 u_{o2} 与 u_{i1} 同相;图 7.29(c) 表示与 u_{i1} 反相的 u_{i2} 单独接输入端 2 时,输出 u_{o1} 与 u_{i2} 同相,而输出 u_{o2} 与 u_{i2} 反相;图 7.29(d) 表示当 u_{i1} 与 u_{i2} 共同输入时,产生的差模输出信号,该信号是图 7.29(b) 与图 7.29(c) 两个输出信号的代数和。

(2) 共模输入。

共模输入信号是指等值同相的交流或直流信号,也是一种双端输入模式。如图 7.30(a) 所示,u_{i1} 与 u_{i2} 是幅值、相位及频率完全相同的正弦输入信号。图 7.30(b) 所示为 u_{i1} 单独接入输入端 1 时产生的输出信号;图 7.30 (c) 所示为 u_{i2} 单独接入输入端 2 时产生的输出信号;图 7.30(d) 所示为 u_{i1} 与 u_{i2} 共同输入时,在两个输出端产生的输出信号相互抵消,结果 u_{o1} 与 u_{o2} 都为零。如果 u_{i1} 与 u_{i2} 代表输入侧引入的噪声信号(等值同相,包括温漂等无用干扰信号),则理想情况下,差分放大电路对其产生零输出,这样就有效抑制了噪声信号。工程上,差分放大电路对低频共模噪声信号(如 50 Hz 电源线产生的噪声信号）具有很好的抑制作用。

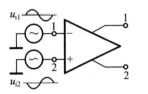

(a) u_{i1} 与 u_{i2} 差分输入

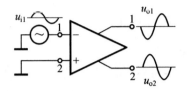

(b) u_{i1} 单独输入产生的输出

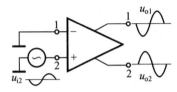

(c) u_{i2} 单独输入产生的输出

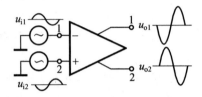

(d) u_{i1} 与 u_{i2} 共同输入产生的输出

图 7.29　差模输入模式

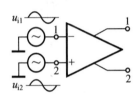

(a) u_{i1} 与 u_{i2} 共模输入

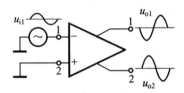

(b) u_{i1} 单独输入产生的输出

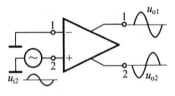

(c) u_{i2} 单独输入产生的输出

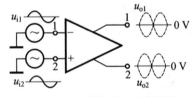

(d) u_{i1} 与 u_{i2} 共同输入产生的输出

图 7.30　共模输入模式

（3）比较输入。

既非共模，又非差模，大小与极性任意的两个输入信号称为比较输入信号，即 $u_{i1} \neq u_{i2}$，是实际应用中常见的双端输入模式。为了便于分析，通常可以将这种比较输入信号分解为共模分量和差模分量。例如，u_{i1} 与 u_{i2} 是同极性的信号，设 $u_{i1} = 10$ mV，$u_{i2} = 2$ mV。而 $u_{i1} = 6$ mV ＋ 4 mV，$u_{i2} = 6$ mV － 4 mV。这样就可以认为 6 mV 是输入信号中的共模分量；而＋4 mV 与 －4 mV 则是输入信号中的差模分量。由此就可以对两个分量分别进行处理了。不难看出，共模分量的数值 6 mV 由 u_{i1} 与 u_{i2} 之和除以 2 而得，差模分量的数值 4 mV 则由 u_{i1} 与 u_{i2} 之差除以 2 而得。

将共模分量用 u_{ic} 表示，差模分量用 u_{id} 表示，可以得出

$$u_{ic1} = u_{ic2} = \frac{u_{i1} + u_{i2}}{2} \tag{7.29}$$

$$u_{id1} = -u_{id2} = \frac{u_{i1} - u_{i2}}{2} \tag{7.30}$$

7.4.3　共模抑制比

一般工程上,差模输入信号是有用信号,共模输入信号是噪声、温漂等无用信号。因此,希望差分放大电路对差模输入信号放大的倍数越大越好,对共模输入信号放大的倍数越小越好。实际上,差分放大电路很难做到完全对称,对共模输入信号仍有一定的放大作用。为了全面衡量差分放大电路放大差模输入信号和抑制共模输入信号的能力,通常以参数共模抑制比 K_{CMRR} 作为评价指标。其定义为差分放大电路的差模放大倍数 A_d 与共模放大倍数 A_c 的比值,即

$$K_{CMRR} = \left| \frac{A_d}{A_c} \right| \tag{7.31}$$

也可表示为对数形式:

$$K_{CMRR} = 20\lg \left| \frac{A_d}{A_c} \right| (dB) \tag{7.32}$$

【例 7.3】　图 7.31 所示的差分放大电路,差模放大倍数 A_d 都是 2 000,共模抑制比 K_{CMRR} 都为 80 dB。两电路输入端都存在由频率 50 Hz 交流电源产生的共模噪声信号 u_{cm},且有效值为 100 mV。在图 7.31(a) 中,u_{i1} 为单端输入信号,有效值为 500 μV;在图 7.31(b) 中,u_{i1} 与 u_{i2} 是一对差模输入信号,有效值也都为 500 μV。求:

(1) 该差分放大电路的共模放大倍数 A_c;

(2) 图 7.31(a) 与图 7.31(b) 输出端 1 的电压的有效值 U_{o1};

(3) 该差分放大电路输出的噪声信号有效值 $U_{o(cm)}$。

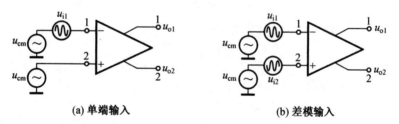

(a) 单端输入　　　　　　　　　(b) 差模输入

图 7.31　例 7.3 电路

解　(1) 共模抑制比 $K_{CMRR} = 80$ dB $= 10\ 000$,由式(7.31)可得共模放大倍数为

$$A_c = \frac{A_d}{K_{CMRR}} = \frac{2\ 000}{10\ 000} = 0.2$$

(2) 图 7.31(a) 输出端 1 的电压有效值为

$$U_{o1} = A_d U_{id} = A_d (U_{i1} - U_{i2}) = 2\ 000 \times (500\ \mu V - 0) = 1\ V$$

图 7.31(b) 输出端 1 的电压有效值为

$$U_{o1} = A_d U_{id} = A_d (U_{i1} - U_{i2}) = 2\ 000 \times [500\ \mu V - (-500\ \mu V)] = 2\ V$$

(3) 差分放大电路输出的噪声信号有效值为

$$U_{o(cm)} = A_c U_{cm} = 0.2 \times 100\ mV = 20\ mV$$

7.5   双极型晶体管功率放大电路

在多级放大电路中,通常要求放大电路的末级能够驱动负载工作。例如,使扬声器的音圈振动发出声音;推动电动机旋转;使继电器或记录仪表动作等。因此,多级放大电路除了具有电压放大作用外,还要求具有输出一定功率的输出级,能够为负载提供足够大的电流。这种为负载提供较大功率的放大电路称为功率放大电路(简称功放),也称功率放大器。

一般来说,功率放大电路主要分为三类:单管功率放大电路、互补对称功率放大电路、变压器耦合功率放大电路。单管功率放大电路结构简单,但输出功率和效率很低。变压器耦合功率放大电路体积较大,频率特性较差,且自身能量损耗较大。本节主要介绍应用较多且易于集成的互补对称功率放大电路。

7.5.1   晶体管的工作状态

根据放大电路在一个信号周期内晶体管的导通时间,可把晶体管的工作状态主要分为甲类、乙类和甲乙类。

1. 甲类

甲类工作状态是指在输入信号整个周期内都有电流流过晶体管,即晶体管的导通角为 $360°$。本章前面述及的放大电路均属于甲类放大电路,其静态工作点一般设置在线性区中间位置,如图 7.32(a) 所示。这种状态下,无论是否有放大信号,电源所供给的功率均为 $P_S = V_{CC} I_C$。没有输入信号时,电源功率 P_S 全部消耗在电路中的晶体管与电阻上;有输入信号时,电源 P_S 输出的一部分功率转换为有用的输出功率 P_o。因此,放大电路工作在甲类状态时,电路的效率 η 比较低,为

$$\eta = \frac{P_o}{P_S} = \frac{P_o}{P_o + P_T} \tag{7.33}$$

式中 P_o——负载获得交流信号的平均功率;

P_S——直流电源提供的功率;

P_T——电路损耗功率,主要损耗在晶体管上的平均功率。

2. 乙类

为了提高功率放大电路的效率,可采用乙类工作状态,其特点是零偏置(静态时 $I_B = 0, I_C = 0$),即静态工作点设置在截止区内,如图 7.32(b) 所示。静态时晶体管截止,功率损耗为零。晶体管在输入信号的一个周期内只导通半个周期,即每个周期导通角为 $180°$。乙类工作状态虽然减小了静态损耗,但仅能对半个周期的输入信号进行放大,其输出信号失真,必须在电路上设法克服。

3. 甲乙类

将静态工作点设置在接近截止区的线性区内,使得在输入信号一个周期内,晶体管导通角略大于 $180°$,这种工作状态称为甲乙类,如图 7.32(c) 所示。该状态下,集电极静态电流 I_C 较小,相比甲类工作状态其静态功耗也较小,但输出信号会出现失真现象。

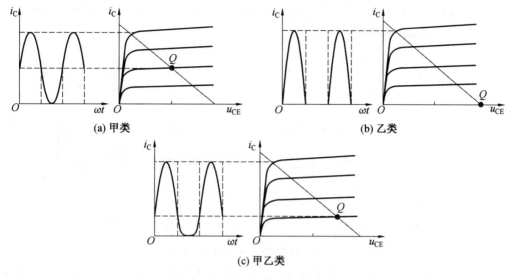

(a) 甲类　　　　　　　(b) 乙类

(c) 甲乙类

图 7.32　放大电路的工作状态

7.5.2　互补对称功率放大电路

射极跟随器是一种典型的单管功率放大电路,虽然它的电压放大倍数小于 1,但其电流放大倍数远大于 1,所以具有功率放大作用(见例 7.2)。为了提高电路效率,可去除基极偏置电阻,使其工作在乙类状态,如图 7.33 所示。

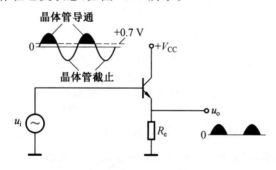

图 7.33　射极跟随器的乙类工作状态

静态时,输入信号 $u_i = 0$,晶体管截止,电路的静态损耗为零。由于没有直流偏置电压($V_B = 0$),因此当输入信号很小达不到晶体管的开启电压(如硅管 $U_{BE} = 0.7$ V)时,晶体管不导通。因此,晶体管在输入信号的一个周期内,实际导通角略小于 $180°$。

图 7.34 所示是由两个射极跟随器组成的功率放大电路。其中,T_1 为 NPN 型晶体管,T_2 为 PNP 型晶体管。该电路由两个电源($+V_{CC}$、$-V_{CC}$)供电,形成对称的电路结构。输入信号 u_i 接在基极公共端,输出信号 u_o 从发射极公共端引出。由于没有直流偏置电压($V_B = 0$),因此对称的两个射极跟随器都采用乙类工作状态。当接入正弦输入信号 u_i 时,在 u_i 的正半周期,T_1 放大信号,T_2 截止,输出电流从 T_1 发射极流出供给负载 R_L(放大电路向 R_L 灌电流),如图 7.34(a)所示;在 u_i 的负半周期,T_1 截止,T_2 放大信号,输出电流从负载 R_L 流入 T_2 的发射极(放大电路从 R_L 抽取电流),如图 7.34(b)所示。在 T_1 与 T_2 交

替工作的过程中,两个晶体管互补导通,所以称这种电路为互补对称功率放大电路,也称为推挽功率放大电路。

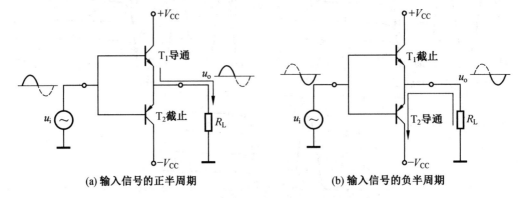

(a) 输入信号的正半周期　　　　　　　　　(b) 输入信号的负半周期

图 7.34　互补对称功率放大电路的乙类工作状态

由于两个晶体管都没有直流偏置电压,仅由输入电压信号 u_i 驱动晶体管导通,因此当输入信号 u_i 小于晶体管的开启电压时,晶体管不导通。这样,在 T_1 与 T_2 交替工作的过程中,会出现两个晶体管都不导通的时间间隔,该时间内也就没有输出信号,即在输出的正、负半周的交接处出现波形失真,这种失真称为交越失真,如图 7.35 所示。

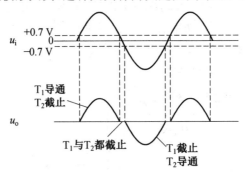

图 7.35　互补对称功率放大电路工作在乙类状态下的交越失真

要减小交越失真,就必须外加偏置电压,将静态工作点适当提高(略高于晶体管的开启电压),以避开晶体管输入特性的死区,使得放大电路工作在甲乙类状态。

甲乙类互补对称功率放大电路如图 7.36 所示。在乙类互补对称功率放大电路的基础上,增加了分压偏置电阻 R_1 与 R_2,且两电阻的阻值相同,二极管 D_1 与 D_2 的参数也一致,且导通压降与晶体管发射结导通压降近似相等。

静态时,利用 D_1 与 D_2 的导通压降为 T_1 与 T_2 的发射结提供偏置偏压,使得 T_1 与 T_2 处于微导通状态,以避开输入特性的死区;动态时,二极管 D_1 与 D_2 的动态电阻极小,晶体管 T_1 与 T_2 的基极近似短路,使两个基极上所加的输入信号近似相等。

由于电路的输出端不经电容耦合,直接接至负载,因此称该电路为无输出电容的互补对称功率放大电路,简称 OCL 电路。

OCL 电路需要两个电源($+V_{CC}$、$-V_{CC}$),在一些较简单的电路中,可以用一个大容量电容 C 代替负电源($-V_{CC}$),变成无输出变压器的互补对称功率放大电路如图 7.37

所示。

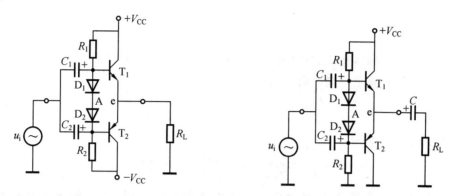

图 7.36 无输出电容的互补对称功率放大电路 图 7.37 无输出变压器的互补对称功率放大电路

静态时，偏置电阻 R_1 与 R_2、二极管 D_1 与 D_2、晶体管 T_1 与 T_2 的参数分别一致，根据电路对称可得

$$V_A = V_E = U_{CE1} = U_{CE2} = 0.5V_{CC} \tag{7.34}$$

电容 C 上的电压就等于 $0.5V_{CC}$。

动态时，在 u_i 的正半周期，T_1 放大信号，T_2 截止，电源 $+V_{CC}$ 对 C 充电，负载 R_L 通过充电电流；在 u_i 的负半周期，T_2 放大信号，T_1 截止，C 充当电源向负载 R_L 放电，使负载 R_L 通过放电电流，充电电流与放电电流方向相反。该电路输出端通过电容与负载耦合，不是采用传统的变压器耦合方式，故称为无输出变压器的互补对称放大电路，简称 OTL 电路。

7.5.3 输出功率与电路效率的估算

为了提高效率，减小静态损耗，在设置甲乙类互补对称放大电路的偏置时，应尽可能接近乙类。因此，通常甲乙类电路的参数估算或电路分析可以近似按乙类电路进行。

图 7.37 所示电路的晶体管 T_1 与 T_2 只有在输出最大不失真电压 u_{CE} 时，负载才可获得最大平均功率 P_{omax}。在 u_i 的正半周期，晶体管 T_1 发射极 v_E 的最小值近似 $0.5V_{CC}$(T_1 趋于截止时 $u_{CE1} \approx 0.5V_{CC}$)，$v_E$ 的最大值近似 V_{CC}(T_1 趋于饱和并忽略饱和导通压降时 $u_{CE1} \approx 0$ V)；在 u_i 的负半周期，晶体管 T_2 发射极 v_E 的最小值近似为 0 V(T_2 趋于饱和并忽略饱和导通压降时 $u_{CE2} \approx 0$ V)，v_E 的最大值近似 $0.5V_{CC}$(T_2 趋于截止时 $u_{CE2} \approx 0.5V_{CC}$)。综上，负载获得的最大不失真输出电压的幅值为

$$U_{om(max)} \approx \frac{1}{2}V_{CC} \tag{7.35}$$

负载最大不失真电流的幅值为

$$I_{om(max)} = \frac{1}{2}\frac{V_{CC}}{R_L} \tag{7.36}$$

此时，负载电阻的最大不失真平均功率为

$$P_{omax} = \frac{U_{om(max)}}{\sqrt{2}}\frac{I_{om(max)}}{\sqrt{2}} = \frac{1}{8}\frac{V_{CC}^2}{R_L} \tag{7.37}$$

图 7.37 所示互补功放电路的最大效率 η 为负载获得的最大功率 P_{omax} 与电源提供的

平均功率 P_S 之比。其中,直流电压源提供的平均功率 P_S 是其瞬时功率的平均值,可表示为

$$P_S = V_{CC} I_{C(AV)} \tag{7.38}$$

式中　$I_{C(AV)}$——晶体管 T_1 集电极电流的平均值,注意不是有效值。

由于 T_1 仅在 u_i 正半周期内导通,因此 $I_{C(AV)}$ 为

$$I_{C(AV)} = \frac{1}{2\pi} \int_0^{\pi} I_{om(max)} \sin \omega t \, d(\omega t) = \frac{I_{om(max)}}{\pi} = \frac{V_{CC}}{2\pi R_L} \tag{7.39}$$

该电路最大效率为

$$\eta = \frac{P_{omax}}{P_S} = \frac{V_{CC}^2/8R_L}{V_{CC}^2/2\pi R_L} = 78.5\% \tag{7.40}$$

【例 7.4】　估算图 7.38 所示电路输出电压最大幅值 $U_{om(max)}$、输出电流最大幅值 $I_{om(max)}$、负载的最大不失真功率 P_{omax},以及电路的最大效率 η。

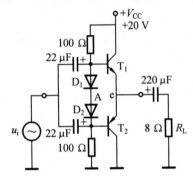

图 7.38　例 7.4 电路

解　设电路工作在乙类状态,由式(7.35)～(7.37)、式(7.40)可得

$$U_{om(max)} \approx \frac{1}{2} V_{CC} = 10 \text{ V}$$

$$I_{om(max)} = \frac{1}{2} \frac{V_{CC}}{R_L} = \frac{1}{2} \frac{20 \text{ V}}{8 \text{ }\Omega} = 1.25 \text{ A}$$

$$P_{omax} = \frac{U_{om(max)}}{\sqrt{2}} \frac{I_{om(max)}}{\sqrt{2}} = \frac{1}{8} \frac{V_{CC}^2}{R_L} = \frac{(20 \text{ V})^2}{8 \times 8 \text{ }\Omega} = 6.25 \text{ W}$$

$$\eta = \frac{P_{omax}}{P_S} = \frac{V_{CC}^2/8R_L}{V_{CC}^2/2\pi R_L} = 78.5\%$$

7.6　场效应晶体管

FET 是利用输入回路的电场效应来控制输出回路电流的一种半导体器件,是一种电压控制型器件。FET 只有一种载流子(多子)参与导电,故又称为单极型晶体管。根据参与导电的载流子的不同,FET 可分为以电子作为载流子的 N 沟道器件和以空穴作为载流子的 P 沟道器件两种。FET 按结构又可分为绝缘栅型场效应晶体管 IGFET(insulated gate FET) 和结型场效应晶体管 JFET(junction FET) 两大类。

7.6.1　绝缘栅型场效应晶体管

绝缘栅型场效应晶体管也称为金属 — 氧化物 — 半导体场效应晶体管（metal-oxide-semiconductor FET，MOSFET），简称 MOS 管。MOSFET 有增强型和耗尽型两种，每种又有 N 沟道和 P 沟道之分，因此 MOSFET 共有四种类型：N 沟道增强型、N 沟道耗尽型、P 沟道增强型和 P 沟道耗尽型。本节主要以 N 沟道增强型为主说明其结构、工作原理及特性曲线。

1. N 沟道增强型 MOSFET

（1）结构。

N 沟道增强型 MOSFET 的结构示意图及符号如图 7.39 所示。它是用一块掺杂浓度较低的 P 型硅片为衬底，在衬底上扩散出两个高掺杂的 N^+ 型区，并在半导体表面覆盖一层很薄的 SiO_2 绝缘层。再从两个 N 区表面及它们之间的 SiO_2 表面分别引出三个铝电极：源极 s、漏极 d 和栅极 g。衬底 B 也引出电极，通常在管子内部和源极相连。因为栅极和衬底完全绝缘，栅极电流几乎为零，所以 MOSFET 的输入电阻非常大，在 10^{12} Ω 以上，也因此称为绝缘栅型场效应晶体管。该场效应晶体管的源极 s、漏极 d 和栅极 g 分别类似于双极型晶体管的发射极 e、集电极 c 和基极 b。

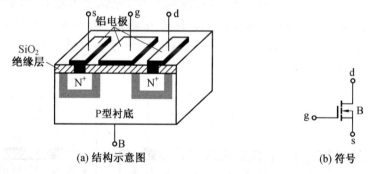

(a) 结构示意图　　　　　(b) 符号

图 7.39　N 沟道增强型 MOSFET 的结构示意图及符号

（2）工作原理。

对于 N 沟道增强型 MOSFET，当 $u_{GS}=0$ 时，在漏极和源极的两个 N 区之间是 P 型衬底，相当于两个背靠背的 PN 结。即使在漏极 d 与源极 s 之间加上电压 u_{DS}，在漏—源之间也不会有漏极电流 i_D。

下面分别讨论栅源电压 u_{GS} 对漏极电流 i_D 的控制作用和漏源电压 u_{DS} 对漏极电流 i_D 的影响。

① 栅源电压 u_{GS} 对漏极电流 i_D 的控制作用。

假设 $u_{DS}=0$，同时 $u_{GS}>0$ 且 u_{GS} 较小。此时栅极的铝金属板将聚集正电荷，它们将排斥 P 型衬底靠近绝缘层一侧的多子（空穴），也就是说，吸引少子（自由电子）与空穴复合，形成一薄层负离子组成的耗尽层，如图 7.40（a）所示。若 u_{GS} 逐渐增加，在靠近栅极的衬底表面会吸引越来越多的电子，当 u_{GS} 增大到一定值时，便感应产生 N 型电荷层，称为反型层。这个反型层就是能够连接漏极与源极的 N 型导电沟道，如图 7.40（b）所示。使沟道刚刚形成的栅—源电压称为开启电压 $U_{GS(th)}$。此类 MOSFET 在 $u_{GS}=0$ 时不存在导电沟道,只有当 $u_{GS} > U_{GS(th)}$ 时才出现导电沟道,因此称为增强型 MOSFET。 如果此时 $u_{DS} > 0$,就可以形成漏极电流 i_D。并且在 u_{DS} 为某一确定值条件下,如果 u_{GS} 增加,则反型层加宽,导电沟道内阻减小,i_D 随之增加。

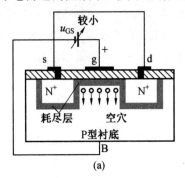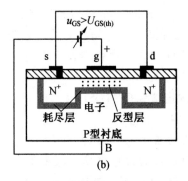

图 7.40   当 $u_{DS} = 0$ 时 u_{GS} 对沟道的影响

② 漏源电压 u_{DS} 对漏极电流 i_D 的影响。

假设 $u_{GS} > U_{GS(th)}$,且为某一确定值,分析 u_{DS} 从零开始增加的过程中对漏极电流 i_D 的影响。

当 $0 < u_{DS} < u_{GS} - U_{GS(th)}$,使得栅-漏电压 $u_{GD} = u_{GS} - u_{DS} > U_{GS(th)}$ 时,由于漏源之间存在导电沟道,因此产生一定的漏极电流 i_D。因为 i_D 流过导电沟道时产生电压降落,所以使沟道上各点电位从漏极到源极逐渐降低,从而使导电沟道呈现一个楔形,如图 7.41(a) 所示。并且随着 u_{DS} 的增大,i_D 随之增大,导电沟道的不均匀性也将加剧。

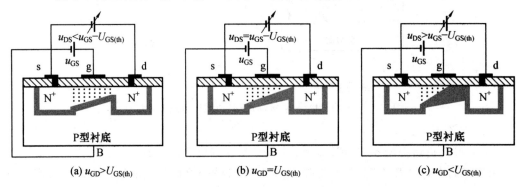

图 7.41 $u_{GS} > U_{GS(th)}$ 且为某确定值时 u_{DS} 对 i_D 的影响

当 $u_{DS} = u_{GS} - U_{GS(th)}$,即 $u_{GD} = u_{GS} - u_{DS} = U_{GS(th)}$ 时,沟道在漏极一侧出现夹断点,称为预夹断,如图 7.41(b) 所示。但是,预夹断并不意味着导电沟道完全闭合,使 i_D 为零。实际上,在 u_{DS} 的作用下,电子可以在夹断区的窄缝中高速通过。

如果 u_{DS} 继续增大,夹断区随之延长,如图 7.41(c) 所示。此时,随着 u_{DS} 的增加,夹断区对 i_D 的阻力也在增加,因而从外部看,i_D 几乎不因 u_{DS} 的增大而变化,呈现恒流特点,且 i_D 的大小仅取决于 u_{GS},即可将 i_D 视为电压 u_{GS} 控制的电流源。

(3)特性曲线。

① 输出特性曲线。

MOSFET 输出特性曲线是指当 $u_{GS} > U_{GS(th)}$ 且为某一确定值时,i_D 与 u_{DS} 的函数关

系,即

$$i_D = f(u_{DS}) \mid_{u_{GS} = \mathrm{con\,st}}$$

N 沟道增强型 MOSFET 的输出特性曲线如图 7.42(a) 所示。不同的 u_{GS} 值会对应不同的特性曲线,因此输出特性曲线是一簇曲线。图中的预夹断轨迹是由各条曲线上使 $u_{DS} = u_{GS} - U_{GS(th)}$ 的点连接而成的。MOSFET 的输出特性分为 3 个工作区域:可变电阻区、恒流区和夹断区。

可变电阻区:预夹断轨迹的左边区域称为可变电阻区,即对应 $0 < u_{DS} < u_{GS} - U_{GS(th)}$ 的区域,类似于 BJT 的饱和区。该区域内,当 u_{GS} 为某一确定值时,i_D 随着 u_{DS} 的增加近似线性增加,其特性近似电阻。对不同的 u_{GS},i_D 的上升速率不同,相当于通过改变 u_{GS} 来改变漏源之间等效电阻的阻值,故称为可变电阻区。

恒流区:预夹断轨迹右边区域称为恒流区,即对应 $u_{DS} > u_{GS} - U_{GS(th)}$ 的区域。各曲线近似平行于横轴,i_D 基本不随 u_{DS} 的变化而变化,可近似为电压 u_{GS} 控制的电流源,故称恒流区,相当于 BJT 的线性放大区。

夹断区:当 $u_{GS} < U_{GS(th)}$ 时,漏源之间没有导电沟道,$i_D \approx 0$。

② 转移特性曲线。

MOSFET 输出特性曲线是指在 u_{DS} 一定的条件下,u_{GS} 对 i_D 的控制特性,即

$$i_D = f(u_{GS}) \mid_{u_{DS} = \mathrm{con\,st}}$$

N 沟道增强型 MOSFET 的转移特性曲线如图 7.42(b) 所示。由于在恒流区内,i_D 基本不随 u_{DS} 的变化而变化,因此不同 u_{DS} 下的转移特性曲线基本重合,且该曲线可用如下方程表述:

$$i_D = I_{DO} \left(\frac{u_{GS}}{U_{GS(th)}} - 1 \right)^2 \tag{7.41}$$

式中　I_{DO}——$u_{GS} = 2U_{GS(th)}$ 时的漏极电流 i_D。

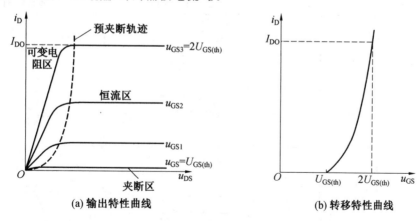

图 7.42　N 沟道增强型 MOSFET 的特性曲线

2. 其他类型的 MOSFET

耗尽型 MOSFET 管是指在制造时导电沟道已经预先形成。如 N 沟道耗尽型 MOSFET,制造时在 SiO_2 绝缘层中掺入大量正离子。即使 u_{GS} 为零,在正离子的作用下,靠近 SiO_2 绝缘层的 P 型衬底表面也能够感应形成 N 型导电沟道,只要 $u_{DS} > 0$,就会产生

漏极电流 i_D。N 沟道耗尽型 MOSFET 的结构示意图和符号如图 7.43 所示。N 沟道耗尽型 MOSFET 在使用时，u_{GS} 可正可负。$u_{GS} > 0$ 时，工作过程与增强型 MOSFET 相似，u_{GS} 增大，导电沟道变宽，i_D 增大；$u_{GS} < 0$ 时，其产生的电场将削弱正离子的作用，使导电沟道变窄，从而使 i_D 减小。当 u_{GS} 从零减小到某个负值时，将使导电沟道消失，$i_D = 0$ A，此时的 u_{GS} 值称为夹断电压 $U_{GS(off)}$。

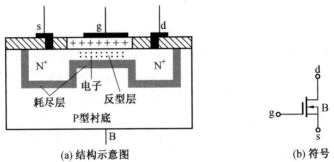

(a) 结构示意图　　　　　　　　　(b) 符号

图 7.43　N 沟道耗尽型 MOSFET 的结构示意图和符号

与 N 沟道 MOSFET 相对应，P 沟道增强型 MOSFET 的开启电压 $U_{GS(th)} < 0$，当 $u_{GS} < U_{GS(th)}$ 时管子才导通，漏−源之间应加负电源电压（即 $u_{DS} < 0$）；P 沟道耗尽型 MOSFET 的夹断电压 $U_{GS(off)} > 0$，u_{GS} 可在正、负值一定范围内实现对 i_D 的控制，漏−源之间也应加负电压（$u_{DS} < 0$）。

各种类型的 MOSFET 都是通过栅源电压 u_{GS} 控制栅极感应电荷的多少，以改变由这些感应电荷形成的导电沟道的状态，然后控制漏极电流 i_D。表 7.1 列出了四种类型 MOSFET 的符号和特性曲线。

表 7.1　MOSFET 的符号和特性曲线

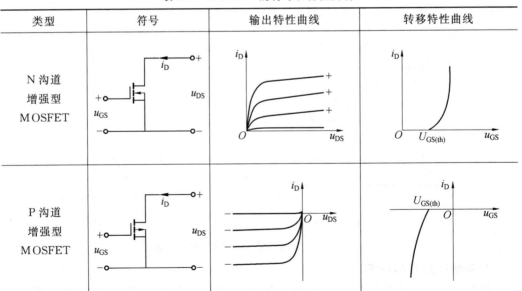

类型	符号	输出特性曲线	转移特性曲线
N 沟道增强型 MOSFET			
P 沟道增强型 MOSFET			

续表 7.1

类型	符号	输出特性曲线	转移特性曲线
N 沟道 耗尽型 MOSFET			
P 沟道 耗尽型 MOSFET			

7.6.2　结型场效应晶体管

结型场效应晶管分为 N 沟道与 P 沟道两种类型,现以 N 沟道 JFET 为例说明其结构、工作原理与特性曲线。

1. 结构

在 N 型半导体两边用扩散法或其他工艺制成两个高浓度的 P 型区域,将 P 型区域连接在一起引出的电极称为栅极 g;在 N 型半导体的两端各引出一个电极,分别称为源极 s 和漏记 d。这样就制成了 N 沟道 JFET,其结构示意图和符号如图 7.44 所示。两个 P 型区域与 N 型半导体之间形成了两个 PN 结,PN 结中间的 N 型区域称为导电沟道。用同样方法可以制成 P 沟道的 JFET。

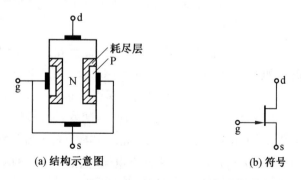

(a) 结构示意图　　　　　　(b) 符号

图 7.44　N 沟道 JFET 的结构示意图和符号

2. 工作原理

由于 N 型半导体中存在多数载流子(自由电子),所以只要在漏 — 源之间加正向电压,即$u_{DS}>0$,就可能形成漏极电流i_D。N沟道JFET正常工作时,应在其栅－源之间加负电压,即$u_{GS}<0$,使栅极与沟道间的两个PN结反偏。JFET就是通过u_{GS}控制栅极与沟道间两个耗尽层的形状,以改变导电沟道的状态,从而控制漏极电流i_D。

以下分别讨论u_{GS}对i_D的控制作用和u_{DS}对i_D的影响。

(1)u_{GS}对i_D的控制作用。

当$u_{DS}=0$时,若$u_{GS}=0$,则耗尽层很窄,导电沟道很宽,如图7.45(a)所示;若$u_{GS}<0$,则耗尽层加宽,沟道变窄,沟道电阻增大,如图7.45(b)所示;若$|u_{GS}|$增大到某一数值,则耗尽层闭合,沟道消失,沟道电阻无穷大,如图7.45(c)所示,此时的u_{GS}值称为夹断电压$U_{GS(off)}$。

上述分析表明,改变u_{GS}的大小,就可以控制沟道电阻的大小。若漏源之间加正向电压u_{DS},则漏极电流i_D将受u_{GS}的控制。

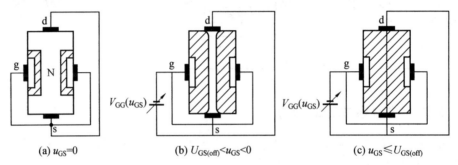

(a) $u_{GS}=0$ (b) $U_{GS(off)}<u_{GS}<0$ (c) $u_{GS}\leqslant U_{GS(off)}$

图7.45   当$u_{DS}=0$时u_{GS}对i_D的控制作用

(2)u_{DS}对i_D的影响。

假设$U_{GS(off)}<u_{GS}<0$,且为某个确定值,分析u_{DS}从零开始增大的过程对i_D的影响。当u_{DS}较小时,$0<u_{DS}<u_{GS}-U_{GS(off)}$,此时栅漏电压$u_{GD}=u_{GS}-u_{DS}>U_{GS(off)}$,将产生一个漏极电流$i_D$。因为$i_D$流过导电沟道时产生电压降落,使沟道上各点电位从漏极到源极逐渐降低,造成靠近漏极的耗尽层比靠近源极的宽,换言之,导电沟道从漏极到源极逐渐变宽,如图7.46(a)所示。并且随着u_{DS}的增大,i_D随之增大,导电沟道的不均匀性也将加剧。

当u_{DS}增加到$u_{DS}=u_{GS}-U_{GS(off)}$,使得栅－漏电压$u_{GD}=u_{GS}-u_{DS}=U_{GS(off)}$时,漏极一边的耗尽层出现夹断区,如图7.46(b)所示,称$u_{GD}=U_{GS(off)}$为预夹断。

当u_{DS}继续增大($u_{DS}>u_{GS}-U_{GS(off)}$),使得栅－漏电压$u_{GD}=u_{GS}-u_{DS}<U_{GS(off)}$时,漏极处的夹断区将向源极延长,如图7.46(c)所示。此时,随着u_{DS}的增大,夹断区对i_D的阻力也随之增加,从而使得i_D基本不变,即i_D仅由u_{GS}决定,呈现恒流的特性。

由于栅极是两个反向偏置的PN结,几乎没有电流,因此JFET的输入电阻很高。并且在使用中,结型场效应晶体管的漏极d与源极s可以互换。

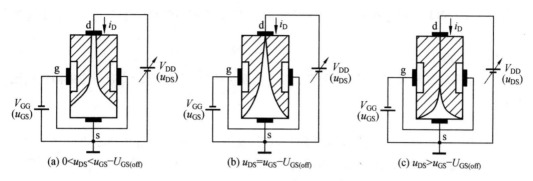

(a) $0<u_{DS}<u_{GS}-U_{GS(off)}$　　(b) $u_{DS}=u_{GS}-U_{GS(off)}$　　(c) $u_{DS}>u_{GS}-U_{GS(off)}$

图 7.46　当 $U_{GS(off)}<u_{GS}<0$ 时 u_{DS} 对 i_D 的影响

3.特性曲线

JFET 的特性曲线也包括转移特性曲线和输出特性曲线。表 7.2 列出了两种沟道 JFET 的符号及特性曲线。应当指出,为保证 JFET 栅—源间的耗尽层加反向电压,对于 N 沟道 JFET,$u_{GS}\leqslant 0$;对于 P 沟道 JFET,$u_{GS}\geqslant 0$。

表 7.2　JFET 的符号和特性曲线

类型	符号	输出特性曲线	转移特性曲线
N 沟道 JFET	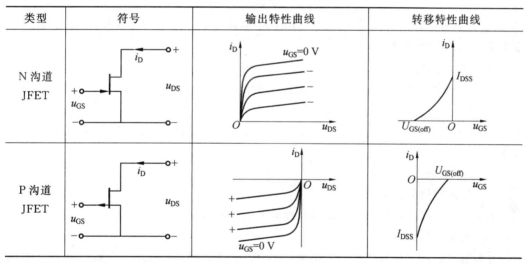		
P 沟道 JFET			

7.6.3　场效应晶体管的主要参数

1.直流参数

(1) 开启电压 $U_{GS(th)}$。

$U_{GS(th)}$ 是增强型 MOSFET 的一个重要参数。$U_{GS(th)}$ 是在 u_{DS} 为常量情况下,使 i_D 大于某个规定值(如 5 μA)所需的最小 $|u_{GS}|$。N 沟道增强型 MOSFET 的 $U_{GS(th)}>0$,当 $u_{GS}>U_{GS(th)}$ 时,场效应晶体管导通,否则无 i_D;P 沟道增强型 MOSFET 的 $U_{GS(th)}<0$,当 $u_{GS}<U_{GS(th)}$ 时,场效应晶体管导通,否则无 i_D。

(2) 夹断电压 $U_{GS(off)}$。

$U_{GS(off)}$ 是耗尽型 MOSFET 和 JFET 的一个重要参数。$U_{GS(off)}$ 是在 u_{DS} 为常量情况

下,使 i_D 减小到某个规定值(如 5 μA)时的 u_{GS}。N 沟道 MOSFET 的 $U_{GS(off)} < 0$,P 沟道 MOSFET 的 $U_{GS(off)} > 0$。

(3) 饱和漏极电流 I_{DSS}。

I_{DSS} 也是耗尽型 MOSFET 和 JFET 的一个重要参数,是指 $U_{GS} = 0$ 时对应的漏极电流大小。

(4) 直流输入电阻 R_{GS}。

R_{GS} 是场效应晶体管的栅－源之间的电阻,其值等于栅－源电压与栅极电流之比。由于场效应晶体管的栅极电流很小,因此其输入电阻很高。JFET 的 R_{GS} 一般在 $10^7 \Omega$ 以上,MOSFET 的输入电阻一般大于 $10^9 \Omega$。

2. 交流参数

(1) 低频跨导 g_m。

g_m 表示 u_{GS} 对 i_D 控制作用的强弱。它的定义是当 u_{DS} 一定时,i_D 与 u_{GS} 的变化量之比,即

$$g_m = \frac{\Delta i_D}{\Delta u_{GS}} \Big|_{u_{DS} = const} \tag{7.42}$$

g_m 是转移特性曲线上某一点的切线的斜率,其大小与切点位置有关,单位是 S(西门子) 或 mS,或写作 mA/V。

(2) 极间电容。

场效应晶体管的 3 个电极之间均存在极间电容。通常,栅－源电容 C_{gs} 和栅－漏电容 C_{gd} 约为 $1 \sim 3$ pF,而漏－源电容 C_{ds} 约为 $0.1 \sim 1$ pF。在高频电路中,应考虑极间电容的影响。场效应晶体管的最高频率 f_M 是综合考虑了 3 个电容的影响而确定的工作频率的上限。

3. 极限参数

(1) 最大漏极电流 I_{DM}。

I_{DM} 是场效应晶体管正常工作时漏极电流的最大值。

(2) 击穿电压。

①$U_{(BR)DS}$。场效应晶体管进入恒流区后,使 i_D 骤然增大的 u_{DS} 称为漏－源击穿电压 $U_{(BR)DS}$。u_{DS} 超过此值会使管子烧坏。

②$U_{(BR)GS}$。使 JFET 栅极与沟道间的 PN 结反向击穿的 u_{GS},或使 MOSFET 绝缘层击穿的 u_{GS},称为栅－源击穿电压 $U_{(BR)GS}$。

(3) 最大耗散功率 P_{DM}。

P_{DM} 取决于场效应管允许的温升,是漏极功耗 $P_D = U_{DS} I_D$ 的最大值,与 BJT 的 P_{CM} 相当。

7.6.4　双极型晶体管与场效应晶体管的比较

FET 的栅极 g、源极 s、漏极 d 分别对应 BJT 的基极 b、发射极 e、集电极 c,它们的作用相类似,但有较大区别,比较如下。

(1) BJT 是两种载流子(多子和少子)都参与导电,故称双极型晶体管;而 FET 是一

种载流子(多子)参与导电,故称单极型晶体管。由于少子数目受温度、辐射等环境因素影响较大,因此 FET 比 BJT 的温度稳定性更好,若使用条件恶劣,宜选用 FET。

(2) BJT 是一种电流控制型器件;FET 是一种电压控制型器件。

(3) BJT 的输入电阻比较低(几十欧到几千欧);FET 的输入电阻很高(几兆欧以上)。

(4) FET 的制造工艺较简单,因而成本低,适用于大规模和超大规模集成电路中。

(5) BJT 正常工作时发射极 e 与集电极 c 不能互换;FET 的源极 s 和漏极 d 可以互换使用。

(6) FET 产生的电噪声比 BJT 小,所以低噪声放大器的前级常选用 FET。

(7) BJT 分为 PNP 型和 NPN 型两种结构;FET 包括 JFET 和 MOSFET 两种类型,且都分为 N 沟道和 P 沟道两类,其中 MOSFET 还分为增强型和耗尽型两种,因此 FET 在使用中更加灵活。

7.7　场效应晶体管基本放大电路

FET 可以构成基本放大电路,也能构成差分放大、多级放大或者功率放大电路。类似于 BJT 放大电路的共射极、共集电极和共基极 3 种组态,FET 构成的放大电路也有 3 种组态:即共源极(cs)、共漏极(cd)、共栅极(cg)。由于共栅极电路在实际工作中不常使用,且 FET 种类较多,因此本节只介绍两个典型的 FET 基本放大电路。

7.7.1　共源极基本放大电路

图 7.47 (a) 所示为共源极基本放大电路。这种电路适合于任何类型的 FET 组成的放大电路。该电路中的晶体管为 N 沟道增强型 MOSFET,其开启电压 $U_{GS(th)} > 0$。为使 MOSFET 工作在恒流区,应使 $u_{GS} > U_{GS(th)}$;漏－源电压 $u_{DS} > 0$,且数值足够大。

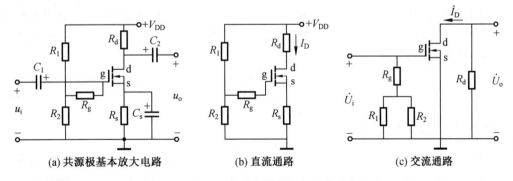

(a) 共源极基本放大电路　　(b) 直流通路　　(c) 交流通路

图 7.47　分压－自偏压式共源极基本放大电路

1. 静态分析

将耦合电容 C_1、C_2 与旁路电容 C_s 断开,就得到图 7.47(b) 所示的直流通路。由于栅极电流为 0,即电阻 R_g 中的电流为 0,因此 FET 的栅极电压由 V_{DD} 经过 R_1 和 R_2 分压后提供。另外,静态漏极电流流过电阻 R_s 产生一个自偏压,因此 FET 的静态偏置电压 U_{GSQ} 由分压和自偏压的结果共同决定,故称分压－自偏压式共源极基本放大电路。

栅极的静态电位 V_G 为

$$V_G = \frac{R_2}{R_1 + R_2} V_{DD} \tag{7.43}$$

栅－源静态电压 U_{GSQ} 为

$$U_{GSQ} = V_{GQ} - V_{SQ} = \frac{R_2}{R_1 + R_2} V_{DD} - I_{DQ} R_s \tag{7.44}$$

其中,I_{DQ} 与 U_{GSQ} 还符合 FET 电流方程,代入式(7.41)可得

$$I_{DQ} = I_{DO} \left(\frac{U_{GSQ}}{U_{GS(th)}} - 1 \right)^2 \tag{7.45}$$

式中　　I_{DO}——$U_{GS} = 2U_{GS(th)}$ 时的漏极电流 I_D。

静态电压 U_{DSQ} 为

$$U_{DSQ} = V_{DD} - I_{DQ}(R_d + R_s) \tag{7.46}$$

将式(7.43)～(7.46)联立方程组,可以求解静态工作点 I_{DQ}、U_{GSQ} 和 U_{DSQ}。静态工作点也可以通过图解法或实测法给出。

2. 动态分析

分析该放大电路的交流通路时,将直流电压源短路置零,耦合电容 C_1、C_2,旁路电容 C_s 对交流信号也相当于短路,如图 7.47(c) 所示。该放大电路的输入电压为 $\dot{U}_i = \dot{U}_{gs}$,输出电压为 $\dot{U}_o = \dot{I}_d R_d$,则电压放大倍数 $\dot{A}_u$ 为

$$\dot{A}_u = \frac{\dot{U}_o}{\dot{U}_i} = \frac{-\dot{I}_d R_d}{\dot{U}_{gs}} = -g_m R_d \tag{7.47}$$

式中　　g_m——低频跨导。

分析时要注意,FET 的共源放大电路与 BJT 共射极放大电路类似,其输出电压 u_o 与输入电压 u_i 相位相反。

由于 FET 的栅－源间动态电阻很大(JFET 可达 $10^7 \ \Omega$,MOSFET 在 $10^9 \ \Omega$ 以上),估算时可认为 g－s 间开路。根据输入电阻和输出电阻的定义,该电路的输入电阻 R_i 与输出电阻 R_o 分别为

$$R_i = R_g + (R_1 /\!/ R_2) \tag{7.48}$$

$$R_o = R_d \tag{7.49}$$

7.7.2　共漏极基本放大电路

图 7.48(a) 所示为以 N 沟道 JFET 为核心器件的共漏极基本放大电路。该电路也采用分压－自偏压方式,输入信号 u_i 通过耦合电容 C_1 接入栅极,输出信号 u_o 从源极引出。类似于射极跟随器,该电路称为源极跟随器。

1. 静态分析

由图 7.48(b) 所示直流通路可得

$$V_G = \frac{R_2}{R_1 + R_2} V_{DD} \tag{7.50}$$

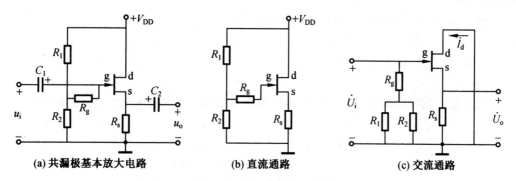

图 7.48　分压－自偏压式共漏极基本放大电路

$$U_{GSQ} = V_G - V_S = V_G - I_{DQ}R_s \tag{7.51}$$

$$I_{DQ} = I_{DSS}\left(1 - \frac{U_{GSQ}}{U_{GS(off)}}\right)^2 \tag{7.52}$$

$$U_{DSQ} = V_{DD} - I_{DQ}R_s \tag{7.53}$$

将式(7.50) ～ (7.53)联立方程组,可以求解静态工作点 I_{DQ}、U_{GSQ} 和 U_{DSQ}。

2. 动态分析

(1)电压放大倍数。

从图 7.48(c) 所示交流通路可得,该电路的输出电压 $\dot{U}_o = \dot{I}_d R_s$,输入电压 $\dot{U}_i = \dot{U}_{gs} + \dot{I}_d R_s$,并且 $\dot{I}_d = g_m\dot{U}_{gs}$,因此该电路的电压放大倍数 A_u 为

$$A_u = \left|\frac{\dot{U}_o}{\dot{U}_i}\right| = \left|\frac{\dot{I}_d R_s}{\dot{U}_{gs} + \dot{I}_d R_s}\right| = \left|\frac{g_m\dot{U}_{gs}R_s}{\dot{U}_{gs} + g_m\dot{U}_{gs}R_s}\right| = \frac{g_m R_s}{1 + g_m R_s} \tag{7.54}$$

若 $g_m R_s \gg 1$,则 $A_u \approx 1$。

(2)输入电阻。

输入电阻 R_i 为

$$R_i = R_g + (R_1 /\!/ R_2) \tag{7.55}$$

FET 虽然具有输入电阻高的特点,但是 FET 放大电路的输入电阻并不一定高,通常在分压点和栅极间接入电阻 R_g。如果选取 R_g 阻值较高,就可以大大提高放大电路的输入电阻,而不影响放大电路的静态工作点和电压放大倍数。

(3)输出电阻。

计算输出电阻 R_o 时,应在交流通路相量模型中,将输入信号置零($\dot{U}_i = 0$),且在输出端外加电源 $\dot{U}_o$,并求 $\dot{U}_o$ 与 $\dot{I}_o$ 之比,如图 7.49 所示。

在输入回路中 $\dot{U}_{gs} + \dot{U}_o = 0$,即 $\dot{U}_{gs} = -\dot{U}_o$;在输出回路中,$\dot{U}_o = R_s(\dot{I}_o + \dot{I}_d)$,并且 $\dot{I}_d = g_m\dot{U}_{gs} = -g_m\dot{U}_o$,因此可得 $\dot{U}_o = R_s(\dot{I}_o - g_m\dot{U}_o)$。整理可得

$$R_o = \frac{U_o}{I_o} = \frac{R_s}{1 + g_m R_s} \tag{7.56}$$

【**例 7.5**】　如图 7.50 所示的放大电路,已知输入信号有效值为 100 mV,JFET 的跨导 $g_m = 2\,000\ \mu S$,静态工作点漏极电流 $I_D = 2$ mA,求其输出电压的范围。

解 首先求得直流输出电压,即漏极电位为

$$V_D = V_{DD} \quad I_D R_D = 12 \text{ V} \quad (2 \text{ mA}) \times (3.3 \text{ k}\Omega) = 5.4 \text{ V}$$

该电路的电压放大倍数为

$$A_u = g_m R_D$$

根据输入信号有效值 100 mV 与电压放大倍数 A_u,可求得输出交流电压的有效值为

$$U_o = A_u U_{in} = g_m R_D U_{in} = (2\ 000\ \mu S) \times (3.3 \text{ k}\Omega) \times (100 \text{ mV}) = 660 \text{ mV}$$

因此,输出交流电压的振幅应为

$$U_{om} = 660 \text{ mV} \times 1.414 = 0.93 \text{ V}$$

因此,输出电压最大值与最小值分别为

$$U_{o(max)} = 5.4 \text{ V} + 0.93 \text{ V} = 6.33 \text{ V}$$

$$U_{o(min)} = 5.4 \text{ V} - 0.93 \text{ V} = 4.47 \text{ V}$$

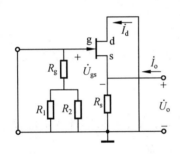

图 7.49 求输出电阻的等效电路

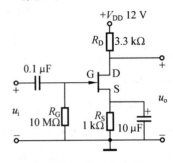

图 7.50 例 7.5 电路

7.8 晶体管开关电路

本章上述内容讨论的晶体管都是作为线性放大器件来使用的,此时 BJT 工作在线性放大区,以较小的基极电流控制较大的集电极电流的变化,而 FET 工作在恒流区,是以较小的栅－源电压控制较大的漏极电流的变化。晶体管除了具有电压、电流或功率放大特性,还可以构成开关电路,本节主要介绍 BJT 与 MOSFET 组成的开关电路。

7.8.1 BJT 开关电路

NPN 型 BJT 开关电路如图 7.51(a) 所示。当输入电压 u_i 小于发射结的开启电压 U_{on},即 $u_i < U_{on}$ 时,BJT 工作在截止状态。此时 $i_B \approx 0$,$i_C \approx 0$,c－e 间断路,相当于开关断开,$u_o = V_{CC}$,BJT 截止状态等效电路如图 7.51(b) 所示。

在输入电压 u_i 大于发射结的开启电压 U_{on},即 $u_i > U_{on}$,发射结导通后,基极电位 v_B 约为 0.7 V,且 $v_B < v_C$。此时发射结正偏,集电结反偏,BJT 工作在线性放大状态,$i_C = \beta i_B$,$u_{CE} = V_{CC} - R_c i_C$。若输入电压 u_i 继续增大,使得 i_B 增大,则 i_C 也增大,而 u_{CE} 则随之减小。当 u_{CE} 继续减小到 $u_{CE} = u_{BE}$ 时,BJT 处于临界饱和状态,此时的基极电流、集电极电流及 c－e 间的管压降分别记为 I_{BS}、I_{CS} 及 U_{CES},且仍满足 $I_{CS} = \beta I_{BS}$ 的线性放大关系。

在输入电压 u_i 继续增大,u_{CE} 随之再继续减小,至集电结也正偏后,由于集电结漂移运动减弱,集电区从基区收集非平衡少子(自由电子)的能力变小,因此 i_C 不再随 i_B 线性

增大,BJT 进入饱和状态。此时,$i_B > I_{BS}$,$i_C < \beta i_B$,深度饱和时 $u_{CE} < 0.3$ V,BJT 的 c—e 间相当于一个小于 0.3 V 压降的闭合开关,其等效电路如图 7.51(c) 所示。

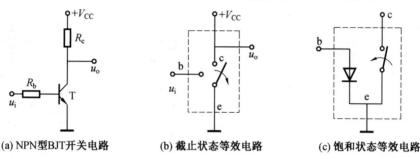

(a) NPN型BJT开关电路　　　　(b) 截止状态等效电路　　　　(c) 饱和状态等效电路

图 7.51　BJT 开关电路

当 BJT 交替工作在截止与饱和两个状态时,就起到一个电子开关的作用,即通过输入电压 u_i 控制集电极电流的通或断。通过以上分析可知,发射结正向导通后,BJT 可能工作在放大状态,也可能工作在饱和状态,此时,需要比较基极电流 i_B 与临界饱和状态下的 I_{BS},当 $i_B > I_{BS}$ 时,BJT 工作在饱和状态,当 $0 < i_B < I_{BS}$ 时,BJT 工作在放大状态。

【例 7.6】　在图 7.51(a) 所示的电路中,已知 $R_b = 10$ kΩ,$R_c = 1$ kΩ,$V_{CC} = 10$ V,$\beta = 100$。BJT 发射结开启电压 $U_{on} = 0.5$ V,导通时的 $u_{BE} = 0.7$ V,管压降 $U_{CES} = 0.3$ V。当输入电压 u_i 分别为 0.2 V、1 V、5 V 时,判断 BJT 的工作状态,并求输出电压 u_o。

解

(1) 当 $u_i = 0.2$ V 时,$u_i < U_{on} = 0.5$ V,BJT 发射结截止,$i_B \approx 0$,$i_C \approx 0$,c—e 间断路,相当于开关断开,集电极电阻 R_c 没有压降,$u_o = V_{CC} = 10$ V。

(2) 当 $u_i = 1$ V 时,$u_i > U_{on} = 0.5$ V,BJT 发射结导通,基极电流为

$$i_B = \frac{u_i - u_{BE}}{R_b} = \frac{1 \text{ V} - 0.7 \text{ V}}{10 \text{ k}\Omega} \approx 0.03 \text{ mA}$$

BJT 临界饱和时的基极电流为

$$I_{BS} = \frac{I_{CS}}{\beta} = \frac{V_{CC} - U_{CES}}{\beta R_c} = \frac{10 \text{ V} - 0.3 \text{ V}}{100 \text{ k}\Omega} = 0.097 \text{ mA}$$

计算所得 $0 < i_B < I_{BS}$,因此 BJT 工作在放大状态。

此时,集电极电流为

$$i_C = \beta i_B = 100 \times 0.03 \text{ mA} = 3 \text{ mA}$$

输出电压为

$$u_o = u_{CE} = V_{CC} - R_c i_C = 10 \text{ V} - 1 \text{ k}\Omega \times 3 \text{ mA} = 7 \text{ V}$$

(3) 当 $u_i = 5$ V 时,BJT 发射结导通,基极电流为

$$i_B = \frac{u_i - u_{BE}}{R_b} = \frac{5 \text{ V} - 0.7 \text{ V}}{10 \text{ k}\Omega} \approx 0.43 \text{ mA} > I_{BS} = 0.097 \text{ mA}$$

因此,BJT 工作在饱和状态,c—e 间相当于一个小于 0.3 V 压降的闭合开关,即

$$u_o = u_{CE} = 0.3 \text{ V}$$

7.8.2　MOSFET 开关电路

MOSFET 的开关特性与 BJT 类似,图 7.52 所示为 N 沟道增强型 MOSFET 的开关电

路及其等效电路。当 $u_{GS} < U_{GS(th)}$ 时，MOSFET 截止，$i_D \approx 0$，d－s 间断路，相当于开关断开；当 $u_{GS} \geq U_{GS(th)}$ 时，MOSFET 导通，d　s 间内阻很小，相当于开关打开状态。

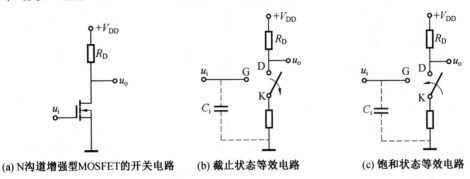

(a) N沟道增强型MOSFET的开关电路　　(b) 截止状态等效电路　　(c) 饱和状态等效电路

图 7.52　N 沟道增强型 MOSFET 的开关电路及其等效电路

晶体管是集成电路的基本单元，其开关特性是实现数字电路逻辑功能的基础，可以说数字系统的每一步运算和操作都是由晶体管的开关动作实现的。本书后续章节将介绍数字电子技术基础内容。

Multisim 仿真实践：晶体管共射放大电路

晶体管共射放大电路如图 7.53 所示。将输入的交流信号 u_i 加在晶体管的基极，从集电极引出输出电压 u_o，构成分压式偏置共射放大电路。

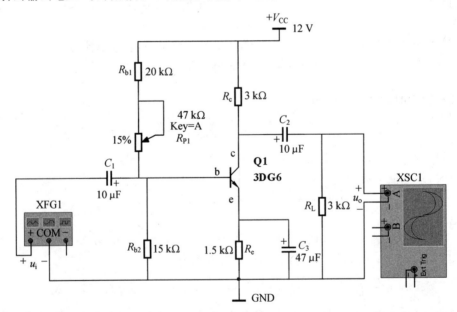

图 7.53　晶体管共射放大电路

晶体管共射放大电路处于直流电压源 V_{CC} 与交流信号源 u_i 共同作用下，电路中各处的电压、电流将在原有静态值的基础上，叠加一个交流分量。直流量与交流量共存于放大电路中，前者是直流电压源 V_{CC} 作用的结果，后者是交流信号源 u_i 作用的结果。

V_{CC} 设置为 $+12$ V,电路输入用波形发生器产生的正弦波实现,设置其交流电压频率为 1 kHz、交流电压有效值为 10 mV。调节放大电路基极电位器 R_{P1},观察输出电压 u_o 的波形,在不失真的前提下,使其输出波形幅值最大,即可确定为电路的最佳静态工作点。用示波器或万用表测量输出电压的有效值 U_o,可计算得到电压放大倍数 $|A_u| = U_o/U_i$。

该电路中,C_1 与 C_2 为耦合电容,具有通交流、隔直流的作用。C_1 用来隔断信号源与放大电路之间的直流通路;C_2 则用来隔断放大电路与输出端外接负载之间的直流通路。C_1 与 C_2 使信号源、放大电路与负载三者之间没有直流联系,互不影响。C_3 称为旁路电容,它对电路中的直流分量不起作用,相当于断路,从而使得 R_e 能够通过直流负反馈稳定 I_C。C_3 对交流分量相当于短路,使交流分量不经过 R_e,从而不产生交流负反馈,以免降低交流电压放大倍数。

7.9　本章小结

(1)BJT 可分为 NPN 型与 PNP 型两种。BJT 有截止、放大和饱和三个工作区域,要注意其工作在不同工作区的外部条件。当发射结正偏而集电结反偏时,BJT 具有电流放大作用。此时,从发射区注入基区的非平衡少子中仅有很少部分与基区的多子复合,形成基极电流 I_B,而大部分在集电结内电场作用下形成漂移电流 I_C,体现出 I_B 对 I_C 的控制作用,可将 I_C 看成电流 I_B 控制的电流源。BJT 的转移特性曲线和输出特性曲线表明各极之间电流与电压的关系。

(2)FET 分为 MOSFET 和 JFET 两种类型,每种类型均分为 N 沟道和 P 沟道两类,而 MOSFET 又分为增强型和耗尽型两种。FET 有截止区、恒流区和可变电阻区三个工作区域。FET 工作在恒流区时,利用栅—源之间外加电压所产生的电场来改变导电沟道的宽窄,从而控制漏极电流 I_D。此时,可将 I_D 看成电压 U_{GS} 控制的电流源。FET 的转移特性曲线与输出特性曲线表明了 U_{GS}、I_D 及 U_{DS} 之间的关系。

(3)BJT 基本放大电路有共射、共集和共基三种组态,着重掌握共射与共集两种组态基本放大电路。FET 基本放大电路的共源、共漏接法与 BJT 基本放大电路的共射、共集接法相对应。对于基本放大电路,应理解的基本概念包括:放大、静态工作点及其稳定、饱和失真与截止失真,直流通路与交流通路,放大倍数,输入电阻和输出电阻;掌握基本放大电路的工作原理及特点;掌握基本放大电路的分析方法,能够估算静态工作点及动态参数 A_u、R_i、R_o。

(4)多级放大电路不仅能够得到足够高的放大倍数,对于放大电路的其他性能指标,如输入电阻、输出电阻等也能达到设计所需要求。多级放大电路之间可以通过阻容耦合、直接耦合等方式级联,对于集成电路多采用直接耦合方式。为了抑制直接耦合放大电路的温漂问题,输入级一般采用差分放大电路,为增强电路带负载能力,输出级采用互补对称功率放大电路。对于多级放大电路,应理解的基本概念包括:零点漂移或温度漂移,共模信号与共模放大倍数,差模信号与差模放大倍数,共模抑制比,互补;理解差分放大电路的组成原理和工作模式,互补对称功率放大电路的组成和工作原理,集成运算放大电路的组成结构,多级放大电路动态参数的计算方法。

(5) 晶体管除了具有电压、电流或功率放大特性,还可以构成开关电路,实现基本逻辑运算电路。

习　题

7.1　填空

(1) 双极型晶体管可以分成_____和_____两种类型,它们工作时有_____和_____两种载流子参与导电。

(2) 当温度升高时,双极型晶体管的 β 将_____,反向饱和电流 I_{CEO} 将_____,正向结压降 U_{BE} 将_____。

(3) 双极型晶体管工作在放大区时,发射结_____(正偏、反偏),集电结_____(正偏、反偏);工作在饱和区时,发射结_____(正偏、反偏),集电结_____(正偏、反偏)。

(4) 双极型晶体管工作在饱和区的电流放大系数_____(大于、等于、小于)工作在放大区的电流放大系数。

(5) 场效应晶体管从结构上分成_____和_____两种类型,它的导电过程仅仅取决于多数载流子的流动。按导电载流子的不同,可以分为_____和_____两种类型。

(6) 场效应晶体管属于_____控制型器件,而双极型晶体管是_____控制型器件。

(7) 集成运算放大器是一种采用_____耦合方式的多级放大电路,一般由三级组成,分别为输入级、中间级和输出级。输入级一般采用_____放大电路,中间级一般采用_____放大电路,输出级一般采用_____放大电路。

(8) 共模抑制比 K_{CMRR} 是_____与_____的比值。

(9) 对称的两个射极跟随器组成互补对称功率放大电路时,若两个放大电路都工作在乙类工作状态,则输出波形会产生失真,称为_____失真;为避免此类失真,应该适当_____(提高、降低)静态工作点,使得放大电路都工作在_____工作状态。

(10) 射极跟随器的输入电阻_____(很大、很小),而输出电阻_____(很大、很小)。

(11) 若 P 沟道 JFET 的栅源电压 U_{GS} 从 1 V 增加到 3 V,则耗尽层_____(变宽、变窄),沟道电阻_____(增大、减小)。

(12) 若运放开环增益为 100 000,共模增益为 0.25,则共模抑制比为_____dB。

7.2　已知两只双极型晶体管的电流放大系数 β 分别为 50 和 100,现测得放大电路中这两只晶体管两个电极的电流如图 P7.2 所示。分别求另一电极的电流,标出其实际方向,并在圆圈中画出晶体管。

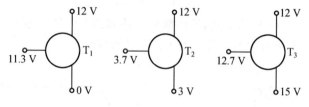

图 P7.2

7.3　测得放大电路中 3 只双极型晶体管的直流电位如图 P7.3 所示,在圆圈中画出相应的晶体管。

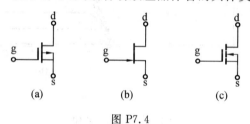

图 P7.3

7.4　根据图 P7.4 所示符号,判断各场效应晶体管的具体类型。

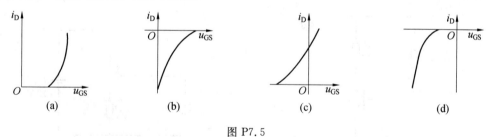

图 P7.4

7.5　根据图 P7.5 所示的转移特性曲线,判断相应的场效应晶体管的类型,并标出其夹断电压 $U_{GS(off)}$ 或开启电压 $U_{GS(th)}$ 。

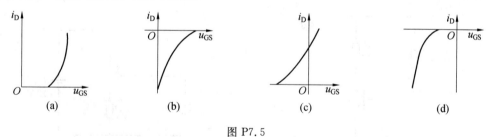

图 P7.5

7.6　已知图 P7.6 所示电路中 N 沟道增强型 MOSFET 与 P 沟道 MOSFET 的开启电压分别为 $+5$ V 和 -5 V,确定图中的 MOSFET 是导通还是关断。

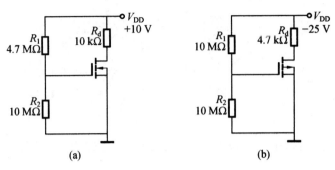

图 P7.6

7.7   如图 P7.7（a）所示电路，T 的输出特性如图 P7.7(b) 所示，分析当 $u_i = 4$ V、8 V、12 V 三种情况下场效应晶体管分别工作在什么区域。

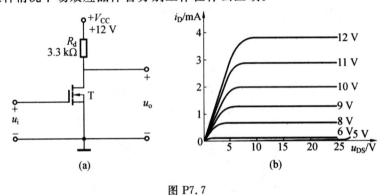

图 P7.7

7.8   试问图 P7.8 中的晶体管 β 大于多少时饱和？

7.9   图 P7.9 所示电路中的晶体管共射电流放大倍数 $\beta = 49$，试求电路中的电流 I_B、I_C 和 I_E。

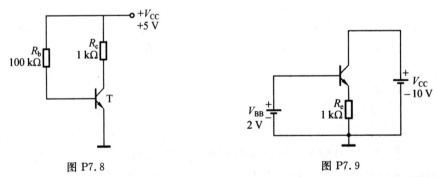

图 P7.8   图 P7.9

7.10   图 P7.10 所示电路的晶体管共射电流放大倍数 $\beta = 100$，试求电路中的静态工作点 Q。

7.11   图 P7.11 所示电路的晶体管共射电流放大倍数 $\beta = 200$，试求该放大电路的电压放大倍数 A_u、输入电阻 R_i 与输出电阻 R_o。

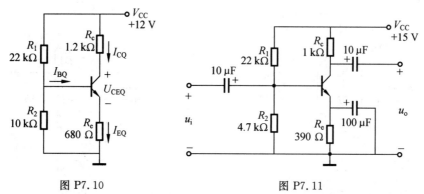

图 P7.10　　　　　　　　　　　　图 P7.11

7.12　图 P7.12 所示电路的晶体管共射电流放大倍数 $\beta=150$，当可调电阻 R_e 的滑动端从 a 移到 b 时，试求该放大电路电压放大倍数 A_u 的变化范围。

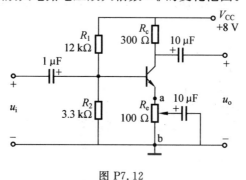

图 P7.12

7.13　求图 P7.13 所示电路的电压放大倍数 A_u。

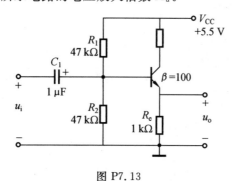

图 P7.13

7.14　设图 P7.14 所示电路中晶体管 T_1 与 T_2 的电流放大倍数 $\beta=200$，$r_e=1.5\ \Omega$。试确定 T_1 与 T_2 基极与发射极的直流对地电位 V_B、V_E，以及每个晶体管的直流管压降 U_{CE}；判断该电路输出电压的最大幅值，以及峰值负载电流。

7.15　求图 P7.15 所示共源放大电路的电压放大倍数。

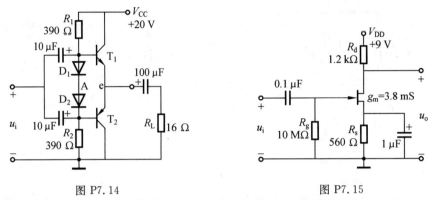

图 P7.14   图 P7.15

7.16   求图 P7.16 所示共源放大电路的电压放大倍数 A_u。

7.17   求图 P7.17 所示电路的放大倍数 A_u，若从源极通过耦合电容接 10 kΩ 负载，再求该电路的放大倍数 A_u。

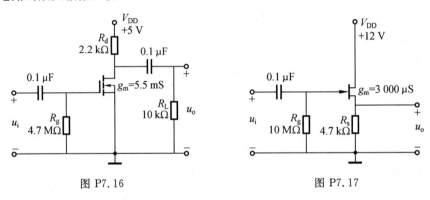

图 P7.16   图 P7.17

第8章　逻辑代数基础

逻辑代数是用于数字逻辑电路分析和设计的一种数学工具。逻辑代数又称为布尔代数，是 19 世纪 50 年代英国数学家乔治·布尔(George Boole) 首先提出的，它是一种描述客观事物逻辑关系的数学方法。1938 年克劳德·香农(Claude E. Shannon) 将布尔代数应用于开关和继电器网络的分析和化简中，率先将布尔代数用于解决实际问题，又称为开关代数。

本章首先介绍数字信号、数制和码制的基本概念，讨论几种常用数制之间的转换方法；然后介绍逻辑代数的公式、定理及规则；最后重点介绍逻辑函数的表示方法和各种表示方法之间的转换，以及逻辑函数的两种化简方法（代数法和卡诺图法）。

8.1　概　　述

8.1.1　模拟信号和数字信号

1. 模拟信号

模拟信号是指信号在时间上和数值上都是连续的，即对应于任意时间均有确定的电流或电压值，并且其幅值是连续的，如正弦波信号就是典型的模拟信号。自然界获取的很多物理量，如速度、压力、温度、时间、距离及声音等都是模拟信号。

传输、处理模拟信号的电子电路称为模拟电路。在模拟电路中主要关心输入、输出信号间的大小、相位、失真等方面的问题。

2. 数字信号

数字信号是指信号在时间上或数值上是离散的，或者说是不连续的。它们是在一系列离散的时刻取值，数值的变化是某个最小量值的整数倍，如每个班级同学的人数。

传输、处理数字信号的电子电路称为数字电路。在数字电路中主要关心输入、输出之间的逻辑关系。数字电路又称为开关电路或逻辑电路，它利用半导体器件的开关特性使电路输出高、低两种电平，从而控制事物相反的两种状态，如开关的开和关，灯的亮和灭等。

如今，数字电路与技术已广泛应用于计算机、医疗仪器、电信、交通等生活领域中，与人们的生活和工作息息相关。从本章开始，将逐步介绍有关数字电子技术的一些基本概念、基本理论，以及基本分析与设计方法。

8.1.2　数字信号的描述方法

模拟信号的表示方法可以是数学表达式，也可以是波形图等。数字信号的表示方法可以是二值数字逻辑，以及由逻辑电平描述的数字波形图等。

1. 二值逻辑

在数字电路中,可以用0和1组成二进制数表示数量的大小,也可以用其表示一个事物两种不同的逻辑状态。当表示数量大小时,二进制数可以进行数值运算,也称为算术运算。当表示事物的两种不同逻辑状态时,如:是与否、真与假、开与关、高与低等,这里的0和1不是数值,而是逻辑0和逻辑1。这种只有两种对立逻辑状态的逻辑关系称为二值数字逻辑,简称数字逻辑。

2. 逻辑电平

在数字电路中,可以通过控制电子器件的开关状态来实现二值数字逻辑,也就是用高、低电平分别表示逻辑1和逻辑0两种状态。在分析实际数字电路时,考虑的是信号之间的逻辑关系,只需要能区别出逻辑状态的高、低电平,可以忽略高、低电平的具体数值。逻辑电平是指数字信号电压的高、低电平,是一个电压范围。在使用高、低电平代表逻辑1和逻辑0时,究竟多高的电平为高电平,多低的电平为低电平,不同工艺的数字集成电路具有不同的逻辑电平标准。当电源为5 V时,数字集成电路的两大类晶体管—晶体管逻辑(transistor-transistor logic,ITL)门电路和互补金属氧化物半导体(complementary metal oxide semiconductor,CMOS)门电路对应的逻辑高、低电平标准见表8.1。

表 8.1   数字电路的逻辑电平标准

电路类型	输入电平 /V		输出电平 /V	
	低电平 V_{IL}	高电平 V_{IH}	低电平 V_{OL}	高电平 V_{OH}
TTL	$0 \sim 0.8$	$2.0 \sim 5$	$0 \sim 0.4$	$2.4 \sim 5$
CMOS	$0 \sim 1.5$	$3.5 \sim 5$	$0 \sim 0.5$	$4.4 \sim 5$

如果用逻辑1表示高电平,用逻辑0表示低电平,则称这种赋值方式为正逻辑;反之,如果用逻辑1表示低电平,用逻辑0表示高电平,则称这种赋值方式为负逻辑。在本书中均采用正逻辑赋值。

表8.1表明,不同工艺的数字电路具有不同的逻辑电平标准,当输入信号符合高、低电平要求时,信号被识别,否则信号将不会被正确识别。因此,在设计系统时,要特别注意各器件之间的连接对逻辑电平的要求。

3. 数字波形

数字信号除了用高电平和低电平、逻辑1和逻辑0来表示之外,还可以采用一种更直观的表示方法,即波形图表示。将数字电路的输入信号和输出信号的关系按时间顺序排列起来,就得到了其波形图,又称时序图。由于数字信号采用的是二值逻辑,其波形图一般只有高电平和低电平两种状态,如图8.1所示。

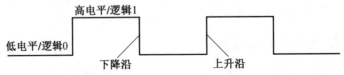

图 8.1   数字电路的理想波形图

在数字电路中,信号(电压和电流)是脉冲的,脉冲是一种跃变信号。图8.1所示的波形是一理想脉冲波形,其上升沿和下降沿都很陡峭,也就是波形的上升时间和下降时间为0。在实际的数字系统中,数字信号并没有那么理想。当它从低电平跳变到高电平或从高电平跳到低电平时,边沿没有那么陡峭,而要经历一个过渡过程,如图8.2所示。

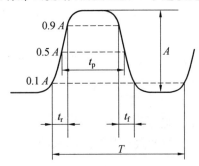

图 8.2　实际的脉冲波形图

下面以图 8.2 为例,来说明脉冲信号波形的一些参数。

(1)脉冲幅度 A。脉冲信号变化的最大值。

(2)脉冲上升时间 t_r。从脉冲幅度的 10% 上升到 90% 所需的时间。

(3)脉冲下降时间 t_f。从脉冲幅度的 90% 下降到 10% 所需的时间。

(4)脉冲宽度 t_p。从上升沿的脉冲幅度的 50% 到下降沿的脉冲幅度的 50% 所需的时间。

(5)脉冲周期 T。周期性脉冲信号相邻两个上升沿(或下降沿)的脉冲幅度的 10% 两点之间的时间间隔。

(6)脉冲频率 f。单位时间的脉冲数,$f = 1/T$。

8.2　数制与编码

任何一个数通常可以用两种不同的方法表示:一种是按"值"表示,即选定某种进位的计数体制来表示某个数值,这就是计数制,简称数制;另一种是按"形"表示,即用一组二进制数组成代码,来表示某些数值。按"形"表示一个数时,先要确定编码规则,然后按此规则编出一组二进制代码,并给每个代码赋予一定的含义,这就是编码。下面介绍数字电路中常用的几种数制和编码方法。

8.2.1　几种常用的数制

数制即计数体制,它是按照一定规则表示数值大小的计数方法。人们是按照进位的方式来计数的,称为进位制,简称进制。根据需要可以有很多不同的进制,日常生活中经常采用十进制数,而在数字系统中,二进制数是最广泛的一种数值表示方法,此外常用的还有八进制和十六进制等。

1. 十进制

在日常生活中,使用最多的是十进制。十进制由 0 ~ 9 十个有效的数码和小数点符号"."组成,按照"逢十进一、借一当十"的规则计数。

例如,十进制数 520.76 可以表示为如下形式:

$$(520.76)_{10} = 5 \times 10^2 + 2 \times 10^1 + 0 \times 10^0 + 7 \times 10^{-1} + 6 \times 10^{-2}$$

显然,任意一个十进制数 N 可以表示为

$$(N)_{10} = K_{n-1} \times 10^{n-1} + \cdots + K_1 \times 10^1 + K_0 \times 10^0 + K_{-1} \times 10^{-1} + \cdots + K_{-m} \times 10^{-m}$$

$$(8.1)$$

式(8.1)中,n 和 m 为正整数,分别代表此十进制数整数部分和小数部分的位数;K_i 为第 i 位上的系数(十进制 $0 \sim 9$ 中的某一个);10 为进位基数;10^i 为第 i 位的权($i = n-1, n-2, \cdots, 1, 0, -1, \cdots, -m$)。

通常用 $(N)_D$ 或 $(N)_{10}$ 表示十进制数字 N,下标 D(decimal)表示十进制。任意一个十进制数都可以表示为各个数位上的系数与其对应的权的乘积之和,称为位权展开式,即

$$(N)_{10} = \sum_{i=-m}^{n-1} (K_i \times 10^i)$$

$$(8.2)$$

十进制是人们最熟悉的数制,但不适合在数字系统中应用,因为很难找到一个电子器件使其具有十个不同的电平状态。

2. 二进制

在数字电路(如计算机)中经常采用的是二进制。二进制由 0、1 两个有效的数码和一个小数点符号"."组成,按照"逢二进一、借一当二"的规则计数。

二进制是以 2 为基数的进位计数制,二进制数的权是基于 2 的幂数,通常用 $(N)_B$ 或 $(N)_2$ 表示二进制数字 N,下标 B(binary)表示二进制。二进制数可表示为

$$(N)_2 = K_{n-1} \times 2^{n-1} + \cdots + K_1 \times 2^1 + K_0 \times 2^0 + K_{-1} \times 2^{-1} + \cdots + K_{-m} \times 2^{-m}$$
$$= \sum_{i=-m}^{n-1} (K_i \times 2^i)$$

$$(8.3)$$

式(8.3)中,n 和 m 为正整数;K_i 为第 i 位上的系数(二进制 0、1 中的某一个);2 为进位基数;2^i 为第 i 位的权($i = n-1, n-2, \cdots, 1, 0, -1, \cdots, -m$)。

例如:

$$(110.01)_2 = 1 \times 2^2 + 1 \times 2^1 + 0 \times 2^0 + 0 \times 2^{-1} + 1 \times 2^{-2}$$

由十进制和二进制的权展开式可以推导出,任意 R 进制数都可以表示为

$$(N)_R = \sum_{i=-m}^{n-1} (K_i \times R^i)$$

$$(8.4)$$

式(8.4)中,K_i 为第 i 位上的系数(R 进制 $0 \sim (R-1)$ 中的某一个);R 为计数的基数;R^i 为第 i 位的权($i = n-1, n-2, \cdots, 1, 0, -1, \cdots, -m$)。

由于二进制位数较多,不便于书写和记忆,因此在数字系统中常用十六进制数和八进制数来表示二进制数。

3. 八进制

八进制数由 $0 \sim 7$ 八个有效的数码和小数点符号"."组成,按照"逢八进一、借一当八"的规则计数。如 $(7+1)_8 = (10)_8$。八进制是以 8 为基数的进位计数制,各位的权是 8 的幂数,通常用 $(N)_O$ 或 $(N)_8$ 表示八进制数字,下标 O(octal)表示八进制。一般八进制数

按权展开为

$$(N)_8 = \sum_{i=-m}^{n-1} (K_i \times 8^i) \tag{8.5}$$

例如：

$$(560.12)_8 = 5 \times 8^2 + 6 \times 8^1 + 0 \times 8^0 + 1 \times 8^{-1} + 2 \times 8^{-2}$$

因为 $2^3 = 8$，所以用三位二进制数可以表示一位八进制数。换言之，用一位八进制数可以表示三位二进制数。

4. 十六进制

十六进制数有 16 个数码，分别为 0、1、2、3、4、5、6、7、8、9、A、B、C、D、E、F。其中符号 A ~ F 分别代表十进制数的 10 ~ 15，按照"逢十六进一、借一当十六"规则计数。如 $(F+1)_{16} = (10)_{16}$。十六进制是以 16 为基数的进位计数制，各位的权是 16 的幂数，通常用 $(N)_H$ 或 $(N)_{16}$ 表示十六进制数，下标 H(hexadecimal) 表示十六进制。一般十六进制数按权展开为

$$(N)_{16} = \sum_{i=-m}^{n-1} (K_i \times 16^i) \tag{8.6}$$

例如：

$$(8A.1F)_{16} = 8 \times 16^1 + A \times 16^0 + 1 \times 16^{-1} + F \times 16^{-2}$$

因为 $2^4 = 16$，所以用四位二进制数可以表示一位十六进制数。换言之，用一位十六进制数可以表示四位二进制数。

表 8.2 所示为几种常用数制对照表。

表 8.2　几种常用数制对照表

十进制	二进制	八进制	十六进制	十进制	二进制	八进制	十六进制
0	0000	00	0	8	1000	10	8
1	0001	01	1	9	1001	11	9
2	0010	02	2	10	1010	12	A
3	0011	03	3	11	1011	13	B
4	0100	04	4	12	1100	14	C
5	0101	05	5	13	1101	15	D
6	0110	06	6	14	1110	16	E
7	0111	07	7	15	1111	17	F

8.2.2　数制之间的相互转换

1. 十进制数转换为非十进制数

(1) 十进制整数转换成 R 进制整数采用"除基数(R)取余法"；转换结果为"先余为低，后余为高"。

(2) 十进制小数转换成 R 进制小数采用"乘基数(R)取整法"；转换结果为"先整为高，

后整为低"。

(3) 在将一个十进制数转换成 R 进制数时,需要将分别进行转换后的整数部分和小数部分组合,再合在一起。

下面以将十进制转换成等值的二进制为例来说明。具体方法是将整数部分和小数部分分别进行转换,整数部分"除以 2 取余",小数部分"乘 2 取整"。

【例 8.1】　将十进制数 $(29.812\ 5)_{10}$ 转换成等值的二进制数。

解　(1) 十进制数整数部分除以 2,得到一个商数和一个余数;再将商数除以 2,又得到一个商数和一个余数 …… 继续这个过程,直到商数等于零为止。每次得到的余数(必定是 0 或 1)就是对应二进制数的整数部分的各位数字。但要注意,第一次得到的余数为二进制数的最低位,最后一次得到的余数为二进制数的最高位。

将十进制数 29 转换成二进制数的具体过程如下:

结果为

$$(29)_{10} = (b_4 b_3 b_2 b_1 b_0)_2 = (11101)_2$$

(2) 十进制数小数部分乘 2,得到一个整数部分和一个小数部分;再用 2 乘小数部分,又得到一个整数部分和一个小数部分 …… 继续这个过程,直到余下的小数部分为 0 或满足精度要求为止。但要注意,第一次得到的整数部分为小数部分的最高位,最后一次得到的整数部分为小数部分的最低位。

将十进制小数 0.812 5 转换成二进制小数的过程如下:

结果为

$$(0.812\ 5)_{10} = (0. a_{-1} a_{-2} a_{-3} a_{-4})_2 = (0.1101)_2$$

(3) 结合(1) 和(2) 的结果得到

$$(29.812\ 5)_{10} = (11101.1101)_2$$

注意:一个十进制小数不一定能完全准确地转换成二进制小数。在这种情况下,可以根据精度要求只转换到小数点后某一位为止。

把十进制数转换为八进制数和十六进制数具体方法与转换成二进制数相似。

2. 任意进制数转换为十进制数

二进制数、八进制数、十六进制数转换为等值的十进制数时,先按权展开,然后按十进制数规则进行求和,就能得到对应的十进制数。

【例 8.2】　求 $(110.11)_2$,$(164.3)_8$,$(3E5)_{16}$ 各式的等值十进制数。

解　　$(110.11)_2 = 1 \times 2^2 + 1 \times 2^1 + 0 \times 2^0 + 1 \times 2^{-1} + 1 \times 2^{-2} = (6.75)_{10}$

$(164.3)_8 = 1 \times 8^2 + 6 \times 8^1 + 4 \times 8^0 + 3 \times 8^{-1} = (116.375)_{10}$

$(3E5)_{16} = 3 \times 16^2 + E \times 16^1 + 5 \times 16^0 = (997)_{10}$

3. 二进制数与十六进制数的相互转换

(1) 二进制数转换成十六进制数。

4 位二进制数有 16 个状态,而 1 位十六进制数也有 16 个数码,因此可将 4 位二进制数转换为 1 位十六进制数,所以二进制数转换为等值十六进制数的方法是:以小数点为界,将二进制数的整数部分从低位起,小数部分从高位起,每 4 位为一组,首尾不足 4 位的补零,然后将每组 4 位二进制数用 1 位十六进制数表示。

【例 8.3】　把二进制数 $(1011010110.10101)_2$ 转换为等值的十六进制数。

解

$$(\underset{\downarrow}{0010} \quad \underset{\downarrow}{1101} \quad \underset{\downarrow}{0110} \quad . \quad \underset{\downarrow}{1010} \quad \underset{\downarrow}{1000})_2$$
$$\quad\; 2 \qquad\; D \qquad\; 6 \qquad\quad\; A \qquad\; 8$$

得到

$$(1011010110.10101)_2 = (2D6.A8)_{16}$$

(2) 十六进制数转换成二进制数。

将十六进制数转换为等值二进制数的方法是:将 1 位十六进制数用 4 位二进制数表示即可。

【例 8.4】　把十六进制数 $(3FB.2A)_{16}$ 转换成等值的二进制数。

解

$$(\underset{\downarrow}{3} \qquad \underset{\downarrow}{F} \qquad \underset{\downarrow}{B} \qquad . \qquad \underset{\downarrow}{2} \qquad \underset{\downarrow}{A})_{16}$$
$$\;\; 0011 \quad 1111 \quad 1011 \quad . \quad 0010 \quad 1010$$

得到

$$(3FB.2A)_{16} = (1111111011.0010101)_2$$

4. 二进制数与八进制数的相互转换

(1) 二进制数转换成八进制数。

二进制数转换成等值八进制数的方法是:以小数点为界,二进制数的整数部分从低位起,小数部分从高位起,每 3 位为一组,首尾不足 3 位的补零,然后每组 3 位二进制数用 1 位八进制数表示。

【例 8.5】　把二进制数 $(1100110.10101)_2$ 转换成等值的八进制数。

解

$$(001 \quad 100 \quad 110 \quad . \quad 101 \quad 010)_2$$

$$1 \quad 4 \quad 6 \quad . \quad 5 \quad 2$$

得到

$$(1100110.10101)_2 = (146.52)_8$$

（2）八进制数转换成二进制数。

八进制数转换为等值二进制数的方法是：将 1 位八进制数用 3 位二进制数表示即可。

【例 8.6】 把八进制数 $(320.16)_8$ 转换成等值的二进制数。

解

$$(3 \quad 2 \quad 0 \quad . \quad 1 \quad 6)_8$$

$$011 \quad 010 \quad 000 \quad . \quad 001 \quad 110$$

得到

$$(320.16)_8 = (11010000.00111)_2$$

8.2.3 几种常用的编码

用文字、符号或数码表示特定对象的过程称为编码。在数字系统中,任何数据和信息都可以用一组二进制数码来表示,此时数码不代表数值大小,仅是个代号。对同一事物的编码方案通常不止一种,不同的编码方案称为码制。

1. 自然二进制码

n 位二进制数有 2^n 个状态,将这些状态按转换为十进制数的大小排列,就构成了 n 位自然二进制码。（例如,4 位自然二进制码可表示 $0 \sim 15$ 之间的 16 个十进制数）。

2. 二一十进制码（BCD 码）

二一十进制码是一种用 4 位二进制代码表示 1 位十进制数的编码,简称 BCD 码。1 位十进制数有 $0 \sim 9$ 十个数码,而 4 位二进制数有 16 种组态,指定其中的任意 10 种组态来表示十进制的 10 个数,因此 BCD 编码方案有很多,常用的有 8421 码、2421 码、5421 码、余 3 码等,见表 8.3。

表 8.3 几种常用的 BCD 编码

十进制数	8421 码	5421 码	2421 码	余 3 码
0	0000	0000	0000	0011
1	0001	0001	0001	0100
2	0010	0010	0010	0101
3	0011	0011	0011	0110
4	0100	0100	0100	0111
5	0101	1000	0101	1000
6	0110	1001	0110	1001
7	0111	1010	0111	1010
8	1000	1011	1110	1011
9	1001	1100	1111	1100

8421 码是十进制代码中最常用的一种 BCD 码,它用 4 位二进制代码表示 1 位十进制数,和 4 位自然二进制码相似,从高位到低位各位的权分别为 8、4、2、1,和 4 位自然二进制码不同的是,它只选用了 4 位二进制码中的前 10 组代码,即用 0000～1001 分别代表它所对应的十进制数 0～9,其余 6 组代码是无效的。因为每位都有位权,所以它属于有权码。

5421 码和 2421 码也属于有权 BCD 码,也是用 4 位二进制数代表 1 位十进制数,它们从高位到低位的权值分别为 5、4、2、1 和 2、4、2、1。这两种码的编码方案都不是唯一的,表 8.3 中只给出了其中一种方案。

余 3 码是由 8421 码加 3(0011)得到的。余 3 码每位无固定的权,因此它是一种无权码。余 3 码的两数相加时,若有进位,正好可以从最高位二进制码获得进位信号。因为一个余 3 码多 3,两个余 3 码多 6,正好跳过希望舍去的 6 个码。

3. 格雷码

格雷码是一种典型的循环码,也是一种常见的无权码,有多种编码形式。但所有格雷码都有两个显著的特点:一是相邻性,二是循环性。相邻性是指任意两个相邻的代码之间仅有 1 位的取值不同;循环性是指首尾的两个代码也具有相邻性。表 8.4 列出了典型的格雷码与十进制码及二进制码的对应关系。

表 8.4　格雷码与十进制码及二进制码的对应关系

十进制码	二进制码	格雷码	十进制码	二进制码	格雷码
0	0000	0000	8	1000	1100
1	0001	0001	9	1001	1101
2	0010	0011	10	1010	1111
3	0011	0010	11	1011	1110
4	0100	0110	12	1100	1010
5	0101	0111	13	1101	1011
6	0110	0101	14	1110	1001
7	0111	0100	15	1111	1000

8.3　逻辑运算

8.3.1　逻辑变量与逻辑函数

逻辑代数是分析和设计数字电路的一种常用的、重要的数学工具。与普通代数一样,在逻辑代数中也使用字母(如 A、B、C 等)来表示变量,这种变量称为逻辑变量。逻辑变量只有 0 和 1 两种取值,这里的 0 和 1 表示的不是数值的大小,而是一个事物的两种不同的逻辑状态,如表示事件的发生与否、电平的高低、指示灯的亮灭、开关的通断等。

研究事件的因果关系时,决定事件发生变化的因素称为逻辑自变量,对应事件的结果称为逻辑因变量,也称逻辑结果,以某种形式表示逻辑自变量和逻辑结果之间的函数关系称为逻辑函数。在数字系统中,逻辑自变量就是输入信号变量,逻辑结果就是输出信号变量。数字电路讨论的重点就是输入变量和输出变量之间的逻辑关系。

8.3.2   三种基本逻辑运算

在逻辑代数中,有与、或、非三种基本的逻辑运算,下面分别进行介绍。

1. 逻辑与运算

只有当决定事件结果的全部条件同时具备时,这一事件才发生,这种因果关系称为逻辑与(也称逻辑乘)。

图 8.3(a)所示为 2 输入逻辑与的电路,从图中可以明显看出,当开关 A 和 B 都闭合时(全部条件同时具备),灯泡 F 就会点亮(事件发生);否则,灯就不亮(事件不发生)。用 1 表示开关闭合和灯亮,用 0 表示开关断开和灯灭,则 2 输入逻辑与运算可以用表 8.5 来表示。这种将输入逻辑变量所有取值的组合与输出逻辑函数值——对应的关系表示出来的表格,称为逻辑函数的真值表。

逻辑与运算的关系可以速记为“有 0 出 0、全 1 出 1”。

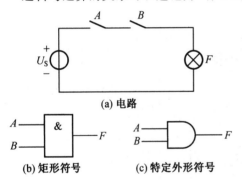

图 8.3   2 输入逻辑与的电路及逻辑符号

表 8.5   逻辑与的真值表

A	B	F
0	0	0
0	1	0
1	0	0
1	1	1

上述的逻辑关系也可以用函数关系式表示,称为逻辑表达式。逻辑与的逻辑表达式为

$$F = A \cdot B \tag{8.7}$$

式中,“·”表示 A 和 B 的与运算符号,读作“与”。在不至于混淆的前提下,“·”可省略,书写成 $F = AB$。

实现逻辑与运算的电路称为与门。2 输入与门的逻辑符号如图 8.3(b)(c)所示,图 8.3(b)所示为矩形符号,是国家标准《电气图形符号》中的“二进制逻辑单元”的图形符号;图 8.3(c)所示为特定外形符号,是国外资料中常用的图形符号。

与运算可以推广到多个输入逻辑变量的情况,即 $F = A \cdot B \cdot C \cdots$。

2. 逻辑或运算

当决定事件结果的所有条件中任一条件具备时,事件就会发生,这种因果关系称为逻辑或(也称逻辑加)。

图 8.4(a)所示为 2 输入逻辑或的电路。当开关 A 或 B 中任何一个闭合(任一条件具

备)时,灯泡 F 就会点亮(事件发生)。2 输入逻辑或运算可以用表 8.6 来表示。

逻辑或运算的关系可以速记为"有 1 出 1、全 0 出 0"。

逻辑或的逻辑表达式为

$$F = A + B \tag{8.8}$$

式中,"$+$"表示 A 和 B 的或运算符号,读作"或"。

实现逻辑或运算的电路称为或门,2 输入或门的逻辑符号如图 8.4(b)(c) 所示。

或运算可以推广到多个输入逻辑变量的情况,即 $F = A + B + C + \cdots$。

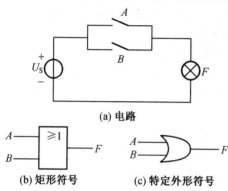

图 8.4　2 输入逻辑或的电路及逻辑符号

表 8.6　逻辑或的真值表

A	B	F
0	0	0
0	1	1
1	0	1
1	1	1

3. 逻辑非运算

当条件具备时,事件不发生;当条件不具备时,事件却发生,这种因果关系称为逻辑非。

图 8.5(a) 所示为逻辑非的电路。当开关 A 闭合时,灯泡 F 不亮(事件不发生);当开关 A 断开时,灯泡 F 才会亮(事件发生)。逻辑非运算可以用表 8.7 来表示。

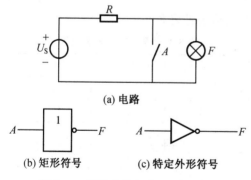

图 8.5　逻辑非的电路及逻辑符号

表 8.7　逻辑非的真值表

A	F
0	1
1	0

逻辑非的逻辑表达式为

$$F = \bar{A} \tag{8.9}$$

式中,"$-$"表示 A 的非运算,读作"非"或"反"。

实现逻辑非运算的电路称为非门(也称为反相器),其逻辑符号如图 8.5(b)(c) 所示。

注意:逻辑非是单输入单输出。

8.3.3 复合逻辑运算

实际的逻辑问题往往比与、或、非运算复杂得多,但都可以通过将基本逻辑运算进行复合来实现。常见的复合逻辑运算有与非、或非、异或、同或、与或非等。

1. 逻辑与非运算

逻辑与非运算是由逻辑与运算和非运算复合而成的,它是将输入变量先进行与运算,然后再进行非运算。以 2 输入变量的逻辑函数为例,其与非运算的逻辑表达式为

$$F = \overline{A \cdot B} = \overline{AB} \tag{8.10}$$

与非的逻辑符号如图 8.6 所示,逻辑与非的真值表见表 8.8。

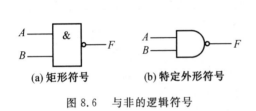

(a) 矩形符号   (b) 特定外形符号

图 8.6 与非的逻辑符号

表 8.8 逻辑与非的真值表

A	B	F
0	0	1
0	1	1
1	0	1
1	1	0

与非运算可以推广到多个输入逻辑变量的情况,即 $F = \overline{A \cdot B \cdot C \cdot \cdots}$。

2. 逻辑或非运算

逻辑或非运算是逻辑或运算和非运算复合而成的,它是将输入变量先进行或运算,然后再进行非运算。仍以 2 输入变量的逻辑函数为例,其或非的逻辑表达式为

$$F = \overline{A + B} \tag{8.11}$$

或非的逻辑符号如图 8.7 所示,逻辑或非的真值表见表 8.9。

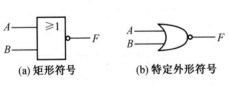

(a) 矩形符号   (b) 特定外形符号

图 8.7 或非的逻辑符号

表 8.9 逻辑或非的真值表

A	B	F
0	0	1
0	1	0
1	0	0
1	1	0

或非运算可以推广到多个输入逻辑变量的情况,即 $F = \overline{A + B + C + \cdots}$。

3. 逻辑异或运算

逻辑异或运算是只有 2 个输入变量,1 个输出变量的逻辑函数,只有当 2 个输入变量 A 和 B 的取值相异时,输出 F 才为 1;否则输出 F 为 0,这种逻辑关系称为异或。

异或的逻辑表达式为

$$F = A \oplus B = A\overline{B} + \overline{A}B \tag{8.12}$$

式中,"⊕"是异或运算符,读作"异或"。

异或的逻辑符号如图 8.8 所示,逻辑异或的真值表见表 8.10。

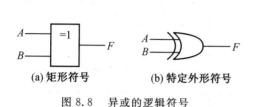

表 8.10　逻辑异或的真值表

A	B	F
0	0	0
0	1	1
1	0	1
1	1	0

(a) 矩形符号　　(b) 特定外形符号

图 8.8　异或的逻辑符号

4. 逻辑同或运算

逻辑同或也是只有 2 个输入变量,1 个输出变量的逻辑函数,只有当 2 个输入变量 A 和 B 的取值相同时,输出 F 才为 1;否则 F 为 0,这种逻辑关系称为同或。

同或的逻辑表达式为

$$F = A \odot B = \overline{A}\,\overline{B} + AB \tag{8.13}$$

式中,"⊙"是同或运算符,读作"同或"。

同或的逻辑符号如图 8.9 所示,逻辑同或的真值表见表 8.11。

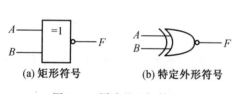

表 8.11　逻辑同或的真值表

A	B	F
0	0	1
0	1	0
1	0	0
1	1	1

(a) 矩形符号　　(b) 特定外形符号

图 8.9　同或的逻辑符号

从定义上明显可以看出,同或和异或互为反函数,即 $F = A \odot B = \overline{A \oplus B}$。

5. 逻辑与或非运算

逻辑与或非运算是逻辑与运算和或非运算复合而成的,它是将输入变量先进行与运算,然后再进行或非运算。以 4 输入变量的逻辑函数为例,其与或非的逻辑表达式为

$$F = \overline{AB + CD} \tag{8.14}$$

与或非的逻辑符号如图 8.10 所示,逻辑与或非的真值表见表 8.12。

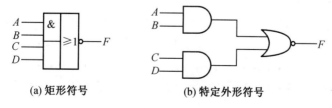

(a) 矩形符号　　　　　　(b) 特定外形符号

图 8.10　与或非的逻辑符号

表 8.12　逻辑与或非的真值表

A	B	C	D	F
0	0	0	0	1
0	0	0	1	1
0	0	1	0	1
0	0	1	1	0
0	1	0	0	1
0	1	0	1	1
0	1	1	0	1
0	1	1	1	0
1	0	0	0	1
1	0	0	1	1
1	0	1	0	1
1	0	1	1	0
1	1	0	0	0
1	1	0	1	0
1	1	1	0	0
1	1	1	1	0

实现上述复合逻辑运算的电路分别称为与非门、或非门、异或门、同或门和与或非门。

8.4　逻辑代数的基本公式、定律和规则

8.4.1　逻辑代数运算法则

根据逻辑变量的取值只有 0 和 1,以及逻辑变量的与、或、非三种基本运算法则,可以推导出逻辑运算的基本公式和定理。这些公式的证明,最直接的方法是列出等号两边函数表达式的真值表,看看是否完全相同,也可以利用已知的公式来证明其他公式。

1. 基本公式

(1) 常量之间的关系:

$$0 \cdot 0 = 0 \qquad\qquad 1 + 1 = 1$$

$$0 \cdot 1 = 0 \qquad\qquad 1 + 0 = 1$$

$$1 \cdot 1 = 1 \qquad\qquad 0 + 0 = 0$$

$$\bar{0} = 1 \qquad\qquad \bar{1} = 0$$

(2) 常量和变量之间的关系:

$$A \cdot 0 = 0 \qquad\qquad A + 1 = 1$$
$$A \cdot 1 = A \qquad\qquad A + 0 = A$$
$$A \cdot \overline{A} = 0 \qquad\qquad A + \overline{A} = 1$$

2. 基本定律

(1) 交换律 $\quad A + B = B + A \qquad\qquad A \cdot B = B \cdot A$

(2) 结合律 $\quad (A + B) + C = A + (B + C) \qquad (A \cdot B) \cdot C = A \cdot (B \cdot C)$

(3) 分配律 $\quad A + BC = (A + B)(A + C) \qquad A(B + C) = AB + AC$

(4) 重叠律 $\quad A + A = A \qquad\qquad A \cdot A = A$

(5) 反演律(又称摩根定律) $\quad \overline{A + B} = \overline{A} \cdot \overline{B} \qquad\qquad \overline{A \cdot B} = \overline{A} + \overline{B}$

(6) 还原律 $\quad \overline{\overline{A}} = A$

(7) 结合律 $\quad AB + A\overline{B} = A \qquad\qquad (A + B)(A + \overline{B}) = A$

(8) 吸收律 $\quad A + AB = A \qquad\qquad A \cdot (A + B) = A$

$$A + \overline{A}B = A + B \qquad\qquad A(\overline{A} + B) = AB$$

$$AB + \overline{A}C + BC = AB + \overline{A}C \qquad (A + B)(\overline{A} + C)(B + C) = (A + B)(\overline{A} + C)$$

反演律又称摩根定律,在以上所有定律中,具有特殊的重要意义。它经常用于求一个原函数的非函数或者对逻辑函数进行变换。

【例 8.7】　用列写真值表的方法,验证摩根定律 $\overline{A + B} = \overline{A} \cdot \overline{B}$ 和 $\overline{A \cdot B} = \overline{A} + \overline{B}$ 是否成立。

证　先根据 A 和 B 的每一种取值,得到等式两边表达式的值,一一列写在表 8.13 中;然后再分别将表 8.13 中的第 3 列和第 4 列、第 5 列和第 6 列进行比较,很明显等式两边的值是完全相等的,故等式成立。

表 8.13　摩根定律的证明

A	B	$\overline{A}$	$\overline{B}$	$\overline{A + B}$	$\overline{A} \cdot \overline{B}$	$\overline{A \cdot B}$	$\overline{A} + \overline{B}$
0	0	1	1	$\overline{0 + 0} = 1$	$\overline{0} \cdot \overline{0} = 1$	$\overline{0 \cdot 0} = 1$	$\overline{0} + \overline{0} = 1$
0	1	1	0	$\overline{0 + 1} = 0$	$\overline{0} \cdot \overline{1} = 0$	$\overline{0 \cdot 1} = 1$	$\overline{0} + \overline{1} = 1$
1	0	0	1	$\overline{1 + 0} = 0$	$\overline{1} \cdot \overline{0} = 0$	$\overline{1 \cdot 0} = 1$	$\overline{1} + \overline{0} = 1$
1	1	0	0	$\overline{1 + 1} = 0$	$\overline{1} \cdot \overline{1} = 0$	$\overline{1 \cdot 1} = 0$	$\overline{1} + \overline{1} = 0$

【例 8.8】　分配律公式中 $A + BC = (A + B)(A + C)$ 的证明。

证
$$\begin{aligned}
(A + B)(A + C) &= AA + AC + AB + BC \\
&= A + A(B + C) + BC \\
&= A[1 + (B + C)] + BC = A + BC
\end{aligned}$$

【例 8.9】　吸收律公式中 $A + \overline{A}B = A + B$ 的证明。

证　利用分配律 $A + BC = (A + B)(A + C)$ 进行证明:

$$A + \bar{A}B = (A + \bar{A})(A + B) = A + B$$

【例 8.10】 吸收律公式中 $AB + \bar{A}C + BC = AB + \bar{A}C$ 的证明。

证 $AB + \bar{A}C + BC = AB + \bar{A}C + (A + \bar{A})BC$

$$= AB(1 + C) + \bar{A}C(1 + B) = AB + \bar{A}C$$

8.4.2 逻辑代数的基本规则

逻辑代数中有三个重要规则,可将原有的公式加以扩展从而推出一些新的运算公式。

1. 代入规则

在任一个含有变量 A 的逻辑等式中,用另一个逻辑函数 F 去代替等式两边出现的所有的变量 A,等式仍然成立的规则,称为代入规则。

【例 8.11】 验证摩根定律的扩展公式 $\overline{ABC} = \bar{A} + \bar{B} + \bar{C}$ 和 $\overline{A + (B + C)} = \bar{A}\bar{B}\bar{C}$ 仍旧成立。

证 利用代入规则,把等式 $\overline{AB} = \bar{A} + \bar{B}$ 两边的变量 B 都用新的逻辑函数 $F = BC$ 去代替,得到

$$\overline{A(BC)} = \bar{A} + \overline{BC} = \bar{A} + \bar{B} + \bar{C}$$

利用代入规则,把等式 $\overline{A + B} = \bar{A}\bar{B}$ 两边的变量 B 都用新的逻辑函数 $F = B + C$ 去代替,得到

$$\overline{A + (B + C)} = \bar{A}\,\overline{B + C} = \bar{A}\bar{B}\bar{C}$$

故,含有 3 个变量的摩根定律仍旧成立。

以此类推,摩根定律对任意多个变量都成立。

注意:在使用代入规则时,一定要把所有被代替变量都代入同一函数,否则不正确。

2. 反演规则

反演规则为:设 F 是一个逻辑函数表达式,如果将 F 中所有的"与"运算换成"或"运算,所有的"或"运算换成"与"运算;所有的常量"0"换成常量"1",所有的常量"1"换成常量"0";所有的原变量换成反变量,所有的反变量换成原变量,这样得到的新逻辑函数就是原函数的反函数 $\bar{F}$。

利用反演规则,可以比较容易地求出一个原函数的反函数,运用反演规则时必须注意以下两点事项。

(1) 保持原来运算符号的优先顺序,先算括号,再算乘积(与运算),最后算加(或运算)。

(2) 不是单一变量上的非号应保持不变。

【例 8.12】 求函数式 $F = ABC$ 的反函数。

解 利用反演规则可得反函数为

$$\overline{F} = \overline{A} + \overline{B} + \overline{C}$$

这与摩根定理的运算结果相同。

【例 8.13】 求函数式 $Y = \overline{ABC + \overline{AB}(C+BD)}$ 的反函数。

解 利用反演规则可得反函数为

$$\overline{Y} = \overline{(A+B+C) \cdot \overline{A} + \overline{B} + \overline{C} \cdot (\overline{B} + \overline{D})}$$

3. 对偶规则

对偶规则为:设 F 是一个逻辑函数表达式,如果将 F 中所有的"与"逻辑和"或"逻辑互换,所有的常量"0"和常量"1"互换,得到的新逻辑函数表达式记为 F',则称 F' 为 F 的对偶式。当某个逻辑等式成立时,该等式两边的对偶式也相等,这就是对偶规则。显然对对偶式 F' 再求对偶,就得到原函数 F,即 $(F')' = F$。

注意:在使用对偶规则变换时,要保持原式中"先括号,然后与,最后或"的运算顺序。

【例 8.14】 已知公式 $\overline{AB} = \overline{A} + \overline{B}$,利用对偶规则验证摩根定律另一公式 $\overline{A+B} = \overline{A}\,\overline{B}$ 是否成立。

证 等式 $\overline{AB} = \overline{A} + \overline{B}$ 左边的对偶式为

$$(\overline{AB})' = \overline{A+B}$$

等式 $\overline{AB} = \overline{A} + \overline{B}$ 右边的对偶式为

$$(\overline{A} + \overline{B})' = \overline{A}\,\overline{B}$$

应用对偶规则,该等式两边的对偶式也相等,即 $\overline{A+B} = \overline{A}\,\overline{B}$。

【例 8.15】 已知分配律的一个公式 $A(B+C) = AB + AC$,利用对偶规则验证分配律的另一个公式 $A + BC = (A+B)(A+C)$ 是否成立。

证 等式 $A(B+C) = AB + AC$ 左边的对偶式为

$$A(B+C)' = A + BC$$

等式 $A(B+C) = AB + AC$ 右边的对偶式为

$$(AB + AC)' = (A+B)(A+C)$$

应用对偶规则,该等式两边的对偶式也相等,即 $A + BC = (A+B)(A+C)$。

上面分配律的两个公式互为对偶式,同理可证前面成对出现的公式都互为对偶式,因此在记公式时,只需要记一半即可。

8.5 逻辑函数及其表示方法

逻辑变量分为两种:输入逻辑变量和输出逻辑变量。描述输入逻辑变量和输出逻辑变量之间因果关系的函数就称为逻辑函数。

根据逻辑函数的不同特点,可以采用不同方法表示逻辑函数,每一种表示方法都可以将其逻辑功能表达准确。常用的逻辑函数表示方法有:逻辑真值表、逻辑表达式、逻辑图、波形图和卡诺图等。一个逻辑问题可以表示为几种不同的形式,各种表示形式之间也可以互相转换。

8.5.1   逻辑真值表

描述逻辑函数输入变量取值的所有组合和输出取值对应关系的表格称为逻辑真值表,简称真值表。

【例8.16】   图8.11所示为三个开关控制一盏灯的电路。三个开关分别用A、B、C表示,A、B、C为1时表示开关闭合,为0时表示开关断开;灯用Y表示,为1时表示灯亮,为0时表示灯灭。试列出描述其逻辑关系的真值表。

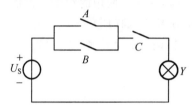

图8.11   三个开关控制一盏灯的电路

解   根据题意列出三个开关控制一盏灯的电路的真值表见表8.14。

表8.14   三个开关控制一盏灯的电路的真值表

输入			输出
A	B	C	Y
0	0	0	0
0	0	1	0
0	1	0	0
0	1	1	1
1	0	0	0
1	0	1	1
1	1	0	0
1	1	1	1

真值表的优点是:能够直观明了地反映出输入变量和输出变量之间取值的对应关系,而且当把一个实际问题抽象为逻辑问题时,使用真值表最为方便,所以在数字电路的逻辑设计中,首先就是根据设计要求列出真值表。

真值表的缺点是不能进行运算,而且当变量较多时,真值表就会变得比较复杂。一个逻辑函数只对应一个真值表。

8.5.2   逻辑表达式

用与、或、非等逻辑运算的组合表示逻辑函数输入变量与输出变量之间的逻辑关系,称为逻辑表达式。

由真值表写出逻辑表达式的方法是:在真值表中,所有使输出变量值为"1"的对应输入变量的取值组合,在每一组输入变量取值组合中,输入变量值为"1"的写成原变量,为"0"的写成反变量(字母上带有非号的变量),这样对应使输出变量为"1"的每一种输入变量组合,都可以书写成唯一的一个乘积项(与运算),将这些乘积项加(或运算)起来,即可以得到函数的逻辑表达式。

【例 8.17】　根据例 8.16 的真值表(表 8.14),写出其对应的逻辑表达式。

解　在真值表 8.14 中,使输出变量 Y 值为"1"的输入变量(A、B、C)组合有三种情况,分别为 011、101、111。

011 对应的乘积项是 $\bar{A}BC$;101 对应的乘积项是 $A\bar{B}C$;111 对应的乘积项是 ABC。把三个乘积项加起来,得到对应的逻辑表达式为

$$Y = \bar{A}BC + A\bar{B}C + ABC$$

8.5.3　逻辑图

由逻辑门电路符号构成的,用来表示输入逻辑变量和输出逻辑变量之间函数关系的图形称为逻辑电路图,简称逻辑图。

【例 8.18】　根据例 8.17 的逻辑表达式 $Y = \bar{A}BC + A\bar{B}C + ABC$,画出相对应的逻辑图。

解　根据表达式 $Y = \bar{A}BC + A\bar{B}C + ABC$,画出逻辑图如图 8.12 所示。

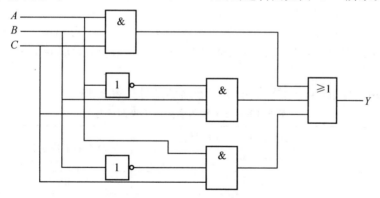

图 8.12　例 8.18 的逻辑图

逻辑图的优点比较突出,逻辑图中的逻辑符号和实际使用的电路器件有着明显的对应关系,所以它比较接近于工程实际。在制作数字设备时,首先要通过逻辑设计画出逻辑图,再把逻辑图变成实际电路。

同一逻辑函数,表达式不是唯一的,所以逻辑图也不是唯一的。

8.5.4　波形图

将输入变量在不同逻辑信号作用下所对应的输出信号按时间顺序排列起来,可表示

电路的逻辑关系,这种图形表示法称为波形图,也称时序图。

【例 8.19】 根据例 8.16 的逻辑真值表(表 8.14),画出该逻辑函数对应的波形图。

解 例 8.16 逻辑函数对应的波形图如图 8.13 所示。

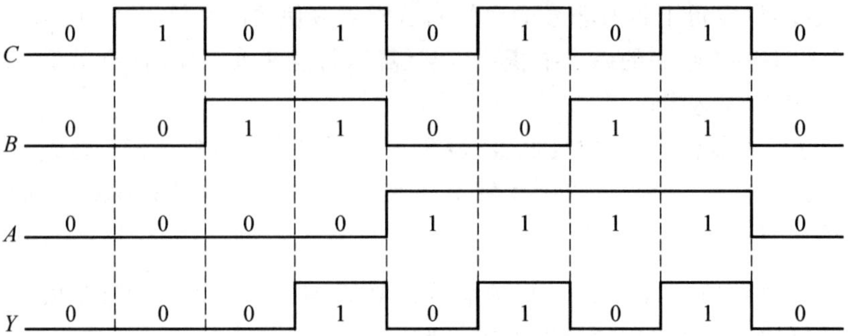

图 8.13 例 8.19 的波形图

8.5.5 卡诺图

一个函数可以用表达式表示,也可以用真值表来描述,但是用其真值表来表示时,对函数进行化简很不直观。美国工程师卡诺(Karnaugh)提出了一种利用方格图描述逻辑函数的特殊方法。这种特殊的小方格图通常称为卡诺图(K—Map)。

1. 最小项及其性质

在 n 个变量的逻辑函数中,若 m 为包含 n 个输入变量的乘积项,每个输入变量以原变量或反变量的形式在 m 中出现且只出现一次,则称 m 为该逻辑函数的最小项。n 个输入变量共有 2^n 个不同的组合,所以有 2^n 个最小项。

最小项用小写字母 m 表示,不同的最小项用下标区别。对于任意一个最小项,只有一组输入变量的取值使其为 1,这组二进制码(输入变量取值)对应的十进制数就是该最小项的下标。

以三个输入变量(A、B、C)为例,其最小项的编号见表 8.15。

表 8.15 三个输入变量最小项的编号

最小项	使最小项为 1 的变量取值			对应的十进制数	编号
	A	B	C		
$\bar{A}\bar{B}\bar{C}$	0	0	0	0	m_0
$\bar{A}\bar{B}C$	0	0	1	1	m_1
$\bar{A}B\bar{C}$	0	1	0	2	m_2
$\bar{A}BC$	0	1	1	3	m_3
$A\bar{B}\bar{C}$	1	0	0	4	m_4
$A\bar{B}C$	1	0	1	5	m_5
$AB\bar{C}$	1	1	0	6	m_6
ABC	1	1	1	7	m_7

根据同样的道理,把 A、B、C、D 这 4 个变量的 16 个最小项记作 $m_0 \sim m_{15}$。

最小项具有如下几个重要性质。

(1) 在逻辑函数输入变量的任何取值下必有一个最小项,且仅有一个最小项的值为 1。

(2) 任意两个最小项的乘积为 0。

(3) 全体最小项的和为 1。

(4) 相邻的两个最小项之和可以合并成一项,并可消去一个因子。若两个最小项只有一个因子不同,则称这两个最小项具有相邻性。

例如,$\bar{A}BC$ 和 $\bar{A}\bar{B}C$ 两个最小项仅有第二个因子(B 与 $\bar{B}$)不同,所以它们具有相邻性。这两个最小项相加可以合并成一项,并将取值不同的因子消去,即

$$\bar{A}BC + \bar{A}\bar{B}C = \bar{A}C(B + \bar{B}) = \bar{A}C$$

2. 逻辑函数的最小项表达式

利用公式 $A + \bar{A} = 1$ 和 $A \cdot 1 = A$,可以将任一逻辑函数式展开成若干个最小项之和的形式。

【例 8.20】　将逻辑函数 $F(A、B、C) = AB + BC$ 转换成最小项之和的形式。

解　在函数表达式中,AB 不是最小项,缺少变量 C,用 $\bar{C} + C$ 进行配项;BC 不是最小项,缺少变量 A,用 $A + \bar{A}$ 进行配项,则有

$$F(A、B、C) = AB + BC = AB(\bar{C} + C) + (\bar{A} + A)BC$$
$$= AB\bar{C} + ABC + \bar{A}BC$$
$$= m_3 + m_6 + m_7 = \sum m(3,6,7)$$

由此可见,任意一个逻辑函数表达式经过变换,都能表示成唯一的最小项之和的形式。

3. 逻辑函数的卡诺图表示法

任意一个 n 变量的逻辑函数,其最小项的个数是 2^n 个,画卡诺图时,将图形分成 2^n 个方格,方格的编号和最小项的编号相同,由方格外面行变量和列变量的取值决定。图 8.14 所示为二变量(A、B)、三变量(A、B、C)、四变量(A、B、C、D)逻辑函数卡诺图。

(1) 写方格编号时,以行变量为高位组,列变量为低位组(相反约定也可以)。例如,图 8.14(c) 中,$AB = 01$,$CD = 10$ 的小方格对应编号为 m_6($0110 = 6$)的最小项,那么就可以在对应的方格中填上 m_6。

(2) 行、列变量取值顺序一定按循环码排列。例如,图 8.14(c) 中 AB 和 CD 都是按照 00、01、11、10 的顺序排列的。这样标注可以保证几何相邻的最小项必定也是逻辑相邻的最小项。几何相邻包含三种情况:一是相接,即紧挨着的最小项;二是相对,即每一行或每一列的首尾;三是相重,即对折起来位置重合挨着的(五变量逻辑函数)。

(3) 用卡诺图表示逻辑函数。根据逻辑函数最小项表达式画卡诺图时,表达式中有哪些最小项,就在相应的小方格中填 1,而其余的方格填 0(0 也可以省略不填)。若表达式

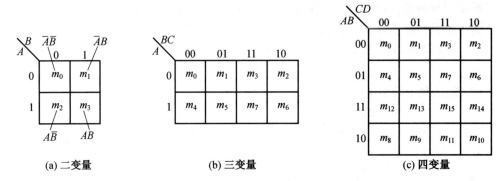

图 8.14 二变量、三变量、四变量逻辑函数卡诺图

不是最小项之和的形式,可以先转换成最小项之和的形式,再画卡诺图。

【例 8.21】 根据例 8.17 的逻辑表达式 $Y = \overline{A}BC + A\overline{B}C + ABC$ 画出卡诺图。

解 上述逻辑表达式已经是最小项之和的形式,直接画出卡诺图,如图 8.15 所示。

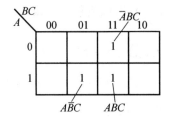

图 8.15 例 8.21 的卡诺图

【例 8.22】 根据逻辑表达式 $F(A、B、C、D) = \overline{B}\overline{D} + BD$,画出其对应的卡诺图。

解 先将逻辑表达式化成最小项之和的形式,即

$$
\begin{aligned}
F(A、B、C、D) &= \overline{B}\overline{D} + BD = \overline{B}\overline{D}(A + \overline{A})(C + \overline{C}) + BD(A + \overline{A})(C + \overline{C}) \\
&= \overline{A}\overline{B}\overline{C}\overline{D} + \overline{A}\overline{B}C\overline{D} + A\overline{B}\overline{C}\overline{D} + A\overline{B}C\overline{D} + \overline{A}BCD + \\
&\quad \overline{A}B\overline{C}D + AB\overline{C}D + ABCD \\
&= \sum m(0,2,5,7,8,10,13,15)
\end{aligned}
$$

画出对应的卡诺图如图 8.16 所示。

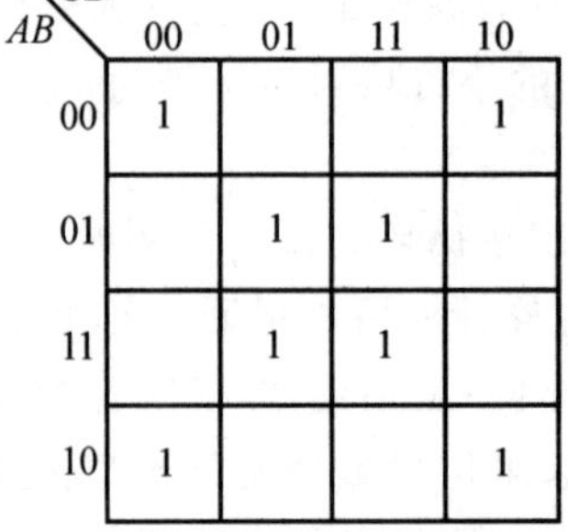

CD AB	00	01	11	10
00	1			1
01		1	1	
11		1	1	
10	1			1

图 8.16 例 8.22 的卡诺图

同一逻辑函数关系,可以用上述五种不同的表示方法来描述,它们之间有必然的联系,可以相互间转换。

8.6　逻辑函数的化简

同一逻辑函数,可以用不同的逻辑表达式来描述,逻辑表达式越简单,实现这个逻辑函数的逻辑电路所需要的门电路数目就越少。通过化简电路,可以节省器材、降低成本、减少故障发生的概率。因此,在设计逻辑电路时,化简逻辑函数是很必要的。

8.6.1　逻辑函数表达式的种类

同一个逻辑函数可以有多种不同的逻辑表达式,如与或表达式、与非－与非表达式、或与表达式、或非－或非表达式、与或非表达式等。例如,逻辑函数 F 可表示为以下几种形式。

(1) 与或表达式为

$$F = AB + \bar{B}C$$

(2) 与非－与非表达式为

$$F = \overline{\overline{AB} \cdot \overline{\bar{B}C}}$$

(3) 或与表达式为

$$F = (A + \bar{B})(B + C)$$

(4) 或非－或非表达式为

$$F = \overline{\overline{(A + \bar{B})} + \overline{(B + C)}}$$

(5) 与或非表达式为

$$F = \overline{\bar{A}B + \bar{B}\bar{C}}$$

以上五种形式都是同一逻辑函数不同形式的最简表达式,不同的逻辑表达式可以用不同的门电路来实现,而且各种表达式之间可以相互转换。

与或表达式是最常用的表达形式,该表达式可以根据真值表直接列出,且只利用一次摩根定律,就可以从与或变换成与非－与非表达式,从而用与非门电路来实现。以下将重点学习与或表达式的化简方法。

最简与或表达式要满足两个条件,表达式中包含的与项个数最少,每个与项中包含的输入变量个数也最少。逻辑函数化简的方法主要有代数法(公式法)和卡诺图法,下面先介绍代数法。

8.6.2　代数法

代数法化简逻辑表达式,就是反复运用逻辑代数的公式、定理和规则对逻辑表达式进行变换,消去一些多余的与项及各个与项中多余的变量,以求得到最简的表达式。代数法没有固定的步骤可循,需要熟练运用各种公式和定理,下面将常用的方法归纳如下。

1. 并项法

应用 $AB + A\bar{B} = A$,可以将两项合并为一项,并可消去一个变量,使逻辑函数得以化简。

【例 8.23】 用代数法化简函数 $F = \bar{A}BC + ABC + \bar{A}B\bar{C} + AB\bar{C}$。

解
$$F = \bar{A}BC + ABC + \bar{A}B\bar{C} + AB\bar{C}$$
$$= (\bar{A} + A)BC + (\bar{A} + A)B\bar{C}$$
$$= BC + B\bar{C} = B(C + \bar{C}) = B$$

2. 吸收法

应用 $A + AB = A$,消去多余的与项(乘积项)。

【例 8.24】 用代数法化简函数 $F = A + B\bar{C} + \overline{\overline{A}\ \overline{BC}}AC + D + \bar{B}$。

解
$$F = A + B\bar{C} + \overline{\overline{A}\ \overline{BC}}AC + D + \bar{B}$$
$$= (A + B\bar{C}) + \overline{(A + B\bar{C})}AC + D + \bar{B} = A + B\bar{C}$$

3. 消因子法

应用 $A + \bar{A}B = A + B$,消去与项中多余的变量(因子)。

【例 8.25】 用代数法化简函数 $F = A(B + C) + \bar{B}\bar{C}$。

解
$$F = A(B + C) + \bar{B}\bar{C} = A\overline{\bar{B}\bar{C}} + \bar{B}\bar{C} = A + \bar{B}\bar{C}$$

4. 配项法

应用 $A = A(B + \bar{B})$,可以在某个与项上乘 $B + \bar{B}$,然后展成两项,分别与其他与项进行合并,使逻辑函数得以化简。

【例 8.26】 用代数法化简函数 $F = AB + \bar{B}C + \bar{A}C$。

解
$$F = AB + \bar{B}C + \bar{A}C = AB + (A + \bar{A})\bar{B}C + \bar{A}C$$
$$= AB + AB\bar{C} + \bar{A}\bar{B}C + \bar{A}C$$
$$= AB(1 + \bar{C}) + \bar{A}C(\bar{B} + 1)$$
$$= AB + \bar{A}C$$

5. 消项法

应用 $AB + \bar{A}C + BC = AB + \bar{A}C$,可以将与项 BC 消去,使逻辑函数得以化简。

【例 8.27】 用代数法化简函数 $F = AB + \bar{A}C + BCDE$。

解
$$F = AB + \bar{A}C + BCDE$$
$$= AB + \bar{A}C + BC + BCDE$$
$$= AB + \bar{A}C + BC(1 + DE)$$
$$= AB + \bar{A}C + BC = AB + \bar{A}C$$

综合以上，再举几个例子。

【例 8.28】　用代数法化简函数 $F = \bar{A}B\bar{C} + BC + AB + \bar{A}BC + \bar{A}B\bar{C} + A\overline{B\bar{C}}$。

解
$$F = \bar{A}B\bar{C} + BC + AB + \bar{A}BC + \bar{A}B\bar{C} + A\overline{B\bar{C}}$$
$$= \bar{A}B(C + \bar{C}) + BC + AB + \bar{A}BC + A(\bar{B} + C)$$
$$= \bar{A}B + AB + A\bar{B} + BC + \bar{A}BC + AC$$
$$= A + B + BC + AC + \bar{A}\bar{B}C$$
$$= A + B + \bar{A}\bar{B}C$$
$$= A + B + (\overline{A + B})C$$
$$= A + B + C$$

【例 8.29】　用代数法化简函数：
$$F = AB + A\bar{C} + \bar{B}C + \bar{B}\bar{D} + \bar{B}D + B\bar{C} + ADE(F + G)$$

解
$$F = AB + A\bar{C} + \bar{B}C + \bar{B}\bar{D} + \bar{B}D + B\bar{C} + ADE(F + G)$$
$$= A(B + \bar{C}) + \bar{B}C + \bar{B}\bar{D} + \bar{B}D + B\bar{C} + ADE(F + G)$$
$$= A\overline{\bar{B}C} + \bar{B}C + \bar{B}\bar{D} + \bar{B}D + B\bar{C} + ADE(F + G)$$
$$= A + \bar{B}C + \bar{B}\bar{D} + \bar{B}D + B\bar{C} + ADE(F + G)$$
$$= A + \bar{B}C(D + \bar{D}) + \bar{B}D(C + \bar{C}) + \bar{B}\bar{D} + B\bar{C}$$
$$= A + \bar{B}CD + \bar{B}C\bar{D} + \bar{B}CD + \bar{B}\bar{C}D + \bar{B}\bar{D} + B\bar{C}$$
$$= A + (\bar{B}CD + \bar{B}D) + (\bar{B}C\bar{D} + \bar{B}CD) + (\bar{B}\bar{C}D + B\bar{C})$$
$$= A + \bar{B}D + C\bar{D} + B\bar{C}$$

代数法在化简一些较为复杂的逻辑函数时，依赖于人的技巧和经验，有时很难判断化简结果是否最简，下面介绍卡诺图法，它可以弥补代数法的一些不足。

8.6.3　卡诺图法

因为卡诺图中几何位置相邻的最小项具有逻辑相邻性，所以逻辑函数卡诺图法化简的实质就是合并逻辑相邻的最小项。

卡诺图法化简的步骤如下。

(1) 将逻辑函数表达式转化成最小项之和的形式。

(2) 画出逻辑函数对应的卡诺图。

(3) 合并卡诺图中具有几何相邻的最小项,就是将几何相邻填有"1"的小方格(简称"1"格)圈在一起进行合并,保留输入变量取值相同的变量,消去取值不同的变量,每画一个圈,得到一个对应的乘积项。

(4) 将所有的乘积项相加,就得到逻辑函数的最简与或表达式。

画圈时应遵循以下几点原则。

① 每个圈中只能包含 2^n 个几何相邻的"1"格($n=0,1,2,3,\cdots$),并且对应的乘积项可消去 n 个变量。

② 圈的个数应最少,圈越少,乘积项个数越少。

③ 圈应画最大,圈越大,消去的变量越多,对应的乘积项就越简单。

④ 同一个"1"格可以多次被圈,但每个圈中应至少有一个"1"格只被圈过一次。

⑤ 要保证所有的"1"格全部圈完,无几何相邻的"1"格,独立构成一个圈。

⑥ 圈"1"格的方法不止一种,因此化简的结果也就不同,但它们之间可以转换。

【例 8.30】 用卡诺图法化简逻辑函数 $F(A、B、C)=\sum m(1,2,3,4,5,6)$。

解 (1) 画出卡诺图,如图 8.17 所示。

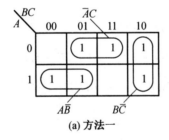 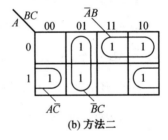

(a) 方法一　　　　　　　　　　　(b) 方法二

图 8.17　例 8.30 的卡诺图

(2) 画圈写出每个圈对应的乘积项并相加。

方法一:得到的最简与或表达式为

$$F=A\bar{B}+\bar{A}C+B\bar{C}$$

方法二:得到的最简与或表达式为

$$F=A\bar{C}+\bar{B}C+\bar{A}B$$

【例 8.31】 用卡诺图法化简逻辑函数:

$$F(A,B,C,D)=\sum m(0,1,2,4,5,8,9,10,12,13)$$

解 (1) 画出卡诺图,如图 8.18 所示。

(2) 画圈写出每个圈对应的乘积项并相加,得到最简与或表达式为

$$F=\bar{C}+\bar{B}\bar{D}$$

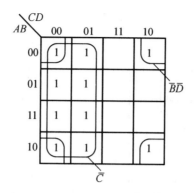

图 8.18　例 8.31 的卡诺图

【例 8.32】　用卡诺图法化简逻辑函数：

$$F(A、B、C、D) = \sum m(3,4,5,7,9,13,14,15)$$

解　（1）画出卡诺图，如图 8.19 所示。

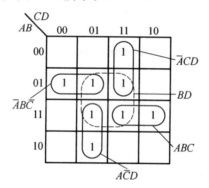

图 8.19　例 8.32 的卡诺图

（2）画圈写出每个圈对应的乘积项并相加。

注意：图 8.19 中虚线圈内的 4 个最小项均被其他圈所覆盖，也就是说没有自己独立的最小项，该圈就是多余的，不应该出现在最后的结果中，应直接去除。

化简结果为

$$F = \bar{A}B\bar{C} + \bar{A}CD + ABC + A\bar{C}D$$

【例 8.33】　用卡诺图法化简逻辑函数：

$$F(A、B、C、D) = \sum m(0,1,2,3,5,6,7,8,9,10,11,13,14,15)$$

解　（1）画出卡诺图，如图 8.20 所示。

（2）方法一：如图 8.20(a) 所示，圈"1"，得到函数 F 的最简与或表达式为

$$F = \bar{B} + C + D$$

（3）方法二：如图 8.20(b) 所示，圈"0"，得到函数 F 反函数的最简与或表达式为

$$\bar{F} = B\bar{C}\bar{D}$$

对 $\bar{F}$ 求反，则得到原函数 F 的最简表达式为

$$F = \overline{\overline{B}\overline{C}\overline{D}} = \overline{B} + C + D$$

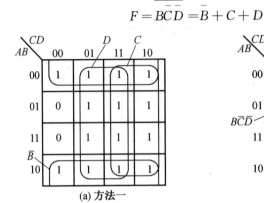 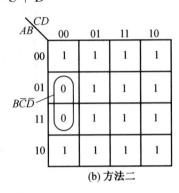

(a) 方法一　　　　　　　　(b) 方法二

图 8.20　例 8.33 的卡诺图

卡诺图法化简的优点是简单直观,有一定的步骤和方法,很容易判断结果是否最简;缺点是受变量个数的限制,仅适合变量个数较少的情形,多用于四变量及四变量以下逻辑函数的化简。

8.6.4　具有无关项的逻辑函数的化简

1. 无关项

在分析某些具体的逻辑函数时,经常会遇到一种情况,即输入变量的取值不是任意的,其中某些取值组合不允许出现,这些变量取值对应的最小项称为约束项,或称为禁止项。例如,一台电动机的停止、正转、反转三种状态分别用逻辑变量 A、B、C 表示,$A=1$,表示停止;$B=1$,表示正转;$C=1$,表示反转。因此,$\overline{A}\overline{B}\overline{C}$、$\overline{A}\overline{B}C$、$\overline{A}B\overline{C}$、$A\overline{B}C$、$AB\overline{C}$ 均为不允许出现的最小项。

有时还会遇到另外一种情况,即对于输入变量的某些取值,逻辑函数的输出值可以是任意的,或者这些变量的取值根本就不会出现,这些变量取值对应的最小项称为任意项。把约束项和任意项统称为无关项。

2. 具有无关项的逻辑函数的化简

因为无关项对应的最小项在逻辑表达式中既可以出现,也可以不出现,因此在卡诺图中对应的位置上即可以填1,也可以填0,并不影响函数原有的实际逻辑功能。根据这一性质对含有无关项的逻辑式进行化简,对逻辑函数化简有利时,将无关项取1,否则取0,就能得到更简单的化简结果。与用符号 m 表示最小项相类似,无关项用符号 d 表示。在画卡诺图时,无关项为 0 或 1 都可以,通常用"×"表示。

【例 8.34】　逻辑函数 $F = \overline{A}\overline{B}C + A\overline{B}\overline{C}$ 的约束条件为 $AB + AC + BC = 0$,即不允许 AB、AC、BC 同时为 1。对该函数进行化简。

解　约束条件为 $AB+AC+BC=0$,把约束条件化为最小项和的形式,则上述逻辑函数可表示为

$$F(A、B、C) = \sum m(1,4) + \sum d(3,5,6,7)$$

逻辑函数中 $\sum d(3,5,6,7)$ 表示所有的任意项,画出该卡诺图,如图 8.21 所示。

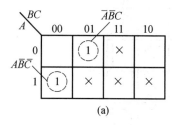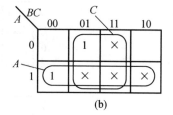

图 8.21　例 8.34 的卡诺图

对具有约束项的逻辑函数进行化简,若不考虑无关项,如图 8.21(a) 所示,则逻辑函数无法进行进一步化简,最简与或表达式为

$$F = \overline{A}B\overline{C} + A\overline{B}\,\overline{C}$$

若考虑无关项,则可以充分利用约束条件使表达式简化,用到的无关项当 1,用不到的无关项当 0。该函数画圈时无关项 m_3、m_5、m_6、m_7 对应的小方格视为 1,可以得到最大的包围圈,如图 8.21(b) 所示。则可化简为

$$F = A + C$$

【例 8.35】　化简逻辑函数:

$$F(A、B、C、D) = \sum m(3,7,8,10,12) + \sum d(1,5,11,14)$$

解　(1)画出卡诺图,如图 8.22 所示。

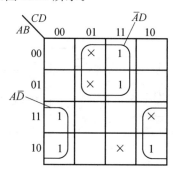

图 8.22　例 8.35 的卡诺图

(2)画圈时无关项 m_1、m_5、m_{14} 对应的小方格视为 1,无关项 m_{11} 对应的小方格视为 0,化简结果为

$$F = A\overline{D} + \overline{A}D$$

【例 8.36】　化简下列逻辑函数:

$$F(A、B、C、D) = \sum m(0,2,6,7,13,14) + \sum d(3,5,8,9,10,15)$$

解　(1)画出卡诺图,如图 8.23 所示。

(2)化简结果为

$$F = \overline{B}\,\overline{D} + BD + \overline{C}D$$

可见,利用无关项化简逻辑函数时,仅将对化简有利的无关项圈进卡诺图,对化简无

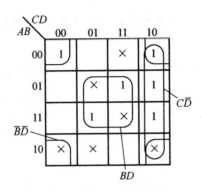

图 8.23　例 8.36 的卡诺图

利的无关项不要圈进来。

Multisim 仿真实践：4 个与非门实现异或功能

4 个与非门实现异或功能的电路如图 8.24 所示，其中与非门采用 7400 芯片，输出接电压表指示。输入由单刀双掷开关控制，接 5 V 时为高电平，接地时为低电平，电压表显示 5 V 时表示输出为高电平，显示 0 V 时表示输出为低电平。该电路当两个输入电平相同时输出为低电平，当两个输入电平相异时输出高电平，即两个输入不同则输出高电平，实现异或门功能。

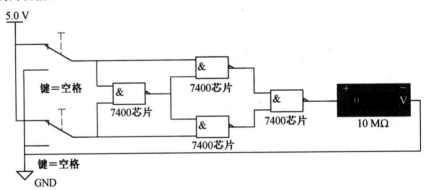

图 8.24　4 个与非门实现异或功能的电路

8.7　本章小结

（1）数字电路研究的主要问题是输入变量和输出变量之间的逻辑关系，数字信号在时间和数值上是离散的，用二进制数 0、1 表示。

（2）数制是用来表示数值大小的方法。本章介绍了二进制、八进制、十进制和十六进制，以及不同数制之间相互转换的方法，又介绍了几种常用的编码。

（3）逻辑代数是分析和设计数字电路必不可少的数学工具。逻辑代数有与、或、非三种基本运算，以及由它们组合或演变出来的与非、或非、与或非、异或和同或五种组合逻辑运算。

(4) 本章介绍了逻辑函数的基本公式、定律和规则。

(5) 逻辑函数的五种表示方法：真值表、逻辑表达式、逻辑图、波形图和卡诺图。它们各具特点，但都能表示输入变量和输出变量逻辑函数之间的取值对应关系，表示方法之间可以互相转化。

(6) 逻辑函数的化简方法是本章的重点。常用的化简方法有两种：代数法（公式法）和卡诺图法。代数法没有任何条件限制，比较灵活，但没有固定的步骤可循，需要一定的技巧和经验。卡诺图法简单直观、有步骤可循、易掌握，但不适合逻辑变量超过 5 个的电路。它们各有所长，又各有不足，应熟练掌握。

(7) 在实际逻辑问题中，输入变量之间常存在一定的制约关系，称为约束，把表明约束关系的等式称为约束条件。在逻辑函数的化简中，充分利用约束条件可使逻辑表达式更加简化。

习　题

8.1　将下列十进制数转换成等值的二进制数。

$(1)(27)_{10}$　　　　$(2)(142)_{10}$　　　　$(3)(10.6875)_{10}$

8.2　将下列十进制数转换成等值的十六进制数。

$(1)(87)_{10}$　　　　$(2)(272)_{10}$　　　　$(3)(15.25)_{10}$

8.3　将下列二进制数转换成等值的十进制数。

$(1)(1101011)_2$　　$(2)(1010.01)_2$　　$(3)(11010.101)_2$

8.4　将下列二进制数转换成等值的八进制数和十六进制数。

$(1)(1101011)_2$　　$(2)(1010.01)_2$　　$(3)(10110001011)_2$

8.5　根据反演规则，写出下列逻辑函数的反函数。

$(1)F_1 = (A + B + \bar{C})\overline{AB}$　　　　　　$(2)F_2 = A + \bar{B} + \overline{\bar{C}D + \bar{E}}$

8.6　根据对偶规则，写出下列逻辑函数的对偶式。

$(1)F_1 = \bar{A}B + AC + \bar{B}C$　　　　　　$(2)F_2 = \bar{A} + B(\overline{A + B + \bar{C}})$

8.7　用真值表的方法验证下列逻辑等式。

$(1)\overline{A + B + C} = \bar{A}\bar{B}\bar{C}$　　　　　　$(2)\overline{ABC} = \bar{A} + \bar{B} + \bar{C}$

8.8　列出下列逻辑函数对应的真值表。

$(1)F_1(A、B、C) = AB + AC$　　　　$(2)F_2(A、B、C) = A \oplus B \oplus C$。

8.9　写出图 P8.9 中各逻辑函数的表达式。

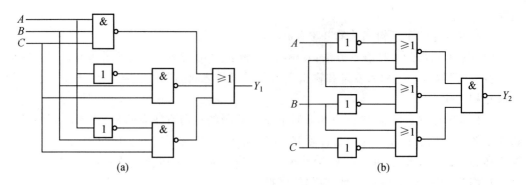

图 P8.9 逻辑图

8.10 已知逻辑函数的真值表见表 P8.10,写出对应的逻辑函数式,并画出逻辑图和波形图。

表 P8.10 真值表

输入			输出
A	B	C	F
0	0	0	1
0	0	1	0
0	1	0	0
0	1	1	0
1	0	0	0
1	0	1	0
1	1	0	0
1	1	1	1

8.11 画出下列各逻辑函数式对应的逻辑图。

(1) $F_1(A、B、C、D) = \overline{AB + \overline{B}C} + \overline{\overline{AB} + CD}$ (2) $F_2(A、B、C) = A \oplus B \oplus C + AB$

8.12 将下列逻辑函数式转化成最小项之和的形式。

(1) $F_1(A、B、C) = AB + BC + AC$

(2) $F_2(A、B、C) = A + BC + \overline{A}\overline{B}\overline{C}$

(3) $F_3(A、B、C、D) = \overline{A}\overline{B}CD + B\overline{C}D + \overline{A}\overline{B}$

(4) $F_4(A、B、C、D) = \overline{A}B + AC + BC\overline{D} + \overline{A}BCD$

8.13 用卡诺图法将下列逻辑函数化简为最简与或表达式。

(1) $F_1(A、B、C) = \sum m(1,4,5,7)$

(2) $F_2(A、B、C) = \sum m(0,2,3,4,6,7)$

(3) $F_3(A、B、C、D) = \sum m(0,2,3,4,8,9,10,14)$

$(4)F_4(A,B,C,D)=\sum m(0,1,2,3,5,6,7,8,10)$

$(5)F_5(A,B,C,D)=\sum m(0,1,2,3,5,6,8,9,10,11,13)$

$(6)F_6(A,B,C,D)=\overline{A}B+\overline{B}C\overline{D}+\overline{A}B\overline{C}+\overline{C}\overline{D}+AB\overline{C}D$

8.14　什么是约束项,什么是任意项,什么是逻辑函数式中的无关项?

8.15　化简下列具有约束项的逻辑函数,求出最简与或表达式。

$(1)F_1(A,B,C)=\sum m(0,2,5,6)+\sum d(1,4,7)$

$(2)F_2(A,B,C,D)=\sum m(0,2,5,6,8,13,14)+\sum d(7,10,15)$

$(3)F_3(A,B,C,D)=\sum m(0,1,8,10)+\sum d(2,3,4,11,12)$

$(4)F_4(A,B,C,D)=\sum m(0,2,3,4,6,11,12)+\sum d(8,9,10,13,14,15)$

$(5)F_5(A,B,C,D)=\overline{A}C\overline{D}+A\overline{C}D$,给定的约束条件为 $\overline{A}\overline{B}CD+\overline{A}C\overline{D}+A\overline{C}\overline{D}=0$。

第9章　门电路与组合逻辑电路

在数字电路中,门电路是最基本的逻辑单元,而组合逻辑电路又是数字电路的重要组成部分,它们的应用极为广泛。本章主要介绍 CMOS 门电路、组合逻辑电路的分析方法和设计方法,以及常用的多种集成组合逻辑电路,如加法器、编码器、译码器、数据选择器和数码比较器等的工作原理和使用方法。

9.1　门　电　路

9.1.1　门电路概述

实现基本逻辑运算和组合逻辑运算的单元电路称为门电路。基本的逻辑关系有与、或、非三种,与此对应的基本门电路有与门、或门、非门,此外还有与非门、或非门、与或非门、同或门、异或门等。

本书 6.4.5 节介绍了由分立元件组成的与、或逻辑运算电路。随着集成电路技术的发展与进步,门电路早已实现集成化,有各种标准化的集成门电路可供选择和使用。CMOS 门电路和 TTL 门电路是目前广为应用的两种数字集成电路。CMOS 门电路由工作在截止和饱和状态的场效应晶体管 MOSFET 构成,这类门电路里既包含 N 沟道 MOSFET(简称 NMOS) 也包含 P 沟道 MOSFET(简称 PMOS)。TTL 门电路主要由工作在截止和饱和状态的晶体管构成。

CMOS 门电路与 TTL 门电路相比具有制造工艺简单、功耗低、电源工作电压范围宽、集成度高、输入阻抗高等优点,所以当前 CMOS 门电路应用更为广泛,本节主要介绍 CMOS 门电路。

9.1.2　CMOS 门电路

1. CMOS 反相器

CMOS 反相器电路如图 9.1 所示,图中 T_1 为 NMOS,T_2 为 PMOS。当输入 A 为低电平(接近 0 V)时,N 沟道的 T_1 因栅—源电压为 0 V 而截止,P 沟道的 T_2 因栅—源电压为负向电源电压而导通,因此输出 Y 为高电平(接近电源电压 $+V_{DD}$)。当输入 A 为高电平时,T_1 导通,T_2 截止,输出 Y 为低电平。因此,实现了逻辑功能 $Y=\overline{A}$。

2. CMOS 与非门

CMOS 与非门电路如图 9.2 所示,图中 T_1、T_2 为 NMOS,T_3、T_4 为 PMOS。由于 T_1、T_2 为串联,且 T_2 的衬底与 T_1 的源极相连并接参考地,这样可以保证 T_2 以参考地为公共端,在输入信号的控制下导通或截止,只有 T_1、T_2 两个都导通时才输出低电平。而 T_3、T_4

为并联,只要其中一个导通就可输出高电平。当输入 A 和 B 有一个为低电平时,其对应的 PMOS 导通、NMOS 截止,因而输出 Y 为高电平;当输入 A 和 B 都为高电平时,T_1、T_2 都导通,T_3、T_4 都截止,因而输出 Y 为低电平,即实现了逻辑功能 $Y = \overline{A \cdot B}$。

3. CMOS 或非门

CMOS 或非门电路如图 9.3 所示,图中 T_1、T_2 为 NMOS,T_3、T_4 为 PMOS。由于 T_1、T_2 为并联,只要其中一个导通就可输出低电平。而 T_3、T_4 为串联,只有两个都导通才输出高电平。当输入 A 和 B 有一个为高电平时,其对应的 NMOS 导通、PMOS 截止,因而输出 Y 为低电平;当输入 A 和 B 都为低电平时,T_1、T_2 都截止,T_3、T_4 都导通,因而输出 Y 为高电平,即实现了逻辑功能 $Y = \overline{A + B}$。

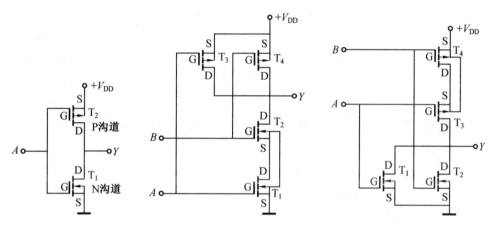

图 9.1　CMOS 反相器电路　　图 9.2　CMOS 与非门电路　　图 9.3　CMOS 或非门电路

4. CMOS 传输门

CMOS 传输门电路结构和逻辑符号如图 9.4 所示。图 9.4(a) 中 T_1 为 NMOS,T_2 为 PMOS,两个管的源极相接作为输入端 u_i,两个管的漏极相接作为输出端 u_o。输入端和输出端可以对调。T_1、T_2 的衬底都不与源极相连,分别接至参考地和电源。两个管的栅极作为控制端,分别接一对互为反相的控制信号 C 和 $\overline{C}$,用于控制传输门导通或断开。当控制信号 C 为低电平、$\overline{C}$ 为高电平时,T_1、T_2 都截止,传输门断开;当控制信号 C 为高电平、$\overline{C}$ 为低电平时,T_1、T_2 都导通,传输门导通,输出信号 u_o 等于输入信号 u_i,实现信号的传输。CMOS 传输门的导通电阻为几百欧,主要由其导电沟道决定;CMOS 传输门关闭时的截止电阻大于 $10^7\ \Omega$,接近于理想开关。这种开关由于受数字信号控制,因此也称为数字开关。CMOS 传输门既可以传输数字信号,也可以传输模拟信号,在数字系统中有着广泛的应用。

CMOS 传输门和反相器组合可以组成单刀开关,其电路如图 9.5 所示。外电路送来的控制信号直接送到传输门的 C 端,经反相器反相后送到 $\overline{C}$ 端。当控制信号 C 为低电平时,传输门断开;当控制信号 C 为高电平时,传输门导通,$u_o = u_i$,实现信号的传输。用多组这样的电路还可以构成双刀开关等多种开关形式。

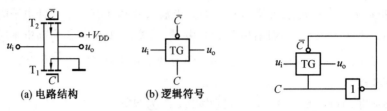

图 9.4 　CMOS 传输门电路结构和逻辑符号　　　图 9.5 　单刀开关的电路

5. 多路模拟开关

模拟开关是通过数字量来控制传输门的导通和断开以传输数字信号或模拟信号的开关。它具有功耗低、速度快、体积小、无机械触点及使用寿命长等优点,因此在一定程度上可以用来代替继电器。

ADG211/212 是 ADI 公司生产的 CMOS 四双向模拟开关,共有 16 个引脚,其引脚图如图 9.6(a) 所示,图 9.6(b) 所示为其中一个模拟开关的逻辑图。V_{DD} 为接正电源端;V_{SS} 可以接负电源端也可以接地;GND 为接地端;IN_i 为开关SW_i 的控制端,S_i 和 D_i 为开关 SW_i 的两个信号端;V_L 为逻辑供电电压端,通常接 $+5\ V$,否则开关 SW_i 不受 IN_i 控制。对于 ADG211,当 IN_i 为低电平时开关 SW_i 断开,当 IN_i 为高电平时开关 SW_i 接通;对于 ADG212,当 IN_i 为低电平时开关 SW_i 接通,当 IN_i 为高电平时开关 SW_i 断开。

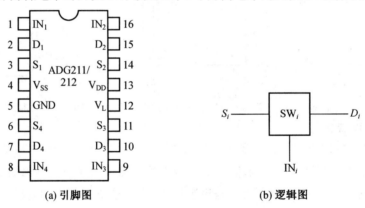

图 9.6 　ADG211/212 的引脚图和逻辑图

6. CMOS 三态门

三态门的输出端除了出现高电平和低电平外,还可以出现第三种状态 —— 高阻状态。图 9.7(a)(b) 所示是 CMOS 三态非门的电路结构和逻辑符号,它是在 CMOS 反相器电路的基础上增加了一个 NMOS T_1' 和一个 PMOS T_2',作为控制管。当控制端 $\overline{EN}=1$ 时,T_1' 和 T_2' 都截止,输出处于高阻状态。而当控制端 $\overline{EN}=0$ 时,T_1' 和 T_2' 都导通,电路处于工作状态,输出 $Y=\overline{A}$。

若在图 9.7(a) 的控制端 $\overline{EN}$ 之前再加一个非门,以该非门的输入 EN 为控制端,则状态就与上述相反,即当控制端 EN=0 时,输出处于高阻状态;而当控制端 EN=1 时,电路处于工作状态,输出 $Y=\overline{A}$,此时的逻辑符号如图 9.7(c) 所示。

三态门在数字电路中是一种重要的器件,可以实现数据的双向传输,如图 9.8 所示电

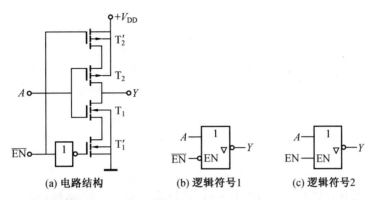

(a) 电路结构   (b) 逻辑符号1   (c) 逻辑符号2

图 9.7 CMOS 三态非门

路,当控制端 EN=0 时,三态门 G_1 工作,G_2 高阻,数据由 A 传输到 B;当控制端 EN=1 时,三态门 G_2 工作,G_1 高阻,数据由 B 传输到 A。三态门还可以挂接在一组总线上,来实现不同数字器件之间的数据传输。如图 9.9 所示,若干个三态门连接在同一条传输线上,通过对各门控制端的控制,每次仅让其中一个门工作,这个工作的门就可以向总线传输数据。其余的门不工作,且对总线呈现高阻状态。这样,通过控制三态门可以分时将数据传输到总线上。

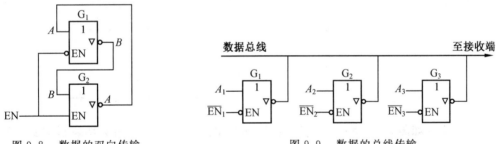

图 9.8 数据的双向传输   图 9.9 数据的总线传输

【例 9.1】 如图 9.10 所示 CMOS 电路,试写出其逻辑表达式,并说明逻辑功能。

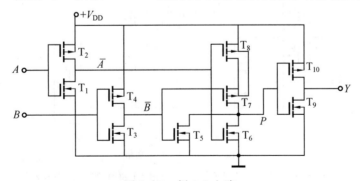

图 9.10 例 9.1 电路

解 图 9.10 所示电路是在中间 CMOS 或非门的基础上,在输入端和输出端都加上起缓冲作用的 CMOS 反相器而得到的,其等效逻辑电路如图 9.11 所示。

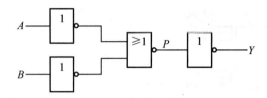

图 9.11　图 9.10 的等效逻辑电路

由图 9.11 可得其逻辑表达式为

$$Y = \overline{\overline{\overline{A} + \overline{B}}} = \overline{\overline{A} \cdot \overline{B}}$$

当输入 A 和 B 只要有一个为低电平时,经过输入侧反相器,加到或非门输入端的高电平就使得与其相连的 NMOS 导通,PMOS 截止,因而或非门的输出 P 为低电平,再经过输出侧反相器,输出 Y 为高电平,符合与非门的逻辑关系。当输入 A 和 B 都是高电平时,输入侧的两个反相器输出都是低电平,使得串联的两个 PMOS 导通,并联的两个 NMOS 截止,因而或非门的输出 P 为高电平,再经过输出侧反相器,输出 Y 为低电平,这也符合与非门的逻辑关系。因此,图 9.10 为带有缓冲级的 CMOS 与非门,其真值表见表 9.1。

表 9.1　CMOS 与非门真值表

A	B	$\overline{A}$	$\overline{B}$	P	Y
0	0	1	1	0	1
0	1	1	0	0	1
1	0	0	1	0	1
1	1	0	0	1	0

【例 9.2】　如图 9.12 所示 CMOS 电路,试写出其逻辑表达式,并说明逻辑功能。

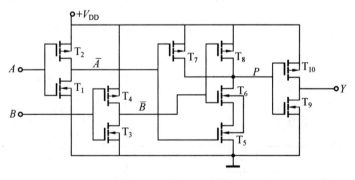

图 9.12　例 9.2 电路

解　图 9.12 所示电路是在中间 CMOS 与非门的基础上,在输入端和输出端都加上起缓冲作用的 CMOS 反相器而得到的,其等效逻辑电路如图 9.13 所示。

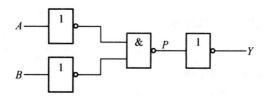

图 9.13　图 9.12 的等效逻辑电路

由图 9.13 可得其逻辑表达式为

$$Y = \overline{\overline{\overline{A} \cdot \overline{B}}} = \overline{A + B}$$

因此，图 9.12 为带有缓冲级的 CMOS 或非门，其真值表见表 9.2。读者可以仿照例 9.1 进行分析，在此不再赘述。

表 9.2　CMOS 或非门真值表

A	B	$\overline{A}$	$\overline{B}$	P	Y
0	0	1	1	0	1
0	1	1	0	1	0
1	0	0	1	1	0
1	1	0	0	1	0

9.2　组合逻辑电路

9.2.1　组合逻辑电路概述

数字电路按照逻辑功能不同，可以分为两大类：一类是组合逻辑电路；另一类是时序逻辑电路。组合逻辑电路在逻辑功能上的特点是任意时刻的输出仅仅取决于该时刻的输入，而与电路原来的状态无关。既然组合逻辑电路的输出与电路的历史状况无关，那么电路中就不能含有存储单元。这是组合逻辑电路在电路结构上的共同特点。

组合逻辑电路可以有多个输入和多个输出，其结构框图如图 9.14 所示。图中 x_1，$x_2, \cdots, x_n$ 表示输入变量，$y_1, y_2, \cdots, y_m$ 表示输出变量。组合逻辑电路的输出变量与输入变量之间的关系可以表示为一组逻辑函数，即

$$y_i = f_i(x_1, x_2, \cdots, x_n) \quad (i = 1, 2, \cdots, m) \tag{9.1}$$

图 9.14　组合逻辑电路的结构框图

9.2.2　组合逻辑电路的分析

组合逻辑电路的分析是指根据给定的逻辑电路,找出其输出变量和输入变量之间的逻辑关系,从而确定电路的逻辑功能。

组合逻辑电路的分析一般按如下步骤进行。

(1) 根据给定的逻辑电路,从输入端开始,逐级写出输出端的逻辑函数表达式,化简或变换,得到最简的逻辑函数表达式。

(2) 根据输出逻辑函数的最简表达式,列出真值表。

(3) 观察和分析真值表,用文字概括出该组合逻辑电路的逻辑功能。

上述组合逻辑电路的分析过程,可以用图 9.15 所示的方框图来描述。

图 9.15　组合逻辑电路的分析过程

【例 9.3】　试分析图 9.16 给出的组合逻辑电路的逻辑功能。

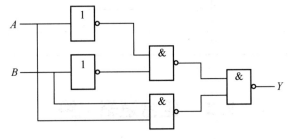

图 9.16　例 9.3 电路

解　(1) 写出逻辑函数表达式。

根据给定的逻辑电路图,由输入到输出逐级写出每个逻辑门的逻辑函数表达式,最后得到输出 Y 的逻辑函数表达式,并化简得

$$Y = \overline{\overline{\overline{A}B} \cdot \overline{A\overline{B}}} = \overline{A}B + A\overline{B} \tag{9.2}$$

(2) 列出真值表。

根据输出变量 Y 的最简表达式列出真值表,见表 9.3。

表 9.3　例 9.3 电路的真值表

A	B	Y
0	0	1
0	1	0
1	0	0
1	1	1

(3) 分析逻辑功能。

分析真值表可知,当输入变量 A 和 B 同为 0 或 1 时,输出 Y 为 1;否则,输出 Y 为 0。故

该电路为"同或"逻辑功能电路。

【例 9.4】　试分析图 9.17 给出的组合逻辑电路的逻辑功能。

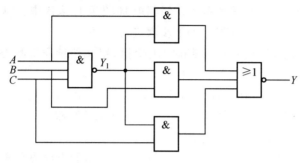

图 9.17　例 9.4 电路

解　（1）写出逻辑函数表达式。

根据给定的逻辑电路图,由输入到输出逐级写出每个逻辑门的逻辑函数表达式,最后得到输出的逻辑函数表达式,并化简得

$$Y_1 = \overline{ABC}$$

$$Y = \overline{AY_1 + BY_1 + CY_1} = \overline{(A+B+C)Y_1} = \overline{A+B+C} + \overline{Y_1} = \overline{A}\,\overline{B}\,\overline{C} + ABC$$

（2）列出真值表。

根据输出变量 Y 的最简表达式列出真值表,见表 9.4。

表 9.4　例 9.4 电路的真值表

A	B	C	Y
0	0	0	1
0	0	1	0
0	1	0	0
0	1	1	0
1	0	0	0
1	0	1	0
1	1	0	0
1	1	1	1

（3）分析逻辑功能。

分析真值表可知,当三个输入变量 A、B、C 一致(即全为 1 或 0)时,输出 Y 为 1;否则,输出 Y 为 0。故该电路为"判一致"电路,可用于判断三个输入端的状态是否一致。

9.3　组合逻辑电路的设计

组合逻辑电路的设计就是根据给出的逻辑问题,求出实现这一逻辑功能的最简逻辑电路的过程。这里所说的"最简"是指电路所用的逻辑器件数目最少,器件的种类最少,且器件之间的连线最少。设计组合逻辑电路总的原则是力求设计的逻辑电路更简洁,从而使实际电路简单、经济、可靠。在满足逻辑问题和技术要求的基础上,实现组合逻辑电路的途径是多种多样的,可以采用基本逻辑门电路,也可以采用中、大规模的集成电路。

设计组合逻辑电路时,一般按照如下步骤进行。

(1)根据逻辑问题,确定输入变量和输出变量;定义变量逻辑状态的含义,即确定逻辑状态 0 和 1 的实际具体含义;列出真值表。

(2)根据真值表,写出相应的逻辑函数表达式。

(3)选定器件的类型,对逻辑函数表达式进行化简或变换。

(4)根据逻辑函数表达式画出逻辑电路图。

上述组合逻辑电路的设计过程,可以用图 9.18 所示的方框图来描述。

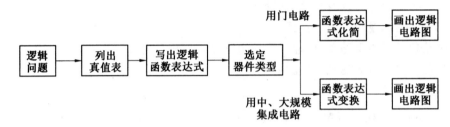

图 9.18　组合逻辑电路的设计过程

【例 9.5】　设计一个三人表决电路。逻辑功能要求:表决结果要体现少数服从多数的原则。

解　(1)列出真值表。

设 A、B、C 代表三个人,作为电路的输入变量,A、B、C 为 1 表示同意,为 0 表示反对;用 Y 代表表决结果,作为输出变量,Y 为 1 表示表决通过,为 0 表示表决没有通过。

根据题意列出真值表,见表 9.5。

表 9.5　例 9.5 的真值表

A	B	C	Y
0	0	0	0
0	0	1	0
0	1	0	0
0	1	1	1
1	0	0	0
1	0	1	1
1	1	0	1
1	1	1	1

(2)根据真值表,写出逻辑函数表达式。

$$Y = \bar{A}BC + A\bar{B}C + AB\bar{C} + ABC \tag{9.3}$$

（3）选用器件的类型，对逻辑函数表达式进行化简或变换。

$$Y = \overline{A}BC + ABC + AB\overline{C} + ABC + A\overline{B}C + ABC$$

$$= BC(\overline{A} + A) + AC(\overline{B} + B) + AB(\overline{C} + C)$$

经代数法化简，得到最简与－或式为

$$Y = BC + AC + AB \tag{9.4}$$

若选用与非门实现，可以对式(9.4)两次求反，变换成与非－与非式，即

$$Y = \overline{\overline{BC + AC + AB}} = \overline{\overline{BC} \cdot \overline{AC} \cdot \overline{AB}} \tag{9.5}$$

若选用或非门实现，可先将式(9.3)变换成或－与式，再变换成或非－或非式，即

$$Y = (B + C)(A + C)(A + B) = \overline{\overline{B + C} + \overline{A + C} + \overline{A + B}} \tag{9.6}$$

（4）根据逻辑函数表达式画出逻辑电路图。

根据逻辑函数表达式(9.5)画出采用与非门实现的逻辑电路图，如图9.19(a)所示。

根据逻辑函数表达式(9.6)画出采用或非门实现的逻辑电路图，如图9.19(b)所示。

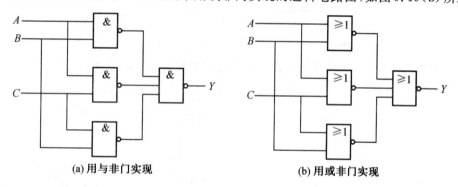

(a) 用与非门实现　　　　　　　　(b) 用或非门实现

图 9.19　例 9.5 电路的逻辑电路图

【**例 9.6**】　设计一个监视交通信号灯工作状态的逻辑电路。逻辑功能要求：信号灯由红、黄、绿三盏灯组成，任何时刻有且仅有一盏灯点亮为正常工作，否则电路发生故障并发出故障信号，以提醒工作人员前去维修。

解　（1）列出真值表。

设 A、B、C 代表红、黄、绿三盏灯，作为电路的输入变量，A、B、C 为 1 表示灯亮，为 0 表示不亮；用 Y 代表故障信号，作为输出变量，Y 为 1 表示发生故障，为 0 表示正常工作。

根据题意列出真值表，见表 9.6。

表 9.6　例 9.6 的真值表

A	B	C	Y
0	0	0	1
0	0	1	0
0	1	0	0
0	1	1	1
1	0	0	0

续表 9.6

A	B	C	Y
1	0	1	1
1	1	0	1
1	1	1	1

（2）写出逻辑函数表达式。

$$Y = \bar{A}\bar{B}C + \bar{A}B\bar{C} + A\bar{B}C + AB\bar{C} + ABC \tag{9.7}$$

（3）化简或变换。

若选用与门和或门实现，可将式（9.7）化简为最简与－或式，即

$$Y = \bar{A}\bar{B}C + BC + AC + AB \tag{9.8}$$

若选用与非门实现，可将式（9.8）两次求反，变换成与非－与非式，即

$$Y = \overline{\overline{\bar{A}\bar{B}C + BC + AC + AB}} = \overline{\overline{\bar{A}\bar{B}C} \cdot \overline{BC} \cdot \overline{AC} \cdot \overline{AB}} \tag{9.9}$$

（4）画出逻辑电路图。

根据逻辑函数式（9.8）画出采用与门和或门实现的逻辑电路图，如图 9.20(a) 所示。

根据逻辑函数式（9.9）画出采用与非门实现的逻辑电路图，如图 9.20(b) 所示。

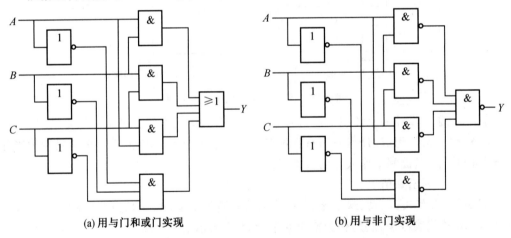

(a) 用与门和或门实现   (b) 用与非门实现

图 9.20　例 9.6 电路的逻辑电路图

9.4　常用集成组合逻辑电路

为了使用方便，目前已经有了许多具有特定逻辑功能的标准化集成组合逻辑电路的产品，如加法器、编码器、译码器、数据选择器和数码比较器等。它们除了具有自身所特有的逻辑功能外，还可以和一些简单的逻辑门组成更为复杂的组合逻辑电路，用于实现其他

逻辑功能。本节介绍一些常用的 74HC 系列[①]集成组合逻辑电路及其应用。

9.4.1　集成加法器

在数字电路中用于完成二进制加法运算的组合逻辑电路称为加法器。两个二进制数的加、减、乘、除的算术运算,目前在数字计算机中都是化作若干步加法运算进行的,因此加法器是构成算术运算器的基本单元。

1. 半加器

如果不考虑来自低位的进位,只将两个 1 位二进制数相加,则称为半加。实现半加运算的逻辑电路称为半加器。

根据二进制加法运算规则可以列写出半加器真值表,见表 9.7。其中,A、B 表示两个加数,S 表示相加的和数,C 表示向高位的进位数。

表 9.7　半加器真值表

输入		输出	
A	B	S	C
0	0	0	0
0	1	1	0
1	0	1	0
1	1	0	1

根据真值表可以得到输出变量 S 和 C 的逻辑函数表达式,即

$$S = \overline{A}B + A\overline{B} = A \oplus B \tag{9.10}$$

$$C = AB \tag{9.11}$$

半加器的逻辑电路和逻辑符号如图 9.21 所示。

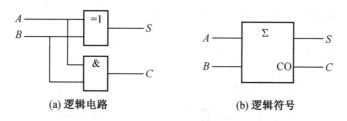

(a) 逻辑电路　　　　　　　　(b) 逻辑符号

图 9.21　半加器的逻辑电路和逻辑符号

2. 全加器

在将两个多位二进制数相加时,除了最低位以外,每一位还应考虑来自低位的进位,即将两个对应位的加数与来自低位的进位这三个数相加,这种运算称为全加。实现全加运算的逻辑电路称为全加器。

[①]　74 表示商业级系列;HC(high-speed COMS) 表示高速 CMOS 系列。

根据二进制加法运算规则可以列写出全加器真值表,见表9.8。其中,A_i、B_i 表示两个对应位的加数,C_{i-1} 表示来自低位的进位数,S_i 表示全加的和数,C_i 表示向高位的进位数。

表 9.8 全加器真值表

输入			输出	
A_i	B_i	C_{i-1}	S_i	C_i
0	0	0	0	0
0	0	1	1	0
0	1	0	1	0
0	1	1	0	1
1	0	0	1	0
1	0	1	0	1
1	1	0	0	1
1	1	1	1	1

根据真值表可以得到输出变量 S_i 和 C_i 的逻辑函数表达式,即

$$
\begin{aligned}
S_i &= \bar{A}_i \bar{B}_i C_{i-1} + \bar{A}_i B_i \bar{C}_{i-1} + A_i \bar{B}_i \bar{C}_{i-1} + A_i B_i C_{i-1} \\
&= \bar{A}_i (B_i \oplus C_{i-1}) + A_i (\overline{B_i \oplus C_{i-1}}) \\
&= A_i \oplus B_i \oplus C_{i-1}
\end{aligned}
\tag{9.12}
$$

$$
\begin{aligned}
C_i &= \bar{A}_i B_i C_{i-1} + A_i \bar{B}_i C_{i-1} + A_i B_i \bar{C}_{i-1} + A_i B_i C_{i-1} \\
&= (\bar{A}_i B_i + A_i \bar{B}_i) C_{i-1} + A_i B_i (\bar{C}_{i-1} + C_{i-1}) \\
&= (A_i \oplus B_i) C_{i-1} + A_i B_i
\end{aligned}
\tag{9.13}
$$

全加器的逻辑电路和逻辑符号如图 9.22 所示。

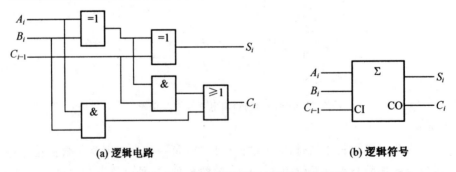

(a) 逻辑电路　　　　　　　　　　　　　　(b) 逻辑符号

图 9.22　全加器的逻辑电路和逻辑符号

3. 串行进位加法器

上面介绍的是两个 1 位二进制数的相加电路,但实际应用中往往是多位二进制相加,完成多位二进制数相加的逻辑电路称为加法器。

图 9.23 所示为 4 位二进制数串行进位加法器的逻辑电路图,其逻辑功能是完成两个 4 位二进制数 $A_3A_2A_1A_0$ 和 $B_3B_2B_1B_0$ 的加法,和数是 $S_3S_2S_1S_0$,最高位的进位输出是 C_3。它由 4 个全加器组成,依次将低位全加器的进位输出端接至高一位全加器的进位输入端,这样一级一级串联起来,故把这种结构的电路称为串行进位加法器。

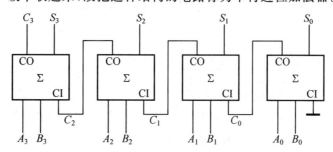

图 9.23　4 位二进制数串行进位加法器的逻辑电路图

这种串行进位加法器在工作时,每一位的相加运算都必须等到低一位加法完成并送来进位时才能进行。考虑逻辑门电路的延迟特性,全加器的传输延迟时间一级一级累加。故这种串行进位加法器的缺点是运算速度慢,但其电路结构比较简单,可以应用于对运算速度要求不高的设备中。如集成芯片 T692 就属于此种 4 位串行进位加法器。

4. 超前进位加法器

为了提高运算速度,必须设法减小或消除因进位信号逐级传递所耗费的时间,故出现了超前进位加法器。超前进位加法器在全加器的基础上增加了一个超前进位形成逻辑,可以得到每一位全加器的进位输入信号,这样就减小了进位信号逐位传递的传输延迟时间,有效提高了运算速度。强调一点,运算速度的提高是用增加电路复杂程度的代价换取的。当加法器的位数增加时,电路的复杂程度也随之急剧上升。

74HC283 是一个具有超前进位功能的中规模 CMOS 集成 4 位二进制加法器,其逻辑符号如图 9.24 所示。74HC283 是 16 引脚芯片,包含 4 位二进制被加数 $A_4A_3A_2A_1$,4 位二进制加数 $B_4B_3B_2B_1$,4 位加数和 $S_4S_3S_2S_1$,一个低位进位输入 C_0,一个高位进位输出 C_4,一个电源端和一个接地端。

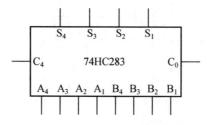

图 9.24　74HC283 的逻辑符号

【例 9.7】　试用两片 74HC283 实现 8 位二进制数加法器。逻辑功能要求:完成两个 8 位二进制数 $X_8X_7X_6X_5X_4X_3X_2X_1$ 和 $Z_8Z_7Z_6Z_5Z_4Z_3Z_2Z_1$ 的加法运算。

解　用两片 74HC283 实现 8 位二进制数加法器的电路如图 9.25 所示。将两个 8 位二进制数的低 4 位 $X_4X_3X_2X_1$ 和 $Z_4Z_3Z_2Z_1$ 分别对应加入 74HC283(1) 的被加数和加数端,输出低 4 位的加数 $S_4S_3S_2S_1$ 和向高位进位的 C_4,将 C_4 作为 74HC283(2) 低位的进位输入；两个 8 位二进制数的高 4 位 $X_8X_7X_6X_5$ 和 $Z_8Z_7Z_6Z_5$ 分别对应加入 74HC283(2) 的被加数和加数端，输出高 4 位的加数 $S_8S_7S_6S_5$ 和向高位进位的 C_8。

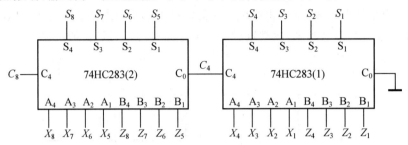

图 9.25　用两片 74HC283 实现 8 位二进制数加法器的电路

【例 9.8】　试用 4 位二进制加法器 74HC283 实现 4 位二进制数减法器。逻辑功能要求：完成两个 4 位二进制数 $X_4X_3X_2X_1$ 和 $Z_4Z_3Z_2Z_1$ 的减法运算。

解　二进制数的减法运算是用加法实现的，将减数的原码变换成补码后，与被减数相加，然后舍弃其最高位进位，即可得到差值。求补码的过程是将减数所有数字位求反再加 1，即

$$S = X - Z = X + (-Z) = X + [Z]_{补} \tag{9.14}$$

$$[Z]_{补} = [Z]_{反} + 1 \tag{9.15}$$

根据式(9.14)和式(9.15)，可以画出如图 9.26 所示的 4 位二进制数减法器。将 $X_4X_3X_2X_1$ 分别接入 74HC283 的 4 位被加数端，$Z_4Z_3Z_2Z_1$ 分别经过非门再接入 74HC283 的 4 位加数端，低位进位输入端接 1，从输出端输出的 $S_4S_3S_2S_1$ 就是两个 4 位二进制数的差值。

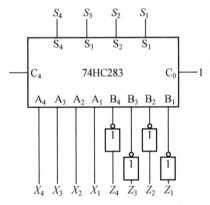

图 9.26　用 74HC283 实现 4 位二进制数减法器

9.4.2　集成优先编码器

在数字系统中，用预先规定的方法将一些逻辑信号转换成二进制代码的过程称为编码。能够实现编码的电路称为编码器。在二值逻辑电路中，信号都是以高、低电平的形式给出的。因此，编码器的逻辑功能就是把输入的每一个高、低电平信号编成一个对应的二进制代码。

经常使用的编码器有普通编码器和优先编码器。在普通编码器中,任何时刻只允许输入一个编码信号,否则输出将发生混乱。在优先编码器中,允许同时输入两个以上编码信号,只对其中优先级别最高的一个进行编码。优先级别的高低由编码器的设计者确定。下面介绍两种中规模集成优先编码器。

1. 二进制优先编码器 74HC148

74HC148 是一种常用 CMOS 集成 8 线 － 3 线二进制优先编码器,它能将 8 个输入信号分别进行编码,并以二进制反码的形式输出。74HC148 的外引脚排列如图 9.27 所示,共有 16 个引脚。$\overline{I_7} \sim \overline{I_0}$ 为 8 个编码输入端,低电平有效;$\overline{Y_2} \sim \overline{Y_0}$ 为 3 个编码输出端,低电平有效;$\overline{EI}$ 为选通输入端,低电平有效;$\overline{EO}$ 为选通输出端;$\overline{GS}$ 为扩展端;V_{CC} 为接电源端;GND 为接地端。

集成 8 线－3 线二进制优先编码器 74HC148 的功能表见表 9.9。

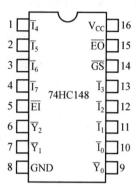

图 9.27　74HC148 的外引脚排列

表 9.9　74HC148 的功能表

选通	输入								输出			扩展	选通
$\overline{EI}$	$\overline{I_7}$	$\overline{I_6}$	$\overline{I_5}$	$\overline{I_4}$	$\overline{I_3}$	$\overline{I_2}$	$\overline{I_1}$	$\overline{I_0}$	$\overline{Y_2}$	$\overline{Y_1}$	$\overline{Y_0}$	$\overline{GS}$	$\overline{EO}$
1	×	×	×	×	×	×	×	×	1	1	1	1	1
0	1	1	1	1	1	1	1	1	1	1	1	1	0
0	0	×	×	×	×	×	×	×	0	0	0	0	1
0	1	0	×	×	×	×	×	×	0	0	1	0	1
0	1	1	0	×	×	×	×	×	0	1	0	0	1
0	1	1	1	0	×	×	×	×	0	1	1	0	1
0	1	1	1	1	0	×	×	×	1	0	0	0	1
0	1	1	1	1	1	0	×	×	1	0	1	0	1
0	1	1	1	1	1	1	0	×	1	1	0	0	1
0	1	1	1	1	1	1	1	0	1	1	1	0	1

从表 9.9 中可知,当 $\overline{EI}=1$ 时,禁止编码操作,此时所有输出均为高电平。当 $\overline{EI}=0$、$\overline{GS}=1$、$\overline{EO}=0$ 时,编码器处于工作状态,但无编码输入(输入端都是高电平)。当 $\overline{EI}=0$、$\overline{GS}=0$、$\overline{EO}=1$ 时,编码器处于正常工作状态,允许 $\overline{I_7} \sim \overline{I_0}$ 当中同时有多个输入端为低电平,即有编码输入信号。$\overline{I_7}$ 的优先级别最高,依次优先级别降低,$\overline{I_0}$ 的优先级别最低。当 $\overline{I_7}=0$ 时,无论 $\overline{I_6} \sim \overline{I_0}$ 有无输入信号,电路只对 $\overline{I_7}$ 进行编码,输出为 $\overline{Y_2}\overline{Y_1}\overline{Y_0}=000$;当 $\overline{I_7}=$

1、$\overline{I_6}=0$ 时，无论 $\overline{I_5}\sim\overline{I_0}$ 有无输入信号，电路只对 $\overline{I_6}$ 进行编码，输出为 $\overline{Y_2}\overline{Y_1}\overline{Y_0}=001$。其他输入变量的编码值依此类推。利用 $\overline{EO}$ 和 $\overline{GS}$ 可以实现编码器的功能扩展。

2.74HC148 的应用

【例 9.9】 试用两片 74HC148 实现 16 线－4 线优先编码器。逻辑功能是将 16 个低电平输入信号 $\overline{I_{15}}\sim\overline{I_0}$ 对应编成 4 位二进制代码 $\overline{Z_3}\overline{Z_2}\overline{Z_1}\overline{Z_0}$，$\overline{I_{15}}$ 的优先级别最高，依次优先级别降低，$\overline{I_0}$ 的优先级别最低。

解　图 9.28 所示为用两片 74HC148 实现 16 线－4 线优先编码器的电路。

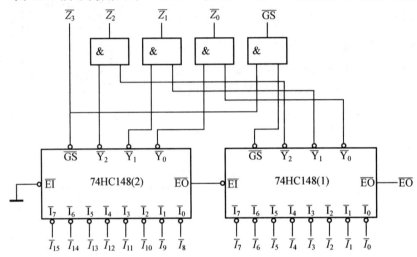

图 9.28　用两片 74HC148 实现 16 线－4 线优先编码器的电路

74HC148(1) 的 8 个输入端作为 $\overline{I_7}\sim\overline{I_0}$ 的输入，$\overline{EO}$ 作为电路总的选通输出端；74HC148(2) 的 8 个输入端作为 $\overline{I_{15}}\sim\overline{I_8}$ 的输入，$\overline{EI}$ 接地，$\overline{EO}$ 接 74HC148(1) 的 $\overline{EI}$ 选通输入端。74CH148(2) 的 $\overline{GS}$ 输出为 $\overline{Z_3}$。两片的 $\overline{Y_2}$ 相与为 $\overline{Z_2}$，两片的 $\overline{Y_1}$ 相与为 $\overline{Z_1}$，两片的 $\overline{Y_0}$ 相与为 $\overline{Z_0}$，两片的 $\overline{GS}$ 相与为电路总的 $\overline{GS}$。

当 $\overline{I_{15}}\sim\overline{I_8}$ 有低电平输入信号时，74CH148(2) 的 $\overline{GS}=0$，$\overline{EO}=1$，又因为 $\overline{EI}$ 接地，故 74CH148(2) 处于编码状态；又 $\overline{EO}$ 接 74HC148(1) 的 $\overline{EI}$ 选通输入端，所以 74HC148(1) 的 $\overline{EI}=1$，$\overline{GS}=1$，$\overline{EO}=1$，74HC148(1) 禁止编码，输出为 $\overline{Y_2}\overline{Y_1}\overline{Y_0}=111$。当 $\overline{I_{15}}\sim\overline{I_8}$ 中任意输入端为低电平时，如 $\overline{I_{12}}=0$，74CH148(2) 的输出为 $\overline{Y_2}\overline{Y_1}\overline{Y_0}=011$，电路总输出为 $\overline{Z_3}\overline{Z_2}\overline{Z_1}\overline{Z_0}=0011$。

当 $\overline{I_{15}}\sim\overline{I_8}$ 无低电平输入信号时，74CH148(2) 的 $\overline{GS}=1$，$\overline{EO}=0$，74CH148(2) 处于无编码输入状态，输出为 $\overline{Y_2}\overline{Y_1}\overline{Y_0}=111$；又 $\overline{EO}$ 接 74HC148(1) 的 $\overline{EI}$ 选通输入端，所以 74CH148(1) 的 $\overline{EI}=0$，若 $\overline{I_7}\sim\overline{I_0}$ 有低电平输入信号，则 74CH148(1) 的 $\overline{GS}=0$，$\overline{EO}=1$，

74CH148(1) 处于编码状态。当 $\overline{I_7} \sim \overline{I_0}$ 中任意输入端为低电平时，如 $\overline{I_6}=0$，74CH148(1) 的输出为 $\overline{Y_2}\,\overline{Y_1}\,\overline{Y_0}=001$，电路总输出为 $\overline{Z_3}\,\overline{Z_2}\,\overline{Z_1}\,\overline{Z_0}=1001$。

3. 二－十进制优先编码器 74HC147

74HC147 是一种常用的中规模 CMOS 集成二－十进制优先编码器，它也是 16 脚芯片，没有其他的控制端，它的逻辑功能与 74HC148 类似，只是输入线和输出线个数不同。它的输入和输出均为低电平有效。

集成优先二－十进制编码器 74HC147 的功能表见表 9.10。74HC147 能将 $\overline{I_9} \sim \overline{I_0}$ 10 个输入信号分别进行编码，并以反码形式的 8421 码输出。$\overline{I_9}$ 的优先级别最高，依次优先级别降低，$\overline{I_0}$ 的优先级别最低。当 $\overline{I_9}=0$ 时，无论 $\overline{I_8} \sim \overline{I_0}$ 有无输入信号，电路只对 $\overline{I_9}$ 进行编码，输出为 0110，即"9"对应的二进制数据的反码。当 $\overline{I_9}=1$，$\overline{I_8}=0$ 时，无论 $\overline{I_7} \sim \overline{I_0}$ 有无输入信号，电路只对 $\overline{I_8}$ 进行编码，输出为 0111。其他输入变量的编码值依此类推。

表 9.10 74HC147 的功能表

输入									输出			
$\overline{I_9}$	$\overline{I_8}$	$\overline{I_7}$	$\overline{I_6}$	$\overline{I_5}$	$\overline{I_4}$	$\overline{I_3}$	$\overline{I_2}$	$\overline{I_1}$	$\overline{Y_3}$	$\overline{Y_2}$	$\overline{Y_1}$	$\overline{Y_0}$
1	1	1	1	1	1	1	1	1	1	1	1	1
0	×	×	×	×	×	×	×	×	0	1	1	0
1	0	×	×	×	×	×	×	×	0	1	1	1
1	1	0	×	×	×	×	×	×	1	0	0	0
1	1	1	0	×	×	×	×	×	1	0	0	1
1	1	1	1	0	×	×	×	×	1	0	1	0
1	1	1	1	1	0	×	×	×	1	0	1	1
1	1	1	1	1	1	0	×	×	1	1	0	0
1	1	1	1	1	1	1	0	×	1	1	0	1
1	1	1	1	1	1	1	1	0	1	1	1	0

9.4.3 集成译码器

译码是将具有特定含义的二进制代码转换成原始信息的过程，是编码的逆过程。能够实现译码功能的电路称为译码器。译码器的逻辑功能是将每个输入的二进制代码译成对应的输出高、低电平信号。常用的译码器有二进制译码器、二－十进制译码器和显示译码器三类。

1. 二进制译码器 74HC138

（1）符号与功能表。

74HC138 是一种常用中规模 CMOS 集成 3 线－8 线二进制译码器，它能将 3 位输入的二进制代码译成对应的低电平输出信号。74HC138 的外引脚排列如图 9.29 所示,共有 16 个引脚。$A_2 \sim A_0$ 为 3 个代码输入端;$\overline{Y}_7 \sim \overline{Y}_0$ 为 8 个信号输出端,低电平有效;S_1、$\overline{S}_2$、$\overline{S}_3$ 为 3 个选通使能端;V_{CC} 为接电源端;GND 为接地端。

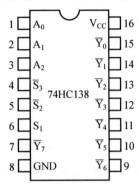

图 9.29　74HC138 的外引脚排列

集成 3 线－8 线二进制译码器 74HC138 的功能表见表 9.11,输出电平为低电平有效。当 $S_1 = 0$ 或 $\overline{S}_2 + \overline{S}_3 = 1$ 时,禁止译码,输出全为 1。当 $S_1 = 1$ 且 $\overline{S}_2 + \overline{S}_3 = 0$ 时,可以译码。译码状态下,当输入 $A_2 A_1 A_0 = 000$ 时,$\overline{Y}_0 = 0$,其余输出为 1;当输入 $A_2 A_1 A_0 = 001$ 时,$\overline{Y}_1 = 0$,其余输出为 1。依此类推,当输入 $A_2 A_1 A_0 = 111$ 时,$\overline{Y}_7 = 0$,其余输出为 1。

表 9.11　74HC138 的功能表

使能		输入			输出							
S_1	$\overline{S}_2 + \overline{S}_3$	A_2	A_1	A_0	$\overline{Y}_7$	$\overline{Y}_6$	$\overline{Y}_5$	$\overline{Y}_4$	$\overline{Y}_3$	$\overline{Y}_2$	$\overline{Y}_1$	$\overline{Y}_0$
0	×	×	×	×	1	1	1	1	1	1	1	1
×	1	×	×	×	1	1	1	1	1	1	1	1
1	0	0	0	0	1	1	1	1	1	1	1	0
1	0	0	0	1	1	1	1	1	1	1	0	1
1	0	0	1	0	1	1	1	1	1	0	1	1
1	0	0	1	1	1	1	1	1	0	1	1	1
1	0	1	0	0	1	1	1	0	1	1	1	1
1	0	1	0	1	1	1	0	1	1	1	1	1
1	0	1	1	0	1	0	1	1	1	1	1	1
1	0	1	1	1	0	1	1	1	1	1	1	1

当 $S_1 = 1$ 且 $\overline{S}_2 + \overline{S}_3 = 0$ 时,由功能表可以得到 8 个输出的逻辑函数表达式分别为

$$\overline{Y}_0 = \overline{\overline{A}\,\overline{B}\,\overline{C}} = \overline{m_0}, \quad \overline{Y}_1 = \overline{\overline{A}\,\overline{B}C} = \overline{m_1}, \quad \overline{Y}_2 = \overline{\overline{A}B\overline{C}} = \overline{m_2}, \quad \overline{Y}_3 = \overline{\overline{A}BC} = \overline{m_3}$$

$$\overline{Y}_4 = \overline{A\overline{B}\,\overline{C}} = \overline{m_4}, \quad \overline{Y}_5 = \overline{A\overline{B}C} = \overline{m_5}, \quad \overline{Y}_6 = \overline{AB\overline{C}} = \overline{m_6}, \quad \overline{Y}_7 = \overline{ABC} = \overline{m_7}$$

由此可见,74HC138 译码器的每个输出都对应于输入二进制代码的一个最小项,即 $\overline{Y}_i = \overline{m}_i$。

(2)74HC138 的应用。

74HC138 除了能够完成译码工作外,还可以将其级联构成 4 线－16 线、5 线－32 线等二进制译码器。另外,在实际中经常应用二进制译码器辅以一些逻辑门,实现任意逻辑功能的复杂组合逻辑电路。下面通过两个例子来说明 74HC138 的应用。

【例 9.10】　试用两片 74HC138 实现 4 线－16 线译码器。逻辑功能是将输入的 4 位二进制代码 $A_3 A_2 A_1 A_0$ 译成 16 个独立低电平信号 $\overline{Y}_{15} \sim \overline{Y}_0$。

解　74HC138 仅有 3 个代码输入端,如果需要对 4 位二进制代码译码,那么只能利用选通使能端作为第 4 位代码输入端。取 74HC138(1) 的 $\overline{S}_2$ 和 $\overline{S}_3$ 作为它的第 4 位代码输入端,同时令 $S_1 = 1$;取 74HC138(2) 的 S_1 作为它的第 4 位代码输入端,同时令 $\overline{S}_2 = \overline{S}_3 = 0$;两片的 3 位代码输入分别对应于 $A_3 A_2 A_1 A_0$ 的低 3 位,如图 9.30 所示。

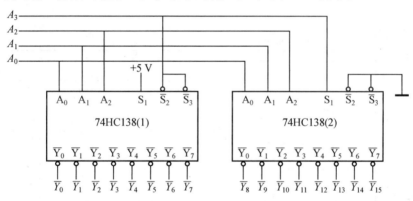

图 9.30　用两片 74HC138 实现 4 线－16 线译码器

当 $A_3 = 0$ 时,74HC138(1) 进行译码,74HC138(2) 禁止译码,将 $A_3 A_2 A_1 A_0$ 的 0000 ～ 0111 这 8 个代码分别对应译成 $\overline{Y}_0 \sim \overline{Y}_7$ 8 个低电平信号;当 $A_3 = 1$ 时,74HC138(1) 禁止译码,74HC138(2) 进行译码,将 $A_3 A_2 A_1 A_0$ 的 1000 ～ 1111 这 8 个代码分别对应译成 $\overline{Y}_8 \sim \overline{Y}_{15}$ 8 个低电平信号。这样就用两片 74HC138 扩展实现了一个 4 线－16 线译码器。

【例 9.11】　试用一片 74HC138 译码器和与非门实现全加器的逻辑功能。

解　根据式(9.14) 和式(9.15),将全加器输出变量 S_i 和 C_i 的逻辑函数表达式转换为

$$S_i = \overline{A}_i \overline{B}_i C_{i-1} + \overline{A}_i B_i \overline{C}_{i-1} + A_i \overline{B}_i \overline{C}_{i-1} + A_i B_i C_{i-1}$$

$$= m_1 + m_2 + m_4 + m_7 = \overline{\overline{m}_1 \cdot \overline{m}_2 \cdot \overline{m}_4 \cdot \overline{m}_7}$$

$$C_i = \overline{A}_i B_i C_{i-1} + A_i \overline{B}_i C_{i-1} + A_i B_i \overline{C}_{i-1} + A_i B_i C_{i-1}$$

$$= m_3 + m_5 + m_6 + m_7 = \overline{\overline{m}_3 \cdot \overline{m}_5 \cdot \overline{m}_6 \cdot \overline{m}_7}$$

由逻辑函数表达式可知,将全加器的被加数 A_i、加数 B_i 和低位进位 C_{i-1} 三个输入变量依次与集成译码器 74HC138 的代码输入端 A_2、A_1、A_0 相连,并在输出端辅以 4 输入的与非门,便可以得到全加器,如图 9.31 所示。

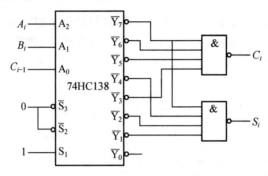

图 9.31　用 74HC138 实现的全加器

【例 9.12】　试根据 74HC138 的逻辑功能分析其在图 9.32 所示微处理器电路中的作用。

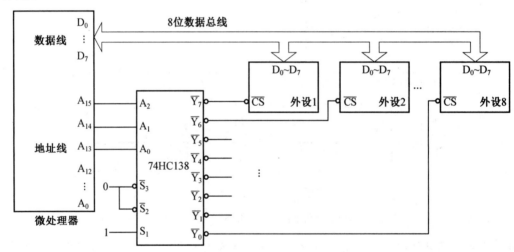

图 9.32　微处理器的地址译码电路

解　根据图 9.32 中 74HC138 使能端连接的高低电平可知其处于译码状态。74HC138 的输入端与地址线相连,其输出端分别与外围设备的片选端 $\overline{CS}$ 相连,根据74HC138 的逻辑功能可知,任一时刻由地址线地址决定只能有一个外围设备被选中,被选中设备的数据端 $D_0 \sim D_7$ 与 8 位数据总线相连,没被选中的外围设备的数据端均为高阻态。因此,利用译码器 74HC138 的逻辑功能,微处理器可以通过地址线控制被选中的不同外围设备与数据总线交换数据。

2. 二－十进制译码器 74HC42

二－十进制译码器是一种能将二－十进制代码译成 10 个代表十进制数字信号的电路。由于它输入的 BCD 码由 4 位二进制代码组成,输出的 10 个信号与十进制数字相对应,故这种译码器又称为 4 线－10 线译码器。

74HC42 是一种常用的 CMOS 集成二－十进制译码器,其逻辑功能是将输入 BCD 码的 10 个代码译成对应的 10 个低电平输出信号。它有 16 个引脚,包含 4 个代码输入端 $A_3 \sim A_0$;10 个信号输出端 $\overline{Y}_9 \sim \overline{Y}_0$,低电平有效;电源端 V_{CC};接地端 GND。

集成二－十进制译码器 74HC42 的功能表见表 9.12,输出电平为低电平有效。输入 $A_3 A_2 A_1 A_0 = 0000$ 时,$\overline{Y}_0 = 0$,其余输出为 1;输入 $A_3 A_2 A_1 A_0 = 0001$ 时,$\overline{Y}_1 = 0$,其余输出为 1。依此类推,输入 $A_3 A_2 A_1 A_0 = 1001$ 时,$\overline{Y}_9 = 0$,其余输出为 1。对于 8421 码外的 6 个输入代码(即伪码 $1010 \sim 1111$),没有相应的译码输出,所有的输出端均为 1。

表 9.12　74HC42 的功能表

序号	输入				输出									
	A_3	A_2	A_1	A_0	$\overline{Y}_9$	$\overline{Y}_8$	$\overline{Y}_7$	$\overline{Y}_6$	$\overline{Y}_5$	$\overline{Y}_4$	$\overline{Y}_3$	$\overline{Y}_2$	$\overline{Y}_1$	$\overline{Y}_0$
0	0	0	0	0	1	1	1	1	1	1	1	1	1	0
1	0	0	0	1	1	1	1	1	1	1	1	1	0	1
2	0	0	1	0	1	1	1	1	1	1	1	0	1	1
3	0	0	1	1	1	1	1	1	1	1	0	1	1	1
4	0	1	0	0	1	1	1	1	1	0	1	1	1	1
5	0	1	0	1	1	1	1	1	0	1	1	1	1	1
6	0	1	1	0	1	1	1	0	1	1	1	1	1	1
7	0	1	1	1	1	1	0	1	1	1	1	1	1	1
8	1	0	0	0	1	0	1	1	1	1	1	1	1	1
9	1	0	0	1	0	1	1	1	1	1	1	1	1	1
伪码	1	0	1	0	1	1	1	1	1	1	1	1	1	1
	1	0	1	1	1	1	1	1	1	1	1	1	1	1
	1	1	0	0	1	1	1	1	1	1	1	1	1	1
	1	1	0	1	1	1	1	1	1	1	1	1	1	1
	1	1	1	0	1	1	1	1	1	1	1	1	1	1
	1	1	1	1	1	1	1	1	1	1	1	1	1	1

3. 显示译码器

在数字测量仪表或其他数字设备中,常常需要将测量或运算结果以数码形式显示出来。目前常用的数码显示器有发光二极管(light emitting diode,LED)数码显示器和液晶数码显示器。这里介绍 LED 数码显示器,以及驱动数码显示器的显示译码器。

(1)LED 数码显示器。

LED 数码显示器的基本单元是 LED,它将十进制数码分成 $a \sim g$ 七个字段,每段为一个 LED,dp 为小数点,如图 9.33(a)所示。这样 LED 数码显示器利用发光段的不同组合可以显示出 $0 \sim 9$ 十个数字,如图 9.33(b)所示。由于 LED 体积小,寿命长,亮度高,工作可靠性高,而且有多种颜色可供选择,因此 LED 数码显示器应用非常广泛。

LED 数码显示器内部结构有共阳极和共阴极两种接法,如图 9.34 所示。共阳极接法的 LED 数码显示器,某一字段接低电平时发光;共阴极接法的 LED 数码显示器,某一字段接高电平时发光。例如,若要显示十进制数字 1,图 9.34(a) 中需要 b 和 c 接低电平信号,而图 9.34(b) 中需要 b 和 c 接高电平信号。为了防止发光二极管因电流过大而烧坏,通常在电路中串接限流保护电阻,一般阻值为 $300 \sim 500\ \Omega$。在专用的显示译码器中含有驱动电路,可以直接驱动数码显示器。

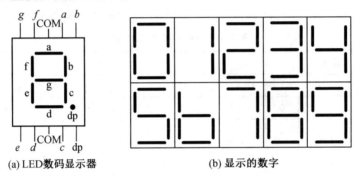

| (a) LED数码显示器 | (b) 显示的数字 |

图 9.33　LED 数码显示器和显示的数字

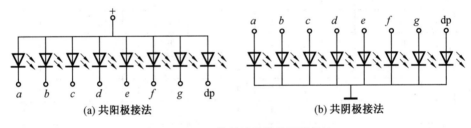

| (a) 共阳极接法 | (b) 共阴极接法 |

图 9.34　LED 数码显示器的两种接法

(2) 集成显示译码器 74HC48。

显示译码器的逻辑功能是将 BCD 代码译成数码显示器所需要的驱动信号,以便使数码显示器用十进制数字显示出 BCD 代码所表示的数值。

显示译码器主要由译码器和驱动器两部分组成,通常二者集成在一块芯片中。74HC47 和 74HC48 是两种常用的中规模 CMOS 集成显示译码器。前者用于驱动共阳极接法的 LED 数码显示器,后者用于驱动共阴极接法的 LED 数码显示器。

集成显示译码器 74HC48 的外引脚排列如图 9.35 所示,其功能表见表 9.13。其中 $A_3 \sim A_0$ 为 8421 码输入;$Y_a \sim Y_g$ 为显示译码器的输出,高电平有效。将输出 $Y_a \sim Y_g$ 分别连接共阴极接法的 LED 数码显示器的 $a \sim g$ 端,在正常译码状态下,数码显示器就会用十进制字形显示 $A_3 \sim A_0$ 输入的 BCD 码,显示电路如图 9.36 所示。

此外,还有三个低电平有效的控制端 $\overline{LT}$、$\overline{RBI}$ 和 $\overline{BI}/\overline{RBO}$,这些控制端在显示译码器正常工作时均接高电平。

试灯输入端 $\overline{LT}$ 用于检验数码管显示器的七段 LED 管是否正常工作。当 $\overline{LT} = 0$,$\overline{BI}/\overline{RBO} = 1$ 时,无论 $A_3 \sim A_0$ 为何状态,输出 $Y_a \sim Y_g$ 均为 1,驱动数码管显示器的七段

全亮。

灭零输入端 $\overline{\text{RBI}}$ 用于熄灭不希望显示的 0。当 $\overline{\text{RBI}}=0,\overline{\text{LT}}=1,\overline{\text{BI}}/\overline{\text{RBO}}=1$，且 $A_3 A_2 A_1 A_0 =0000$ 时，输出 $Y_a \sim Y_g$ 均为 0，驱动数码管显示器不显示 0。例如，可以用灭零输入端消除 0030 的前两个 0，显示为 30。

当灭灯输入端／灭零输出端 $\overline{\text{BI}}/\overline{\text{RBO}}=0$ 时，无论其他输入端为何状态，输出 $Y_a \sim Y_g$ 均为 0，驱动数码管显示器的七段全部熄灭。

中规模集成显示译码器 74HC47 的外引脚排列与 74HC48 相同，不同的是 74HC47 输出为低电平有效，用于驱动共阳极接法的 LED 数码显示器，其输出 $Y_a \sim Y_g$ 的状态应与表 9.13 所示的相反，即 1 和 0 对换。

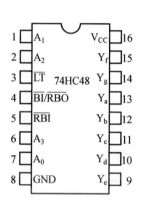

图 9.35　74HC48 的外引脚排列

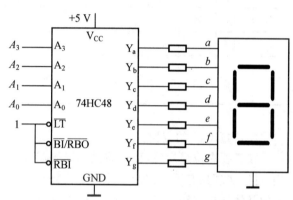

图 9.36　74HC48 译码显示电路

表 9.13　74HC48 的功能表

功能和十进制数	输入						$\overline{\text{BI}}/\overline{\text{RBO}}$	输出							
	$\overline{\text{LT}}$	$\overline{\text{RBI}}$	A_3	A_2	A_1	A_0		Y_a	Y_b	Y_c	Y_d	Y_e	Y_f	Y_g	字形
试灯	0	×	×	×	×	×	1	1	1	1	1	1	1	1	8
灭零	1	0	0	0	0	0	1	0	0	0	0	0	0	0	灭零
灭灯	×	×	×	×	×	×	0	0	0	0	0	0	0	0	全灭
0	1	1	0	0	0	0	1	1	1	1	1	1	1	0	0
1	1	×	0	0	0	1	1	0	1	1	0	0	0	0	1
2	1	×	0	0	1	0	1	1	1	0	1	1	0	1	2
3	1	×	0	0	1	1	1	1	1	1	1	0	0	1	3
4	1	×	0	1	0	0	1	0	1	1	0	0	1	1	4
5	1	×	0	1	0	1	1	1	0	1	1	0	1	1	5
6	1	×	0	1	1	0	1	1	0	1	1	1	1	1	6
7	1	×	0	1	1	1	1	1	1	1	0	0	0	0	7

续表 9.13

功能和十进制数	输入						$\overline{BI}/\overline{RBO}$	输出							字形
	$\overline{LT}$	$\overline{RBI}$	A_3	A_2	A_1	A_0		Y_a	Y_b	Y_c	Y_d	Y_e	Y_f	Y_g	
8	1	×	1	0	0	0	1	1	1	1	1	1	1	1	8
9	1	×	1	0	0	1	1	1	1	1	0	0	1	1	9
10	1	×	1	0	1	0	1	0	0	0	1	1	0	1	⊏
11	1	×	1	0	1	1	1	0	0	1	1	0	0	1	⊐
12	1	×	1	1	0	0	1	0	1	0	0	0	1	1	⊔
13	1	×	1	1	0	1	1	1	0	0	1	0	1	1	⊏
14	1	×	1	1	1	0	1	0	0	0	1	1	1	1	⊢
15	1	×	1	1	1	1	1	0	0	0	0	0	0	0	全灭

(3)74HC48 的应用。

在需要多位显示时,可以将显示译码器进行级联,将灭零输入端和灭零输出端配合使用,可以实现具有灭零控制功能的多位数码显示系统,图 9.37 给出了把前、后多余的零熄灭的具体连接方法。对于整数部分,最高位的 $\overline{RBI}$ 接 0,最低位的 $\overline{RBI}$ 接 1,高位的 $\overline{RBO}$ 与低位的 $\overline{RBI}$ 相连;对于小数部分,最高位的 $\overline{RBI}$ 接 1,最低位的 $\overline{RBI}$ 接 0,低位的 $\overline{RBO}$ 与高位的 $\overline{RBI}$ 相连。这样,整数部分只有最高位是零且被熄灭时,低位才有灭零输入信号;小数部分只有在最低位是零且被熄灭时,高位才有灭零输入信号。

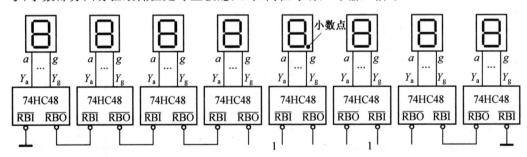

图 9.37　具有灭零控制功能的 8 位数码显示系统

9.4.4　集成数据选择器

数据选择器又称多路选择器,其逻辑功能是根据输入地址的要求,从多路输入数据中选择其中一路数据输出的组合逻辑电路。在数字系统中,经常利用数据选择器将多条传输线上的不同数字信号按要求选择其中之一送到公共数据线。按照输入信号个数的多少有 4 选 1、8 选 1、16 选 1 等。下面介绍常用的中规模 CMOS 集成数据选择器 74HC153 和 74HC151。

1. 集成数据选择器 74HC153

(1) 符号与功能表。

74HC153 是双 4 选 1 中规模 CMOS 集成数据选择器,其逻辑符号如图 9.38 所示。

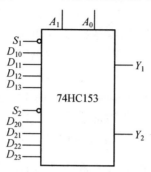

图 9.38　74HC153 逻辑符号

74HC153 是 16 引脚芯片,包含两组完全相同的 4 选 1 数据选择器。$D_{10} \sim D_{13}$、$D_{20} \sim D_{23}$ 是两组数据输入端,Y_1 和 Y_2 是两组输出端,它们各自独立;公用两个地址输入端 A_1、A_0;$\overline{S_1}$ 和 $\overline{S_2}$ 是两组各自的使能控制端,低电平有效,用于控制电路工作状态和扩展功能。一个电源端和一个接地端。

集成数据选择器 74HC153 的两组功能表是一样的,这里只给出一组功能表,见表 9.14。当 $\overline{S_1}=1$ 时,输出 $Y_1=0$,第一组数据选择器禁止选择;当 $\overline{S_1}=0$ 时,第一组正常工作,根据不同的地址输入,选择一路数据输入信号传送到输出端。同理,当 $\overline{S_2}=1$ 时,输出 $Y_2=0$,第二组禁止选择;当 $\overline{S_2}=0$ 时,第二组正常工作。

表 9.14　74LS153 的功能表

使能控制	地址输入		数据输入				输出
$\overline{S_1}$	A_1	A_0	D_{13}	D_{12}	D_{11}	D_{10}	Y_1
1	×	×	×	×	×	×	0
0	0	0	×	×	×	D_{10}	D_{10}
0	0	1	×	×	D_{11}	×	D_{11}
0	1	0	×	D_{12}	×	×	D_{12}
0	1	1	D_{13}	×	×	×	D_{13}

74HC153 的两组数据选择器的输出逻辑函数表达式分别为

$$Y_1 = [D_{10}(\overline{A_1}\,\overline{A_0}) + D_{11}(\overline{A_1}A_0) + D_{12}(A_1\overline{A_0}) + D_{13}(A_1A_0)] \cdot S_1 \tag{9.16}$$

$$Y_2 = [D_{20}(\overline{A_1}\,\overline{A_0}) + D_{21}(\overline{A_1}A_0) + D_{22}(A_1\overline{A_0}) + D_{23}(A_1A_0)] \cdot S_2 \tag{9.17}$$

(2)74HC153 的应用。

使能控制端 $\overline{S_1}$ 和 $\overline{S_2}$ 除了用于控制电路工作状态外,也可以作为扩展端使用,以实现片间的连接。另外,根据式(9.16)可以看出,数据选择器输出端的逻辑函数表达式包含有地址变量的全部最小项,而且是标准的与或表达式。根据这个特点,可以用数据选择器设计具有其他逻辑功能的复杂组合逻辑电路。下面通过两个例子来说明 74HC153 的应用。

【例 9.13】 试用一片双 4 选 1 数据选择器 74HC153 组成 8 选 1 数据选择器。逻辑功能是根据输入地址 $A_2A_1A_0$ 的要求,从 8 路输入数据 $D_7 \sim D_0$ 中选择 1 路数据输出。

解 两组 4 选 1 数据选择器共有 8 个输入端,刚好对应连接 8 路输入数据 $D_7 \sim D_0$。为了能实现从 8 路输入数据中任选 1 路输出,必须用 3 位地址输入代码,而 4 选 1 数据选择器的地址输入代码只有两位。第三位地址输入端只能借用使能控制端。

将地址输入的低位代码 A_1 和 A_0 接到 74HC153 的公共地址输入端 A_1 和 A_0;将高位地址输入代码 A_2 接至使能控制端 $\overline{S}_1$,而将 $\overline{A}_2$ 接至使能控制端 $\overline{S}_2$,同时将两组数据选择器的输出相加,就得到了如图 9.39 所示的 8 选 1 数据选择器。

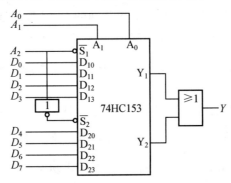

图 9.39　用一片双 4 选 1 数据选择器 74HC153 组成 8 选 1 数据选择器

当 $A_2 = 0$ 时,第一组数据选择器工作,通过给定 A_1 和 A_0 的状态,即可从 $D_0 \sim D_3$ 中选出一个数据,并经过或门送到输出端 Y。反之,当 $A_2 = 1$ 时,则第二组数据选择器工作,通过给定 A_1 和 A_0 的状态,便能从 $D_4 \sim D_7$ 中选出一个数据,再经过或门送到输出端 Y。

【例 9.14】 试用数据选择器 74HC153 实现例 9.6 的交通信号灯监视电路。

解 已知满足例 9.6 逻辑功能要求得到的逻辑函数表达式为式(9.7),也即

$$Y = \overline{A}\overline{B}C + \overline{A}B\overline{C} + A\overline{B}\overline{C} + A\overline{B}C + ABC \tag{9.18}$$

将式(9.18)变换成与式(9.16)完全对应的形式,即

$$Y = \overline{C}(\overline{A}\overline{B}) + C(\overline{A}B) + C(A\overline{B}) + 1 \cdot AB \tag{9.19}$$

将式(9.19)与式(9.16)一一对照,可得

$$Y_1 = Y, \quad A_1 = A, \quad A_0 = B, \quad D_{10} = \overline{C}, \quad D_{11} = D_{12} = C, \quad D_{13} = 1$$

依据上面 6 个等式关系,利用 74HC153 的一组 4 选 1 即可得到交通信号灯监视电路,如图 9.40 所示,数据选择器的输出 Y_1 就是式(9.7)所要求的逻辑函数 Y。

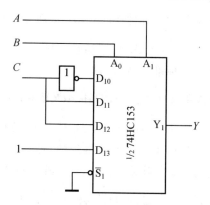

图 9.40　用 74HC153 实现的交通信号灯监视电路

2. 集成数据选择器 74HC151

74HC151 是 8 选 1 中规模 CMOS 集成数据选择器,该芯片有 16 个外引脚,包括 3 个地址输入端 A_2、A_1、A_0,8 路数据输入端 $D_7 \sim D_0$,两个互补输出端 Y 和 $\bar{Y}$,一个使能控制端 $\bar{S}$,一个电源端和一个接地端。

集成数据选择器 74HC151 的功能表见表 9.15。当 $\bar{S} = 1$ 时,输出 $Y = 0$,数据选择器禁止选择;当 $\bar{S} = 0$ 时,根据地址输入 A_2、A_1、A_0 的不同,将从 $D_7 \sim D_0$ 中选出一个数据输出。

表 9.15　74HC151 的功能表

使能控制	地址输入			数据输入								输出	
$\bar{S}$	A_2	A_1	A_0	D_7	D_6	D_5	D_4	D_3	D_2	D_1	D_0	Y	$\bar{Y}$
1	×	×	×	×	×	×	×	×	×	×	×	0	1
0	0	0	0	×	×	×	×	×	×	×	D_0	D_0	$\bar{D_0}$
0	0	0	1	×	×	×	×	×	×	D_1	×	D_1	$\bar{D_1}$
0	0	1	0	×	×	×	×	×	D_2	×	×	D_2	$\bar{D_2}$
0	0	1	1	×	×	×	×	D_3	×	×	×	D_3	$\bar{D_3}$
0	1	0	0	×	×	×	D_4	×	×	×	×	D_4	$\bar{D_4}$
0	1	0	1	×	×	D_5	×	×	×	×	×	D_5	$\bar{D_5}$
0	1	1	0	×	D_6	×	×	×	×	×	×	D_6	$\bar{D_6}$
0	1	1	1	D_7	×	×	×	×	×	×	×	D_7	$\bar{D_7}$

74HC151 的输出逻辑函数表达式为

$$Y = [D_0(\bar{A_2}\bar{A_1}\bar{A_0}) + D_1(\bar{A_2}\bar{A_1}A_0) + D_2(\bar{A_2}A_1\bar{A_0}) + D_3(\bar{A_2}A_1A_0)$$
$$+ D_4(A_2\bar{A_1}\bar{A_0}) + D_5(A_2\bar{A_1}A_0) + D_6(A_2A_1\bar{A_0}) + D_7(A_2A_1A_0)] \cdot S$$

$$(9.20)$$

【例 9.15】　试用 8 选 1 数据选择器 74HC151 实现 4 变量逻辑函数：

$$Y = A\bar{B}C + BD + \bar{A}C$$

解　首先将逻辑函数写为标准与或式，即

$$Y = A\bar{B}C(D + \bar{D}) + (A + \bar{A})(C + \bar{C})BD + \bar{A}C(B + \bar{B})(D + \bar{D})$$

$$= \bar{A}\bar{B}\bar{C}\bar{D} + \bar{A}\bar{B}\bar{C}D + \bar{A}B\bar{C}\bar{D} + \bar{A}B\bar{C}D + \bar{A}BC\bar{D} + A\bar{B}C\bar{D} + A\bar{B}CD + ABCD + AB\bar{C}D$$

地址输入的选择方案有多种，不同的方案得到的与或式不同，电路结构也会不同。

若选取 BCD 作为地址输入，分别对应 $A_2A_1A_0$，则 74HC151 的数据输入为

$$D_0 = D_1 = D_4 = \bar{A}, \quad D_2 = D_3 = A, \quad D_5 = D_7 = 1, \quad D_6 = 0$$

依据上面等式关系，设计实现的逻辑电路如图 9.41 所示。

若选取 ABC 作为地址输入，分别对应 $A_2A_1A_0$，则 74HC151 的数据输入为

$$D_0 = D_2 = D_5 = 1, \quad D_1 = D_4 = 0, \quad D_3 = D_6 = D_7 = D$$

依据上面等式关系，设计实现的逻辑电路如图 9.42 所示。

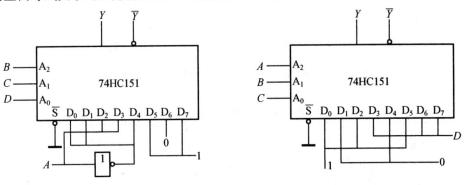

图 9.41　例 9.15 解答之一　　　　　图 9.42　例 9.15 解答之二

9.4.5　集成数码比较器

用计算机处理数据，除了进行加、减、乘、除等基本运算之外，还经常要求比较两个数码的大小。一种比较两个 n 位二进制码 A 和 B 大小关系的多输入多输出的组合逻辑电路称为数码比较器。比较的结果有 3 种情况，$A > B$、$A = B$、$A < B$，分别通过 3 个输出端 $Y_{A>B}$、$Y_{A=B}$、$Y_{A<B}$ 输出。

1. 比较单元电路

比较单元电路的逻辑功能是进行两个 1 位二进制码的比较运算，电路如图 9.43 所示。

比较单元电路的输出逻辑函数表达式为

$$\begin{cases} Y_{A>B} = \overline{\bar{B} + \overline{\bar{A} + B}} = A\bar{B} \\ Y_{A<B} = \overline{\bar{A} + \overline{\bar{A} + B}} = \bar{A}B \\ Y_{A=B} = \overline{Y_{A>B} + Y_{A<B}} = \bar{A}\bar{B} + AB = A \odot B \end{cases} \tag{9.21}$$

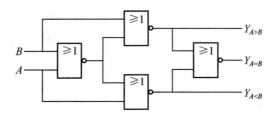

图 9.43　比较单元电路

由式(9.21)得到比较单元电路的功能表,见表 9.16。当电路输入数码 A 和 B 相等时,输出 $Y_{A>B}Y_{A=B}Y_{A<B}=010$;当输入数码 A 大于 B 时,输出 $Y_{A>B}Y_{A=B}Y_{A<B}=100$;当输入数码 A 小于 B 时,输出 $Y_{A>B}Y_{A=B}Y_{A<B}=001$。3 个输出端用高电平输出信号表示比较运算结果。

表 9.16　比较单元电路的功能表

输入		输出		
A	B	$Y_{A>B}$	$Y_{A=B}$	$Y_{A<B}$
0	0	0	1	0
0	1	0	0	1
1	0	1	0	0
1	1	0	1	0

2. 集成数码比较器 74HC85

74HC85 是中规模 CMOS 集成 4 位二进制码比较器,由比较单元电路构成,可以对两个 4 位二进制码进行比较。74HC85 是 16 引脚芯片,其外引脚排列如图 9.44 所示,$A_3 \sim A_0$、$B_3 \sim B_0$ 是两组数据输入端;$I_{A>B}$、$I_{A=B}$、$I_{A<B}$ 是 3 个级联输入端,用于表示来自低位比较器的比较结果;$Y_{A>B}$、$Y_{A=B}$、$Y_{A<B}$ 是 3 个输出端;一个电源端 V_{CC} 和一个接地端 GND。

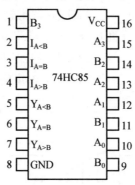

图 9.44　74HC85 的外引脚排列

74HC85 的功能表见表 9.17,其实现比较运算是按照"高位数大则该数大,高位数小则该数小,高位数相等看低位"的原则,从高位到低位依次进行比较而得到的。当 $A_3 > B_3$ 时,表示 $[A_3A_2A_1A_0] > [B_3B_2B_1B_0]$;当 $A_3 = B_3$ 时,则进行次高位数码 A_2 和 B_2

的比较，若 $A_2 > B_2$，就表示$[A_3A_2A_1A_0] > [B_3B_2B_1B_0]$。依此类推，当 4 位数码 $[A_3A_2A_1A_0] = [B_3B_2B_1B_0]$ 时，比较器的输出复现 3 个级联输入数据 $I_{A>B}$、$I_{A=B}$、$I_{A<B}$ 的状态。

表 9.17 74HC85 的功能表

比较输入				级联输入			输出		
A_3 B_3	A_2 B_2	A_1 B_1	A_0 B_0	$I_{A>B}$	$I_{A=B}$	$I_{A<B}$	$Y_{A>B}$	$Y_{A=B}$	$Y_{A<B}$
$A_3 > B_3$	$\times$	$\times$	$\times$	$\times$	$\times$	$\times$	1	0	0
$A_3 < B_3$	$\times$	$\times$	$\times$	$\times$	$\times$	$\times$	0	0	1
$A_3 = B_3$	$A_2 > B_2$	$\times$	$\times$	$\times$	$\times$	$\times$	1	0	0
$A_3 = B_3$	$A_2 < B_2$	$\times$	$\times$	$\times$	$\times$	$\times$	0	0	1
$A_3 = B_3$	$A_2 = B_2$	$A_1 > B_1$	$\times$	$\times$	$\times$	$\times$	1	0	0
$A_3 = B_3$	$A_2 = B_2$	$A_1 < B_1$	$\times$	$\times$	$\times$	$\times$	0	0	1
$A_3 = B_3$	$A_2 = B_2$	$A_1 = B_1$	$A_0 > B_0$	$\times$	$\times$	$\times$	1	0	0
$A_3 = B_3$	$A_2 = B_2$	$A_1 = B_1$	$A_0 < B_0$	$\times$	$\times$	$\times$	0	0	1
$A_3 = B_3$	$A_2 = B_2$	$A_1 = B_1$	$A_0 = B_0$	0	0	1	0	0	1
$A_3 = B_3$	$A_2 = B_2$	$A_1 = B_1$	$A_0 = B_0$	0	1	0	0	1	0
$A_3 = B_3$	$A_2 = B_2$	$A_1 = B_1$	$A_0 = B_0$	1	0	0	1	0	0

应用级联输入端将多个数码比较器级联在一起，可以扩展比较器的位数。方法是将低位芯片的输出端 $Y_{A>B}$、$Y_{A=B}$、$Y_{A<B}$ 分别与高位芯片的级联输入端 $I_{A>B}$、$I_{A=B}$、$I_{A<B}$ 相连。不难理解，只有当高位数相等时，低位比较的结果才对输出起决定性的作用。

【例 9.16】 试用两片 4 位二进制码比较器 74HC85 实现 8 位二进制码比较。逻辑功能是比较两个 8 位二进制码 $A = [A_7 \sim A_0]$ 和 $B = [B_7 \sim B_0]$ 的大小，比较的 3 种结果，即 $A > B$、$A = B$、$A < B$，分别通过 3 个输出端 $Y_{A>B}$、$Y_{A=B}$、$Y_{A<B}$ 输出。

解 由两片 74HC85 构成的 8 位二进制码比较电路如图 9.45 所示。低位芯片 74HC85(1) 的级联输入端 $I_{A=B}$ 接高电平，$I_{A>B}$ 端和 $I_{A<B}$ 端接低电平；并将低位芯片 74HC85(1) 的输出端 $Y_{A>B}$、$Y_{A=B}$、$Y_{A<B}$ 分别与高位芯片 74HC85(2) 的级联输入端 $I_{A>B}$、$I_{A=B}$、$I_{A<B}$ 相连。这样从高位芯片 74HC85(2) 的输出端 $Y_{A>B}$、$Y_{A=B}$、$Y_{A<B}$ 输出的即为两个 8 位二进制码 $A = [A_7 \sim A_0]$ 和 $B = [B_7 \sim B_0]$ 的比较结果。

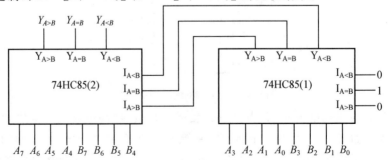

图 9.45 由两片 74HC85 构成的 8 位二进制码比较电路

Multisim 仿真实践：74LS48 译码显示电路

集成显示译码器 74LS48 的逻辑功能是将 BCD 代码译成数码显示器所需要的驱动信号，以便使数码显示器用十进制数字显示出 BCD 代码所表示的数值，其电路如图9.46 所示。图 9.46 中用单刀双掷开关控制 74LS48 输入高、低电平，接 5 V 时为高电平，接地时为低电平。74LS48 与七段数码管之间串联 500 Ω 电阻进行限流。输入 $S_4 S_3 S_2 S_1$ 在 0000 ～ 1001 之间变化时，数码管对应输出 0 ～ 9 的十进制数字。

注意：限流电阻的阻值，需要根据译码器输出的驱动电压和数码管工作电流（也称通态电流）计算确定。

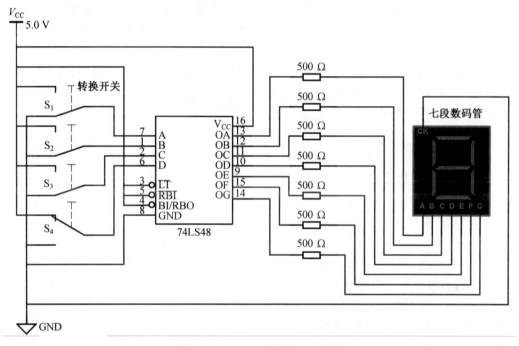

图 9.46　74LS48 译码显示电路

9.5　本章小结

（1）CMOS 门电路和 TTL 门电路是目前广为应用的两种数字集成电路。CMOS 门电路与 TTL 门电路相比具有制造工艺简单、功耗低、电源工作电压范围宽、集成度高、输入阻抗高等优点，所以当前 CMOS 门电路应用更为广泛，常见的 CMOS 门电路有反相器、与非门、或非门、传输门、三态门。

（2）组合逻辑电路在逻辑功能上的特点是任意时刻的输出仅仅取决于该时刻的输入，而与电路原来的状态无关。组合逻辑电路在电路结构上的共同特点是：不含存储单元，由逻辑门电路组合而成，能完成一定的逻辑功能。

（3）组合逻辑电路的分析是指根据给定的逻辑电路，找出其输出变量和输入变量之间的逻辑关系，从而确定电路的逻辑功能。一般要求写出逻辑函数表达式、列出真值表、画出卡诺图、写出逻辑功能。

（4）组合逻辑电路的设计是指根据给出的逻辑问题，求出实现这一逻辑功能的最简逻辑电路的过程。设计是分析的逆过程。这里所说的"最简"是指电路所用的逻辑器件数目最少，器件的种类最少，且器件之间的连线最少。

（5）加法器是指在数字电路中用于完成二进制加法运算的组合逻辑电路。如果不考虑来自低位的进位，只将两个 1 位二进制数相加，则称为半加。实现半加运算的逻辑电路称为半加器。如果考虑来自低位的进位，即将两个加数与来自低位的进位这三个数相加，则这种运算称为全加。实现全加运算的逻辑电路称为全加器。加法器根据进位方式分为串行进位加法器和超前进位加法器。74HC283 是一个具有超前进位功能的中规模 CMOS 集成 4 位二进制加法器。

（6）编码是指用预先规定的方法将一些逻辑信号转换成二进制代码的过程。能够实现编码的电路称为编码器，编码器分为普通编码器和优先编码器。74HC148 是一种常用 CMOS 集成 8 线－3 线二进制优先编码器。74HC147 是一种常用的中规模 CMOS 集成二－十进制优先编码器。

（7）译码是指将具有特定含义的二进制代码转换成原始信息的过程，是编码的逆过程。能够实现译码功能的电路称为译码器。常用的译码器有二进制译码器、二－十进制译码器和显示译码器三类。常用的数码显示器有 LED 数码显示器和液晶数码显示器。LED 数码显示器内部结构有共阳极和共阴极两种接法。74HC138 是一种常用中规模 CMOS 集成 3 线－8 线二进制译码器。74HC42 是一种常用的 CMOS 集成二－十进制译码器。74HC47 和 74HC48 是两种常用的中规模 CMOS 集成显示译码器。

（8）数据选择器又称多路选择器，其逻辑功能是根据输入地址的要求，从多路输入数据中选择其中一路数据输出的组合逻辑电路。按照输入信号个数的多少有 4 选 1、8 选 1、16 选 1 等。74HC153 是双 4 选 1 中规模 CMOS 集成数据选择器。74HC151 是 8 选 1 中规模 CMOS 集成数据选择器。

（9）数码比较器是一种比较两个 n 位二进制码 A 和 B 大小关系的多输入多输出的组合逻辑电路。74HC85 是中规模 CMOS 集成 4 位二进制数码比较器。

习　题

9.1　由 CMOS 传输门和反相器构成的电路如图 P9.1(a) 所示，$u_{i1} = 10$ V，$u_{i2} = 5$ V，试画出在图 P9.1(b) 所示波形作用下的输出 u_o 的波形。

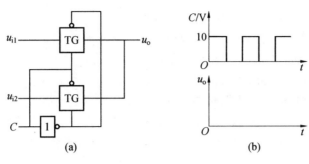

图 P9.1

9.2　分析图 P9.2 所示电路的逻辑功能。

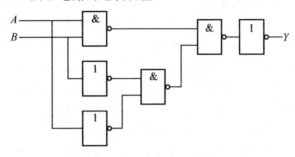

图 P9.2

9.3　分析图 P9.3 所示电路的逻辑功能。

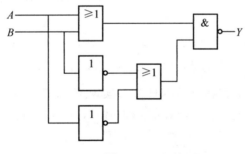

图 P9.3

9.4　分析图 P9.4 所示电路的逻辑功能。

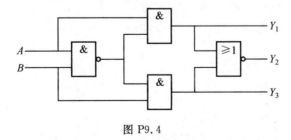

图 P9.4

9.5　甲、乙两校举行联欢会,入场券分红、黄两种,甲校学生持红券入场,乙校学生持黄券入场。会场入口处设一自动检票机,符合条件者可放行,否则不准入场。试设计此检票机的放行逻辑电路。

9.6　某同学参加四门课程考试,规定如下:

(1) 课程 A 及格得 1 分,不及格得 0 分;

(2) 课程 B 及格得 2 分,不及格得 0 分;

(3) 课程 C 及格得 4 分,不及格得 0 分;

(4) 课程 D 及格得 5 分,不及格得 0 分。

若总分大于 8 分(含 8 分),就可结业。试用与非门设计实现上述要求的逻辑电路。

9.7　用 4 位二进制加法器 74HC283 设计一个数码转换电路。逻辑功能要求:将 8421 码转换成余 3 码。

9.8　试用 4 位并行加法器 74HC283 设计一个代码转换电路。逻辑功能要求:将余 3 码转换成 8421 码的二 — 十进制代码。

9.9　某医院有一号、二号、三号、四号 4 间病房,每间病房设有呼叫按钮,同时在护士值班室内对应地装有一号、二号、三号、四号 4 个指示灯。逻辑功能要求:4 间病房的呼叫优先级别由高到低依次为一、二、三、四,如当一号病房的按钮按下时,无论其他病房的按钮是否按下,只有一号灯亮,即指示灯只显示优先级别相对高的呼叫按钮请求。试用优先编码器 74HC148 和门电路设计满足上述控制要求的逻辑电路。

9.10　试用 74HC138 译码器设计一个监测交通信号灯工作状态的电路。逻辑功能要求:信号灯由红、黄、绿三盏灯组成,正常工作时,只能是红、绿、红黄、绿黄灯亮,其他情况视为故障,电路报警,报警输出为 1。

9.11　试利用 74HC138 实现一个多输出的组合逻辑电路。输出的逻辑函数表达式为

$$Z_1 = \overline{A}\,\overline{B}\,\overline{C} + AB, \quad Z_2 = \overline{A}C + A\overline{B}\,\overline{C}, \quad Z_3 = A \oplus B。$$

9.12　试用一片 74HC138 和与非门实现例 9.5 的三人表决电路。

9.13　试用 8 选 1 数据选择器 74HC151 实现 $Y = AB + AC$。

9.14　仿照全加器设计一个全减器,被减数 A,减数 B,低位借位信号 J_0,差 D,向高位的借位为 J,要求:

(1) 列出真值表,写出 D、J 的表达式;

(2) 用 2 输入与非门实现;

(3) 用 3 线 — 8 线译码器 74HC138 实现;

(4) 用双 4 选 1 数据选择器 74HC153 实现。

第 10 章　触发器与时序逻辑电路

触发器是构成数字系统的另一种基本逻辑单元,本章分别介绍几种不同类型的触发器:RS 触发器、D 触发器、JK 触发器、T 触发器和 T′ 触发器。

利用触发器可以构成时序逻辑电路,本章后半部分分别介绍同步时序逻辑电路的分析方法和设计方法,以及典型的时序逻辑电路——寄存器和计数器。

10.1　触　发　器

触发器是构成时序逻辑电路的基本单元电路。迄今为止,人们已经研制出了许多种触发器,有双稳态触发器、单稳态触发器和无稳态触发器,本节介绍的是双稳态触发器,这里在叙述上简称为触发器。触发器是由门电路加上适当反馈线构成的,具有存储和记忆功能,这是前面介绍的门电路所不具有的。把能够存储、记忆 1 位二进制信息,即 0 和 1 的基本单元电路统称为触发器。

根据逻辑功能的不同,触发器可分为 RS 触发器、D 触发器、JK 触发器和 T 触发器等几种类型,不同类型的触发器有置 0、置 1、保持和翻转四种功能或其中的几种功能。

10.1.1　基本 RS 触发器

基本 RS 触发器是各种触发器中电路结构形式最简单的一种。同时,它也是许多复杂电路结构触发器的一个组成部分。

1. 电路结构

基本 RS 触发器是由两个与非门(也可由两个或非门)交叉耦合组成,其电路如图 10.1(a)所示。$\bar{R}_D$ 和 $\bar{S}_D$ 是基本 RS 触发器的两个输入端,R_D 和 S_D 上的非号表示低电平有效。Q 和 $\bar{Q}$ 是触发器的两个输出端,Q 和 $\bar{Q}$ 的状态相反。当 $Q=0$,$\bar{Q}=1$ 时,称为复位状态(0 态);当 $Q=1$,$\bar{Q}=0$ 时,称为置位状态(1 态)。习惯规定,Q 端为触发器输出端的状态端,即 $Q=0$,规定触发器为 0 态,输出端为低电平;$Q=1$,规定触发器为 1 态,输出端为高电平。

与非门构成的基本 RS 触发器的逻辑符号如图 10.1(b)所示,图中输入端的小圆圈表示用低电平作为输入信号,或者称低电平有效。

2. 功能表

根据图 10.1(a)中与非逻辑关系可得触发器输出端的逻辑表达式为

$$Q=\overline{\bar{S}_D\bar{Q}}, \quad \bar{Q}=\overline{\bar{R}_D Q}$$

针对基本 RS 触发器的两个输入端所加信号的不同,分别讨论如下。

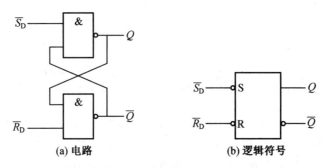

(a) 电路　　　　　　　(b) 逻辑符号

图 10.1　与非门构成的基本 RS 触发器

（1）当 $\bar{R}_D=0,\bar{S}_D=1$ 时，$Q=1,\bar{Q}=0$，即低电平信号经 $\bar{R}_D$ 端进入触发器，将触发器置 0。故 $\bar{R}_D$ 称为直接置 0 端或直接复位端。需要强调的是，当 $\bar{R}_D$ 由 0 变为 1 时，触发器 Q 端的 0 态保持不变，说明它具有存储记忆 0 的功能。

（2）当 $\bar{R}_D=1,\bar{S}_D=0$ 时，$Q=0,\bar{Q}=1$，即低电平信号经 $\bar{S}_D$ 端进入触发器，将触发器置 1。故 $\bar{S}_D$ 称为直接置 1 端或直接置位端。需要强调的是，当 $\bar{S}_D$ 由 0 变为 1 时，触发器 Q 端的 1 态保持不变，说明它具有存储记忆 1 的功能。

（3）当 $\bar{R}_D=1,\bar{S}_D=1$ 时，触发器状态保持不变。若触发器原来的 Q 为 0，其输出状态 Q 仍然为 0。若触发器原来的 Q 为 1，其输出状态 Q 仍然为 1。说明它具有保持的功能。

（4）当 $\bar{R}_D=0,\bar{S}_D=0$ 时，$Q=1,\bar{Q}=1$，两个输出都是 1，这与触发器两个输出端 Q 和 $\bar{Q}$ 是互补的逻辑关系相矛盾。此外，当两个输入端低电平信号同时变为高电平时，即从 0 变为 1 时，触发器处于 0 还是 1 的状态完全由触发器中两个与非门本身的工作速度决定，这在一个确定的数字系统中是绝对不允许的。因此，在正常工作时不允许输入端出现 $\bar{R}_D=0,\bar{S}_D=0$，其约束条件可以表示为

$$\bar{R}_D+\bar{S}_D=1 \tag{10.1}$$

综上，基本 RS 触发器具有三种逻辑功能，即置 0、置 1 和保持。将基本 RS 触发器逻辑功能列成表格，称为触发器的功能表，也称为状态转换表，见表 10.1。表中的 Q^n 表示触发器现在的状态，简称现态；Q^{n+1} 表示触发器在输入信号作用下输出端的新状态，简称次态。表中每一行输入输出的关系就是前面讨论的四种情况。

表 10.1　基本 RS 触发器的功能表

$\bar{R}_D$	$\bar{S}_D$	Q^n	Q^{n+1}	$\bar{Q}^{n+1}$	功能
0	1	0	0	1	置 0
0	1	1	0	1	
1	0	0	1	0	置 1
1	0	1	1	0	

续表 10.1

$\overline{R}_D$	$\overline{S}_D$	Q^n	Q^{n+1}	$\overline{Q}^{n+1}$	功能
1	1	0	0	1	保持
1	1	1	1	0	
0	0	0	1	1	禁用
0	0	1	1	1	

3. 状态转换图

对于触发器这样一种时序逻辑电路,它的逻辑功能除了用功能表描述外,还可以用状态转换图描述。基本 RS 触发器的状态转换图如图 10.2 所示。图 10.2 所示两个圆圈中写有 0 和 1,代表了基本 RS 触发器的两个稳定状态,状态的转换方向用箭头表示,状态转换的条件标注在箭头的旁边。从 1 状态转换到 0 状态,为置 0,对应功能表中的第 1 行和第 2 行;从 0 状态转换到 1 状态,为置 1,对应功能表中的第 3 行和第 4 行。从 0 状态有一个箭头自己闭合,既源于 0 又终止于 0,对应功能表的第 1、2、5 行,两个条件合写在一起,写成 $\overline{S}_D=1$ 和 $\overline{R}_D=\times$,$\times$ 表示既可以是 0,也可以是 1。1 状态有一个箭头自己闭合,既源于 1 又终止于 1,对应功能表的第 3、4、6 行,两个条件合写在一起,写成 $\overline{S}_D=\times$ 和 $\overline{R}_D=1$。

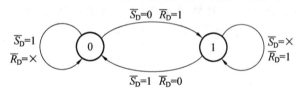

图 10.2　基本 RS 触发器的状态转换图

10.1.2　时钟 RS 触发器

前面介绍的基本 RS 触发器,其逻辑功能是由输入信号 $\overline{S}_D$ 和 $\overline{R}_D$ 决定的,当输入信号到来时,基本 RS 触发器状态就会根据其逻辑功能发生变化。而在实际数字系统中,常需要某些触发器在同一时刻一起动作。因此,必须引入同步信号,使这些触发器只有在同步信号到达时才按输入信号改变状态。通常把这个同步信号称为时钟脉冲信号,简称时钟信号或时钟,用 CP 表示。这种受时钟信号控制的触发器统称为时钟触发器。时钟触发器根据逻辑功能的不同,又分为 RS 触发器、D 触发器、JK 触发器、T 触发器和 T′ 触发器。下面介绍时钟 RS 触发器。

1. 电路结构

电平触发方式的时钟 RS 触发器电路如图 10.3(a) 所示,其逻辑符号如图10.3(b) 所示。为了引入时钟,在与非门 G1 和 G2 组成的基本 RS 触发器基础上,又增加了与非门 G3 和 G4 组成的触发导引电路。CP 是时钟信号;S 和 R 是两个输入端,高电平有效;Q 和 $\overline{Q}$ 是触发器的两个互补输出端。

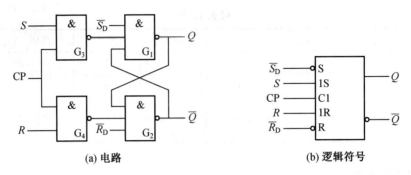

(a) 电路　　　　　　　　　　(b) 逻辑符号

图 10.3　时钟 RS 触发器

2. 功能表

由于 $\overline{R}_D$ 和 $\overline{S}_D$ 不受时钟信号 CP 和输入信号 R 和 S 的控制,因此 $\overline{R}_D$ 称为异步置 0(复位)端,$\overline{S}_D$ 称为异步置 1(置位)端。只要 $\overline{R}_D$ 或 $\overline{S}_D$ 加入低电平信号,就会立即将触发器置 0 或置 1。因此,时钟 RS 触发器在时钟信号控制下正常工作时应使 $\overline{R}_D$ 和 $\overline{S}_D$ 保持高电平。

当 CP=0 时,无论 R 端和 S 端的输入信号如何,触发器的输出状态始终保持不变;只有当时钟信号 CP=1 时,触发器的输出状态才由 R 端和 S 端的输入信号决定,结合前面基本 RS 触发器的逻辑功能,可分析得到时钟 RS 触发器的功能表,见表 10.2。

表 10.2　时钟 RS 触发器的功能表

CP	$\overline{R}_D$	$\overline{S}_D$	R	S	Q^{n+1}	$\overline{Q}^{n+1}$	功能
×	0	1	×	×	0	1	异步置 0
×	1	0	×	×	1	0	异步置 1
0	1	1	×	×	Q^n	$\overline{Q}^n$	保持
1	1	1	0	0	Q^n	$\overline{Q}^n$	保持
1	1	1	0	1	1	0	同步置 1
1	1	1	1	0	0	1	同步置 0
1	1	1	1	1	1	1	禁用

可见,时钟 RS 触发器也具有置 0、置 1 和保持三种逻辑功能,但又与基本 RS 触发器不同:一方面是时钟 RS 触发器受时钟信号 CP 控制;另一方面是高电平置 0 和置 1,也就是说高电平作为有效信号。

3. 特性方程

触发器的逻辑功能可以用逻辑函数表达式来描述。描述触发器逻辑功能的函数表达式称为特性方程。将输入 R、S 和现态 Q^n 作为逻辑变量,次态 Q^{n+1} 作为三个逻辑变量的逻辑函数。

画出表 10.2 对应的三变量卡诺图,如图 10.4 所示,经化简可得时钟 RS 触发器的特性方程为

$$Q^{n+1} = S + \bar{R}Q^n \tag{10.2}$$

其约束条件为

$$RS = 0 \tag{10.3}$$

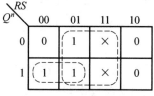

图 10.4　时钟 RS 触发器的次态卡诺图

【例 10.1】　已知时钟 RS 触发器所加的输入信号波形如图 10.5 所示,试分别画出在 CP 信号作用下,输出状态 Q 和 $\bar{Q}$ 的波形,设触发器的初始状态为 0。

解　当 CP = 0 时,输入状态 R 和 S 不起作用,触发器的输出状态 Q 和 $\bar{Q}$ 保持不变。

当 CP = 1 时,触发器输出状态 Q 和 $\bar{Q}$ 由输入状态 R 和 S 决定,依据表 10.2 分析可得到。

在 CP = 1 期间,当 $S = 0$,$R = 0$ 时,Q 保持 0 态,$\bar{Q} = 1$;当 $S = 1$,$R = 0$ 时,Q 置 1 态,$\bar{Q} = 0$;

当 $S = 0$,$R = 1$ 时,Q 置 0 态,$\bar{Q} = 1$;当 $S = 1$,$R = 1$ 时,$Q = 1$,$\bar{Q} = 1$。需要强调的是,当 CP = 0,$S = 1$,$R = 1$ 时,输出状态不确定,输出状态取决于触发器输出端的两个与非门的工作速度,即图 10.3 中 G_1 和 G_2 本身的工作速度。若 G_1 工作速度快,则 $Q = 0$,$\bar{Q} = 1$;若 G_2 工作速度快,则 $Q = 1$,$\bar{Q} = 0$,因此输出状态不确定。

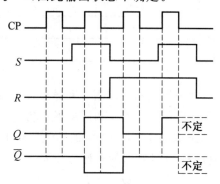

图 10.5　例 10.1 的信号波形

4. 空翻现象

时钟 RS 触发器存在空翻现象。在一次时钟到来期间,如果输入信号多次发生变化,则输出端的状态也将发生多次翻转,将此现象称为"空翻"。空翻违背了构造时钟触发器的初衷,即每来一次时钟最多允许触发器翻转一次,若多次翻转,电路也会发生状态的差错,因而是不允许的。为了消除空翻,需要更完善的电路结构。

10.1.3 D 触发器

1. 时钟 D 触发器

为了能适应单端输入信号的需要,把时钟 RS 触发器的两个输入端改接成如图 10.6(a) 所示的电路形式,得到电平触发的时钟 D 触发器。D 是数据输入端;Q 和 $\overline{Q}$ 是两个互补输出端。

其逻辑功能为:当 $D=1$,且 CP$=1$ 时,触发器输出 $Q=1$,当 CP 回到 0 时,触发器保持 1 状态不变;当 $D=0$,且 CP$=1$ 时,触发器输出 $Q=0$,当 CP 回到 0 时,触发器保持 0 状态不变。时钟 D 触发器的逻辑符号如图 10.6(b) 所示。时钟 D 触发器的功能表见表 10.3。

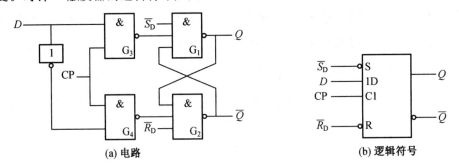

(a) 电路   (b) 逻辑符号

图 10.6   时钟 D 触发器

表 10.3   时钟 D 触发器的功能表

CP	$\overline{R}_D$	$\overline{S}_D$	D	Q^{n+1}	$\overline{Q}^{n+1}$	功能
×	0	1	×	0	1	异步置 0
×	1	0	×	1	0	异步置 1
0	1	1	×	Q^n	$\overline{Q}^n$	保持
1	1	1	0	0	1	同步置 0
1	1	1	1	1	0	同步置 1

由表 10.3 可知,时钟 D 触发器具有异步置 0 和异步置 1 功能,低电平有效;当 CP$=0$ 时具有保持功能;当 CP$=1$ 时具有同步置 0 和同步置 1 功能。

时钟 D 触发器的输出状态取决于 CP$=1$ 时的输入信号 D 的状态,如果以 Q^{n+1} 表示 CP$=1$ 时触发器的状态,则时钟 D 触发器的特性方程为

$$Q^{n+1} = D \tag{10.4}$$

时钟 D 触发器仍然存在空翻现象,为了消除空翻,提高触发器的可靠性,增强抗干扰能力,实际应用中常常使用边沿触发器。边沿触发器是指触发器的次态仅取决于时钟脉冲边沿到达时刻输入信号的状态,而与时钟脉冲边沿之前和之后的输入状态无关。因此,时钟 D 触发器产品主要是边沿型触发器,结构上有主从结构或维持阻塞结构等。

2. 主从 D 触发器

主从 D 触发器由时钟高电平和时钟低电平分别触发两个时钟 D 触发器组成,其电路

如图 10.7(a) 所示,前者称为主触发器,后者称为从触发器。其逻辑功能为:当 CP=1 时,主触发器工作,$Q_{\pm}^{n+1}=D$,从触发器保持原状态不变;当 CP 脉冲下降沿到来时,立刻封锁主触发器 D 端的输入信号,并保持主触发器状态不变,从触发器接收主触发器状态,有 $Q^{n+1}=Q_{\pm}^{n+1}=D$。可见,触发器输出状态的改变只发生在 CP 脉冲下降沿到来的瞬间,所以电路能够基本消除空翻。

主从 D 触发器的逻辑符号如图 10.7(b) 所示,符号框内侧的"＞"号表示触发器对 CP 的边沿敏感,符号框外侧的小圆圈表示下降沿触发,若没有小圆圈则表示上升沿触发。主从 D 触发器的功能表见表 10.4,CP 的下降沿用"↓"表示。

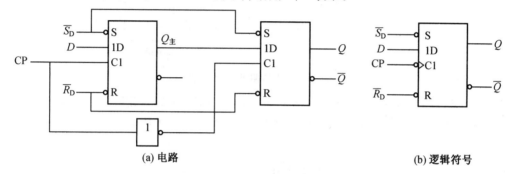

(a) 电路　　　　　　　　　　　　　　　　　　　　(b) 逻辑符号

图 10.7　主从 D 触发器

表 10.4　主从 D 触发器的功能表

CP	$\bar{R}_D$	$\bar{S}_D$	D	Q^{n+1}	$\bar{Q}^{n+1}$	功能
×	0	1	×	0	1	异步置 0
×	1	0	×	1	0	异步置 1
0	1	1	×	Q^n	$\bar{Q}^n$	保持
↓	1	1	0	0	1	同步置 0
↓	1	1	1	1	0	同步置 1

由表 10.4 可知,主从 D 触发器也具有异步置 0 和异步置 1 功能,低电平有效;当 CP=0 时具有保持功能;当 CP 的下降沿到来时,输出状态 Q^{n+1} 取决于输入信号 D 的状态,有 $Q^{n+1}=D$。

3. 维持阻塞 D 触发器

维持阻塞 D 触发器也是一种边沿触发器,其电路和逻辑符号如图 10.8 所示,图 10.8(a) 从下至上依次为数据输入电路、时钟电路和基本 RS 触发器。D 是数据输入端,CP 是时钟脉冲端,Q 和 $\bar{Q}$ 是触发器的两个互补输出端,$\bar{R}_D$ 是异步置 0 端,$\bar{S}_D$ 是异步置 1 端。维持阻塞 D 触发器与主从 D 触发器相比,逻辑功能的不同之处仅仅是在 CP 的上升沿触发,将表 10.4 中的"↓"替换为"↑"即可得到维持阻塞 D 触发器的功能表,不再赘述。

【例 10.2】　已知某上升沿触发的 D 触发器所加的输入信号波形如图 10.9 所示,试画出在 CP 脉冲作用下输出端 Q 的波形,设触发器的初始状态为 0。

　　解　根据 D 触发器逻辑功能分析可得,在第一个 CP 上升沿到来时,D=1,则 Q=1;

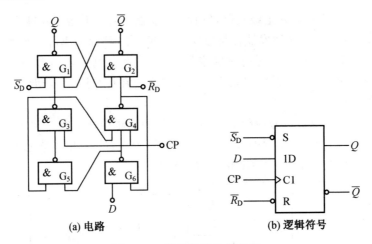

(a) 电路　　　　(b) 逻辑符号

图 10.8　维持阻塞 D 触发器

在第二个CP上升沿到来时,$D=0$,则 $Q=0$;在第三个CP上升沿到来时,$D=1$,则$Q=1$;在第四个 CP 脉冲上升沿到来时,$D=0$, 则 $Q=0$;在第五个 CP 上升沿到来时,$D=0$,则 $Q=0$。

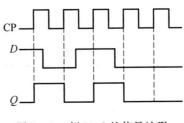

图 10.9　例 10.2 的信号波形

10.1.4　JK 触发器

　　JK 触发器与其他触发器相比,逻辑功能齐全,使用灵活方便,实际应用广泛,下面介绍边沿 JK 触发器。

1. 逻辑符号

　　边沿 JK 触发器的逻辑符号如图 10.10 所示。边沿 JK 触发器包括两个数据输入端 J 和 K,两个输出端 Q 和 $\overline{Q}$,异步置 0 端 $\overline{R}_D$,异步置 1 端 $\overline{S}_D$。图 10.10(a) 中时钟脉冲 CP 端的小圆圈,表示触发器在 CP 的下降沿触发;图 10.10(b) 中 CP 端没有小圆圈,则表示触发器在 CP 的上升沿触发。

2. 功能表

　　边沿 JK 触发器的功能表见表 10.5。由表可知,JK 触发器也具有异步置 0、异步置 1 和保持功能,当 CP 脉冲下降沿到来时,根据 J 和 K 四种逻辑输入,JK 触发器分别具有保持、同步置 0、同步置 1 和翻转四种逻辑功能。

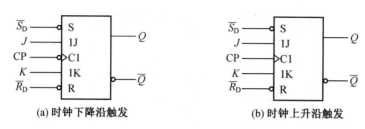

(a) 时钟下降沿触发　　　　　　　　(b) 时钟上升沿触发

图 10.10　边沿 JK 触发器的逻辑符号

表 10.5　边沿 JK 触发器的功能表

CP	$\overline{R}_\mathrm{D}$	$\overline{S}_\mathrm{D}$	J	K	Q^{n+1}	$\overline{Q}^{n+1}$	功能
$\times$	0	1	$\times$	$\times$	0	1	异步置 0
$\times$	1	0	$\times$	$\times$	1	0	异步置 1
$\times$	1	1	$\times$	$\times$	Q^n	$\overline{Q}^n$	保持
$\downarrow$	1	1	0	0	Q^n	$\overline{Q}^n$	保持
$\downarrow$	1	1	0	1	0	1	同步置 0
$\downarrow$	1	1	1	0	1	0	同步置 1
$\downarrow$	1	1	1	1	$\overline{Q}^n$	Q^n	翻转

3. 特性方程

将 J、K 和现态 Q^n 作为输入变量，次态 Q^{n+1} 作为输出变量。画出表 10.5 对应的次态（三变量）卡诺图，如图 10.11 所示，经化简可得 JK 触发器的特性方程为

$$Q^{n+1} = J\overline{Q}^n + \overline{K}Q^n \tag{10.5}$$

4. 状态转换图

由 JK 触发器的功能表可以得到 JK 触发器的状态转换图，如图 10.12 所示。

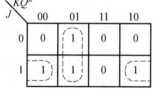
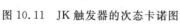

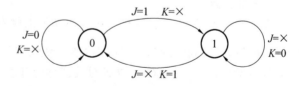

图 10.11　JK 触发器的次态卡诺图　　　　图 10.12　JK 触发器的状态转换图

5. 驱动表

触发器在时钟脉冲作用前后的状态发生转换，转换的条件可以用驱动表来表示，驱动表也称激励表。触发器的驱动表可以由功能表转换而得。JK 触发器的驱动表见表 10.6。驱动表的第一行 Q^n 和 Q^{n+1} 是 00，可以理解为保持和置 0 这两种情况。那么 J 和 K 分别对应 00 和 01，合写在一起写成 0$\times$，其他各行可依此原理写出。

表 10.6　JK 触发器的驱动表

Q^n	Q^{n+1}	J	K
0	0	0	$\times$
0	1	1	$\times$
1	0	$\times$	1
1	1	$\times$	0

【例 10.3】　已知某下降沿触发的边沿 JK 触发器所加的输入信号波形如图 10.13 所示,试画出在 CP 脉冲作用下输出 Q 的波形,设触发器的初始状态为 0。

解　根据表 10.5 分析可得,在第一个 CP 脉冲下降沿到来时,$J=0$,$K=0$,Q 保持 0;在第二个 CP 脉冲下降沿到来时,$J=1$,$K=0$,Q 置 1;在第三个 CP 脉冲下降沿到来时,$J=0$,$K=1$,Q 置 0;在第四个 CP 脉冲下降沿到来时,$J=1$,$K=1$,Q 翻转,由 0 翻转为 1;在第五个 CP 脉冲下降沿到来时,$J=0$,$K=0$,Q 保持 1。

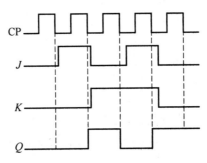

图 10.13　例 10.3 的信号波形

10.1.5　T 触发器和 T′ 触发器

1. T 触发器

在某些应用场合,需要这样一种逻辑功能的触发器。当控制信号 $T=1$ 时,每来一个 CP 脉冲,触发器的状态翻转一次,即 $Q^{n+1}=\overline{Q^n}$。当 $T=0$ 时,每来一个 CP 脉冲,触发器的状态保持不变,即 $Q^{n+1}=Q^n$。这种触发器称为 T 触发器,其逻辑符号如图 10.14 所示。

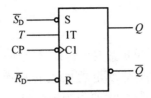

图 10.14　T 触发器的逻辑符号

T 触发器的功能表见表 10.7。由表 10.7 可知,T 触发器具有保持和翻转两种逻辑功能,也具有异步置 0 和异步置 1 功能。

表 10.7　T 触发器的功能表

CP	$\bar{R}_D$	$\bar{S}_D$	T	Q^{n+1}	$\bar{Q}^{n+1}$	功能
×	0	1	×	0	1	异步置 0
×	1	0	×	1	0	异步置 1
×	1	1	×	Q^n	$\bar{Q}^n$	保持
↓	1	1	0	Q^n	$\bar{Q}^n$	保持
↓	1	1	1	$\bar{Q}^n$	Q^n	翻转

将 T 和现态 Q^n 作为输入变量,次态 Q^{n+1} 作为输出变量,可得 T 触发器的特性方程为

$$Q^{n+1} = T\bar{Q}^n + \bar{T}Q^n \tag{10.6}$$

T 触发器的状态转换图如图 10.15 所示。

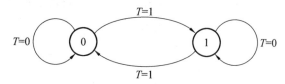

图 10.15　T 触发器的状态转换图

2. T′触发器

当 T 触发器的控制端接至高电平,即 $T=1$ 时,则式(10.6)变为

$$Q^{n+1} = \bar{Q}^n \tag{10.7}$$

即时钟信号每作用一次,触发器状态翻转一次,这种触发器称为 T′触发器。其实 T′触发器只不过是处于一种特定工作状态下的 T 触发器而已。

10.1.6　不同逻辑功能触发器的转换

触发器逻辑功能的转换就是用一个已有的触发器去实现另一类型触发器的逻辑功能。通过逻辑功能转换的方法,可以把 JK 触发器或 D 触发器转换为所需要的逻辑功能的触发器。

1. JK 触发器转换为 D 触发器

JK 触发器的特性方程为 $Q^{n+1} = J\bar{Q}^n + \bar{K}Q^n$,D 触发器的特性方程为 $Q^{n+1} = D$,令

$$J = D, \quad K = \bar{D} \tag{10.8}$$

根据式(10.8),可以由 JK 触发器转换为 D 触发器,如图 10.16 所示。读者可以自行分析 D 为 0 和 1 两种输入的情况下触发器的逻辑功能(与表 10.4 一致),时钟脉冲在下降沿触发。

2. JK 触发器转换为 T 触发器

只要把 JK 触发器的 J 端和 K 端连在一起作为 T 输入端,就可以构成 T 触发器,如图 10.17 所示。读者可以自行分析 T 为 0 和 1 两种输入的情况下触发器的逻辑功能(与表 10.7 一致)。

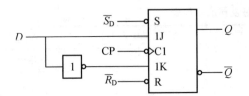

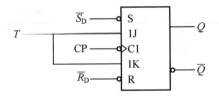

图 10.16　JK 触发器转换为 D 触发器　　　　图 10.17　JK 触发器转换为 T 触发器

3. D 触发器转换为 JK 触发器

D 触发器的特性方程为 $Q^{n+1}=D$，JK 触发器的特性方程为 $Q^{n+1}=J\bar{Q}^n+\bar{K}Q^n$，令

$$D=J\bar{Q}^n+\bar{K}Q^n=\overline{\overline{J\cdot\bar{Q}^n}\cdot\overline{\bar{K}\cdot Q^n}} \tag{10.9}$$

根据式(10.9)，可以由 D 触发器和一些逻辑门转换为 JK 触发器，如图 10.18 所示，虚线框部分是由非门和与非门得到的转换电路。读者可以自行分析，J、K 在四种输入组合的情况下触发器的逻辑状态，时钟脉冲在上升沿触发。

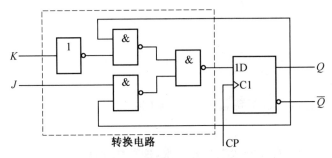

图 10.18　D 触发器转换为 JK 触发器

4. D 触发器转换为 T 触发器

根据上述可知，D 触发器可以转换为 JK 触发器，JK 触发器可以转换为 T 触发器，因此 D 触发器可以转换为 T 触发器。将图 10.18 中的 J 端和 K 端连在一起就构成了 T 触发器，从而实现将 D 触发器转换为 T 触发器，如图 10.19 所示。

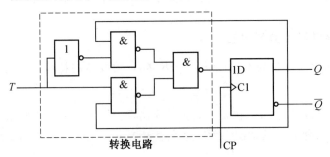

图 10.19　D 触发器转换为 T 触发器

10.2　时序逻辑电路概述

根据逻辑功能和电路组成的不同特点,可将逻辑电路分为组合逻辑电路和时序逻辑电路两大类。第 9 章所介绍的组合逻辑电路,在逻辑功能上的共同特点是,任意时刻的输出信号仅取决于该时刻的输入信号。这里要介绍的时序逻辑电路,在逻辑功能上的共同特点是,任意时刻的输出信号不仅取决于该时刻的输入信号,而且还取决于电路原来的状态,或者说,还与以前的输入有关。

10.2.1　时序逻辑电路的结构

时序逻辑电路在结构上有两个显著的特点。第一,时序逻辑电路通常包含组合逻辑电路和存储电路两部分。时序逻辑电路的状态是依靠具有记忆功能的存储电路来记忆和表征的,因此存储电路是必不可少的,存储电路可以由触发器或锁存器构成。第二,存储电路的输出状态反馈到组合逻辑电路的输入端,并且与输入信号一起共同决定组合逻辑电路的输出。

时序逻辑电路的结构框图可以画成如图 10.20 所示的普遍形式。其中 $x_1, x_2, \cdots, x_n$ 为时序逻辑电路的外部输入变量;$z_1, z_2, \cdots, z_m$ 为时序逻辑电路的外部输出变量;$y_1, y_2, \cdots, y_k$ 为存储电路的输入变量;$q_1, q_2, \cdots, q_j$ 为存储电路的输出变量。

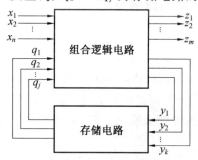

图 10.20　时序逻辑电路的结构框图

时序逻辑电路中存储电路变化前每个触发器的状态称为现态,用 $q_1^n, q_2^n, \cdots, q_j^n$ 表示;存储电路中每个触发器变化后的状态称为次态,用 $q_1^{n+1}, q_2^{n+1}, \cdots, q_j^{n+1}$ 表示。时序逻辑电路的输入变量和现态作用于组合逻辑电路,得到时序逻辑电路的输出变量,描述输出变量与输入和状态变量之间关系的逻辑表达式称为输出方程,即

$$z_i = f_i(x_1, x_2, \cdots, x_n, q_1^n, q_2^n, \cdots, q_j^n) \quad (i = 1, 2, \cdots, m) \tag{10.10}$$

时序逻辑电路的输入变量和现态作用于组合逻辑电路,得到存储电路的驱动信号,描述驱动变量与输入变量和状态变量之间关系的逻辑表达式称为驱动方程,即

$$y_l = g_l(x_1, x_2, \cdots, x_n, q_1^n, q_2^n, \cdots, q_j^n) \quad (l = 1, 2, \cdots, k) \tag{10.11}$$

z_i 和 y_l 均与 $x_1, x_2, \cdots, x_n$ 和 $q_1, q_2, \cdots, q_j$ 有关,也即电路的输出不仅与电路的输入有关,而且与电路的状态有关。

描述次态与现态和驱动变量之间关系的逻辑表达式称为状态方程,即

$$q_r^{n+1} = h_r(y_1, y_2, \cdots, y_k, q_1^n, q_2^n, \cdots, q_j^n) \quad (r=1,2,\cdots,j) \tag{10.12}$$

10.2.2　时序逻辑电路的分类

时序逻辑电路按触发方式不同,可以分为同步时序逻辑电路和异步时序逻辑电路。同步时序逻辑电路中,所有的存储电路由统一时钟信号控制,所有触发器状态的更新都是在同一时钟信号操作下同时发生的。而异步时序逻辑电路则不同,没有统一的时钟信号,各存储电路不受统一时钟信号控制,触发器状态的更新不是同时发生的,而是有先有后。

时序逻辑电路根据输出信号的特点不同,可以分为米里型(Mealy)和莫尔型(Moore)两种。在 Mealy 型电路中,输出信号不仅取决于存储电路的状态,而且还取决于当前的输入信号。在 Moore 型电路中,输出信号仅仅取决于存储电路的状态。可见,Moore 型电路是 Mealy 型电路的一种特例。

10.3　时序逻辑电路的分析

时序逻辑电路的分析就是根据给定的时序逻辑电路,找出该时序逻辑电路在输入信号及时钟信号作用下,电路的状态及输出的变化规律,从而确定该时序逻辑电路的逻辑功能。

10.3.1　同步时序逻辑电路的分析

由触发器和门电路组成的时序逻辑电路的分析一般按如下步骤进行:

(1)根据给定的时序逻辑电路,确定哪部分是组合电路,哪部分是存储电路,明确输入变量、输出变量和状态变量,写出时序电路的输出方程和各触发器的驱动方程;

(2)将驱动方程代入所用触发器的特性方程,得到每个触发器的状态方程;

(3)根据时序电路的状态方程和输出方程,列出状态转换表,画出状态转换图或时序图;

(4)分析所给时序逻辑电路的逻辑功能,检查电路能否自启动。

上述同步时序逻辑电路的分析过程,可以用图 10.21 所示的方框图来描述。

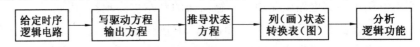

图 10.21　同步时序逻辑电路的分析过程

下面通过两个具体例题,介绍同步时序逻辑电路分析的方法和具体步骤。

【例 10.4】　分析图 10.22 所示同步时序逻辑电路的功能。设初始状态为 000。

解　该电路包含 3 个 D 触发器,是存储电路,所有触发器由同一 CP 信号控制,故为同步时序电路。与门和与非门这两个逻辑门是组合电路。该电路无输入信号,触发器的输出就是时序电路的输出,只取决于电路的现态,为 Moore 型时序电路。

(1)列写驱动方程:

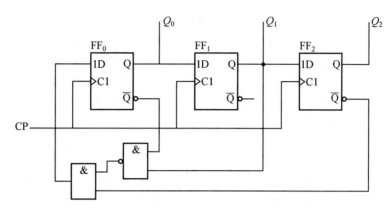

图 10.22　例 10.4 同步时序逻辑电路

$$\begin{cases} D_0 = \overline{\overline{Q_0}Q_1} \cdot \overline{Q_2} = (Q_0 + \overline{Q_1}) \cdot \overline{Q_2} \\ D_1 = Q_0 \\ D_2 = Q_1 \end{cases} \tag{10.13}$$

（2）将式（10.13）代入 D 触发器的特性方程 $Q^{n+1} = D$ 中，得到每个触发器的状态方程为

$$\begin{cases} Q_0^{n+1} = \overline{\overline{Q_0^n}Q_1^n} \cdot \overline{Q_2^n} = (Q_0^n + \overline{Q_1^n}) \cdot \overline{Q_2^n} \\ Q_1^{n+1} = Q_0^n \\ Q_2^{n+1} = Q_1^n \end{cases} \tag{10.14}$$

（3）列出状态转换表，画出状态转换图

将电路的初态 $Q_2^n Q_1^n Q_0^n = 000$，代入式（10.14）的状态方程，得到其次态为

$$Q_2^{n+1} = 0, \quad Q_1^{n+1} = 0, \quad Q_0^{n+1} = 1$$

将这一结果作为新的现态，即 $Q_2^n Q_1^n Q_0^n = 001$，重新代入式（10.14）得到其新的次态为

$$Q_2^{n+1} = 0, \quad Q_1^{n+1} = 1, \quad Q_0^{n+1} = 1$$

如此继续下去，当 $Q_2^n Q_1^n Q_0^n = 100$ 时，其次态 $Q_2^{n+1} Q_1^{n+1} Q_0^{n+1} = 000$，返回了初态。把上述全部的计算结果列成真值表的形式，就得到了表 10.8 所示的状态转换表的前 6 行。最后，再检查一下状态转换表是否包含了电路所有可能出现的状态，结果发现，根据上述计算过程列出的状态只有 6 种，还缺少 101 和 010 两种状态。再分别将这 2 种状态作为现态，计算其次态，见表 10.8 最后 2 行。

表 10.8　例 10.4 的状态转换表

Q_2^n	Q_1^n	Q_0^n	Q_2^{n+1}	Q_1^{n+1}	Q_0^{n+1}
0	0	0	0	0	1
0	0	1	0	1	1
0	1	1	1	1	1
1	1	1	1	1	0

续表 10.8

Q_2^n	Q_1^n	Q_0^n	Q_2^{n+1}	Q_1^{n+1}	Q_0^{n+1}
1	1	0	1	0	0
1	0	0	0	0	0
1	0	1	0	1	0
0	1	0	1	0	0

有时也将电路的状态转换表列成表 10.9 的形式。这种状态转换表给出了在一系列 CP 脉冲信号作用下电路状态转换的顺序，看着比较直观。

表 10.9   例 10.4 状态转换表的另一种形式

CP	Q_2	Q_1	Q_0
0	0	0	0
1	0	0	1
2	0	1	1
3	1	1	1
4	1	1	0
5	1	0	0
6	0	0	0
0	1	0	1
1	0	1	0
2	1	0	0

根据表 10.8 画出该时序逻辑电路的状态转换图，如图 10.23 所示。在状态转换图中以圆圈表示时序电路的各个状态，以箭头表示状态转换的方向。

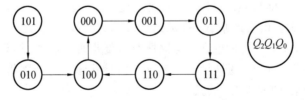

图 10.23   例 10.4 的状态转换图

为便于用实验观察的方法检查时序逻辑电路的逻辑功能，还可以将状态转换表的内容画成时间波形的形式。在时钟脉冲信号作用下，电路状态、输出状态随时间变化的波形图称为时序图。该时序电路的时序图，Q_0、Q_1、Q_2、$\overline{Q_0}$、$\overline{Q_1}$、$\overline{Q_2}$ 如图 10.24 所示。

（4）分析逻辑功能。

由状态转换图可以看出，该时序逻辑电路的 8 个状态中只有 6 个是有效状态，在 CP 脉冲作用下，电路按图 10.23 所示的次序在 6 个状态间进行有效循环，因此该电路逻辑功

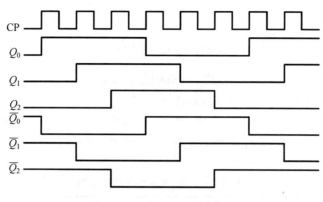

图 10.24　例 10.4 的时序图

能是同步六进制计数器。虽说 101 和 010 是无效状态,但经 CP 作用可进入有效循环,即电路具有自启动功能。

由表 10.9 可以看出,该时序逻辑电路的 6 个有效状态中,任何两个相邻状态之间仅有一个触发器状态不同,该计数器称为扭环移位计数器。由图 10.24 进一步验证,Q_0、Q_1、Q_2、$\overline{Q_0}$、$\overline{Q_1}$、$\overline{Q_2}$ 依次滞后一个角度,这 6 个顺序脉冲可以用作三相桥式逆变电路中开关元件的控制电压,也可以在计算机中作为节拍信号发生器。

【例 10.5】　分析图 10.25 所示同步时序逻辑电路的功能。

解　该电路中的 2 个 JK 触发器是存储电路,由同一 CP 信号控制,故为同步时序逻辑电路。电路中的 4 个逻辑门是组合电路。该电路的输出 Y 不仅取决于触发器的状态,还取决于输入信号 X,为 Mealy 型时序电路。

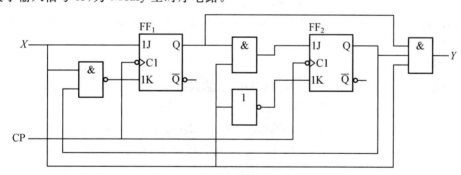

图 10.25　例 10.5 同步时序逻辑电路

(1) 列写驱动方程和输出方程。

驱动方程为

$$\begin{cases} J_1 = X, & K_1 = \overline{X Q_2} \\ J_2 = X Q_1, & K_2 = \overline{X} \end{cases} \tag{10.15}$$

输出方程为

$$Y = X Q_1 Q_2 \tag{10.16}$$

(2) 将式(10.15)代入 JK 触发器的特性方程 $Q^{n+1} = J \overline{Q^n} + \overline{K} Q^n$ 中,得到每个触发器的

状态方程为

$$\begin{cases} Q_1^{n+1} = X\overline{Q_1^n} + XQ_2^n Q_1^n \\ Q_2^{n+1} = XQ_1^n \overline{Q_2^n} + XQ_2^n \end{cases} \tag{10.17}$$

（3）列出状态转换表，画出状态转换图。

令 $X = 0$ 或 1，假设电路的初态为 $Q_2^n Q_1^n = 00$，代入式（10.17）得到其次态，代入式（10.16）得到输出；再将次态作为新的现态，按上述方法得到新的次态和输出。最后，得到完整的状态转换表，见表 10.10。

表 10.10   例 10.5 的状态转换表

X	Q_2^n	Q_1^n	Q_2^{n+1}	Q_1^{n+1}	Y
0	0	0	0	0	0
0	0	1	0	0	0
0	1	0	0	0	0
0	1	1	0	0	0
1	0	0	0	1	0
1	0	1	1	0	0
1	1	0	1	1	0
1	1	1	1	1	1

由状态转换表可画出状态转换图，如图 10.26 所示。强调一下，由于该电路有输入和输出信号，在图中箭头旁注明了状态转换前的输入变量取值和输出值。通常将输入变量取值写在斜线左侧，将输出值写在斜线右侧。

（4）分析逻辑功能。

分析状态转换表和状态转换图可以得出，当输入信号 $X = 0$ 时，无论电路处于何种状态，在 CP 脉冲信号作用下都要回到 00 态，输出 $Y = 0$；当输入信号 X 连续输入 4 个及以上 1 时，才能使输出 $Y = 1$。所以该电路的逻辑功能是对输入信号进行检测，当检测到连续输入 4 个及以上 1 时，输出 $Y = 1$，否则 $Y = 0$，故该电路为 1111 序列检测器。

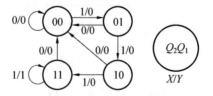

图 10.26   例 10.5 的状态转换图

10.3.2   异步时序逻辑电路的分析

异步时序逻辑电路与同步时序逻辑电路的主要区别在于所有触发器不共用一个时钟信号，因而存储电路不都是同时更新状态。在分析异步时序逻辑电路时，需要写出时钟方程;只有触发器有时钟信号时才可以用状态方程计算其次态,否则触发器的状态保持不变;必须从时钟信号作用的第一个触发器开始逐级分析;由于所有触发器不共用一个时钟信号,因此异步时序逻辑电路的状态转换有一定的延迟时间。由触发器和门电路组成的异步时序逻辑电路的分析步骤与同步时序逻辑电路的分析步骤相同。

【例 10.6】 分析图 10.27 所示异步时序逻辑电路的功能。设初始状态为 000。

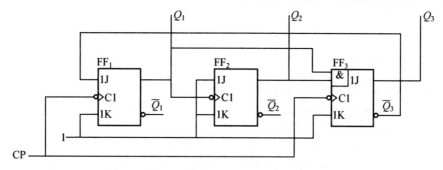

图 10.27 例 10.6 异步时序逻辑电路

解 (1)根据逻辑图写出各触发器的时钟方程和驱动方程。

时钟方程为

$$CP_1 = CP, \quad CP_2 = Q_1^n, \quad CP_3 = CP$$

驱动方程为

$$J_1 = \overline{Q_3^n}, \quad K_1 = 1; \quad J_2 = K_2 = 1; \quad J_3 = Q_1^n Q_2^n, \quad K_3 = 1$$

(2)将触发器的驱动方程代入 JK 触发器的特性方程 $Q^{n+1} = JQ^n + \overline{K}Q^n$ 中,得到每个触发器的状态方程为

$$Q_1^{n+1} = \overline{Q_1^n} \, \overline{Q_3^n}(CP \downarrow), \quad Q_2^{n+1} = \overline{Q_2^n}(Q_1^n \downarrow), \quad Q_3^{n+1} = Q_1^n Q_2^n \overline{Q_3^n}(CP \downarrow)$$

(3)列出状态转换表,画状态转换图。

假设电路的初态为 $Q_3^n Q_2^n Q_1^n = 000$,由状态方程和时钟方程确定时钟作用后的次态。再将次态作为新的现态,按上述方法得到新的次态。最后,得到完整的状态转换表,见表 10.11。

表 10.11 例 10.6 的状态转换表

CP	Q_3	Q_2	Q_1
0	0	0	0
1	0	0	1
2	0	1	0
3	0	1	1
4	1	0	0
5	0	0	0
0	1	0	1

续表 10.11

CP	Q_3	Q_2	Q_1
1	0	1	0
0	1	1	0
1	0	1	0
0	1	1	1
1	0	0	0

由状态转换表可画出状态转换图,如图 10.28 所示。

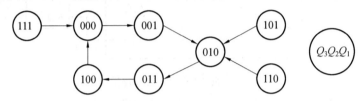

图 10.28　例 10.6 的状态转换图

(4) 分析逻辑功能。

分析状态转换表和状态转换图可以得出,该电路是一个异步五进制加法计数器,具有自启动功能。

10.4　寄存器

在时序逻辑电路中常常需要将一些二进制的数码,参与运算的数据、结果和指令等暂时存储起来,称为寄存。具有寄存功能的电路称为寄存器,它是一种重要的数字逻辑部件。寄存器的主要逻辑元件是触发器,一个触发器只能存储一位二进制数码,要存储多位数码时,需要用多个触发器。n 个触发器组成的寄存器能够存储 n 位二进制数码。常用的有 4 位、8 位、16 位等寄存器。

寄存器按逻辑功能分为数码寄存器和移位寄存器,两者的区别在于有无移位的功能。

寄存器输入数码的方式有串行和并行两种。串行方式就是数码从一个输入端逐位输入到寄存器中,工作速度较慢;并行方式就是全部数码从各自对应输入端同时输入到寄存器中,工作速度较快。

从寄存器输出数码的方式也有串行和并行两种。串行方式就是数码从一个输出端逐位被输出;并行方式就是全部数码从寄存器各自对应输出端同时被输出。

10.4.1　数码寄存器

数码寄存器具有寄存数码和清除原有数码的功能。对寄存器中的触发器只要具有置 1 和置 0 功能即可,常采用 D 触发器或 RS 触发器组成数码寄存器。

图 10.29 是由 4 个 D 触发器组成的 4 位数码寄存器。当 CP 脉冲来到上升沿时发出寄存指令，4 个 D 触发器 $FF_3 \sim FF_0$ 同时接收并暂存 4 位二进制数码 $d_3 \sim d_0$，使 $Q_3 Q_2 Q_1 Q_0 = d_3 d_2 d_1 d_0$，直到下一个 CP 上升沿到来为止。

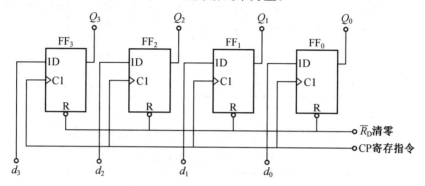

图 10.29　由 4 个 D 触发器组成的 4 位数码寄存器

另外，任何时刻使 R_D 为负脉冲信号，均可将寄存器清零，即 $Q_3 Q_2 Q_1 Q_0 = 0000$。因此，寄存器在工作之初清零后，令 $\overline{R_D}$ 为高电平。该寄存器电路中，接收数据时全部数码是同时输入的，输出时全部数码也是同时被取出的，因此这是一种并行输入、并行输出方式。

10.4.2　单向移位寄存器

移位是指寄存器里存储的数码可以在移位脉冲的控制下依次左移或右移。能够实现这种移位功能的寄存器称为移位寄存器。移位寄存器不仅具有存放数码的功能，还具有移位功能。就是每来一个移位脉冲，寄存器中所寄存的数码向左或向右顺序移动一位。移位寄存器在计算机中应用广泛，不但可以用来寄存数码，还可以用来实现数码的串行－并行转换、数值的运算和数据处理等。

寄存器按移位方式分为单向移位寄存器和双向移位寄存器。

图 10.30 所示为由 4 个 D 触发器组成的 4 位单向移位寄存器。其中第一个触发器 FF_0 的输入端接收输入代码 D_i，其余的每个触发器输入端均与前一个触发器的输出端相连。4 个触发器的状态方程分别为

$$Q_0^{n+1} = D_1, \quad Q_1^{n+1} = Q_0^n, \quad Q_2^{n+1} = Q_1^n, \quad Q_3^{n+1} = Q_2^n$$

工作之初先清零。当移位脉冲 CP 上升沿同步作用于每个触发器时，寄存器输入端所接收 D_i 的一位代码存入 FF_0，同时，FF_1 按照 Q_0 原来的状态翻转，FF_2 按 Q_1 原来的状态翻转，FF_3 按照 Q_2 原来的状态翻转。总体效果相当于移位寄存器里原有的代码依次向右移动了一位。

例如，寄存器需要存储的二进制代码依次为 1011。寄存前先清零，在 $\overline{R_D}$ 端加入负脉冲信号将寄存器清零，即 $Q_3 Q_2 Q_1 Q_0 = 0000$，之后令 $\overline{R_D} = 1$。经过 4 个移位脉冲作用，移位寄存器里代码的移动情况见表 10.12。

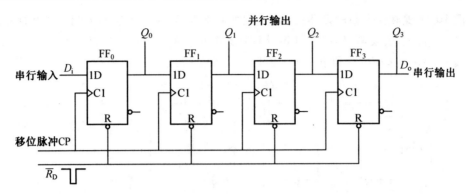

图 10.30　由 4 个 D 触发器组成的 4 位单向移位寄存器

表 10.12　移位寄存器的功能表

CP	$\overline{R_D}$	输入 D_i	Q_0	Q_1	Q_2	Q_3	功能
×	0	×	0	0	0	0	异步清零
1	1	1	1	0	0	0	右移 1 位
2	1	0	0	1	0	0	右移 2 位
3	1	1	1	0	1	0	右移 3 位
4	1	1	1	1	0	1	右移 4 位

由表 10.12 可知,经过 4 个 CP 移位脉冲信号以后,从 D_i 串行输入的 4 位二进制代码全部移入寄存器中,同时在 4 个触发器的输出端得到了并行输出的代码,这是一种串行输入、并行输出方式。因此,利用移位寄存器可以实现代码的串行－并行转换。再经过 4 个 CP 移位脉冲信号以后,已经移入寄存器的 4 位二进制代码将依次从 D_o 串行输出。此时是一种串行输入、串行输出方式。

如果首先将 4 位代码并行置入移位寄存器的 4 个触发器中,再经过 4 个 CP 脉冲信号作用,则置入的 4 位代码将依次从 D_o 串行输出。此时是一种并行输入、串行输出方式,实现代码的并行－串行转换。

图 10.31 所示为由 4 个 JK 触发器组成的 4 位单向移位寄存器。FF_0 接成 D 触发器,FF_0 的输入端接收串行输入代码 D_i。工作之初在 $\overline{R_D}$ 加入负脉冲信号将寄存器清零,之后

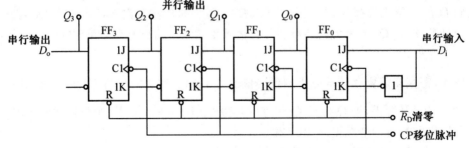

图 10.31　由 4 个 JK 触发器组成的 4 位单向移位寄存器

令 $\overline{R}_D = 1$。

假设寄存的二进制代码依次为 1011。经过 4 个移位脉冲下降沿作用,移位寄存器里代码的移动情况见表 10.13。

表 10.13 移位寄存器的功能表

CP	$\overline{R}_D$	输入 D_i	Q_3	Q_2	Q_1	Q_0	功能
×	0	×	0	0	0	0	异步清零
1	1	1	0	0	0	1	左移 1 位
2	1	0	0	0	1	0	左移 2 位
3	1	1	0	1	0	1	左移 3 位
4	1	1	1	0	1	1	左移 4 位

由表 10.13 可知,经过 4 个 CP 移位脉冲信号后,从 D_i 串行输入的 4 位二进制代码全部左移入寄存器中,同时在 4 个触发器的输出端得到了并行输出的代码。如果再经过 4 个 CP 移位脉冲信号,则已经移入寄存器的 4 位二进制代码将依次从 D_o 串行输出。

10.4.3 集成双向移位寄存器

双向移位寄存器既能实现数码左移位,又能实现数码右移位。通常是在单向移位寄存器的基础上增加一些控制门和控制信号,便于扩展寄存器的逻辑功能,增加使用的灵活性。

74HC194 是一个中规模 CMOS 集成 4 位双向移位寄存器,其引脚排列如图 10.32 所示。74HC194 的引脚功能见表 10.14。

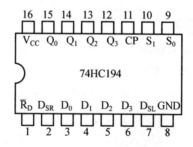

图 10.32 74HC194 的引脚排列

表 10.14 74HC194 的引脚功能

引脚编号	引脚名称	功能描述
1	$\overline{R}_D$	异步数据清零端
2	D_{SR}	右移串行数据输入端
3～6	$D_0 \sim D_3$	并行数据输入端
7	D_{SL}	左移串行数据输入端
8	GND	接地端

续表 10.14

引脚编号	引脚名称	功能描述
9、10	S_0、S_1	工作状态控制端
11	CP	移位脉冲信号端
12 ~ 15	Q_3 ~ Q_0	并行数据输出端
16	V_{CC}	接电源端

74HC194 移位寄存器具有异步清零、保持、并行输入、数据右移、数据左移等功能,其功能表见表 10.15。

表 10.15 74HC194 的功能表

CP	$\bar{R}_D$	S_1	S_0	D_{SL}	D_{SR}	Q_0	Q_1	Q_2	Q_3	Q_0^{n+1}	Q_1^{n+1}	Q_2^{n+1}	Q_3^{n+1}	功能
×	0	×	×	×	×	×	×	×	×	0	0	0	0	异步清零
0	1	×	×	×	×	×	×	×	×	Q_0^n	Q_1^n	Q_2^n	Q_3^n	保持
×	1	0	0	×	×	×	×	×	×	Q_0^n	Q_1^n	Q_2^n	Q_3^n	保持
↑	1	1	1	×	×	Q_0	Q_1	Q_2	Q_3	Q_0	Q_1	Q_2	Q_3	并行输入
↑	1	0	1	×	1	×	×	×	×	1	Q_0^n	Q_1^n	Q_2^n	右移
↑	1	0	1	×	0	×	×	×	×	0	Q_0^n	Q_1^n	Q_2^n	右移
↑	1	1	0	1	×	×	×	×	×	Q_1^n	Q_2^n	Q_3^n	1	左移
↑	1	1	0	0	×	×	×	×	×	Q_1^n	Q_2^n	Q_3^n	0	左移
×	1	0	0	×	×	×	×	×	×	Q_0^n	Q_1^n	Q_2^n	Q_3^n	保持

寄存前先清零,在 $\bar{R}_D$ 端加入负脉冲信号将寄存器清零,之后令 $\bar{R}_D = 1$。当 $S_1 S_0 = 00$ 或 CP 处于低电平时,寄存器的工作状态保持不变;当 $S_1 S_0 = 01$ 时,由 D_{SR} 右移串行输入数据,每来一个 CP 移位脉冲上升沿,数据右移 1 位;当 $S_1 S_0 = 10$ 时,由 D_{SL} 左移串行输入数据,每来一个 CP 移位脉冲上升沿,数据左移 1 位;当 $S_1 S_0 = 11$ 时,数据经 $D_0 \sim D_3$ 实现并行输入,CP 移位脉冲上升沿到来时,$Q_3 Q_2 Q_1 Q_0 = D_3 D_2 D_1 D_0$。

图 10.33 所示为两片 74HC194 接成 8 位双向移位寄存器的逻辑电路。将其中一片的 Q_3 端与另一片的 D_{SR} 端相连,将另一片的 Q_0 端与这一片的 D_{SL} 端相连,同时把两片的 S_1 端、S_0 端、CP 端和 $\bar{R}_D$ 分别并联。按此接法可以扩展为 16 位双向移位寄存器。

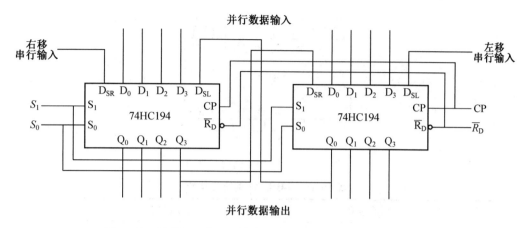

图 10.33　两片 74HC194 接成 8 位双向移位寄存器的逻辑电路

10.5　计　数　器

逻辑电路中统计输入脉冲个数的操作称为计数,能够实现计数操作的电路称为计数器。计数器在数字系统中应用非常广泛,可以用于计数、定时、分频、产生节拍脉冲等。

计数器的种类繁多。如果按计数器中各触发器状态更新是否受同一时钟控制分类,可分为同步计数器和异步计数器。在同步计数器中,各触发器受同一时钟脉冲的控制,触发器的状态更新是同时发生的。在异步计数器中,各触发器不受同一时钟脉冲控制,触发器的状态更新有先有后,不是同时发生的。

如果按计数器在计数过程中数值的增减趋势分类,可分为加法计数器、减法计数器和可逆计数器。随着计数脉冲的输入做递增计数的称为加法计数器,做递减计数的称为减法计数器,可增可减的称为可逆计数器。

如果按计数器中数值的编码方式分类,可分为二进制计数器、二 — 十进制计数器、循环码计数器等。

如果按计数器的计数容量或计数长度分类,可分为十进制计数器、十六进制计数器、六十进制计数器等。

下面介绍两类具有代表性的中规模集成同步加法计数器和异步加法计数器。

10.5.1　集成同步加法计数器

1. 74HC161

74HC161 是中规模集成同步加法计数器,其引脚排列如图 10.34 所示,其引脚功能见表 10.16。

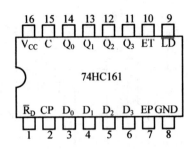

图 10.34   74HC161 的引脚排列

表 10.16   74HC161 的引脚功能

引脚编号	引脚名称	功能描述
1	$\overline{R}_D$	异步数据清零端
2	CP	同步时钟脉冲输入端
3～6	$D_0 \sim D_3$	预置数据输入端
7、10	EP、ET	计数控制端
8	GND	接地端
9	$\overline{LD}$	同步并行预置数控制端
11～14	$Q_3 \sim Q_0$	数据输出端
15	C	进位输出端
16	V_{CC}	接电源端

集成同步加法计数器 74HC161 具有清零、置数、计数和保持等功能,其功能表见表 10.17。

表 10.17   74HC161 的功能表

输入									输出			
$\overline{R}_D$	CP	$\overline{LD}$	EP	ET	D_3	D_2	D_1	D_0	Q_3	Q_2	Q_1	Q_0
0	×	×	×	×	×	×	×	×	0	0	0	0
1	↑	0	×	×	D_3	D_2	D_1	D_0	D_3	D_2	D_1	D_0
1	↑	1	1	1	×	×	×	×	计数			
1	×	1	0	1	×	×	×	×	保持			
1	×	1	×	0	×	×	×	×	保持($C=0$)			

(1) 清零。

在表 10.17 中,第一行是 74HC161 的异步清零功能,当 $\overline{R}_D = 0$ 时,计数器清零,$Q_3 Q_2 Q_1 Q_0 = 0000$。异步清零操作不受其他输入信号的影响,也不受时钟信号的影响。

(2) 置数。

第二行是 74HC161 的同步置数功能,当 $\overline{R}_D = 1$、$\overline{LD} = 0$ 时,在时钟脉冲 CP 上升沿到来

时,将 D 的数据同步置数到计数器的输出端,即 $Q_3 Q_2 Q_1 Q_0 = D_3 D_2 D_1 D_0$。

（3）计数。

第三行是 74HC161 的计数功能,当 $\overline{R_D}=1$、$\overline{LD}=1$、EP=ET=1 且时钟信号上升沿到来时,计数器按照 4 位二进制码计数,$Q_3^{n+1} Q_2^{n+1} Q_1^{n+1} Q_0^{n+1} = Q_3^n Q_2^n Q_1^n Q_0^n + 1$,即输出端的状态为 0000～1111;当输出为 1111 时,进位输出 $C=1$,利用 C 输出的高电平或者下降沿作为进位输出信号。

（4）保持。

第四行是 74HC161 的保持功能,当 $\overline{R_D}=\overline{LD}=1$、EP=0、ET=1,时钟脉冲 CP 上升沿到来时,输出和 C 均保持原来的状态不变,$Q_3^{n+1} Q_2^{n+1} Q_1^{n+1} Q_0^{n+1} = Q_3^n Q_2^n Q_1^n Q_0^n$。第五行也是保持功能,当 $\overline{R_D}=\overline{LD}=1$、ET=0 时,EP 不论什么状态,计数器的输出状态保持不变,但此时进位输出 $C=0$。

74HC161 芯片在计数状态时,每输入 16 个时钟脉冲信号,计数器工作一个循环,其状态转换图如图 10.35 所示,其时序图如图 10.36 所示。由时序图可以看出,若时钟脉冲的频率为 f_0,则 Q_0、Q_1、Q_2 和 Q_3 输出脉冲的频率依次为 $\frac{1}{2} f_0$、$\frac{1}{4} f_0$、$\frac{1}{8} f_0$ 和 $\frac{1}{16} f_0$。针对计数器的这种分频功能,也把它称为分频器。

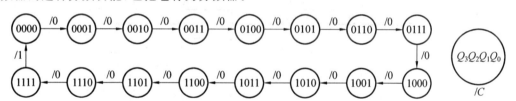

图 10.35　74HC161 的状态转换图

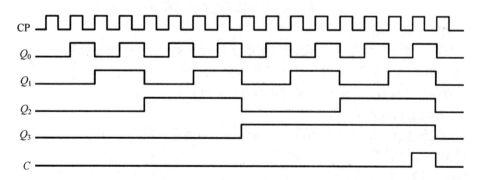

图 10.36　74HC161 的时序图

2. 74HC160

74HC160 是中规模集成 4 位同步十进制加法计数器,除了计数功能外,也有异步清零、同步预置数、保持等功能。74HC160 的引脚排列与 74HC161 的引脚排列相同,其功能表与 74HC161 的功能表相同,这里不再赘述。不同的仅在于 74HC160 是十进制计数器,而 74HC161 是十六进制计数器。

74HC160 在计数状态时,每输入 10 个时钟脉冲信号,计数器工作一个循环,输出端的有效状态为 0000～1001,其状态转换图如图 10.37 所示,能够自启动,其时序图如图 10.38 所示,可以看出,74HC160 实现的是十进制加法计数器。

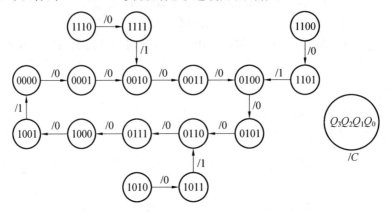

图 10.37　74HC160 的状态转换图

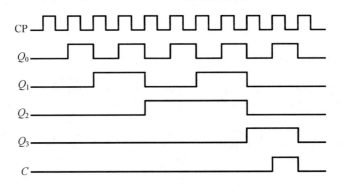

图 10.38　74HC160 的时序图

3. 计数器的级联

当单片计数器的计数容量不够时,需要多片计数器级联,以扩展计数容量。将一个 N_1 进制计数器和一个 N_2 进制计数器组合起来,可以构成 $M=N_1 \times N_2$ 进制计数器,各芯片之间的连接方式有并行进位方式和串行进位方式等。

(1) 并行进位方式。

并行进位方式是以低位片的进位输出信号作为高位片的工作状态控制信号,两片的 CP 输入端同时接计数时钟脉冲输入信号。

【例 10.7】　试用两片计数器 74HC160 采用并行进位方式接成一百进制加法计数器。

解　芯片 74HC160 是十进制加法计数器,即 $N_1=N_2=10$,$M=N_1 \times N_2=100$,将两片 74HC160 按并行进位方式连接可得一百进制加法计数器,连接方法如图 10.39 所示。

两片 74HC160 的 R_D 端和 $\overline{LD}$ 端均接高电平,74HC160(1) 为个位,74HC160(2) 为十位。74HC160(1) 的 EP 端和 ET 端接高电平,始终处于计数状态,每来一个时钟脉冲上升沿便计数一次,每当计数到 9(1001) 时,进位输出端 C 变为高电平并连接 74HC160(2) 的

EP 端和 ET 端,下一个时钟脉冲上升沿到来时,74HC160(2) 为计数工作状态,计数一次,同时 74HC160(1) 计数为 0(0000),它的 C 端跳变回低电平,即使下一个时钟脉冲上升沿到来,74HC160(2) 也不会计数。这样 74HC160(1) 每计 10 个数,通过进位输出信号向74HC160(2) 发出计数工作控制信号,十位片计数一次。以此类推,实现一百进制加法计数器。

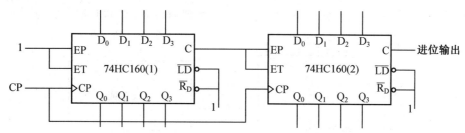

图 10.39　例 10.7 并行进位方式的连接方法

（2）串行进位方式。

串行进位方式是以低位片的进位输出信号作为高位片的时钟脉冲信号。

【例 10.8】　试用两片 74HC160 采用串行进位方式接成一百进制加法计数器。

解　串行进位方式的连接方法如图 10.40 所示。两片 74HC160 的 $\overline{R_D}$ 端、$\overline{LD}$ 端、EP端和 ET 端均接高电平,只要 CP 端出现上升沿即进行计数。74HC160(1) 的 CP 端接入时钟脉冲信号,每来一个时钟脉冲上升沿便计数一次,每当计数到 9(1001) 时,进位输出端C 变为高电平,经非门使 74HC160(2) 的 CP 端为低电平。下一个时钟脉冲到来时,74HC160(1) 计数为 0(0000),C 端跳变回低电平,经非门使 74HC160(2) 的 CP 端产生一个上升沿,于是 74HC160(2) 计数一次。串行进位方式,将 74HC160(1)C 端的下降沿作为进位输出信号,经非门后作为 74HC160(2) 的时钟脉冲信号,使得 74HC160(2) 的 CP端产生一个上升沿完成计数 1 次。这样,第 100 个时钟脉冲来到上升沿时,74HC160(2)的 C 端输出高电平,两片 74HC160 输出状态对应的十进制为 0 ～ 99,实现一百进制计数器的逻辑功能。下一个时钟脉冲到来时,开始新一轮的循环。

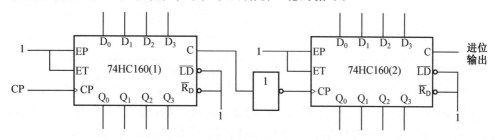

图 10.40　例 10.8 的串行进位方式的连接方法

10.5.2　集成异步加法计数器

1. 74LS290

74LS290[①] 是一个中规模集成的异步二－五－十进制加法计数器,其引脚排列和逻辑符号如图 10.41 所示。它有两个时钟脉冲输入端 CP_0 和 CP_1。$R_{0(1)}$ 和 $R_{0(2)}$ 是异步清零输入端,$S_{9(1)}$ 和 $S_{9(2)}$ 是置 9 输入端。$Q_3 \sim Q_0$ 为数据输出端。2 和 6 是空引脚。

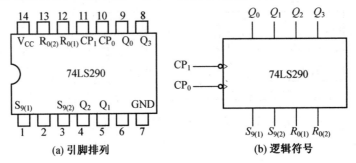

图 10.41　74LS290 的引脚排列和逻辑符号

若时钟脉冲接入 CP_0 端,从 Q_0 输出,则得到二进制计数器;若时钟脉冲接入 CP_1 端,从 $Q_3 Q_2 Q_1$ 输出,则得到异步五进制计数器;若将 CP_1 与 Q_0 相连,时钟脉冲接入 CP_0 端,从 $Q_3 Q_2 Q_1 Q_0$ 输出,则得到异步 8421 码十进制计数器。74LS290 的功能表见表 10.18。

表 10.18　74LS290 的功能表

$R_{0(1)}$	$R_{0(2)}$	$S_{9(1)}$	$S_{9(2)}$	Q_3	Q_2	Q_1	Q_0	
1	1	0	$\times$	0	0	0	0	(置 0)
1	1	$\times$	0	0	0	0	0	(置 0)
0	$\times$	1	1	1	0	0	1	(置 9)
$\times$	0	1	1	1	0	0	1	(置 9)
$\times$	0	$\times$	0			计数		
0	$\times$	0	$\times$			计数		
0	$\times$	$\times$	0			计数		
$\times$	0	0	$\times$			计数		

（1）异步清零。

在表 10.18 中,第一、二行是 74LS290 的异步清零功能,当 $R_{0(1)}$ 和 $R_{0(2)}$ 全为 1,且 $S_{9(1)}$ 和 $S_{9(2)}$ 至少有一端为 0 时,不受时钟脉冲控制,计数器清零,即 $Q_3 Q_2 Q_1 Q_0 = 0000$。

（2）异步置 9。

第三、四行是 74LS290 的异步置 9 功能,当 $S_{9(1)}$ 和 $S_{9(2)}$ 全为 1,且 $R_{0(1)}$ 和 $R_{0(2)}$ 至少有一个为 0 时,不受时钟脉冲控制,计数器置 9,即 $Q_3 Q_2 Q_1 Q_0 = 1001$。

---

① 74LS:低功耗肖特基 TTL 系列逻辑芯片。

（3）计数。

表格后四行是 74LS290 的计数功能，在时钟脉冲下降沿到来时进行计数，要求至少有一个清零输入端和一个置 9 输入端是低电平。

2. 74LS93

74LS93 是一个中规模集成的异步二－八－十六进制加法计数器，其引脚排列和逻辑符号如图 10.42 所示。CP_0 和 CP_1 是两个时钟脉冲输入端，$R_{0(1)}$ 和 $R_{0(2)}$ 是异步清零输入端，$Q_3 \sim Q_0$ 是数据输出端。图 10.42(a) 中的 4、6、7 和 13 是空引脚。

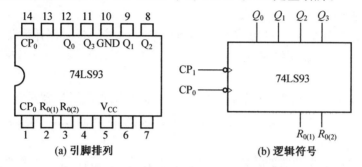

图 10.42　74LS93 的引脚排列和逻辑符号

若时钟脉冲接入 CP_0 端，从 Q_0 输出，则得到二进制计数器；若时钟脉冲接入 CP_1 端，从 $Q_3 Q_2 Q_1$ 输出，则得到八进制计数器；若将 CP_1 与 Q_0 相连，时钟脉冲接入 CP_0 端，从 $Q_3 Q_2 Q_1 Q_0$ 输出，则得到十六进制计数器。

3. 计数器的级联

当需要多片计数器级联以扩展计数容量时，由于 74LS290 和 74LS93 没有进位信号，但可以将低位计数器的输出端接到高位计数器的时钟端，因此可作为进位信号使用。

【例 10.9】　试用两片 74LS290 级联成一百进制计数器。

解　如图 10.43 所示，首先将每片 74LS290 的 $R_{0(1)}$ 端、$R_{0(2)}$ 端、$S_{9(1)}$ 端和 $S_{9(2)}$ 端均接地，将 CP_1 端与 Q_0 端相连，时钟脉冲接入 74LS290 的 (1) 的 CP_0 端，这样得到个位 74LS290(1) 的十进制。然后将 74LS290(1) 的 Q_3 端与 74LS290(2) 的 CP_0 端相连，每当 Q_3 由 1 变为 0，就相当于一个下降沿，作为 74LS290(2) 的时钟脉冲信号，这样得到十位 74LS290(2) 的十进制，整个电路便是一百进制计数器。

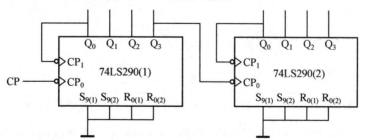

图 10.43　两片 74LS290 接成的一百进制计数器

个位经过十个计数脉冲循环一次，每当第十个脉冲到来时，Q_3 由 1 变为 0，相当于一个下降沿，使十位计数器计数一次。因此，个位计数器经过第一次十个脉冲，十位计数器计数为 0001；个位经过第二次十个脉冲，十位计数为 0010。以此类推，经过第十次十个脉冲，十位计数为 1001。再来一个时钟脉冲，个位和十位计数器都为 0000，这就是一百进制计数器。

10.5.3   任意进制计数器

从降低成本角度考虑，集成电路的定型产品必须有足够大的批量。因此，目前常见的计数器芯片主要是二进制和十进制，当需要其他任意一种进制的计数器时，只能用已有的计数器产品经过外电路的不同连接得到。

假设已有的计数器为 N 进制，而需要得到的是 $M(N > M)$ 进制计数器。下面介绍构成任意一种 M 进制计数器的两种连接方法。

1. 清零法

清零法适用于有清零输入端的计数器。它的基本原理是：计数器从全 0 状态 S_0 开始计数，计满 M 个状态后产生清零信号，使计数器恢复到 S_0 状态，之后周而复始。图 10.44 所示为清零法原理示意图。

对于具有异步清零功能的计数器，利用 S_M 状态进行译码产生一个清零信号，并加到计数器的清零端，则计数器将立刻返回 S_0 状态，这样就跳过 $N-M$ 个状态，得到 M 进制计数器。强调一下，由于电路一进入 S_M 状态立即被清零成 S_0 状态，S_M 状态仅出现极短的瞬间，因此在稳定的状态循环中不包括 S_M 状态。

对于具有同步清零功能的计数器，利用 S_{M-1} 状态进行译码产生一个清零信号，并加到计数器的清零端，得到 M 进制计数器。强调一下，由于是同步清零，因此 S_{M-1} 状态会保持一个完整的时钟脉冲周期，在下一个时钟脉冲到来时计数器才能被清零成 S_0 状态。

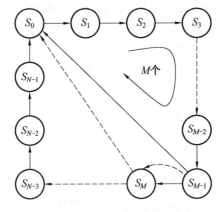

图 10.44   清零法原理示意图

【例 10.10】   试利用一片 74HC160 采用清零法构成六进制计数器。

解   74HC160 具有异步清零功能，利用 $\overline{R_D}$ 端的清零法构成的六进制计数器如图 10.45 所示。当计数状态 $S_M = 0110$（十进制数 6）时进行译码，产生一个清零信号，由于此时 Q_1 和 Q_2 同时为 1，因此将 Q_1 和 Q_2 经与非门输出低电平信号给 $\overline{R_D}$ 端，使计数器不受时钟脉冲控制立即清零。若计数器的初始状态为 0000，则随着时钟脉冲的不断加入，计数器有效状态循环依次为 0000 → 0001 → 0010 → 0011 → 0100 → 0101 → 0000。

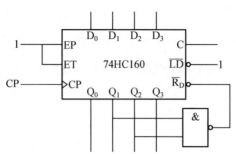

图 10.45　清零法构成的六进制计数器

由于清零信号随着计数器被清零而立即消失,因此清零信号持续时间极短,如果触发器的复位速度有快有慢,则可能动作慢的触发器还没有来得及复位清零信号就已经消失了,导致电路误动作。因此,这种接法的电路可靠性不高。

为了克服这个缺点,实现可靠清零,常采用如图 10.46(a) 所示的改进电路。在图 10.45 的基础上增加了一个基本 RS 触发器。计数状态达到 0110 时,与非门输出的低电平信号送至基本 RS 触发器的 $\overline{S}_D$ 端,时钟脉冲 CP 连接基本 RS 触发器的 $\overline{R}_D$ 端。当第 6 个时钟脉冲上升沿来到时,将基本 RS 触发器 $\overline{Q}$ 输出的低电平作为计数器的清零信号,在时钟 CP 的高电平时间内,计数器始终清零,因此计数器能够可靠清零,其时序图如图 10.46(b) 所示。

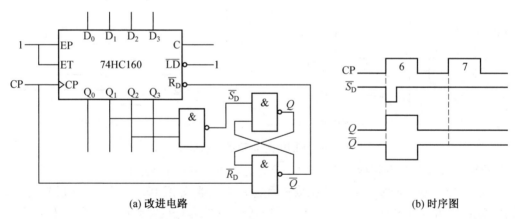

(a) 改进电路　　　　　　　　　　　　　　(b) 时序图

图 10.46　图 10.45 的改进电路和时序图

【例 10.11】　试利用一片 74LS290 采用清零法构成六进制计数器。

解　利用 74LS290 的异步清零功能构成的六进制计数器如图 10.47 所示。将时钟脉冲接入 CP_0 端,CP_1 端与 Q_0 端相连,$S_{9(1)}$ 端和 $S_{9(2)}$ 端接地。计数器从 0000 开始计数,6 个时钟脉冲后计数器的状态为 $S_M = 0110$(十进制数 6),将 0110 状态进行译码产生一个高电平清零信号,由于此时 Q_1 和 Q_2 同时为 1,因此将 Q_1 端和 Q_2 端分别连接 $R_{0(1)}$ 端和 $R_{0(2)}$ 端,使计数器立即返回 0000,跳过 0110、0111、1000、1001 状态。$S_M = 0110$ 仅出现瞬间,是无效状态。因此,随着时钟脉冲的不断加入,计数器稳定的循环状态依次为 0000 →

$0001 \to 0010 \to 0011 \to 0100 \to 0101 \to 0000$。

为了实现可靠清零,图 10.47 的改进电路如图 10.48(a) 所示。当计数状态达到 0110 时,将与非门输出的低电平信号送至基本 RS 触发器的 $\overline{S}_D$,时钟脉冲 CP 经非门接至基本 RS 触发器的 $\overline{R}_D$。当第 6 个时钟脉冲下降沿来到时,将基本 RS 触发器 Q 输出的高电平作为计数器的清零信号送至 $R_{0(1)}$ 端和 $R_{0(2)}$ 端,在时钟 CP 的低电平时间内,计数器始终清零,因此计数器能够可靠清零,其时序图如图 10.48(b) 所示。

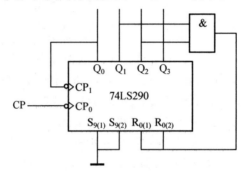

图 10.47　利用 74LS290 构成的六进制计数器

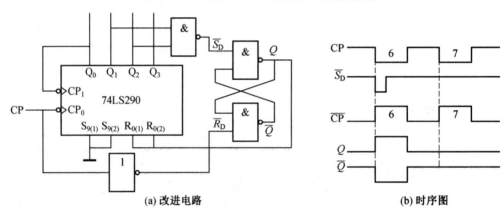

(a) 改进电路　　　　　　　　　　(b) 时序图

图 10.48　图 10.47 的改进电路和时序图

【例 10.12】　试利用两片 74LS290 采用清零法构成六十进制计数器。

解　首先利用两片 74LS290 构成一百进制计数器,如图 10.43 所示。然后根据异步清零功能,利用 $74LS290(2) S_M = 0110$(十进制数 6)状态进行译码产生一个清零信号,故将 Q_1 端和 Q_2 端分别连接 $R_{0(1)}$ 端和 $R_{0(2)}$ 端,使计数器立即清零。用 74LS290 构成的六十进制计数器如图 10.49 所示。

清零法十分简便且经济,使用一片 74LS290 可以得到十以内的任意一种进制的计数器。使用两片 74LS290 可以得到百以内的任意一种进制的计数器。

2. 置数法

置数法适用于有预置数据输入端的计数器。它的基本原理是:通过给计数器重复置入某个数值的方法跳过 $N-M$ 个状态,从而得到 M 进制计数器。置数操作可以在任何一个状态下进行。图 10.50 所示为置数法原理示意图。

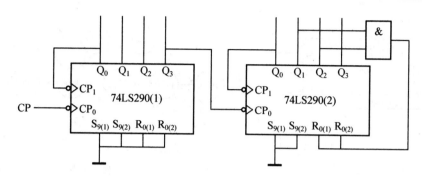

图 10.49　用 74LS290 构成的六十进制计数器

对于同步预置数的计数器,利用 S_i 状态进行译码产生一个置数信号,并加到计数器的预置数端,待下一个时钟脉冲到来时,才将预置数据置入计数器中。稳定的 M 个状态循环中包含 S_i 状态。

对于异步预置数的计数器,利用 S_{i+1} 状态进行译码产生一个置数信号,并加到计数器的预置数端,计数器立刻将预置数据置入计数器中。由于 S_{i+1} 状态仅出现极短的瞬间,因此在 M 个稳定的状态循环中不包括 S_{i+1} 状态。

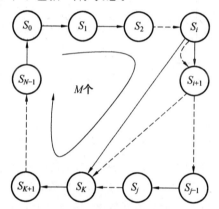

图 10.50　置数法原理示意图

【例 10.13】　试利用一片 74HC161 采用置数法构成六进制计数器。

解　74HC161 具有同步置数功能,当 $\overline{R_D}=1$、$\overline{LD}=0$ 且在时钟脉冲 CP 上升沿到来时,计数器置数,即 $Q_3Q_2Q_1Q_0=D_3D_2D_1D_0$。

如果预置的数据为 0000,则将 D_3、D_2、D_1 和 D_0 接地。当计数状态 $S_i=0101$(十进制数 5)时进行译码产生一个置数信号,由于此时 Q_0 和 Q_2 同时为 1,因此将 Q_0 端和 Q_2 端经与非门输出低电平信号给 $\overline{LD}$ 端,待下一个时钟脉冲到来时,将预置数据 0000 置入计数器中,稳定的状态循环中包含 $S_i=0101$ 状态。预置 0000 的六进制计数器电路如图 10.51(a) 所示,其状态转换图如图 10.51(b) 所示。

如果预置的数据为 0110,则将 D_3 端和 D_0 端接地,将 D_2 端和 D_1 端接高电平。当计数状态 $S_i=1011$ 时进行译码产生一个置数信号,由于此时 Q_0、Q_1 和 Q_3 同时为 1,因此将 Q_0、Q_1 和 Q_3 经与非门输出低电平信号给 $\overline{LD}$ 端,待下一个时钟脉冲到来时,将预置数据 0110

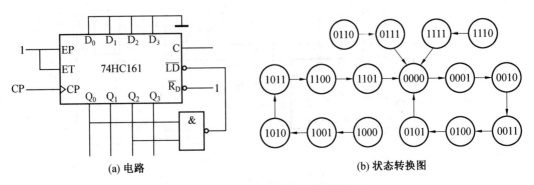

图 10.51　预置 0000 的六进制计数器

置入计数器中。预置 0110 的六进制计数器电路如图 10.52(a) 所示，其状态转换图如图 10.52(b) 所示。

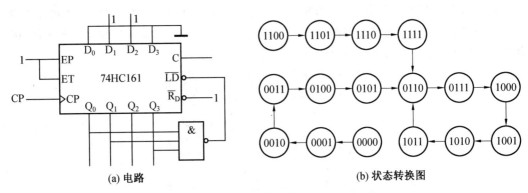

图 10.52　预置 0110 的六进制计数器

【例 10.14】　试利用两片 74HC160 构成二十九进制计数器。

解　首先利用两片 74HC160 构成一百进制计数器，如图 10.39 所示。这里采用整体置数法实现，由计数器的十位 0010（十进制数 2）和个位 1000（十进制数 8）状态经与非门译码，产生 $\overline{LD}=0$ 信号，同时加到两片 74HC160 上，待下一个时钟脉冲到来时，将 0000 同时置入两片 74HC160 中，从而得到二十九进制计数器。置数法构成二十九进制计数器如图 10.53 所示。

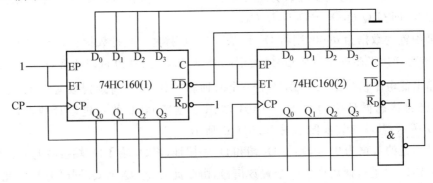

图 10.53　置数法构成二十九进制计数器

10.6　同步时序逻辑电路的设计

　　时序逻辑电路的设计就是根据给定的具体逻辑问题,设计出实现这一逻辑功能的时序逻辑电路。希望设计出的时序逻辑电路越简单越好。

　　如果选用小规模集成电路进行设计,则时序逻辑电路最简单的标准是所用的触发器和逻辑门数最少,而且触发器和门电路的输入端的数目也最少。如果选用中、大规模集成电路进行设计,时序逻辑电路最简单的标准是集成电路的数目和种类均要最少,相互间的连线也最少。

　　设计同步时序逻辑电路时,一般按照如下步骤进行。

　　1. 逻辑抽象

　　通过逻辑抽象,把给定的逻辑问题抽象为一个时序逻辑函数,表示为状态转换表或状态转换图的形式。具体包括以下几方面。

　　(1)分析给定的逻辑问题,确定输入变量、输出变量和电路的状态数。通常选取原因或条件作为输入变量,选取结果作为输出变量。

　　(2)定义输入逻辑变量、输出逻辑变量和每个电路状态的含义,将电路的所有状态按顺序进行编号。

　　(3)根据题意列出电路的状态转换表或画出电路的状态转换图。

　　2. 状态化简

　　在构造状态转换表或状态转换图时,为了全面描述给定的逻辑问题,列出的状态数目不一定是最少的。因为状态数目越少,需要的触发器数量就越少,电路就会越简单。

　　如果两个或两个以上的电路状态,在相同的输入条件下有相同的输出,并且转换为同样一个次态,则称这两个状态为等价状态,等价状态可以合并。状态化简就是将等价状态进行合并,以得到最简的状态转换表或状态转换图。

　　3. 状态分配

　　状态分配是指将简化后的状态转换表中的各个状态按一定规律赋予二进制代码,因此状态分配又称为状态编码。

　　(1)确定触发器数目。

　　一个触发器可以存储一位二进制代码,n 个触发器共有 2^n 种存储状态组合,若需要分配时序电路的 M 个状态,则必须满足

$$2^{n-1} < M \leqslant 2^n \tag{10.18}$$

　　(2)确定时序电路中触发器状态组合。

　　在 $M < 2^n$ 的情况下,从 2^n 个状态中选取 M 个状态组合有多种不同的方案,并且每个方案中 M 个状态的排列顺序又有多种。根据不同的编码方案,设计出的逻辑电路有繁有简,这里有一定的技巧,通常为了便于记忆和识别,选用的状态编码和它们的排列顺序都遵循一定的规律。

　　4. 选定触发器类型

　　由于不同逻辑功能的触发器驱动方式不同,因此采用不同类型触发器设计出的电路

也不一样。为此,在设计具体时序电路前必须先选定触发器的类型。选择触发器类型时,要考虑器件的供应情况,并遵循使用的触发器种类和数量最少的原则。

5. 画出时序逻辑电路

根据上述得到的简化状态转换表或状态转换图,确定状态编码,选定触发器类型,就可以写出电路的状态方程、驱动方程和输出方程,根据方程可以画出时序逻辑电路。

6. 检查电路能否自启动

如果电路不能自启动,则需修改原设计。常用的方法是修改无效状态的次态,或者重新进行状态编码。

上述同步时序逻辑电路的设计过程,可以用图 10.54 所示的方框图来描述,不难看出,这一过程和同步时序逻辑电路的分析过程正好相反。

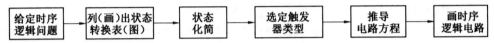

图 10.54　同步时序逻辑电路的设计过程

下面通过两个具体例题,进一步介绍同步时序逻辑电路设计的方法和具体步骤。

【例 10.15】　试设计一个串行数据检测器。要求连续输入 3 个或 3 个以上 1 时输出为 1,其他输入情况下输出为 0。

解　(1) 逻辑抽象,列出电路的状态转换表或画出电路的状态转换图。

确定输入变量为串行数据输入端,用 X 表示。若串行输入数据为 0,则 $X=0$;若串行输入数据为 1,则 $X=1$。

确定输出变量为检测结果,用 Y 表示。若连续输入 3 个或 3 个以上 1,则检测结果为 1,即 $Y=1$;否则,$Y=0$。

设电路的初始状态为 S_0,输入一个 1 以后的状态为 S_1,连续输入两个 1 以后的状态为 S_2,连续输入 3 个或 3 个以上 1 以后的状态为 S_3。不管电路处于哪个状态,只要输入一个 0,便返回初始状态 S_0。若用 S^n 表示电路的现态,用 S^{n+1} 表示电路的次态,则依据题意的设计要求,可以得到表 10.19 列出的状态转换表和图 10.55 所示的状态转换图。

表 10.19　例 10.15 的状态转换表

S^{n+1}/Y		S^n			
		S_0	S_1	S_2	S_3
X	0	$S_0/0$	$S_0/0$	$S_0/0$	$S_0/0$
X	1	$S_1/0$	$S_2/0$	$S_3/1$	$S_3/1$

(2) 状态化简。

由表 10.19 可知,对于状态 S_2 和 S_3,它们在相同的输入变量 X 下有相同的输出 Y,而且转换后得到相同的次态。因此 S_2 和 S_3 是等价状态,可以合并为一个状态 S_2。化简后的状态转换表见表 10.20,化简后的状态转换图如图 10.56 所示。

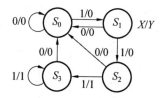

图 10.55 例 10.15 的状态转换图

表 10.20 例 10.15 化简后的状态转换表

S^{n+1}/Y		S^n		
		S_0	S_1	S_2
X	0	$S_0/0$	$S_0/0$	$S_0/0$
X	1	$S_1/0$	$S_2/0$	$S_2/1$

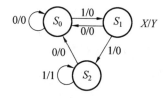

图 10.56 例 10.15 化简后的状态转换图

（3）状态分配。

由于简化状态转换表中只有 3 个状态，即 $M=3$，根据式（10.18）推算出触发器的个数 $n=2$ 就可以描述所有状态。按顺序选取触发器状态 Q_1Q_0 的 00、01 和 10 分别代表 S_0、S_1 和 S_2，由此得到编码后的状态转换表，见表 10.21。

表 10.21 例 10.15 编码后的状态转换表

$Q_1^{n+1}\ Q_0^{n+1}/Y$		$Q_1^n Q_0^n$		
		00	01	10
X	0	00/0	00/0	00/0
X	1	01/0	10/0	10/1

根据表 10.21 画出电路次态 $Q_1^{n+1}Q_0^{n+1}$ 和输出 Y 的卡诺图，如图 10.57 所示。由于触发器状态不会出现 11，因此在卡诺图中做约束项处理，用 × 表示。

X \ $Q_1^n Q_0^n$	00	01	11	10
0	00/0	00/0	××/×	00/0
1	01/0	10/0	××/×	10/1

图 10.57 例 10.15 电路次态 $Q_1^{n+1}Q_0^{n+1}$ 和输出 Y 的卡诺图

将图 10.55 所示的卡诺图分解为 Q_1^{n+1}、Q_0^{n+1} 和 Y 的三个卡诺图,如图 10.58 所示。

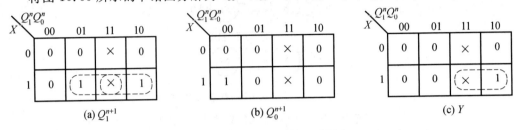

图 10.58　例 10.15 分解的卡诺图

通过卡诺图法,由图 10.58(a) 和图 10.58(b) 得到电路的状态方程为

$$\begin{cases} Q_1^{n+1} = XQ_0^n + XQ_1^n \\ Q_0^{n+1} = X\overline{Q_1^n}\,\overline{Q_0^n} \end{cases} \qquad (10.19)$$

由图 10.58(c) 得到电路的输出方程为

$$Y = XQ_1^n \qquad (10.20)$$

(4) 选定触发器类型。

若选用 D 触发器,则将式(10.19)的状态方程与 D 触发器的特性方程 $Q^{n+1} = D$ 进行对照,得到 D 触发器的驱动方程为

$$\begin{cases} D_1 = XQ_0^n + XQ_1^n = X\overline{\overline{Q_1^n}\,\overline{Q_0^n}} \\ D_0 = X\overline{Q_1^n}\,\overline{Q_0^n} \end{cases} \qquad (10.21)$$

(5) 画出时序逻辑电路。

根据驱动方程式(10.21)和输出方程式(10.20),可得到用 D 触发器设计的数据检测器时序逻辑电路如图 10.59 所示。

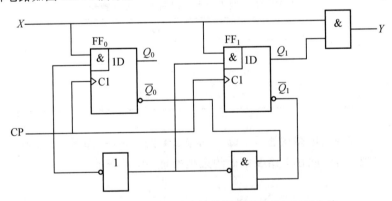

图 10.59　用 D 触发器设计的数据检测器时序逻辑电路

(6) 检查电路能否自启动。

根据式(10.21)和式(10.20),分析图 10.59 电路处于无效状态 11 后的情况,若 $X=0$,则 $D_1 = D_0 = 0$,即次态转入 00,此时输出 $Y=0$;若 $X=1$,则 $D_1 = 1$,$D_0 = 0$,即次态转入 10,此时输出 $Y=1$。因此该电路具有自启动功能,其状态转换图如图 10.60 所示。

例 10.15 若改用 JK 触发器,则从步骤(4)开始的设计过程如下:

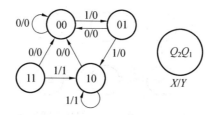

图 10.60　图 10.59 电路的状态转换图

将式(10.19)的状态方程按照 JK 触发器特性方程的特点整理为

$$\begin{cases} Q_1^{n+1} = XQ_0^n(\bar{Q_1^n} + Q_1^n) + \bar{X}Q_1^n = (XQ_0^n)\bar{Q_1^n} + \bar{X}Q_1^n \\ Q_0^{n+1} = X\bar{Q_1^n}\bar{Q_0^n} = (X\bar{Q_1^n})\bar{Q_0^n} + \bar{1}Q_0^n \end{cases} \quad (10.22)$$

将式(10.22)与 JK 触发器的特性方程 $Q^{n+1} = J\bar{Q^n} + \bar{K}Q^n$ 进行对照,得到驱动方程为

$$\begin{cases} J_1 = XQ_0^n, & K_1 = \bar{X} \\ J_0 = X\bar{Q_1^n}, & K_0 = 1 \end{cases} \quad (10.23)$$

根据驱动方程式(10.23)和输出方程式(10.20),得到用 JK 触发器设计的数据检测器时序逻辑电路如图 10.61 所示。该电路具有自启动功能,其状态转换图与图 10.60 相同。

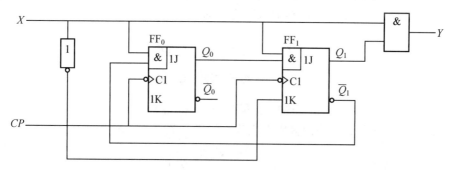

图 10.61　用 JK 触发器设计的数据检测器时序逻辑电路

【例 10.16】　试用 JK 触发器设计一个同步六进制加法计数器。

解　(1)逻辑抽象,画出电路的状态转换图。

因为计数器的工作特点是在时钟信号作用下,计数器的状态自动地依次从一个状态转为下一个状态,所以它没有输入变量,只有进位输出信号。

确定输出变量为进位信号,用 Y 表示。规定有进位输出时,$Y = 1$;否则,$Y = 0$。

六进制加法计数器有 6 个有效状态,分别用 S_0、S_1、S_2、S_3、S_4 和 S_5 表示,依据题意的设计要求,可以得到图 10.62 所示的状态转换图,并且已不用再化简。

(2)状态分配。

图 10.62 所示的状态转换图中有 6 个状态,即 $M = 6$,根据式(10.18)可以推算出需要 $n = 3$ 个 JK 触发器。按加法计数顺序选取触发器状态 $Q_3Q_2Q_1$ 从 000 ～ 101,分别作为 S_0 ～ S_5 的编码,由此得到编码后的状态转换表,见表 10.19。

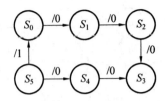

图 10.62　例 10.16 的状态转换图

表 10.22　例 10.16 编码后的状态转换表

现态			次态			进位输出
Q_3^n	Q_2^n	Q_1^n	Q_3^{n+1}	Q_2^{n+1}	Q_1^{n+1}	Y
0	0	0	0	0	1	0
0	0	1	0	1	0	0
0	1	0	0	1	1	0
0	1	1	1	0	0	0
1	0	0	1	0	1	0
1	0	1	0	0	0	1

　　根据表 10.22 分别画出 3 个次态和进位输出的卡诺图,如图 10.63 所示。通过卡诺图法,由图 10.63(a) ～ (c) 得到电路的状态方程为

$$\begin{cases} Q_3^{n+1} = Q_2^n Q_1^n \overline{Q_3^n} + \overline{Q_1^n} Q_3^n \\ Q_2^{n+1} = \overline{Q_3^n} Q_1^n \overline{Q_2^n} + \overline{Q_1^n} Q_2^n \\ Q_1^{n+1} = \overline{Q_1^n} \end{cases} \tag{10.24}$$

由图 10.63(d) 得到电路的输出方程为

$$Y = Q_3^n Q_1^n \tag{10.25}$$

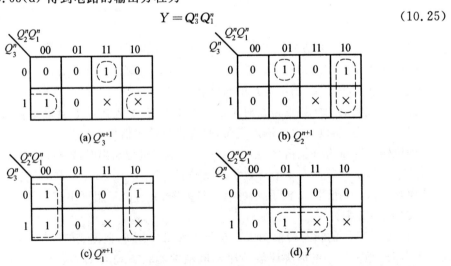

图 10.63　例 10.16 的 3 个次态和进位输出的卡诺图

（3）选定触发器类型。

将式（10.24）与 JK 触发器的特性方程 $Q^{n+1} = J\overline{Q^n} + \overline{K}Q^n$ 进行对照，得到驱动方程为

$$
\begin{cases}
J_3 = Q_2^n Q_1^n, & K_3 = Q_1^n \\
J_2 = \overline{Q_3^n} Q_1^n, & K_2 = Q_1^n \\
J_1 = 1, & K_1 = 1
\end{cases}
\tag{10.26}
$$

（4）画出时序逻辑电路。

根据驱动方程式（10.26）和输出方程式（10.25），得到时序逻辑电路如图 10.64 所示。

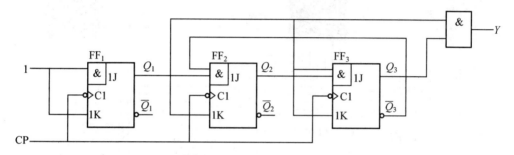

图 10.64　例 10.16 的时序逻辑电路

（5）检查电路能否自启动。

根据状态方程式（10.24）和输出方程式（10.25），分析图 10.64 电路处于无效状态 110 和 111 后的情况，次态分别为 111 和 000，输出分别为 0 和 1，见表 10.23。因此该电路具有自启动功能，其状态转换图如图 10.65 所示。

表 10.23　例 10.16 无效状态的状态转换表

Q_3^n	Q_2^n	Q_1^n	Q_3^{n+1}	Q_2^{n+1}	Q_1^{n+1}	Y
1	1	0	1	1	1	0
1	1	1	0	0	0	1

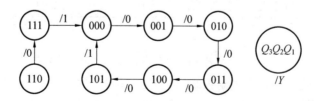

图 10.65　图 10.64 的状态转换图

Multisim 仿真实践：设计二十九进制计数器

采用置数法将两片 74HC160 构成二十九进制计数器，如图 10.66 所示。图中左侧 74HC160 芯片用于产生计数的十位，右侧 74HC160 芯片用于产生计数的个位。图中 CD4511 芯片是一款常用的显示译码器，具有 BCD 码转换、锁存控制、驱动共阴极数码管显示等功能，内部有集成的上拉电阻，可直接连接共阴极数码管。电路计数需要的连续时钟脉冲输入，由函数发生器产生的方波实现，频率设置为 1 kHz。

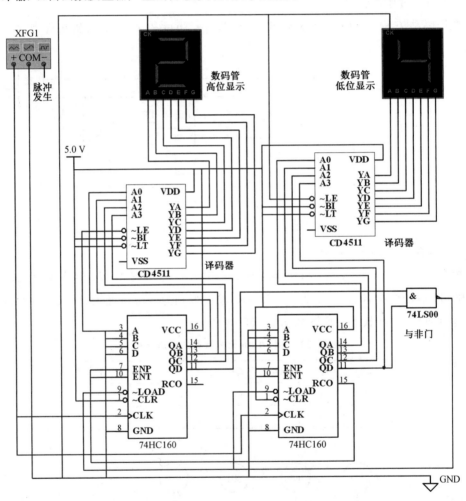

图 10.66　两片 74HC160 构成二十九进制计数器

由计数器的十位 0010（十进制数 2）和个位 1000（十进制数 8）状态经与非门译码，产生低电平，同时加到两片 74HC160 上的 $\overline{\text{LD}}$ 接线端，保证 $\overline{\text{LD}}=0$，待下一个时钟脉冲到来时，将 0000（十进制数 0）同时置入两片 74HC160 中，实现 0~28 的循环计数，从而得到二十九进制计数器。

10.7　本章小结

（1）触发器是构成数字系统的一种基本逻辑单元，有双稳态触发器、单稳态触发器和无稳态触发器，本章介绍的是双稳态触发器。

（2）基本 RS 触发器由两个与非门或两个或非门组成。基本 RS 触发器具有两个稳态，因此可以存储 1 位二进制码。基本 RS 触发器是时钟触发器的基本单元电路。

（3）时钟触发器根据逻辑功能分为 RS 触发器、D 触发器、JK 触发器、T 触发器和 T′ 触发器，不同类型的触发器有置 0、置 1、保持和翻转四种功能或其中的几种功能。时钟触发器可以用功能表、驱动表、状态转换图、特性方程等来描述触发器的逻辑功能。

（4）每种触发器要求能识别其逻辑符号，注意受时钟控制的同步功能和不受时钟控制的异步功能；注意时钟的动作沿是上升沿有效，还是下降沿有效。

（5）时序逻辑电路在逻辑功能上的共同特点是，任意时刻的输出信号不仅取决于该时刻的输入信号，而且还取决于电路原来的状态。时序逻辑电路通常包含具有逻辑运算功能的组合逻辑电路和具有记忆功能的存储电路两部分。存储电路可以由触发器或锁存器构成。

（6）时序逻辑电路按触发方式不同，可以分为同步时序逻辑电路和异步时序逻辑电路。根据输出信号的特点不同，可以分为米里型（Mealy）和莫尔型（Moore）两种。

（7）时序逻辑电路的分析，就是根据给定的时序逻辑电路，找出该时序逻辑电路在输入信号及时钟信号作用下，电路状态及输出的变化规律，从而确定该时序逻辑电路的逻辑功能。时序逻辑电路的分析步骤为：根据时序逻辑电路，写出各触发器的时钟方程、驱动方程和电路的输出方程；将驱动方程代入所用触发器的特性方程，得到每个触发器的状态方程；根据状态方程和输出方程，列出状态转换表，画出状态转换图或时序图；分析所给时序电路的逻辑功能，检查电路能否自启动。

（8）寄存器按逻辑功能分为数码寄存器和移位寄存器。数码寄存器具有寄存数码和清除原有数码的功能。移位寄存器不仅具有存放数码功能，还具有移位功能。寄存器输入数码的方式有串行和并行两种。从寄存器输出数码的方式也有串行和并行两种。74HC194 是一个中规模 CMOS 集成 4 位双向移位寄存器。

（9）逻辑电路中统计输入脉冲个数的操作称为计数，能够实现计数操作的电路称为计数器。计数器在数字系统中应用非常广泛，可以用于计数、定时、分频、产生节拍脉冲等。按计数器中各触发器状态更新是否受同一时钟控制分类，可分为同步计数器和异步计数器。按计数器在计数过程中数值的增减趋势分类，可分为加法计数器、减法计数器和可逆计数器。按计数器中数值的编码方式分类，可分为二进制计数器、二－十进制计数器、循环码计数器等。

（10）中规模集成计数器通常具有清零、置数、计数和保持等功能。本章主要介绍了中规模集成同步加法计数器 74HC161/74HC160、中规模集成的异步加法计数器 74LS290/74LS93 的功能、并行进位和串行进位两种级联方法、构成任意进制计数器的清零法和置数法。

(11) 时序逻辑电路的设计是分析的逆过程。根据给定的具体逻辑问题,设计出实现这一逻辑功能的逻辑电路。设计步骤大致是:根据逻辑问题确定电路的状态,列出状态转换表,画出状态转换图,确定状态编码,选定触发器类型,写出电路的状态方程、驱动方程和输出方程,画出时序逻辑电路,检查所设计电路能否自启动。

习　题

10.1　已知由与非门构成的基本 RS 触发器的直接置"0"端和直接置"1"端的输入波形如图 P10.1 所示,试画出 Q 和 $\overline{Q}$ 的波形。

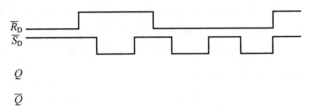

图 P10.1

10.2　如图 P10.2 所示电路,试画出在给定时钟信号作用下 Q、$\overline{Q}$、Y 和 Z 的波形,设触发器的初态为"0"。

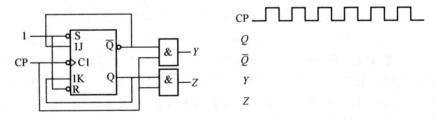

图 P10.2

10.3　如图 P10.3 所示电路,试画出在给定输入波形作用下输出信号 Q_0 和 Q_1 的波形,设各触发器的初态均为"0"。

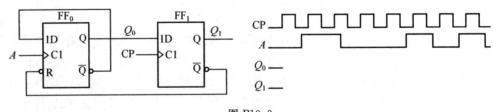

图 P10.3

10.4　如图 P10.4 所示电路,试画出在 CP 作用下的 Q_0、Q_1 和 Z 的波形,并分析 Z 与 CP 的关系。设各触发器初态均为"0"。

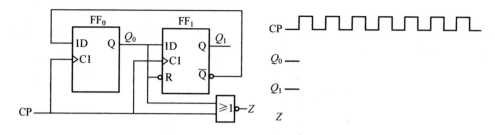

图 P10.4

10.5　已知时序逻辑电路如图 P10.5 所示,假设触发器的初始状态均为"0"。

(1) 写出电路的状态方程和输出方程。

(2) 分别列出 $X=0$ 和 $X=1$ 两种情况下的状态转换表,说明其逻辑功能。

(3) 画出 $X=1$ 时,在 CP 脉冲作用下的 Q_1、Q_2 和输出 Z 的波形。

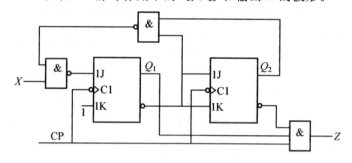

图 P10.5

10.6　如图 P10.6 所示电路,假设触发器的初始状态 $Q_2 Q_1 Q_0 = 000$。

(1) 试分析由 FF_1 和 FF_0 构成的是几进制计数器。

(2) 说明整个电路为几进制计数器。列出状态转换表,画出完整的状态转换图和 CP 作用下的波形图。

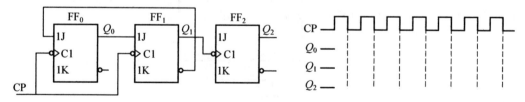

图 P10.6

10.7　在图 P10.7 所示电路中,由 D 触发器构成的六位移位寄存器输出 $Q_6 Q_5 Q_4 Q_3 Q_2 Q_1$ 的初态为 010100,JK 触发器的初态为 0,串行输入 $D_{SR}=0$。试画出 A、Q 及 B 的波形。

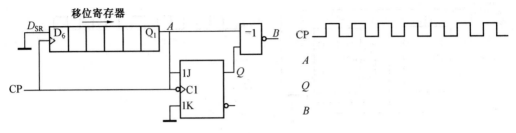

图 P10.7

10.8 分析图 P10.8 所示电路,说明它们是多少进制计数器。

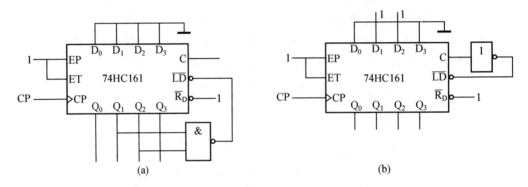

(a)   (b)

图 P10.8

10.9 分析图 P10.9 所示电路的工作过程。

(1) 画出对应 CP 的输出 $Q_0Q_3Q_2Q_1$ 的波形和状态转换图(Q_0 为高位)。

(2) 按 $Q_0Q_3Q_2Q_1$ 顺序,电路给出的是什么编码?

(3) 按 $Q_3Q_2Q_1Q_0$ 顺序,电路给出的编码又是什么?

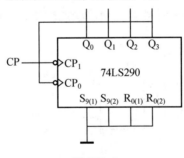

图 P10.9

10.10 图 P10.10 所示为由集成异步计数器 74LS290、74LS93 构成的电路,试分别说明它们是多少进制的计数器。

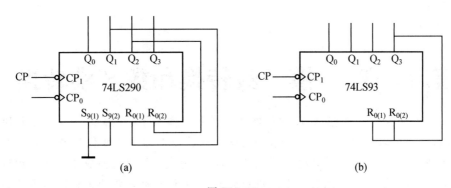

图 P10.10

10.11　试用 2 片 4 位二进制计数器 74HC160 分别采用清零法和置数法实现 31 进制加法计数器。

第11章 模／数转换和数／模转换

在实际工程应用中,需要处理的各种物理量多为模拟量,如温度、流量、压力和速度等,通过传感器可以将这些物理量转换为时间上和数值上都连续变化的模拟信号。为了能够使用数字电路传输、存储和处理模拟信号,必须把模拟信号转换成在时间上和数值上都离散的数字信号,才能利用数字电路进行处理。并且,往往还需要把处理后得到的数字信号再转换成相应的模拟信号进行输出,以便驱动执行机构去控制各种物理量。

从模拟信号到数字信号的转换称为模／数(analog to digital,A/D)转换。实现模／数转换的电路称为 A/D 转换器(analog to digital converter,ADC)。从数字信号到模拟信号的转换称为数／模(digital to analog,D/A)转换。实现数／模转换的电路称为 D/A 转换器(digital to analog converter,DAC)。

本章主要介绍 D/A 转换器和 A/D 转换器的基本原理、常见的典型电路和主要技术指标。

11.1 D/A 转换器

11.1.1 D/A 转换器的基本原理

数字电路处理的数字量是多位二进制数,每一位的 1 所代表的数值大小称为这一位的权。这里用 $D_n = d_{n-1} d_{n-2} \cdots d_1 d_0$ 表示一个 n 位二进制数,其最高位(most significant bit,MSB)d_{n-1} 和最低位(least significant bit,LSB)d_0 的权分别为 2^{n-1} 和 2^0,其对应的十进制数为

$$D_n = d_{n-1} \cdot 2^{n-1} + d_{n-2} \cdot 2^{n-2} + \cdots + d_1 \cdot 2^1 + d_0 \cdot 2^0 = \sum_{i=0}^{n-1} d_i \cdot 2^i \qquad (11.1)$$

可见,十进制数 D_n 可以表示上述 n 位二进制数的大小,即可以用十进制数度量该数字量。再将量纲为一的数 D_n 乘一个电压系数 K_u 或电流系数 K_i,即可将该数字量转换为与之成正比的模拟电压 u_o 或模拟电流 i_o,即

$$u_o = K_u D_n = K_u \sum_{i=0}^{n-1} d_i \cdot 2^i \qquad (11.2)$$

或

$$i_o = K_i D_n = K_i \sum_{i=0}^{n-1} d_i \cdot 2^i \qquad (11.3)$$

由式(11.2)和式(11.3)可以看出,D/A 转换器将接收的数字量转换为与之成正比的模拟量要有三个基本环节。一是要为数字量的每一位赋予不同的权重,可采用电阻网络实现;二是要根据每一位上的数据值控制该位是否参与数值转换,常采用电子开关实现;

三是要提供一个系数,常采用参考电压源提供基准电压来实现。

　　D/A 转换器根据采用电阻网络的不同,可以分为权电阻网络 D/A 转换器、T 形电阻网络 D/A 转换器和倒 T 形电阻网络 D/A 转换器等,下面以倒 T 形电阻网络 D/A 转换器为例进行介绍。

11.1.2　倒 T 形电阻网络 D/A 转换器

　　图 11.1 所示电路为一个 4 位倒 T 形电阻网络 D/A 转换器,它由 $R-2R$ 倒 T 形电阻网络、电子开关 $S_0 \sim S_3$、参考电压源 V_{REF}、运算放大器等组成。D/A 转换器的输入为 4 位二进制数 d_3、d_2、d_1 和 d_0,各位的数码分别控制相应的电子开关,其输出为模拟电压信号 u_o。为了简化分析计算,可以把运算放大器近似看作理想放大器,即它的开环放大倍数为无穷大,输入电阻为无穷大(输入电流为零),输出电阻为零。

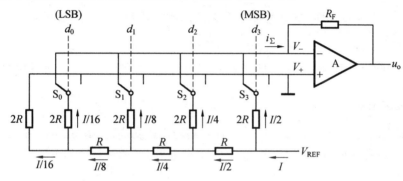

图 11.1　4 位倒 T 型电阻网络 D/A 转换器

　　如果令 $d_i=1$ 时 S_i 接至运算放大器的反相输入端 V_-,$d_i=0$ 时 S_i 接至运算放大器的同相输入端 V_+,同相输入端接地,即 $V_+=0$,而 $V_- \approx V_+ = 0$,也即 V_- 的电位始终近似为零,此时称为“虚地”。因此不论电子开关 S_i 接至哪一边都相当于接“地”,即不论输入数字量是 1 还是 0,流过每个支路的电流始终不变。在计算倒 T 形电阻网络中各支路电流时,可以将 $R-2R$ 电阻网络等效为图 11.2 所示电路。从 A、B、C 和 D 每个端口向左看过去的等效电阻都是 R,因此从参考电压源 V_{REF} 流入倒 T 形电阻网络的总电流为 $I = V_{REF}/R$。此电流 I 每经过一个节点,便分为相等的两路电流流出,这样从右至左流过 $2R$ 电阻的电流依次为 $I/2$、$I/4$、$I/8$ 和 $I/16$。

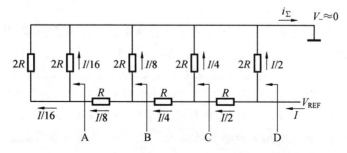

图 11.2　计算倒 T 型电阻网络支路电流的等效电路

　　综上所述,图 11.1 所示电路中流入运算放大器反相输入端的电流为

$$i_\Sigma = \frac{I}{2}d_3 + \frac{I}{4}d_2 + \frac{I}{8}d_1 + \frac{I}{16}d_0 \tag{11.4}$$

运算放大器的输出电压为

$$u_o = -R_F i_\Sigma = -R_F \frac{V_{REF}}{R \cdot 2^4}(d_3 2^3 + d_2 2^2 + d_1 2^1 + d_0 2^0) \tag{11.5}$$

若运算放大器的反馈电阻 $R_F = R$，则输出电压为

$$u_o = -\frac{V_{REF}}{2^4}(d_3 2^3 + d_2 2^2 + d_1 2^1 + d_0 2^0) \tag{11.6}$$

对于 n 位输入的倒 T 形电阻网络 D/A 转换器，在运算放大器的反馈电阻 $R_F = R$ 的条件下，输出模拟电压的计算公式为

$$u_o = -\frac{V_{REF}}{2^n}(d_{n-1} 2^{n-1} + d_{n-2} 2^{n-2} + \cdots + d_1 2^1 + d_0 2^0) = -\frac{V_{REF}}{2^n} D_n \tag{11.7}$$

式(11.7)表明，输出的模拟电压 u_o 与输入的数字量 D_n 成正比，从而实现了从数字量到模拟量的转换。

当 $D_n = 000\cdots0$ 时，$u_o = 0$；当 $D_n = 111\cdots1$ 时，$u_o = -\frac{2^n-1}{2^n}V_{REF}$。所以输出模拟电压 u_o 的变化范围是 $0 \sim -\frac{2^n-1}{2^n}V_{REF}$。

倒 T 形电阻网络 D/A 转换器的突出优点是转换速度快，在动态过程中的尖峰脉冲很小，是目前常用的一种 D/A 转换器。并且其只有 R 和 $2R$ 两种阻值的电阻，便于集成电路的设计和制作。

【例 11.1】 在图 11.1 中，取 $V_{REF} = +10$ V，$R_F = R$，试求：输入数字量为 $d_3 d_2 d_1 d_0 = 1101$ 时的输出模拟电压 u_o。

解 根据式(11.6)得

$$u_o = -\frac{10 \text{ V}}{2^4}(2^3 + 2^2 + 2^0) = -\frac{130 \text{ V}}{16} = -8.125 \text{ V}$$

11.1.3 集成 D/A 转换器

集成 D/A 转换器的电路芯片种类很多，按输入的二进制位数可分为 8 位、10 位、12 位和 16 位等。例如，10 位的 AD7520、8 位的 DAC0832 等。

1. AD7520

AD7520(CB7520) 是采用倒 T 形电阻网络的单片集成 D/A 转换器，其电路原理图如图 11.3 所示，虚线框内为芯片内部电路，虚线框外为外接电路。它有 10 个输入端，分别输入 10 位二进制数 $d_9 \sim d_0$，它们分别控制 10 个 CMOS 电路构成的电子开关。当 $d_i = 1$ 时，电子开关 S_i 接模拟电流输出端 I_{out1}；当 $d_i = 0$ 时，电子开关 S_i 接地。在使用 AD7520 将 10 位数字量转换为模拟电压 u_o 时，需要外接运算放大器，AD7520 内部有反馈电阻 $R_F = R = 10$ kΩ，也可以另选反馈电阻外接到 I_{out1} 与 u_o 之间。外接的参考电压 V_{REF} 必须保证有足够的稳定度，才能确保应有的转换精度，V_{REF} 通常取 $+10$ V。

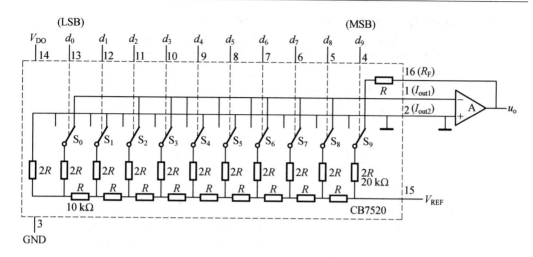

图 11.3　AD7520(CB7520) 的电路原理图

集成芯片 AD7520 共有 16 个引脚,其引脚排列如图 11.4 所示,各引脚功能见表 11.1。

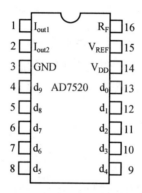

图 11.4　AD7520 的引脚排列

表 11.1　AD7520 的引脚功能

引脚编号	引脚名称	功能描述
1	I_{out1}	模拟电流输出端 1
2	I_{out2}	模拟电流输出端 2
3	GND	接地端
4 ~ 13	$d_9 \sim d_0$	10 位数字量的输入端(d_9 为最高位,d_0 为最低位)
14	V_{DD}	CMOS 模拟开关的电源接线端
15	V_{REF}	参考电压接线端
16	R_F	反馈电阻引出端

根据前面讲述的内容,图 11.3 中 AD7520 将 10 位输入的数字量转换成的模拟电压为

$$u_o = -\frac{V_{REF}}{2^{10}}(d_9 2^9 + d_8 2^8 + \cdots + d_1 2^1 + d_0 2^0) \tag{11.8}$$

采用 AD7520 将 10 位输入的数字量转换成输出模拟量的关系见表 11.2。

表 11.2　AD7520 输入数字量与输出模拟量的关系

输入数字量										输出模拟量
d_9	d_8	d_7	d_6	d_5	d_4	d_3	d_2	d_1	d_0	u_o
0	0	0	0	0	0	0	0	0	0	0
0	0	0	0	0	0	0	0	0	1	$-V_{REF}(1/1\,024)$
0	0	0	0	0	0	0	0	1	0	$-V_{REF}(2/1\,024)$
				⋮						⋮
0	1	1	1	1	1	1	1	1	1	$-V_{REF}(511/1\,024)$
1	0	0	0	0	0	0	0	0	0	$-V_{REF}(512/1\,024)$
1	0	0	0	0	0	0	0	0	1	$-V_{REF}(513/1\,024)$
				⋮						⋮
1	1	1	1	1	1	1	1	1	0	$-V_{REF}(1\,022/1\,024)$
1	1	1	1	1	1	1	1	1	1	$-V_{REF}(1\,023/1\,024)$

【例 11.2】　在图 11.3 所示 CB7520 所组成的 D/A 转换器中，已知 $V_{REF}=-10$ V。

(1) 试计算当输入数字量从全 0 变成全 1 时输出电压的变化范围。

(2) 如果想把输出电压的变化范围缩小一半，可以采取哪些方法？

(3) 计算当数字量 $d_9d_8d_7d_6d_5d_4d_3d_2d_1d_0=1010000010$ 时，输出模拟电压 u_o。

解　(1) 当输入数字量从全 0 变成全 1 时，输出电压的变化范围为

$$0\sim-\frac{2^{10}-1}{2^{10}}V_{REF}，即\ 0\sim9.99\ V$$

(2) 如果想把输出电压的变化范围缩小一半，可将 V_{REF} 绝对值减小一半，即改为 $V_{REF}=-5$ V，也可以将求和放大器的放大倍数减小一半。为此，求和放大器 A 的反馈电阻不能再使用片内提供的反馈电阻 R，而应在 I_{out1} 与放大器输出端 u_o 之间外接一个大小等于 $R/2$ 的反馈电阻。CB7520 内部反馈电阻 $R_F=R=10$ kΩ。

(3) 当数字量 $d_9d_8d_7d_6d_5d_4d_3d_2d_1d_0=1010000010$ 时，输出模拟电压为

$$u_o=-\frac{V_{REF}}{2^{10}}(2^9+2^7+2^1)=\frac{10\ V}{1\,024}\times642=6.27\ V$$

2. DAC0832

DAC0832 是采用 CMOS 工艺制成的 8 位单片集成 D/A 转换器，内部含有两级输入寄存器，可使 D/A 转换电路在进行转换和输出的同时，采集下一个数据，因而提高了芯片的转换速度。DAC0832 中的 D/A 转换器电路采用倒 T 形电阻网络，由输入的 8 位数字量 $D_7\sim D_0$ 控制芯片内部对应的电子开关，输出的是模拟电流 I_{o1} 和 I_{o2}，结构与 AD7520 相似不再给出。DAC0832 内部不含运算放大器，但有反馈电阻 R_F，使用时将 R_F 端接到外部运算放大器的输出端 u_o 即可。当运算放大器的增益不够时，也可以另选反馈电阻外接到 I_{o1} 与 u_o 之间。

DAC0832 共有 20 个引脚,其引脚排列如图 11.5 所示,各引脚功能见表 11.3。

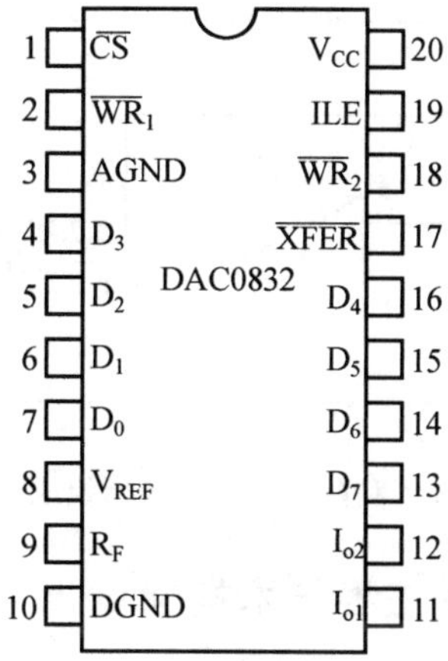

```
        ┌─────∪─────┐
    1 ──┤ CS̄     Vcc ├── 20
    2 ──┤ WR̄₁    ILE ├── 19
    3 ──┤ AGND   WR̄₂ ├── 18
    4 ──┤ D₃     XF̄ER ├── 17
    5 ──┤ D₂ DAC0832 D₄├── 16
    6 ──┤ D₁     D₅  ├── 15
    7 ──┤ D₀     D₆  ├── 14
    8 ──┤ VREF   D₇  ├── 13
    9 ──┤ RF     Io₂ ├── 12
   10 ──┤ DGND   Io₁ ├── 11
        └───────────┘
```

图 11.5　DAC0832 的引脚排列

表 11.3　DAC0832 的引脚功能

引脚编号	引脚名称	功能描述
1	$\overline{CS}$	片选输入端
2	$\overline{WR}_1$	数据输入选通信号端
3	AGND	模拟电路接地端
4～7,13～16	$D_7 \sim D_0$	数字量的输入端(D_7 为最高位,D_0 为最低位)
8	V_{REF}	参考电压接线端
9	R_F	反馈电阻的引出端
10	DGND	数字电路接地端
11、12	I_{o1}、I_{o2}	模拟电流输出端
17	$\overline{XFER}$	数据传送控制信号端
18	$\overline{WR}_2$	数据传送选通信号端
19	ILE	输入允许信号端
20	V_{CC}	电源电压接线端

有关 DAC0832 的详细内容,感兴趣的读者可自行查阅相关文献。

图 11.6 所示是利用 DAC0832 和两个运算放大器组成的 D/A 转换器的原理图,从运算放大器 A_1 输出的模拟电压为

$$u_{o1} = -\frac{V_{REF}}{2^8}(d_7 2^7 + d_6 2^6 + \cdots + d_1 2^1 + d_0 2^0) \qquad (11.9)$$

取 $V_{REF} = +5$ V,u_{o1} 是单极性模拟电压,其电压范围为 $-5 \sim 0$ V。

从运算放大器 A_2 输出的模拟电压为

$$u_{o2} = -2u_{o1} - V_{REF}$$

u_{o2} 是双极性模拟电压,其电压范围为 $-5 \sim +5$ V。

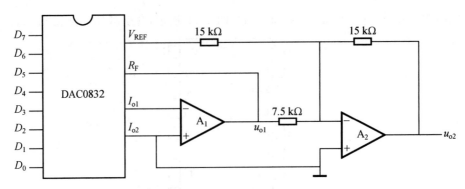

图 11.6　由 DAC0832 和两个运算放大器组成的 D/A 转换器的原理图

11.1.4　D/A 转换器的主要技术指标

1. 转换精度

D/A 转换器用分辨率和转换误差两个指标来描述其转换精度。

(1) 分辨率。

D/A 转换器的分辨率是指最小输出电压 U_{LSB}（对应的输入二进制数为 1）与最大输出电压 U_m（对应的输入二进制数的所有位全为 1）之比。n 位 D/A 转换器的分辨率 η 为

$$\eta = \frac{U_{LSB}}{U_m} = \frac{-\dfrac{V_{REF}}{2^n} \cdot 1}{-\dfrac{V_{REF}}{2^n} \cdot (2^n - 1)} = \frac{1}{2^n - 1} \tag{11.10}$$

对于一个 10 位 D/A 转换器，其分辨率为 $\dfrac{1}{2^{10} - 1} = \dfrac{1}{1\ 023} \approx 0.000\ 978$。

由于分辨率仅取决于输入数字量的位数 n，位数越多，分辨能力也越高。因此，也可以用 D/A 转换器输入的二进制数码的位数来表示分辨率。

(2) 转换误差。

转换误差用于说明 D/A 转换器实际能够达到的转换精度，分为静态误差和动态误差。静态误差是由参考电压 V_{REF} 的波动、运算放大器的零点漂移、模拟电子开关的导通压降和导通内阻、电阻网络中电阻阻值的偏差等引起的。动态误差则是在转换的动态过程中产生的附加误差，它是由电路中分布参数的影响，使每一位的电压信号到达解码网络输出端的时间不同所致。为了获得较高精度的 D/A 转换器，单纯依靠选用高分辨率的 D/A 转换器是不够的，还必须选用高稳定度的参考电压源 V_{REF} 和低漂移的运算放大器与之配合使用。

转换误差可以用输出电压满度值的百分数表示，也可以用最小输出电压 U_{LSB} 的倍数表示。例如，转换误差为 $0.5U_{LSB}$，表示输出模拟电压的绝对误差等于最小输出电压 U_{LSB} 的 0.5 倍。

2. 线性度

理想 D/A 转换器的输入输出转换特性曲线是线性的，但实际的 D/A 转换器都存在非线性误差，一般用实际输出偏离理想输出的最大值来表示。产生非线性误差的主要原因

是转换器内部元件的参数、特性存在差异,如模拟电子开关导通内阻不一定相等、电阻阻值的偏差不可能完全相等,导致对输出模拟电压的影响不一样,出现非线性误差。

3. 转换速度

D/A 转换器的转换速度可以用建立时间来衡量其转换的快慢。建立时间是指从输入数字信号起,到输出模拟量到达稳定值所需的时间。D/A 转换器的建立时间越短则转换速度越快。由于倒 T 形电阻网络 D/A 转换器是并行输入的,其转换速度较快。目前,像 10 位或 12 位单片集成 D/A 转换器(不包括运算放大器)的建立时间一般不超过 $1\,\mu\mathrm{s}$。

11.2　A/D 转换器

11.2.1　A/D 转换器的基本原理

在 A/D 转换器中,输入的模拟信号在时间上和幅度上都是连续变化的,而输出的数字信号在时间上和幅度上都是离散的。一般的 A/D 转换过程是通过采样、保持、量化和编码四个步骤完成的。

1. 采样－保持电路

由于无法将模拟信号中包含的无限多的数据进行 A/D 转换,因此必须按照一定的规律选择其中有限多个点,以便在时间上离散化模拟信号,这个过程称为采样。一般是选用固定的时间间隔 T_s 采样一次,T_s 称为采样周期,其倒数 f_s 称为采样频率。图 11.7 所示是对模拟信号 u_i 进行等间隔采样的示意图,得到了在时间上离散的采样信号 u_s。根据采样定理,为了保证采样信号可以完整地保留原始模拟信号中的信息,即能从采样信号中将原始模拟信号恢复出来,必须满足

$$f_s \geqslant 2f_{i\max} \tag{11.11}$$

式中　$f_{i\max}$——模拟信号中最高频率分量的频率。

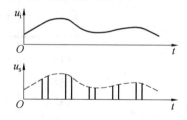

图 11.7　对模拟信号 μ_i 进行等间隔采样的示意图

每次采样得到的电压信号需要保持一段时间,以便后续的量化编码等电路完成数字量的转换。采样频率越高,留给后续电路进行转换的时间就越短,这就要求 A/D 转换电路必须具有更高的工作速度。通常使用采样速率来描述 A/D 转换器的工作速度,其单位为每秒采样次数(sample per second,SPS)。

在 A/D 转换器中,采样和保持两个环节是由采样－保持电路完成的。采样－保持电路在要求的时间点上进行采样,以得到一个正在变化的模拟信号在该时间点上的电压值,并将这个电压值保持一段时间,使其不再随模拟信号的变化而变化,一直保持到下一次采

样时。

采样－保持电路的原理示意图如图 11.8 所示。T 为 N 沟道增强型 MOSFET，作为模拟采样开关使用，受采样脉冲 CP_S 的控制。当 CP_S 为高电平时 T 导通，输入的模拟信号 u_i 向电容 C 充电，假设电容 C 的充电时间远小于采样脉冲 CP_S 的宽度，有 $u_o \approx u_C = u_i$，即模拟信号 u_i 被采样送到电容 C 暂存；当 CP_S 为低电平时 T 截止，电容 C 上的电压基本保持不变，输出 $u_o \approx u_C$ 也保持不变，即前面采样得到的电压信号在电容 C 上保持住，直到下一个 CP_S 高电平到来，将采样新的电压信号。

CPS
ui
T
uC
C
A
us

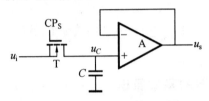

图 11.8　采样－保持电路的原理示意图

2. 量化和编码

数字信号不仅在时间上是离散的，而且在幅值上也是不连续的。也就是说，任何一个数字量的大小都是某个规定的最小数量单位的整数倍。因此，在进行 A/D 转换时，必须把采样－保持电路输出的电压表示为这个最小单位的整数倍。这个表示过程称为量化，所取的最小数量单位称为量化单位，用 Δ 表示。显然，数字信号最低有效位(LSB) 的 1 所代表的数量大小就等于 Δ。

将量化后的结果用相应的二进制代码表示，称为编码。这个二进制代码便是 A/D 转换器输出的数字信号。将模拟电压信号量化时，通常有两种划分量化等级的方法，如图 11.9 所示，采用了两种方法把 0 ～ 1 V 的模拟电压信号转换成相应的 3 位二进制代码。

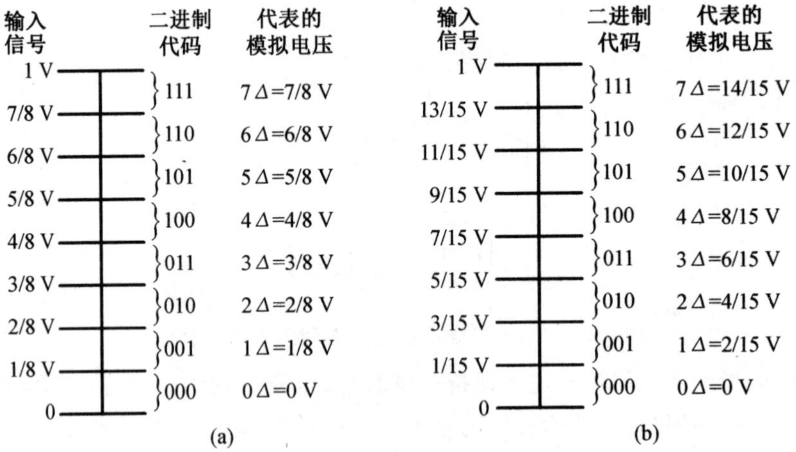

输入信号
二进制代码
代表的模拟电压
1 V
7/8 V
6/8 V
5/8 V
4/8 V
3/8 V
2/8 V
1/8 V
0
111　7Δ=7/8 V
110　6Δ=6/8 V
101　5Δ=5/8 V
100　4Δ=4/8 V
011　3Δ=3/8 V
010　2Δ=2/8 V
001　1Δ=1/8 V
000　0Δ=0 V
(a)
输入信号
二进制代码
代表的模拟电压
1 V
13/15 V
11/15 V
9/15 V
7/15 V
5/15 V
3/15 V
1/15 V
0
111　7Δ=14/15 V
110　6Δ=12/15 V
101　5Δ=10/15 V
100　4Δ=8/15 V
011　3Δ=6/15 V
010　2Δ=4/15 V
001　1Δ=2/15 V
000　0Δ=0 V
(b)

图 11.9　划分量化等级的两种方法

在图 11.9(a) 中，取 $\Delta = \frac{1}{8}$ V，并按如下规则进行量化。当 0 V $\leqslant u_i < \frac{1}{8}$ V 时，取 u_i 的量化值 $V_i^* = 0\Delta = 0$ V，所对应的二进制代码为 000；当 $\frac{1}{8}$ V $\leqslant u_i < \frac{2}{8}$ V 时，取 u_i 的量

化值 $V_i^* = 1\Delta = \dfrac{1}{8}$ V，所对应的二进制代码为 001。依次类推，当 $\dfrac{7}{8}$ V $\leqslant u_i < 1$ V 时，取 u_i 的量化值 $V_i^* = 7\Delta = \dfrac{7}{8}$ V，所对应的二进制代码为 111。

在图 11.9(b) 中，取 $\Delta = \dfrac{2}{15}$ V。并规定，当 0 V $\leqslant u_i < \dfrac{1}{15}$ V，即 $0 \leqslant u_i < \dfrac{1}{2}\Delta$，取 u_i 的量化值 $V_i^* = 0\Delta = 0$ V，所对应的二进制代码为 000；当 $\dfrac{1}{15}$ V $\leqslant u_i < \dfrac{3}{15}$ V 时，取 u_i 的中间值为量化值 $V_i^* = 1\Delta = \dfrac{2}{15}$ V，所对应的二进制代码为 001。依次类推，当 $\dfrac{13}{15}$ V $\leqslant u_i < 1$ V 时，取 u_i 的量化值 $V_i^* = 7\Delta = \dfrac{14}{15}$ V，所对应的二进制代码为 111。

由上述可以看出，输入信号不一定能被 Δ 整除，因而量化过程中不可避免地使量化值和输入信号之间存在误差，这种误差称为量化误差。

图 11.9(a) 中的最大量化误差为 Δ，即 $\dfrac{1}{8}$ V。图 11.9(b) 中的最大量化误差为 $\dfrac{1}{2}\Delta$，即 $\dfrac{1}{15}$ V。

通过对量化和编码过程的分析可知，不同的量化方法产生的误差不同，相对而言采用图 11.9(b) 方法产生的量化误差较小。并且，用不同位数的数字量输出，量化误差也不同。量化等级分得越多，数字量的位数越多，量化误差也越小。但数字量位数的增加往往又会使编码电路变得复杂。因此，究竟需要划分多少个量化等级，输出数字量有多少位，应根据实际情况而定。

11.2.2　并行比较型 A/D 转换器

并行比较型 A/D 转换器也称为闪速(flash) 型 A/D 转换器，主要由电压比较器、寄存器和代码转换电路三部分组成。3 位并行比较型 A/D 转换器的原理电路如图 11.10 所示，输入为 $0 \sim V_{REF}$ 间的模拟电压 u_i，输出为 3 位二进制数码 $d_2 d_1 d_0$。

图 11.10 中的 8 个电阻将参考电压 V_{REF} 分成 8 个等级，采用图 11.9(b) 所示的量化等级划分方式，其中 7 个等级的电压 $V_{REF}/15, 3V_{REF}/15, \cdots, 13V_{REF}/15$ 分别接到 7 个电压比较器 $C_1 \sim C_7$ 的反相输入端，作为基准电压。同时，将输入的模拟电压 u_i 加到每个电压比较器的同相输入端，与 7 个基准电压进行比较，得到比较器的输出状态。

当 $0 \leqslant u_i < \dfrac{V_{REF}}{15}$ 时，比较器 $C_1 \sim C_7$ 的输出状态均为 0，CP 上升沿到来后寄存器中所有触发器 $FF_1 \sim FF_7$ 的输出状态都被置成 0 态。

当 $\dfrac{1}{15}V_{REF} \leqslant u_i < \dfrac{3}{15}V_{REF}$ 时，只有比较器 C_1 输出状态为 1，其余各比较器的输出状态为 0，CP 上升沿到来后触发器 FF_1 的输出状态被置成 1 态，其余各触发器的输出状态被置成 0 态。

当 $\dfrac{3}{15}V_{REF} \leqslant u_i < \dfrac{5}{15}V_{REF}$ 时，比较器 C_1 和 C_2 输出状态为 1，其余各比较器的输出状态

为 0,CP 上升沿到来后触发器 FF$_1$ 和 FF$_2$ 的输出状态被置成 1 态,其余各触发器的输出状态被置成 0 态。

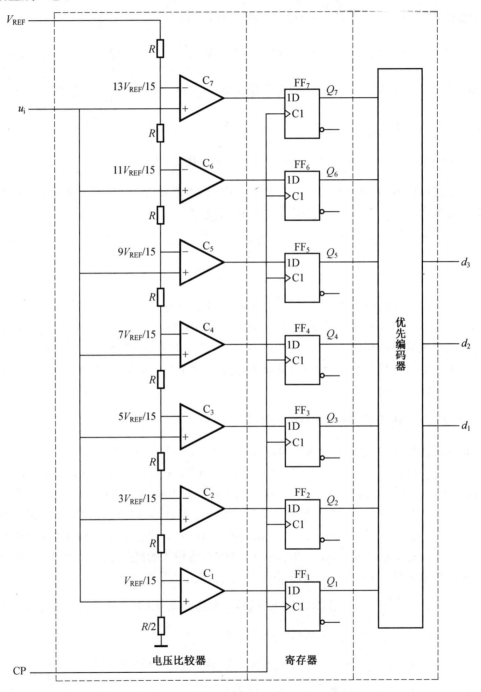

图 11.10 3 位并行比较型 A/D 转换器的原理电路

依此类推,根据输入模拟电压值与基准电压比较大小得到各比较器的输出状态。在 CP 脉冲作用下,将比较器的输出状态由对应的 D 触发器存储,触发器的输出状态 $Q_1 \sim Q_7$

与对应的比较器的输出状态相同。不过寄存器输出的是一组 7 位的二值代码,还不是所要求的二进制数码,因此经代码转换器(优先编码器) 输出数字量 $d_2 d_1 d_0$。优先编码器中优先级别最高的是 Q_7,最低的是 Q_1。并行比较型 A/D 转换器的输入输出关系见表 11.4。

表 11.4　并行比较型 A/D 转换器的输入输出关系

输入模拟电压 u_i	寄存器状态 Q_7	Q_6	Q_5	Q_4	Q_3	Q_2	Q_1	数字量输出 d_2	d_1	d_0
$0 \leqslant u_i < V_{REF}/15$	0	0	0	0	0	0	0	0	0	0
$V_{REF}/15 \leqslant u_i < 3V_{REF}/15$	0	0	0	0	0	0	1	0	0	1
$3V_{REF}/15 \leqslant u_i < 5V_{REF}/15$	0	0	0	0	0	1	1	0	1	0
$5V_{REF}/15 \leqslant u_i < 7V_{REF}/15$	0	0	0	0	1	1	1	0	1	1
$7V_{REF}/15 \leqslant u_i < 9V_{REF}/15$	0	0	0	1	1	1	1	1	0	0
$9V_{REF}/15 \leqslant u_i < 11V_{REF}/15$	0	0	1	1	1	1	1	1	0	1
$11V_{REF}/15 \leqslant u_i < 13V_{REF}/15$	0	1	1	1	1	1	1	1	1	0
$13V_{REF}/15 \leqslant u_i < V_{REF}$	1	1	1	1	1	1	1	1	1	1

并行比较型 A/D 转换器的最大优点是转换速度快,如 AD 公司的超高速 8 位并行比较型 A/D 转换器 MAX104/MAX106/MAX108 可达 1 GSPS 以上的采样速率。但需要较多的电压比较器和触发器。如一个 n 位转换器,所用的比较器的个数为 $2^n - 1$ 个。

并行比较型 A/D 转换器的转换精度主要取决于量化电平的划分。量化电平划分得越细精度就越高,但使用的比较器和触发器数目也越多,电路会更复杂。此外,转换精度还受到参考电压的稳定度和分压电阻相对精度及电压比较器灵敏度的影响。

11.2.3　逐次逼近型 A/D 转换器

逐次逼近(successive approximation register,SAR)型 A/D 转换器的工作原理类似于用天平称量物体质量的过程,通过对需要转换的模拟电压进行逐次比较、逼近,再比较、再逼近的工作方式,最终把模拟电压转换成二进制数字量。

逐次逼近型 A/D 转换器的原理框图如图 11.11 所示。这种转换器包含电压比较器 A、控制逻辑、D/A 转换器、逐次逼近寄存器、参考电源和时钟脉冲等几部分。

在转换开始前先将逐次逼近寄存器清零。转换控制信号 u_L 变为高电平时开始转换,时钟脉冲信号先将寄存器的最高位置 1 其余位全置 0,使寄存器输出的数字量为 $1000\cdots0$。这个数字量被 D/A 转换器转换成相应的模拟电压 u_o,并送到电压比较器与输入的模拟电压 u_i 相比较。若 $u_o > u_i$,则说明数字过大,故将最高位的 1 清除;若 $u_i > u_o$,则说明数字不够大,故保留最高位的 1。然后,再按同样的方法将次高位置成 1,并比较 u_o 与 u_i 的大小以确定次高位的 1 是否应当保留。按照上述步骤依次逐位比较下去,直到最低位比较完为止。这时寄存器里所存的数码就是所求的 A/D 转换器的数字量输出。

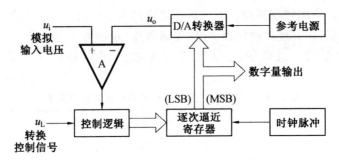

图 11.11　逐次逼近型 A/D 转换器的原理框图

逐次逼近型 A/D 转换器的串行工作方式从本质上限制了它的工作速度,其转换速度取决于时钟脉冲信号的频率和逐次逼近寄存器的位数,显然在相同的时钟脉冲频率条件下,寄存器的位数越多,转换的时间越长。

【例 11.3】　在 4 位逐次逼近型 A/D 转换器中,设参考电压 $V_{REF} = 10$ V,输入模拟电压 $u_i = 8.2$ V,试说明逐次比较的过程和转换的结果。

解　启动脉冲后,在第一个时钟脉冲到达时,将寄存器的输出数字量置为 $d_3d_2d_1d_0 = 1\,000$。

$$u_o = \frac{10}{2^4} \times 2^3 = 5 \text{ V},则 } u_i > u_o,故 d_3 = 1。$$

在第二个时钟脉冲到达时,将寄存器的输出数字量置为 $d_3d_2d_1d_0 = 1100$。

$$u_o = \frac{10}{2^4} \times (2^3 + 2^2) = 7.5 \text{ V},则 } u_i > u_o,故 d_2 = 1。$$

在第三个时钟脉冲到达时,将寄存器的输出数字量置为 $d_3d_2d_1d_0 = 1110$。

$$u_o = \frac{10}{2^4} \times (2^3 + 2^2 + 2^1) = 8.75 \text{ V},则 } u_o > u_i,故 d_1 = 0。$$

在第四个时钟脉冲到达时,将寄存器的输出数字量置为 $d_3d_2d_1d_0 = 1101$。

$$u_o = \frac{10}{2^4} \times (2^3 + 2^2 + 2^0) = 8.125 \text{ V},则 } u_i > u_o,故 d_0 = 1。$$

$d_3d_2d_1d_0 = 1101$ 即为转换结果。以上逼近过程可以用图 11.12 加以说明。

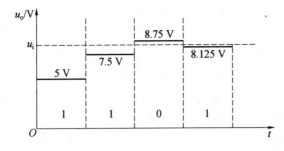

图 11.12　逐次逼近型 A/D 转换器的逼近过程示意图

在第五个时钟脉冲到达时,将转换结果 $d_3d_2d_1d_0 = 1101$ 送到输出端。

在第六个时钟脉冲到达时,转换输出信号消失。

　　从这个例子可以看出，4 位逐次逼近型 A/D 转换器完成一次转换需要 6 个时钟信号周期的时间，时钟信号周期的时间 T_{CP} 等于时钟信号频率 f_{CP} 的倒数，即 $T_{CP}=1/f_{CP}$。如果是 n 位输出的 A/D 转换器，则完成一次转换需要的时间 $t=(n+2)T_{CP}$。

　　【例 11.4】　逐次逼近型 A/D 转换器中的 10 位 D/A 转换器的 $u_{omax}=14.322$ V，时钟脉冲频率 $f_{CP}=1$ MHz。试求：

　　(1) 当输入电压 $u_i=9.45$ V 时，电路转换后输出的数字状态为

$$D=d_9d_8d_7d_6d_5d_4d_3d_2d_1d_0$$

　　(2) 完成这次转换所需的时间。

　　解　(1) 其最低位为 1 时输出电压 $u_{\Delta o}$ 为

$$u_{\Delta o}=u_{omax}/(2^{10}-1)=0.014 \text{ V}$$

故当输入电压 $u_i=9.45$ V 时，电路转换后输出的数字状态为

$$D=(9.45 \text{ V}/0.014 \text{ V})_{10}=(675)_{10}=(1010100011)_2=1010100011$$

　　(2) 因为 $T_{CP}=1/f_{CP}=1$ μs，所以完成这次转换所需的时间为

$$t=(10+2)T_{CP}=12 \text{ μs}$$

11.2.4　流水线型 A/D 转换器

　　流水线(pipelined)型 A/D 转换器是由多个称为"阶段"的基本单元级联组成，模拟信号所包含的信息在经过每个阶段时，依次产生转换后的各个数字位。

　　下面以结构最简单的流水线型 A/D 转换器为例说明其工作原理。该 A/D 转换器由 4 个阶段级联组成，每个阶段解析出一位数字量，实现 4 位 A/D 转换的功能，其结构框图如图 11.13(a) 所示。每一个阶段都包含一个 1 位并行比较型 A/D 转换器、一个 1 位倒 T 形 D/A 转换器、一个求和单元和一个增益为 2 的放大器。

　　设 A/D 转换器的输入 $0<u_i<1$ V，则每个阶段的并行比较型 A/D 转换器与 D/A 转换器的参考电压 $V_{REF}=1$ V。图 11.13(b) 所示为阶段 1 的 1 位并行比较型 A/D 转换器，其阈值为 $V_{REF}/2=0.5$ V。当 A/D 转换器的输入 0.5 V$<u_i<1$ V 时，输出数字量 $d_3=1$；当输入 $0<u_i<0.5$ V 时，输出数字量 $d_3=0$。图 11.13(c) 所示为阶段 1 的 1 位倒 T 型 D/A 转换器，当其输入数字量 $d_3=1$ 时，输出模拟量 $u_{DA}(1)=\frac{1}{2}V_{REF}=0.5$ V；当输入数字量 $d_3=0$ 时，输出模拟量为 $u_{DA}(1)=\frac{0}{2}V_{REF}=0$ V。由图 11.13(a) 可得阶段 1 的残差为

$$R(1)=2\times[R(0)-u_{DA}(1)]$$

其中，$R(0)$ 即为输入的模拟信号 u_i。后续各阶段残差的计算公式为

$$R(n)=2\times[R(n-1)-u_{DA}(n)]$$

即前一阶段的残差作为后一阶段的输入。

　　若该流水线型 A/D 转换器采样得到的输入 $u_i=0.7$ V，由于 $\frac{V_{REF}}{2}<0.7$ V$<V_{REF}$，因此阶段 1 的 A/D 转换器的数字输出为 $d_3=1$；D/A 转换器的输出模拟量为 $u_{DA}(1)=$

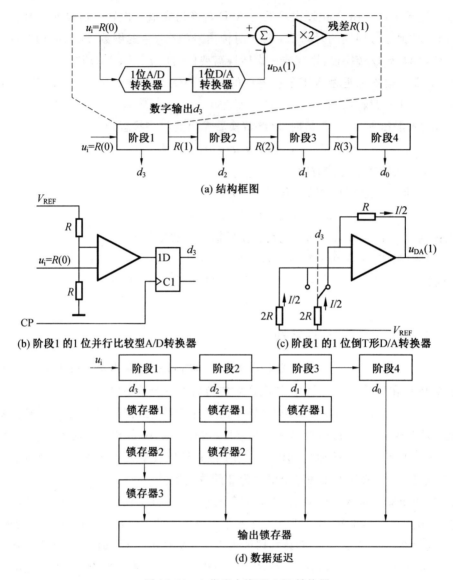

图 11.13　4 位流水线型 A/D 转换器

0.5 V。阶段 1 的残差为 $R(1)=2\times[0.7-0.5]$ V$=0.4$ V。

阶段 1 的残差 $R(1)=0.4$ V 作为阶段 2 的输入，由于 $0<0.4$ V$<\dfrac{V_{\text{REF}}}{2}$，因此阶段 2 的 A/D 转换器的数字输出为 $d_2=0$；D/A 转换器的输出模拟量为 $u_{\text{DA}}(2)=0$ V。阶段 2 的残差为 $R(2)=2\times[0.4-0]$ V$=0.8$ V。

阶段 2 的残差 $R(2)=0.8$ V 作为阶段 3 的输入，由于 $\dfrac{V_{\text{REF}}}{2}<0.8$ V$<V_{\text{REF}}$，因此阶段 3 的 A/D 转换器的数字输出为 $d_1=1$；D/A 转换器的输出模拟量为 $u_{\text{DA}}(3)=0.5$ V。阶段 3 的残差为 $R(3)=2\times[0.8-0.5]$V$=0.6$ V。

阶段 3 的残差 $R(3) = 0.6$ V 作为阶段 4 的输入，由于 $\dfrac{V_{REF}}{2} < 0.6$ V $< V_{REF}$，因此阶段 4 的 A/D 转换器的数字输出为 $d_0 = 1$。最终得到转换的结果为四位二进制数 $d_3 d_2 d_1 d_0 = 1011$，对应的模拟量为

$$(2^3 + 2^1 + 2^0) \times \frac{1\ \text{V}}{2^4} = 0.687\ 5\ \text{V}$$

这种简单流水线型 A/D 转换器的结构，实际上是从高位到低位依次获得输入信号对应的数字量的权系数。如果流水线结构包含的阶段数量越多，或者每个阶段解析的数字量位数越多，则得到的转换结果的精度也就越高。

图 11.13(d) 表示在 4 个时钟周期后，各阶段解析的数字量是按照时间顺序存到输出锁存器中，因而在输出端得到的数字转换结果是 4 个时钟周期之前的采样点，即存在数据延迟。但是，流水线型 A/D 转换器的每个阶段都是并发执行的，当阶段 1 在量化此刻输入的数据时，阶段 2 正在量化上个周期采样的数据，以此类推。即每个时钟周期，每个阶段都解析出对应的数字量，转换器都有对应的数字量输出。因此，流水线型 A/D 转换器的转换速度与分辨率独立开来，无论有多少个阶段多少位的分辨率，数据都是连续输入连续输出的，相邻数据仅相差一个周期。

11.2.5 集成 A/D 转换器

除了上述介绍的并行比较型 A/D 转换器、逐次逼近型 A/D 转换器及流水线型 A/D 转换器，还有双积分型 A/D 转换器和 △ 型 A/D 转换器，这两种类型的 A/D 转换器适合低速高分辨率的应用场合，本书不再详细介绍，可参考其他教材。

不同类型的 A/D 转换器，性能指标有较大差异，分别面向不同领域的应用需求。并行比较型 A/D 转换器的转换速度最快，适合 1 GSPS 以上的高采样率，但难以提高分辨率，且成本较高。逐次逼近型 A/D 转换器的转换速度相对较慢，采样速率最高可达每秒几兆次，且成本较低，能满足大多数低采样速率的应用要求。

流水线型 A/D 转换器的采样速率涵盖范围宽，从每秒几兆次采样到超过 1 GSPS，且易于提高分辨率，并具有较低的功率消耗，是目前最为流行的 A/D 转换器，在超声医学成像、数字接收器、基站、数字预校正和数字视频等高速高分辨率 A/D 转换场合应用较多。

AD9225 是由 AD 公司生产的一种 12 位精度、25 MSPS 的高速 A/D 转换器，采用带有误差校正逻辑的 4 级（阶段）差分流水结构。除了最后一级，每一级都有多位并行比较型 A/D 转换器和 D/A 转换器，以及残差增益放大器（MDAC）。每一级输出的最后一位数字量是校验数字误差的冗余位，以保证在 25 MSPS 采样率下获得精确的 12 位数据。AD9225 片内还集成了高性能的采样保持放大器（SHA）和参考电压源。图 11.14 所示为 AD9225 的内部结构框图，图 11.15 所示为其引脚排布，其引脚功能见表 11.5。

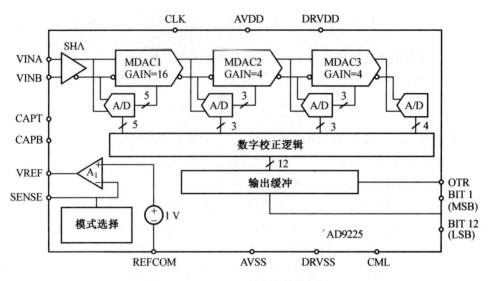

图 11.14 AD9225 的内部结构框图

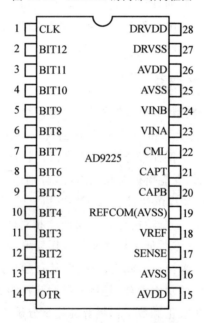

图 11.15 AD9225 的引脚排布

表 11.5 AD9225 的引脚功能

引脚编号	引脚名称	功能描述
1	CLK	时钟输入端
2	BIT12	最低数据输出端
3 ~ 12	BIT11 ~ 2	数据输出端
13	BIT1	最高数据输出端
14	OTR	输入信号溢出指示

续表 11.5

引脚编号	引脚名称	功能描述
15、26	AVDD	模拟电源(＋5 V)
16、25	AVSS	模拟地
17	SENSE	参考电压选择
18	VREF	参考电压
19	REFCOM(AVSS)	参考电压公共端(模拟地)
20	CAPB	噪声抑制功能端
21	CAPT	噪声抑制功能端
22	CML	共模电压(AVDD/2)
23	VINA	正模拟输入端
24	VINB	负模拟输入端
27	DRVSS	数字输出驱动地端
28	DRVDD	数字输出驱动电源端

　　AD9225 采用＋5 V 单电源供电，VINA、VINB 为模拟信号的输入端，VREF 为参考电压端。参考电压 VREF 决定了 AD9225 的输入量程，即输入 VINA－VINB 的最大允许范围等于参考电压 VREF 的 2 倍。当超过此输入范围时，输入信号溢出指示端 OTR 会输出高电平。

　　AD9225 芯片内置了一个 1 V 的基准电压源，利用参考电压选择端 SENSE 可配置内部运放 A_1 的增益模式，由此确定 VREF 输出端的电压。如图 11.16(a) 所示：① 当 SENSE 端与 VREF 端短接时，内部运放 A_1 配置为单位增益模式，VREF 输出端为 1 V，VINA 端的输入电压范围为 0～2 V；② 当 SENSE 端与 REFCOM 端短接时，内部运放 A_1 配置为 2 倍增益模式，VREF 输出端为 2 V，VINA 端的输入电压范围为 0～4 V。如果 SENSE 端与 VREF 端通过外部电阻网络相连，可将 VREF 灵活地配置为 1.0～2.0 V。如图 11.16(b) 所示，外部电阻 R_1、R_2 将内部运放 A_1 配置成同相比例放大电路，则参考电压为

$$\text{VREF} = 1 \text{ V} \times (1 + R_1/R_2)$$

　　由此可得 VREF 输出端为 1.5 V，输入量程为 $3V_{p-p}$（voltage peak to peak，峰－峰值电压）。并且 VINB 端由外部基准电压设置为 2.5 V，所以 VINA 端的输入电压范围为 1～4 V。如果 SENSE 与 AVDD 相连，表示禁用内部参考源，即 VREF 由外部参考电压源驱动，以满足灵活的输入电压范围以及更高精度的要求。

　　AD9225 具有高度灵活的输入结构，VINA 或 VINB 可通过直流或交流方式与单端或差分输入信号耦合。图 11.17(a) 所示为一个交流耦合单端输入电路示例。VINA 和 VINB 通过对称的电阻网络与共模电压端 CML 连接，将共模电压偏置为 2.5 V。输入模拟信号 u_i 通过运算放大器和耦合电容 C_1 与 C_2 平移至 2.5 V 的共模电压。VREF 独立于共模电压，可单独配置为 2VREF 的输入量程。因此，图 11.17(a) 中 VINA 端信号的输入范围在 2.5 V － VREF 与 2.5 V ＋ VREF 之间。并联的耦合电容 C_1 与 C_2 一般分别使用 10 μF 的钽电容和

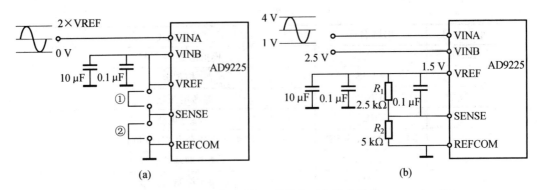

图 11.16　AD9225 的参考电压与输入量程

$0.1\ \mu\text{F}$ 的陶瓷电容,以实现低截止频率,并在较宽的频率范围内保持低阻抗。

　　单端输入也可以采用直流耦合方式,但对驱动运算放大器的性能要求较高。因此,高性能直流耦合的输入方式通常使用差分输入的驱动电路,如图 11.17(b) 所示。输入模拟信号 u_i 通过由两个运算放大器构成的差分驱动电路,产生两个以 VREF 为中心的差分信号:$\text{VINA} = \text{VREF} - u_i$,$\text{VINB} = \text{VREF} + u_i$。

　　AD9225 直接输出 12 位二进制数(BIT 1 ～ BIT 12),利用数字输出驱动端 DRVDD 可以将数字输出的高电平设置为 5 V 或者 3.3 V,从而兼容多种类型的数字逻辑器件。

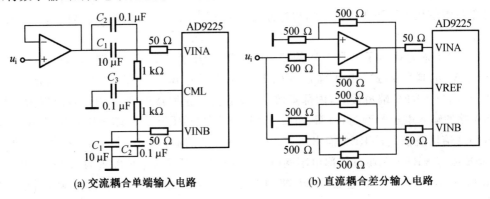

(a) 交流耦合单端输入电路　　　　　　　(b) 直流耦合差分输入电路

图 11.17　AD9225 的输入接口电路

11.2.6　A/D 转换器的主要技术指标

1. 转换精度

　　与 D/A 转换器类似,A/D 转换器也用分辨率和转换误差两个指标来描述其转换精度。

　　(1) 分辨率。

　　A/D 转换器的分辨率通常用 A/D 转换器输出数字量的位数表示。一个 n 位 A/D 转换器,如果其满量程(full scale range,FSR) 即输入模拟量的最大值为 FSR,则该 A/D 转换器能够将满量程等分为 2^n 个区间,其输出能够对输入模拟信号大小为 $\dfrac{\text{FSR}}{2^n}$ 的变化做出响应。例如,如果 A/D 转换器输出数字量的位数 $n=8$,满量程 $\text{FSR}=5$ V,则其分辨率输入模拟量的能力为 $\dfrac{5\text{ V}}{2^8} \approx 19.53$ mV。

A/D 转换器的分辨率越高,对输入模拟信号的细节划分能力越强。在 A/D 转换器分辨率一定时,通常希望输入模拟信号的变化幅度在不超过量程的情况下尽量覆盖满量程,从而得到尽可能精细的区间划分,获得更好的转换效果。

(2) 转换误差。

A/D 转换器的转换误差指实际转换输出数字量与理论转换输出数字量之间的差值。转换误差可以用满量程数字输出的百分数表示,也可以用输出数字量最低有效位 LSB 的倍数表示。

例如,某 A/D 转换器的转换误差为 ±0.5LSB,则其实际输出数字量与理论输出数字量之间的误差小于最低有效位的半个字。

2. 转换速度

A/D 转换器转换速度的快慢通常用转换时间和转换速率两个指标来描述。转换时间指完成一次 A/D 转换所需的时间,即从接到转换控制信号开始,到输出端得到稳定的数字输出信号所经过的时间。转换速率指单位时间内能够完成的 A/D 转换次数。

其他技术指标不再一一介绍,可参考相关文献。

Multisim 仿真实践:数字量控制输出模拟电压

数字量控制输出模拟电压电路图如图 11.18 所示,其中 VDAC8 为 8 位电压输出型 D/A 转换器,该芯片高 4 位输入接地,低 4 位输入与四位二进制计数器 7493 相连,即将 0000 ~ 1111 作为数模转换器的输入信号。输入端需要的高低电平转换由函数发生器产生的 1 kHz 频率的方波实现。该电路功能是实现 15 级模拟电压输出,通过示波器观察会得到 D/A 转换器模拟电压输出曲线是一个 15 级阶梯,示波器截图如图 11.19 所示。其中,每个阶梯电压值由可变电阻器控制。

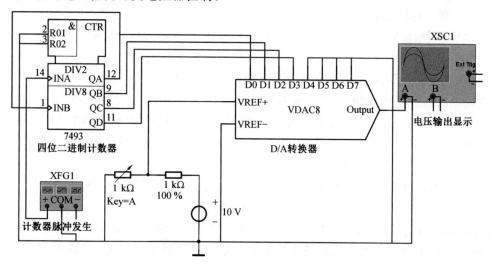

图 11.18 数字量控制输出模拟电压电路图

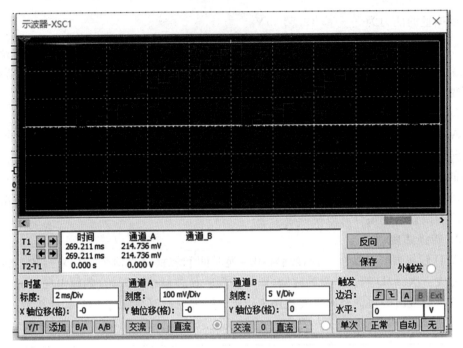

图 11.19　15 级模拟电压输出波形

11.3　本章小结

（1）从模拟信号到数字信号的转换称为模／数转换，简称 A/D 转换。实现模／数转换的电路称为 A/D 转换器。从数字信号到模拟信号的转换称为数／模转换，简称 D/A 转换。实现数／模转换的电路称为 D/A 转换器。

（2）转换精度和转换速度是 A/D 转换器和 D/A 转换器的两个重要技术指标，往往决定了整个系统的精度和工作速度。

（3）倒 T 形电阻网络 D/A 转换器是一种常用的 D/A 转换器，可以将输入的数字量转换为模拟量。它由 $R-2R$ 倒 T 形电阻网络、电子开关 $S_0 \sim S_3$、参考电压源 V_{REF}、运算放大器等组成。倒 T 形电阻网络 D/A 转换的突出优点是转换速度快，在动态过程中的尖峰脉冲很小，并且其只有 R 和 $2R$ 两种阻值的电阻，便于集成电路的设计和制作。AD7520 和 DAC0832 是采用倒 T 形电阻网络的单片集成 D/A 转换器。

（4）A/D 转换器的转换步骤一般分为采样、保持、量化和编码四个部分。

（5）并行比较型 A/D 转换器通过电阻分压器、电压比较器、寄存器和编码器等电路，实现将模拟电压转换成二进制数字量。并行比较型 A/D 转换器的最大优点是转换速度快，转换时间为纳秒量级。缺点是需要较多的电压比较器和触发器。AD9002（8 位）和 AD9020（10 位）是单片并联比较型 A/D 转换器。

（6）逐次逼近型 A/D 转换器是通过对需要转换的模拟电压进行逐次比较、逼近，再比较、再逼近的工作方式,最终把模拟电压转换成二进制数字量。逐次逼近型 A/D 转换器的转换速度取决于时钟脉冲信号的频率和逐次逼近寄存器的位数,转换时间为微秒量级。

（7）流水线型 A/D 转换器由多个基本单元级联组成,从高位到低位依次获得输入信号对应的数字量的权系数,可以实现高速、高分辨率的 A/D 转换。

习　题

11.1　填空

(1)8 位 D/A 转换器当输入数字量只有最高位为高电平时输出电压为 5 V,若只有最低位为高电平,则输出电压为_____。若输入为 10001000,则输出电压为_____。

(2)A/D 转换的一般步骤包括_____、_____、_____和_____。

(3)已知被转换信号的上限频率为 10 kHz,则 A/D 转换器的采样频率应高于_____。完成一次转换所用时间应小于_____。

(4)衡量 A/D 转换器性能的两个主要指标是_____和_____。

11.2　对于一个 8 位 D/A 转换器,若最小输出电压增量为 0.02 V,试问当输入代码为 01001101 时,输出电压 u_o 为多少伏? 其分辨率用百分数表示是多少?

11.3　图 11.2 给出的倒 T 形电阻网络 D/A 转换器中,已知 $V_{REF} = -8$ V,试计算当 d_3, d_2, d_1, d_0 每一位输入代码分别为 1 时在输出端所产生的模拟电压值。

11.4　图 P11.4 为一个由四位二进制加法计数器、D/A 转换器、电压比较器和控制门组成的数字式峰值采样电路。若被检测信号为一个三角波,试说明该电路的工作原理(测量前在 $\overline{R_d}$ 端加负脉冲,使计数器清零)。若要使电路正常工作,应对输出信号有何限制?

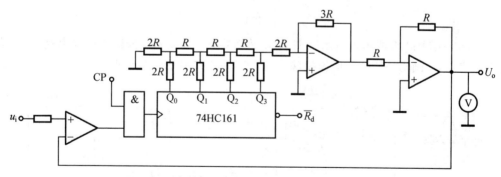

图 P11.4

11.5　逐次逼近型 A/D 转换器中的 10 位 D/A 转换器的 $u_{omax} = 12.276$ V,时钟脉冲频率 $f_{CP} = 500$ kHz。试求:

(1)若输入电压为 $u_i = 4.32$ V,则电路转换后输出的数字状态为

$$D = d_9 d_8 d_7 d_6 d_5 d_4 d_3 d_2 d_1 d_0$$

(2)完成这次转换所需的时间。

11.6　有一个逐次逼近型 8 位 A/D 转换器,若时钟频率为 250 kHz。试求:

(1) 完成一次转换需要的时间。

(2) 有一个 A/D 转换器,当电压砝码与输入电压 u_i 逐次比较的波形如图 P11.6 所示时,A/D 转换器的输出。

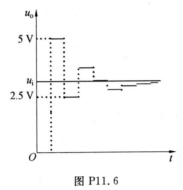

图 P11.6

11.7　图 P11.7 所示为 8 位流水线型 A/D 转换器结构框图,设其参考电压 V_{REF} 为 2 V,当某次采样所得模拟输入 $u_i = 1.8$ V 时,求该 A/D 转换器输出的数字量。

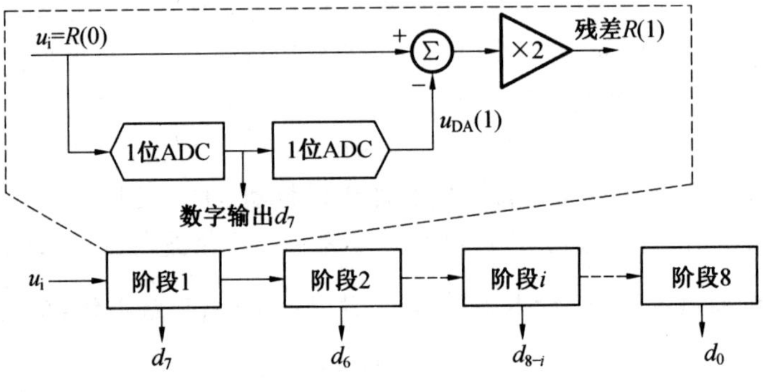

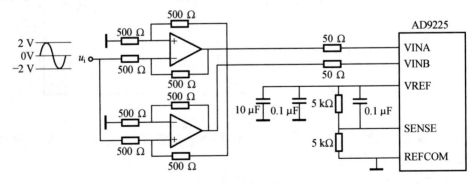

图 P11.7

11.8　图 P11.8 所示为流水线型 A/D 转换器 AD9225 的差分输入接口电路,已知输入模拟信号 u_i,画出 AD9225 的模拟输入端 VINA、VINB 的信号波形。

图 P11.8

附录 1　Multisim 仿真软件的使用

Multisim 是一种专门用于电路仿真和设计的软件,是美国国家仪器有限公司(NI)下属的 ElectroNIcs Workbench Group 推出的以 Windows 为基础的仿真工具,是目前最为流行的 EDA 软件之一。该软件基于计算机平台,采用图形操作界面虚拟仿真了一个与实际情况非常相似的电子电路实验工作台,几乎可以完成在实验室进行的所有电子电路实验,已被广泛地应用于电子电路分析、设计、仿真等各项工作中。

Ⅰ.1　编辑原理图

打开或新建一个项目后,便可开始编辑待仿真的电路原理图,包括放置元器件、连接元器件、设置元器件参数和添加注释与标签四个步骤。

1. 放置元器件

电路仿真所需要的元器件主要来自 Multisim 提供的元器件库。为打开元器件库查找所需的元器件,可在主界面中单击"Place/Component" 按钮,或根据元器件类型直接单击相应的快捷按钮,快捷键位置如图 F1.1 所示。

图 F1.1　放置元器件快捷键

单击"绘制 / 元器件" 选型后,便可在下拉菜单中选择 "Database""Group""Family",然后在"Component" 中找出最终选择的元器件,如图 F1.2 所示。单击"OK"按钮回到原理图编辑界面,用鼠标拖到合适位置后按下鼠标左键放置此元器件。在拖动的过程中按下组合键"Ctrl+R"用于向右旋转 90°,按下"Ctrl+Shift+R"用于向左旋转 90°。如果元器件已经被初步放置,选中后按下上述组合键,或按下鼠标右键,选中相应的旋转方向也可实现向右或向左旋转 90°。

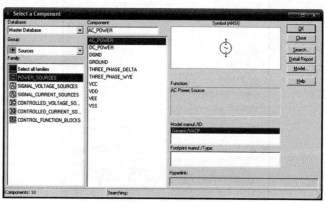

图 F1.2　选择元器件

如果在一个仿真电路中需要放置多个同类型的元器件,可用拷贝、粘贴的方式来完成。粘贴生成的元器件与被拷贝的元器件具有相同的参数,若不希望参数相同,则可修改元器件参数。

注意:每个待仿真的电路都要正确放置地线。

2. 连接元器件

移动鼠标至待连接的元器件端子,出现小十字符号后单击左键,移动鼠标,连线便随之移动,至另一元器件端子后再单击左键,连线便放置完毕,如图 F1.3 所示。

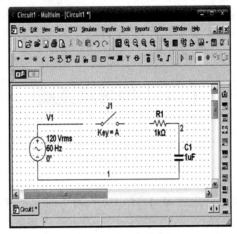

图 F1.3　元器件连线

如果想改变一条连线,可移动鼠标至该线,单击左键选中该线,单击右键做出相应选择:"Delete"用于删除;"Change Color"用于改变颜色;"Properties"用于设置该线对应节点的编号等。

3. 设置元器件参数

移动鼠标至元器件,双击左键,进入元器件参数设置对话框,如图 F1.4 所示。根据提示完成参数设置,注意参数的单位。若想仔细了解元器件的功能、参数含义等信息,可单击对话框中的"Info"按钮。

图 F1.4　元器件参数设置

4. 添加注释与标签

好的仿真习惯应该给所编辑的仿真电路添加相应注释和标签,以说明用途、使用方法、设计者信息等,从而增强设计的可读性和规范性。

在主界面中选择"Place/Comment"或"Place/Text"用以编辑注释;选择"Place/Title Block",用以添加标签。如图 F1.5 所示。

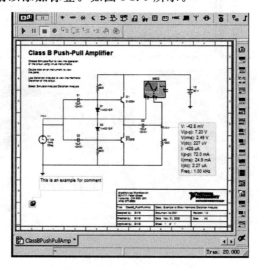

图 F1.5　添加注释与标签

在上述过程中要养成随时保存仿真文件的习惯,以免因突然停电或死机而使仿真工作前功尽弃。快捷方法就是按下组合键"Ctrl + S"。

Ⅰ.2　放置测试仪器

为了提高交互性,Multisim 在主界面的最右侧,提供了多种测试仪器,直接单击图标便可选中所用仪器,或在主界面中选择"Simulate/Instrument"也可完成同样任务。这些仪器包括万用表、函数发生器、示波器、功率表、频谱分析仪、网络分析仪等虚拟仪器。此外还提供了对 Agilent 和 Tektronix 公司的真实设备进行仿真的示波器和函数发生器,使仿真过程在某种程度上具有真实实验的感觉。部分测试仪器界面如图 F1.6 所示。

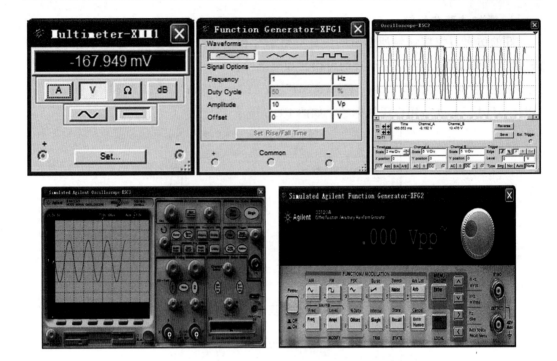

图 F1.6 部分测试仪器界面

Ⅰ.3 设置分析类型

与其他仿真工具一样,Multisim 提供了丰富的分析类型,可根据仿真任务加以选择。在主界面中选择"Simulate/Analysis",将出现分析类型选择项。

Multisim 提供的分析类型包括:

DC Operating Point:直流工作点分析;

AC Analysis:交流分析,即频率特性分析;

Transient Analysis:暂态分析,即时域分析;

Fourier Analysis:傅里叶分析,基于谐波的分析;

Noise Analysis:噪声分析,分析噪声对电路性能的影响;

Distortion Analysis:畸变分析;

DC Sweep:直流扫描分析,分析直流电源在一定范围内变化时电路响应的变化情况;

Sensitivity Analysis:灵敏度分析,电路响应对元器件参数微小变化的敏感情况;

Parameter Analysis:参数扫描分析,分析某些参数发生改变时电路响应的变化情况;

Pole Zero:零极点分析,稳定性分析;

Transfer Function:传递函数分析;

Worst Analysis:最坏情况分析,分析电路参数容差所造成的电路响应的最大偏差;

Monte Carlo:蒙特卡洛分析,按照元器件参数的随机分布规律进行分析;

Trace Width Analysis：线宽分析，分析所允许的最小导线宽度；

Batched Analysis：批处理分析，将以上多种分析加以集成，一次操作完成多种分析；

User Defined Analysis：用户定义的分析。

上述有些分析类型涉及的仿真内容和方法原理深度较大，需要在后续的专业课学习中循序渐进地掌握。

根据仿真任务选定分析类型后，还需根据分析类型要求设定仿真条件。例如，选定"Transient Analysis"类型后，出现如图 F1.7 所示对话框。

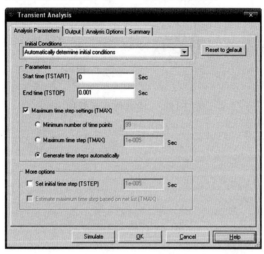

图 F1.7   设定仿真条件

根据对话框，依次设定初始条件、开始时间、结束时间、最大时间步长、最少时间点数、最小时间步长、自动时间步长等。关于步长，首先使用缺省值，然后再根据收敛情况和仿真时间加以修改。

Ⅰ.4　查看仿真结果

仿真结果除了用测量仪器实时交互查看外，还可在仿真类型选项中的"Output"中选中待输出的响应变量。在仿真进行中，该变量的图形便显示在 Grapher View 窗口中，还可保存响应的数值结果，然后用其他软件做后置处理。

Ⅰ.5　交互仿真的实现

NI Multisim 提供了开关、按钮、可变电阻、可变电感和可变电容等特殊仿真元器件，如图 F1.8 所示。使用这些元器件可以在仿真进行中，突然接通或切断某部分电路，也可随时改变电阻、电感和电容的参数值，这些操作过程就像在实验室做真实实验一样。

开始仿真的方式主要有以下几种：① 将用 01 表示的开关 接通；② 单击类似播放器的播放键 ▷；③ 使用快捷键 F5；④ 在仿真参数设置对话框中选择"Simulate"。若要暂停仿真,可单击用来表示暂停的按钮 ▮▮ 。若要停止仿真,可单击停止按钮 ▬ 。若一直没有单击停止按钮,到仿真设定的终止时间时自动停止。终止时间缺省值10^{+30} s是指时间变量的最大取值,不代表仿真进行的自然时间。

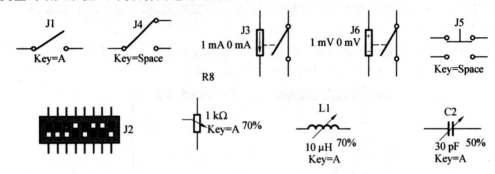

图 F1.8   特殊仿真元器件

附录2 参考答案

第1章

1.1 5 V,由 a 到 b;−5 V,由 b 到 a。

1.2 $i=−2$ A,由 b 到 a;$i=1$ A,由 a 到 b。

1.3 吸收 $P_A=10$ W,$P_B=−12$ W,$P_C=−4$ W。

1.4 $U=5$ V。

1.5 $I=−1$ A。

1.6 $U=−3$ V。

1.7 $R=1.5$ Ω。

1.8 $U_1=1$ V,$U_2=4$ V,$U_3=−5$ V;$I_4=−6$ A,$I_5=5$ A,$I_6=3$ A。

1.9 10 V 电压源的发出功率为 40 W;2 V 电压源的发出功率为 0 W;4 V 电压源的发出功率为 16 W。

1.10 1 A、2 A、3 A 电流源的端电压分别为 6 V、7 V、13 V(电压与电流取非关联参考方向),发出功率分别为 6 W、14 W、39 W。

1.11 1.72 A、0 A、10 V、−8 V。

1.12 $U_{ab}=1$ V。

1.13 $\varphi_a=2$ V。

1.14 6 V、30 V、无影响、无影响。

第2章

2.1 开关 S 分别位于 A 点和 B 点时的输出电压分别为 12 V 和 4.8 V。

2.2 4.5 V,6 mA。

2.3 4 mA。

2.4 20 V,4 Ω;15 V,2 Ω;7.2 V,1.2 Ω。

2.5 $I_1=0.786$ A,$I_2=0.286$ A,$I_3=1.07$ A;$I_1=−1.5$ A,$I_2=6$ A,$I_3=4.5$ A。

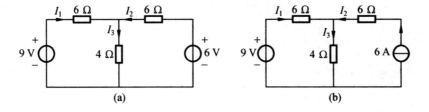

(a)　　　　　(b)

2.6   略。

2.7   略。

2.8   略。

2.9   1.51 A,1.83 A,1.95 A。

2.10 -1.4 A,-1 A,0.5 A,2 A,0.4 A,0.5 A。

2.11   吸收功率为 0.195 W。

2.12   16.7 V。

2.13   0.67 Ω。

2.14   3.5 A。

2.15   2 V,2 Ω。

2.16   12 V,4 Ω。

2.17   0.5 A。

第 3 章

3.1   (1)当 $0<t<2$ s 时,0.5 A;当 2 s$<t<3$ s 时,-1 A;图略。(2)当 2 s$<t<2$ s 时,吸收的功率为 $0.5t$ W;当 2 s$<t<3$ s 时,发出的功率为$(-2t+6)$ W;图略。

3.2   (1)当 $0<t<1$ s 时,$-0.5t$ V;当 1 s$<t<2$ s 时,-0.5 V;当 2 s$<t<3$ s 时,$(t-2.5)$ V;当 $t>3$ s 时,0.5 V;图略。(2)当 $0<t<1$ s 时,$(-0.5t+1)$ V;当 1 s$<t<2$ s 时,0.5 V;当 2 s$<t<3$ s 时,$(t-1.5)$ V;当 >3 s 时,1.5 V;图略。(3)略。

3.3   (1)当 $0<t<1$ s 时,$3t$ V;当 1 s$<t<4$ s 时,$(5-2t)$ V。(2)当 $0<t<1$ s 时,$(3t+1)$ V;当 1 s$<t<4$ s 时,$(6-2t)$ V。(3)-1 Wb,1 J。

3.4 $u(0_+)=80$ V,$i(0_+)=1.6$ A;$u(0_+)=5$ V,$i(0_+)=2$ A。

3.5 $u_C(0_+)=12$ V,$i_L(0_+)=2$ A;$u(0_+)=3$ V。

3.6 $u_C(t)=8e^{-0.1t}$ V $(t>0)$,$i(t)=0.4e^{-0.1t}$ A $(t>0)$。

3.7 $i_L(t)=2e^{-16.7t}$ A,$i_1(t)=(12-2e^{-16.7t})$ A;$i_L(t)=2e^{-1.67}e^{-10(t-0.1)}$ A,$i_1(t)=12$ A。图略。

3.8 $i_L(t)=0.24e^{-1000t}$ A $(t>0)$,$i_C(t)=-0.24e^{-500t}$ A $(t>0)$,$i(t)=(0.24e^{-500t}-0.24e^{-1000t})$ A $(t>0)$。

3.9 $i_L(t)=(1-e^{-4t})$ A $(t>0)$,$i(t)=(3.5-0.5e^{-4t})$ A $(t>0)$。

3.10 $u(t)=(-2+1.6e^{-5t})$ V $(t>0)$。

3.11 $u_C(t)=(10+16e^{-t/2})$ V $(t>0)$,$i_L(t)=(-0.33+5.33e^{-10t})$ A $(t>0)$。

3.12 $i_L(t)=(-0.44+1.44e^{-50t})$ A $(t>0)$。

3.13 $i_L(t)=\left(\dfrac{5}{6}+\dfrac{25}{6}e^{-2t}\right)$ A $(t>0)$。

第 4 章

4.1 $U = \dfrac{U_m}{\sqrt{3}}, U_{av} = \dfrac{U_m}{2}; U = U_m, U_{av} = U_m$。

4.2 $10\angle -20° $ V,$5\sqrt{2}\angle -20°$ V;元件1电流 $5\angle 70°$ A,$2.5\sqrt{2}\angle 70°$ A;元件2电流 $2\angle -110°$ A,$\sqrt{2}\angle -110°$ A;元件3电流 $4\angle -20°$ A,$2\sqrt{2}\angle -20°$ A。

4.3 略;$R = 2.5$ Ω,$L = 0.05$ H,$C = 0.005$ F。

4.4 $i = 5\cos(\omega t + 16.9°)$ A。

4.5 $10\sqrt{2}\cos(314t - 126.9°)$ V,$10\sqrt{2}\cos(314t + 180°)$ V,$10\sqrt{2}\cos(314t - 90°)$ V。

4.6 40 V,4 A;20 V,2.828 A。

4.7 当 $\omega = 10^3$ rad/s 时,$100 + j99$ Ω,100 Ω,99 mH;当 $\omega = 10^2$ rad/s 时,100 Ω,100 Ω;当 $\omega = 10$ rad/s 时,$100 - j99$ Ω,100 Ω,0.001 F。

4.8 $\dot{I}_1 = 5$ mA,$\dot{I}_2 = 7.37\angle -106°$ mA,

$\dot{I}_3 = 6.13\angle 80.3°$ mA,$\dot{I}_4 = 1.46\angle -135°$ mA。

4.9 $Z = 2.88 + j2.16$ Ω,$R = 2.88$ Ω,$L = 6.88$ mH。

4.10 -50 W,86.6 var。

4.11 $(34.6 - j30)$ Ω,554 W,-480 var。

4.12 $(1) I_{LY} = \dfrac{U_L}{\sqrt{3}|Z|}$,$(2) I_L = \dfrac{\sqrt{3}U_L}{|Z|}$,$(3) I_L = 3I_{LY}$。

4.13 42.3 A。

4.14 $(3.63 + j2.09)$ Ω。

4.15 8.7 kW,26 kW。

4.16 $\dfrac{\omega^2}{\omega^2 - 1 - 3\omega j}$。

4.17 $R = 50$ Ω,$L = 0.6$ H,$C = 0.07$ μF,$Q = 60$。

4.18 $i_1 = 0$,$i_2 = i_C = 0.1\sqrt{2}\cos(\omega t + 90°)$ A,$i_L = 0.1\sqrt{2}\cos(\omega t - 90°)$ A。

4.19 $L_1 = 0.2$ H,$L_2 = 8.33$ mH。

第 5 章

5.1 (1)B,B;(2)D;(3)A;B;B;B;(4)A;B;C;D;B;A。

5.2 (a)$u_o = 5u_{i3} - 2u_{i1} - 2u_{i2}$；

(b)$u_o = -10u_{i1} + 10u_{i2} + u_{i3}$；

(c)$u_o = -8u_{i1} + 8u_{i2}$；

(d)$u_o = -20u_{i1} - 20u_{i2} + 40u_{i3} + u_{i4}$。

5.3 (a) $u_o = -R_3 R_4 \left(\dfrac{1}{R_3} + \dfrac{1}{R_4} + \dfrac{1}{R_5} \right) \left(\dfrac{u_{i1}}{R_1} + \dfrac{u_{i2}}{R_2} \right)$;

(b) $u_o = -\left(1 + \dfrac{R_5}{R_4} \right) u_i$;

(c) $u_o = 10(u_{i1} + u_{i2} + u_{i3})$。

5.4 波形图略，$u_o = -500t$ V，$0 \leqslant t < 5$ ms；$-2.5 + 500(t - 0.005)$ V，5 ms $\leqslant t <$ 15 ms。

5.5 (a) $u_o = -u_i - 10^3 \displaystyle\int u_i \mathrm{d}t$;

(b) $u_o = -10^{-3} \dfrac{\mathrm{d}u_i}{\mathrm{d}t} - 2u_i$;

(c) $u_o = 10^3 \displaystyle\int u_i \mathrm{d}t$;

(d) $u_o = -100 \displaystyle\int u_{i1} \mathrm{d}t - 50 \displaystyle\int u_{i2} \mathrm{d}t$。

5.6 $u_o = \dfrac{2R_f}{R_1} u_i$。

5.7 $u_o = 10u_{i1} - 2u_{i2} - 5u_{i3}$。

5.8 1 s。

5.9 略。

5.10 (1) 带阻；(2) 带通；(3) 低通；(4) 低通。

5.11 (a) 高通；(b) 带通。

5.12

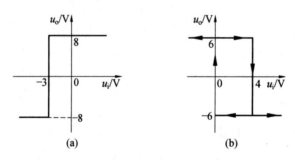

(a)　　　　　　(b)

第 6 章

6.1 (1) 完全纯净的半导体，自由电子，空穴，相等；(2) 杂质浓度，温度；(3) 少数载流子，(内) 电场力；(4) 单向导电性，正向导通压降 U_F，反向饱和电流 I_S；(5) 反向击穿特性曲线陡直，反向击穿区；(6) 增大。

6.2 略。

6.3 略。

6.4 15 V；1.4 V；5 V；0.7 V。

6.5 $360 \ \Omega < R < 1.8$ kΩ。

6.6 (1) $V_F = 9$ V;(2) $V_F = 5.4$ V。

6.7

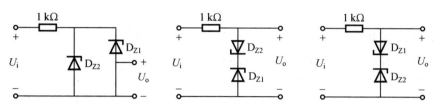

第7章

7.1 (1)NPN 型半导体,PNP 型半导体,自由电子,空穴;(2) 增大,增加,减小;(3) 正偏,反偏,正偏,正偏;(4) 小于;(5)JFET,IGFET,N 沟道,P 沟道;(6) 电压,电流;(7) 直接,差分,共射,互补功率;(8) 差模放大倍数 A_d,共模放大倍数 A_c;(9) 截止,提高,甲乙类;(10) 很大,很小;(11) 变宽,增大;(12)112。

7.2

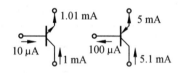

7.3

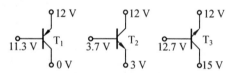

7.4 (a)P 沟道耗尽型场效应晶体管;(b)N 沟道结型场效应晶体管;(c)N 沟道增强型场效应晶体管。

7.5 (a)N 沟道增强型;(b)P 沟道结型;(c)N 沟道耗尽型;(d)P 沟道增强型。

7.6 (a) 导通;(b) 关断。

7.7 截止区,恒流区,可变电阻区。

7.8 $\beta > 100$。

7.9 $I_B = 25.9$ μA;$I_E = 1.3$ mA;$I_C = 1.27$ mA。

7.10 $V_{CE} = 3.57$ V,$I_C = 4.48$ mA。

7.11 $A_u = 192.3$;$R_i = 0.82$ kΩ;$R_o = 1$ kΩ。

7.12 $A_{u(max)} = 92.3$;$A_{u(min)} = 2.91$。

7.13 0.988。

7.14 10 V,625 mA。

7.15 4.56。

7.16 9.9。

7.17 0.934,0.9。

第 8 章

8.1　(1) $(11011)_2$；(2) $(10001110)_2$；(3) $(1010.1011)_2$。

8.2　(1) $(57)_{16}$；(2)$(110)_{16}$；(3)$(F.4)_{16}$。

8.3　(1) $(107)_{10}$；(2) $(10.25)_{10}$；(3)$(26.625)_{10}$。

8.4　(1) $(153)_8 = (6B)_{16}$；(2) $(12.2)_8 = (A.4)_{16}$；(3) $(2613)_8 = (58B)_{16}$。

8.5　(1) $\overline{F_1} = \overline{A}\,\overline{B}C + \overline{A+\overline{B}}$；(2) $\overline{F_2} = \overline{A}\,B(C + \overline{\overline{DE}})$。

8.6　(1)$F_1' = (\overline{A}+B)(A+C)(\overline{B}+C)$；(2)$F_2' = \overline{A}B + A\overline{BC}$。

8.7　(1) $\overline{A+B+C} = \overline{A}\,\overline{B}\,\overline{C}$

A	B	C	$\overline{A+B+C}$	$\overline{A}\,\overline{B}\,\overline{C}$
0	0	0	1	1
0	0	1	0	0
0	1	0	0	0
0	1	1	0	0
1	0	0	0	0
1	0	1	0	0
1	1	0	0	0
1	1	1	0	0

(2) $\overline{ABC} = \overline{A} + \overline{B} + \overline{C}$

A	B	C	$\overline{ABC}$	$\overline{A}+\overline{B}+\overline{C}$
0	0	0	1	1
0	0	1	1	1
0	1	0	1	1
0	1	1	1	1
1	0	0	1	1
1	0	1	1	1
1	1	0	1	1
1	1	1	0	0

8.8　(1)

A	B	C	F_1
0	0	0	0
0	0	1	0
0	1	0	0
0	1	1	0
1	0	0	0
1	0	1	1
1	1	0	1
1	1	1	1

(2)

A	B	C	F_2
0	0	0	0
0	0	1	1
0	1	0	1
0	1	1	0
1	0	0	1
1	0	1	0
1	1	0	0
1	1	1	1

8.9　(a)$Y_1 = \overline{\overline{ABC}} + \overline{\overline{A}BC} + \overline{A\overline{B}C}$；(b)$Y_2 = \overline{\overline{\overline{A}+CA} + \overline{\overline{B}B} + \overline{C}}$。

8.10　逻辑表达式：$F = \overline{A}\overline{B}\overline{C} + ABC$

逻辑电路图：

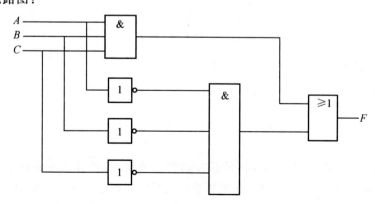

波形图：

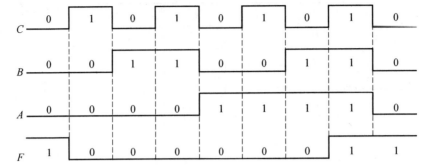

8.11

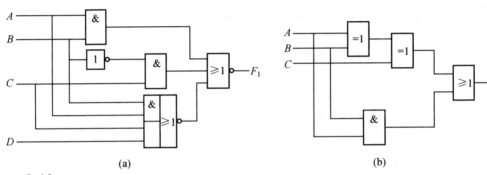

(a)   (b)

8.12

$(1)F_1(A、B、C)=\sum m(3,5,6,7);$

$(2)F_2(A、B、C)=\sum m(0,3,4,5,6,7);$

$(3)F_3(A、B、C、D)=\sum m(0,1,2,3,5,10,13);$

$(4)F_4(A、B、C、D)=\sum m(4,5,6,7,10,11,14,15)。$

8.13

$(1)F_1(A、B、C)=A\bar{B}+AC+\bar{B}C;$

$(2)F_2(A、B、C)=B+\bar{C};$

$(3)F_3(A、B、C、D)=\bar{A}CD+\bar{A}\bar{B}C+A\bar{B}\bar{C}+AC\bar{D};$

$(4)F_4(A、B、C、D)=\bar{B}\bar{D}+\bar{A}C+\bar{A}D;$

$(5)F_5(A、B、C、D)=\bar{B}+\bar{C}D+\bar{A}C\bar{D};$

$(6)F_6(A、B、C、D)=\bar{B}+D。$

8.14

在分析某些具体的逻辑函数时，经常会遇到一种情况，即输入变量的取值不是任意的，其中某些取值组合不允许出现，这些变量取值对应的最小项称为约束项。

对于逻辑函数输入变量的某些取值，逻辑函数的输出值可以是任意的，或者这些变量的取值根本就不会出现,这些变量取值对应的最小项称为任意项。

约束项和任意项统称为无关项。

8.15

(1) 答案一:$F_1(A,B,C) = \bar{B} + \bar{C}$,

答案二:$F_1(A,B,C) = A + \bar{C}$;

(2) 答案一:$F_2(A,B,C,D) = \bar{B}\bar{D} + BD + C\bar{D}$,

答案二:$F_2(A,B,C,D) = \bar{B}\bar{D} + BD + BC$;

(3)$F_3(A,B,C,D) = \bar{B}\bar{D} + \bar{A}B$;

(4)$F_4(A,B,C,D) = \bar{D} + \bar{B}C$;

(5)$F_5(A,B,C,D) = \bar{A}D + A\bar{D}$。

第 9 章

9.1

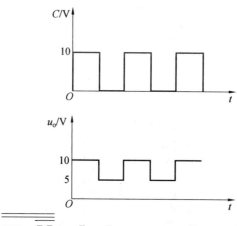

9.2　异或,$Y = \overline{\overline{\overline{\overline{A}B} \cdot \overline{A\overline{B}}}} = (A + \bar{B})(\bar{A} + B) = \bar{A}B + A\bar{B}$。

9.3　同或,$Y = \overline{(A + B) \cdot (\bar{A} + \bar{B})} = AB + \bar{A}\bar{B}$。

9.4　数码比较器,$Y_1 = A\bar{B}$,$Y_2 = AB + \bar{A}\bar{B}$,$Y_3 = \bar{A}B$。

9.5　$A = 1$ 甲校学生;$A = 0$ 乙校学生;$B = 1$ 有红券;$C = 1$ 有黄券。

由逻辑式 $Y = \bar{A}C + AB$ 画逻辑电路:

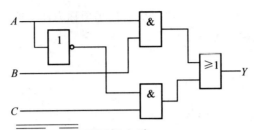

9.6 由逻辑式 $Y = \overline{\overline{\overline{ABD} \cdot \overline{CD}}}$ 画逻辑电路：

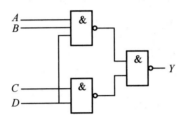

9.7

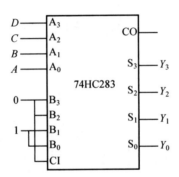

9.8

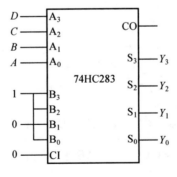

9.9

$\overline{I_3}$、$\overline{I_2}$、$\overline{I_1}$、$\overline{I_0}$ 分别代表一号、二号、三号、四号 4 间病房的低电平呼叫按钮，Z_1、Z_2、Z_3、Z_4 分别代表一号、二号、三号、四号的 4 个高电平指示灯。

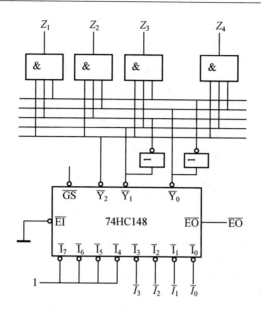

9.10

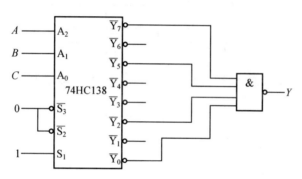

9.11

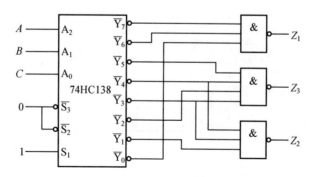

9.12

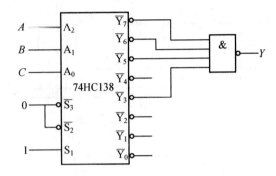

9.13

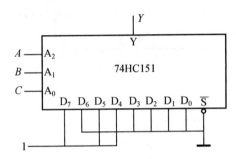

9.14

(1) 设被减数为 A,减数为 B,低位借位为 J_0,差为 D,借位为 J。列真值表如下。

真值表

A	B	J_0	D	J
0	0	0	0	0
0	0	1	1	1
0	1	0	1	1
0	1	1	0	1
1	0	0	1	0
1	0	1	0	0
1	1	0	0	0
1	1	1	1	1

化简可得

$$\begin{cases} D(A,B,J_0) = \sum m(1,2,4,7) = A \oplus B \oplus J_0 \\ J(A,B,J_0) = \sum m(1,2,3,7) = \overline{A \oplus B} \cdot J_0 + \overline{A}B \end{cases}$$

(2) 用 2 输入与非门实现的逻辑电路图如图(a) 所示。

(3) 用 74LS138 实现的逻辑电路图如图(b) 所示。

(4) 用 4 选 1 数据选择器实现的逻辑电路图如图(c) 所示。

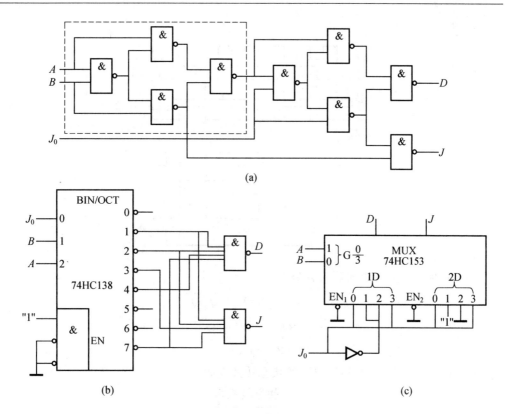

(a)

(b)　　　　　　　　　　　　　　　　(c)

第 10 章

10.1

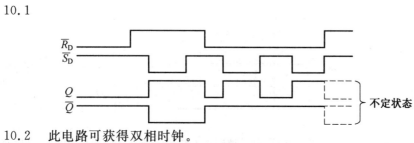

10.2　此电路可获得双相时钟。

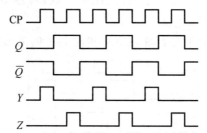

10.3

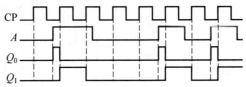

10.4 Z 对 CP 三分频。

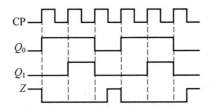

10.5

(1) 电路的状态方程和输出方程为

$$Q^{n+1} = \overline{X}\,\overline{Q_1^n} + Q_2^n\,\overline{Q_1^n}$$

$$Q_3^{n+1} = \overline{Q_1^n \oplus Q_2^n}$$

$$Z = Q_1\,\overline{Q_2}\,CP$$

(2) $X=0$ 和 $X=1$ 两种情况下的状态转换表如下:

状态转换表

$X=0$		$X=1$	
Q_2	Q_1	Q_2	Q_1
0	0	0	0
1	1	1	0
1	0	0	1
0	1	0	0
0	0		

逻辑功能为:当 $X=0$ 时,为 2 位二进制减法计数器;当 $X=1$ 时,为三进制减法计数器。

(3) $X=1$ 时,在 CP 脉冲作用下的 Q_1、Q_2 和输出 Z 的波形如图:

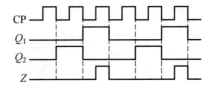

10.6

(1) 由 FF_1 和 FF_0 构成的是三进制加法计数器。

(2) 整个电路为六进制计数器。

完整的状态转换图和 CP 作用下的波形图如下：

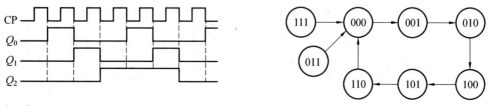

10.7

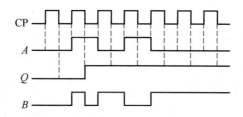

10.8

图(a)，状态转换顺序$[Q_3Q_2Q_1Q_0] = 0 \to 1 \to 2 \to 3 \to 4 \to 5 \to 6 \to 0$，是七进制计数器；

图(b)，状态转换顺序$[Q_3Q_2Q_1Q_0] = 6 \to 17 \to 8 \to 9 \to 10 \to 11 \to 12 \to 13 \to 14 \to 15 \to 6$，是十进制计数器。

10.9

(1) 波形图略；状态转换图为

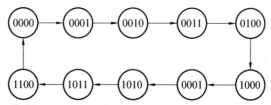

(2) 按 $Q_0Q_3Q_2Q_1$ 顺序，电路给出的是 5421 码。

(3) 按 $Q_3Q_2Q_1Q_0$ 顺序，电路给出的是 8421 码如下：

$0000 \to 0010 \to 0100 \to 0110 \to 1000 \to 0001 \to 0011 \to 0101 \to 0111 \to 1001 \to 0000$。

10.10

图(a)，状态转换顺序$[Q_3Q_2Q_1] = 0 \to 1 \to 2 \to 0$，是三进制计数器；

图(b)，状态转换顺序$[Q_3Q_2Q_1] = 0 \to 1 \to 2 \to 3 \to 0$，是四进制计数器。

10.11

(1) 清零法。

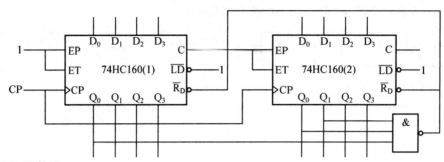

（2）置数法。

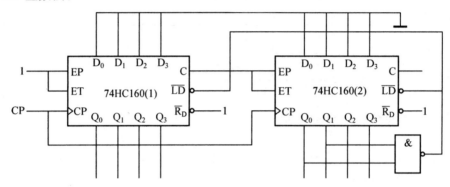

第 11 章

11.1

(1)39.062 5 mV,5.312 5 V。

(2) 采样、保持、量化、编码。

(3)20 kHz,50 μs。

(4) 转换精度,转换速度。

11.2　u_o＝1.54 V;0.392%。

11.3　当 d_3＝1 时,v_o＝4 V;当 d_2＝1 时,v_o＝2 V;当 d_1＝1 时,v_o＝1 V;当 d_0＝1 时,v_o＝0.5 V。

11.4　首先将二进制计数器清零,使 u_o＝0。加上输入信号$(u_i ＞ 0)$,电压比较器输出高电平,打开与门 G,计数器开始计数,u_o 增加。同时 u_i 亦增加,若 $u_i ＞ u_o$,继续计数,反之停止计数。只要 u_o 未达到输入信号的峰值,就会一直增加,只有当 $u_o ＝ u_{imax}$ 时,才会关闭与门 G,使之得以保持。

当$[Q_3 Q_2 Q_1 Q_0]＝[0001]$ 时,$u_o ＝ \dfrac{V_H}{3R} \times \dfrac{1}{16} \times (-3R) \times (-1) ＝ \dfrac{V_H}{16}$。

11.5　(1)0101101000;(2) 24 μs。

11.6　(1) 40 μs;(2) 01001111。

11.7　11100110。

11.8

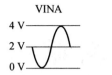

参 考 文 献

[1] 孙立山,陈希有. 电路理论基础[M]. 4 版. 北京:高等教育出版社,2013.

[2] 张虹. 电路与电子技术[M]. 6 版. 北京:北京航空航天大学出版社,2020.

[3] 弗洛伊德,布什拉. 电路、器件及应用[M]. 于歆杰,译. 北京:清华大学出版社,2014.

[4] 李心广,王金矿,张晶. 电路与电子技术基础[M]. 3 版. 北京:机械工业出版社,2021.

[5] 华成英,童诗白. 模拟电子技术基础[M]. 4 版. 北京:高等教育出版社,2006.

[6] 张国平. 电路与电子技术基础[M]. 北京:电子工业出版社,2019.

[7] 杨春玲,王淑娟. 数字电子技术基础[M]. 2 版. 北京:高等教育出版社,2017.

[8] 阎石,王红. 数字电子技术基础[M]. 6 版. 北京:高等教育出版社,2016.

[9] 吴建强,张继红. 电路与电子技术[M]. 2 版. 北京:高等教育出版社,2018.

[10] 秦曾煌. 电工学. 下册,电子技术[M]. 7 版. 北京:高等教育出版社,2009.

[11] 白彦霞,赵燕. 数字电路与逻辑设计[M]. 北京:清华大学出版社,2021.

[12] 杨照辉. 数字电子技术基础[M]. 西安:西安电子科技大学出版社,2020.

[13] 王毓银. 数字电路逻辑设计[M]. 3 版. 北京:高等教育出版社,2018.

[14] 成立,王振宇. 数字电子技术基础[M]. 3 版. 北京:机械工业出版社,2016.